（人生金书系列）

北大哲学课

贾丹丹 编著

图书在版编目（CIP）数据

北大哲学课 / 贾丹丹编著 .—北京：北京联合出版公司，2015.8
（2023.12 重印）
ISBN 978-7-5502-5218-9

Ⅰ . ①北…　Ⅱ . ①贾…　Ⅲ . ①人生哲学—通俗读物
Ⅳ . ① B821-49

中国版本图书馆 CIP 数据核字（2015）第 087016 号

北大哲学课

编　　著：贾丹丹
责任编辑：徐秀琴
封面设计：韩立强
图文制作：北京东方视点数据技术有限公司

北京联合出版公司出版
（北京市西城区德外大街 83 号楼 9 层　100088）
德富泰（唐山）印务有限公司印刷　新华书店经销
字数 537 千字　720 毫米 ×1020 毫米　1/16　28 印张
2015 年 8 月第 1 版　2023 年 12 月第 5 次印刷
ISBN 978-7-5502-5218-9
定价：68.00 元

前 言

北京大学是一所屹立百年的高等学府，自 1898 年京师大学堂创建以来，她见证了中国近百年风云变幻的历史。在中国现代史上，北大是“新文化运动”兴起的摇篮，是“五四运动”的中心发祥地，也是多种政治思潮和社会理想在中国最早的传播地。在中国乃至世界，北大都享有极高的声誉。

人是精神的载体，说到北大，自然要说起北大的人和北大的精神。作为中国最具精神魅力的学府，北大英才辈出，堪称大师之园。百余年来，从北大走出了一大批优秀的学者、教授，他们从这里眺望世界，走向未来，以坚毅、顽强、前仆后继的精神，在这片辽阔的国土上传播着文明的种子。

早期的北大涌现出的杰出人物有蔡元培、陈独秀、李大钊、鲁迅、胡适、蒋梦麟等一大批学者，这些人是北大的先驱，也是北大精神的奠基者。之后，北大又培养了冯友兰、季羡林、梁漱溟、林语堂、朱光潜、张岱年等一大批大师级的学者。这些前辈以各自的思想和行动，共同为我们构造了一个独属于北大的人文哲学体系。

北大的哲学精神和人文气质不是物质的留传，而是一种灵魂的塑造和远播。一代又一代北大人传承和发扬着北大独特的精神气质和文化内涵，也彰显着自身与众不同的人生经验与生活智慧。他们广博的学识、闪光的才智与庄严无畏的思想，像一盏盏明灯，点亮我们的心灵，也照亮我们未来的道路。他们身上有太多值得我们学习的东西：勤奋、宽容、克己，等等。当然，更为重要的是北大人经过几年、十几年，甚至是几十年的思考而归纳出来的人生哲理。

当我们困惑迷茫之时，鲁迅告诉我们希望总在前方；当我们缺乏信念之时，冯友兰告诉我们各人的历史由各人写就；当我们陷入悲观之时，季羡林告诉我们每个人的生命都各有其意义；当我们总是匆匆地生活，无暇顾及身边的事物之时，朱光潜提醒我们慢慢走，要懂得欣赏生活之美……有一种光芒永不消逝，有一种精神永远留存。无数北大人以其博大的胸襟，为我们提供的是取之不尽、用之不竭的精神宝藏。不管我们处于何种精神状态，我们都能从他们所散发的智慧之光中，摘取一片我们需要的光芒，以驱散积存于我们内心的阴影，并且以另外一种眼光看待世界，看待现实生活带给我们的不尽如人意。

因此，即使我们没有进入北大学习，即使很多先哲已经离我们远去，但是探寻大师们行走的足迹，倾听他们永恒的人生哲理，我们就可以从他们丰富的人生经历中汲取智慧和力量，以帮助我们更好地经营自己的人生，从而能够拥有一份成熟、稳重和练达，悦纳世间百态，笑看人生风云。

本书撷取了许多北大先哲的精彩言论、真实的人生经历，并结合大量生动深刻的故事，详尽地阐述了北大人的生命智慧和人生哲理，体现了北大人身上所具有的独特的智慧、博大、厚重与坚强。阅读本书，聆听大师们的谆谆教诲，汲取其人生经验和智慧，学会从容地面对生活中的各种问题，深刻地理解和把握人生，多一些得、少一些失，多一些成功、少一些失败，创造出属于自己的辉煌。

目 录

□第一篇　以平常心泰然处世

第一章
修持一颗平常心

第二章
淡泊名利是人生的最高境界

第三章

人生要禁得住诱惑

第四章

淡定从容才能走远

□第二篇　心中洒满阳光，世界才会透亮

第一章

不抱怨地生活

第二章
生活不是单纯用来享受的

第三章
逆境是人生修炼的最高学府

第四章
沉住气才能成大器

□第四篇　选择比努力更重要

第一章

学会舍得，才能获得

第二章

适合自己的就是最好的

第三章

人生不必太执着

□第五篇　培养美好的品性

第一章

以宽容之心面对生活

第二章

谦让不代表懦弱

第二章
活在当下，珍惜拥有

第三章
幸福的哲学

第一篇
以平常心泰然处世

第一章 修持一颗平常心

我在茫茫人海中，寻找自己灵魂之唯一伴侣。得之，我幸；不得，我命。如此而已。

——徐志摩

（曾任北京大学教授，现代诗人、散文家）

平常心是生命中最宝贵的东西

平常心是一种情趣、一种修养、一种韵味。平常心是一个人心灵中最美丽的地方，因为它是最上乘的人生哲学，是一种生活艺术。拥有这颗心的人能够“像一个凡人那样活着，像一个诗人那样体验，像一个哲人那样思考”。

人的一生，或多或少，总难免有浮沉，不会永远如旭日东升，也不会永远痛苦潦倒。面对人生的起伏，真正的高手都是那些能以平常心牢牢地驾驭人生这匹烈马的人。古人说：“君子如兰。”懂得用一生践行谦逊之道的人，就是古人所说的君子，他们温婉含蓄、风度翩翩，用美德的芬芳熏醉着世人。保持平常心使你在成功的路上不但越走越远，还越来越有内涵、越来越有魅力。

林语堂先生说：“我总以为生活的目的即生活的真享受，是一种人生的自然态度。”保持一颗平常心，波澜不惊，生死不畏，于无声处听惊雷，超脱眼前得失，不受外在情感的纷扰，喜怒哀乐，收放自如，才能体会到“采菊东篱下，悠然见南山”的自在。

曾经有一天，一个信徒这样问慧海禅师：“您是有名的禅师，与芸芸众生不同，您是如何做到超越常人的呢？”

慧海禅师答："很简单，我感觉饿的时候就吃饭，感觉疲倦的时候就睡觉。"

"这算什么超越常人之举，每个人都是这样的，有什么区别呢？"

慧海禅师答："当然是不一样的！"

"为什么不一样呢？"信徒又问。

慧海禅师说："他们吃饭的时候总是想着别的事情，不专心吃饭；他们睡觉时也总是做梦，睡不安稳。而我吃饭就是吃饭，什么也不想；我睡觉的时候从来不做梦，所以睡得安稳。这就是我超越常人之处。"

慧海禅师继续说道："世人很难做到一心一用，他们在利害中穿梭，囿于浮华的宠辱，产生了'种种思量'和'千般妄想'。他们在生命的表层停留不前，这是他们生命中最大的障碍，他们因此而迷失了自己，丧失了'平常心'。要知道，只有将心灵融入世界，用心去感受生命，才能找到生命的真谛。"

保持一颗平常心，做到无为、无争、不贪、知足，保持对名利的淡泊心，对屈辱的忍耐心，对他人的仁爱心，做好每天当作之事，享受每一件事情带来的快乐，自然会有足够的力量来承担生活中永恒存在的挫折和痛苦，也自然能够获得更纯粹的幸福。

老子说："圣人处无为之事，行不言之教。"其所谓的无为，不在于毫无作为，而在于顺乎自然，遵从自然之道。面对人生，我们要选择闲看云卷云舒、花开花落的心境，选择一种从容自在的人生态度，既要正视生活中的悲欢离合，做到宠辱不惊，也要正确定位自己的人生坐标，做到自在随意。

中国古代有很多人因失去平常心，得意忘形，从而招致灾祸，沈万三就是其中之一。

沈万三是明初江南首富，原籍为浙江湖州南浔。洪武三年（1370年），输粮京师，明太祖亲自召见，故其名噪一时。明太祖修建南京城，他捐了大量资财。《明史·马皇后传》记载："吴兴富民沈秀者，助筑都城三分之一，又请犒军。帝怒曰：'匹夫犒天子之军，此乱民也，宜诛之。'后曰：'其富敌国，民自不详。不详之民，天将灾之，陛下何诛焉？'"终因其富可敌国，成为皇家的心腹大患，家产被抄，全家被发配到云南。

俗话说："何妨得意，不可忘形。"沈万三虽富可敌国，却得意忘形，终落得家破人亡的悲惨境地。得意不可忘形，同样，失意也不能忘形。道理极简单，在失意忘形者的身后，也会有苦痛接踵而至。

平常心贵在平常，这也是一种超脱眼前得失的清静心、光明心。贫贱不能移，富贵不能淫，威武不能屈；安贫乐富，富亦有道；得到一点成功，看见些许景象，也不沾沾自喜，四处张扬；即使悲剧来袭，遇到许多不顺，也不怨天尤人，这样就是拥有了一颗平常心。

平常心是一种心态，是生命盛开的鲜花，是灵魂成熟的果实。平常在心，在于修身养性，平静便无处不在。只要有一颗看淡荣辱之心，追求自然者，便能心胸开阔，不被诱惑，坦荡自然。

保持一颗平常心能使一个人耳聪目明，看到别人的优势，也看到自己的不足。一个拥有平常心的人，偶有所得、偶有成就，他绝不会夸张地宣扬，因为他知道他的所得和成就，和过去别人的所得和成就比较起来太渺小，太微不足道。这样积极、谦逊的人，才能在一个成功上铸就新的成功。

走运时，要想到倒霉，不要得意得过了头；倒霉时，要想到走运，不必垂头丧气。心态始终保持平衡，情绪始终保持稳定，此亦长寿之道。

——季羡林

（曾任北京大学副校长，中国著名文学家、语言学家、翻译家、散文家）

不以物喜，不以己悲

范仲淹在岳阳楼记上感叹道：“嗟夫！予尝求古仁人之心，或异二者之为，何哉？不以物喜，不以己悲。”意思是说，不因外物的好坏和自己的得失而或喜或悲，凡事都以一颗平常心看待。

孟子说：“士穷不离义，达不离道。”如果一个人很轻易就被身边发生的事改变心态，那么他永远都会为外物所累。范仲淹之所以能获得如此大的成就，能够不怨天尤人，保持积极乐观的心态，实在得益于“不以物喜，不以己悲”的思想境界。

“不以物喜，不以己悲”是一种人生境界，它要求我们学会取舍，学会忘却，能够宠辱皆忘，能够挣脱物质的诱惑，摆脱名利枷锁，泰然面对一切，做一个超然物外之人。这是一种大境界，也就是国学大师王国维所说的“无我之境”。不管是怎样的诱惑，不管处于什么状态，都能保持一颗平静的心，不喜、不悲、不痛、不恨。

但是，现实生活中，我们似乎总是缺乏“泰山崩于前，而面不改色”的勇气；缺乏“不义富且贵，于我如浮云”的从容，所以，既难以拒绝生活的威胁，也难以拒绝生活中的诱惑。当那些能搅乱内心的事物出现的时候，我们再也无法享受淡定的人生。

战国时期，靠近北部边城，住着一个老人，名叫塞翁。塞翁养了许多马，一天，他的马群中忽然有一匹走失了。邻居们听说这件事，跑来安慰，劝他不必太着急，年龄大了，多注意身体。

塞翁见有人劝慰，笑了笑说：丢了一匹马损失不大，没准会带来什么福气呢。

邻居听了塞翁的话，心里觉得很好笑。马丢了，明明是件坏事，他却认为也许是好事，显然是自我安慰而已。过了几天，丢失的马不仅自动返回家，还带回一匹匈奴的骏马。

邻居听说了，对塞翁的预见非常佩服，向塞翁道贺说：还是您有远见，马不仅没有丢，还带回一匹好马，真是福气呀。

塞翁听了邻人的祝贺，反而一点高兴的样子都没有，忧虑地说：白白得了一匹好马，不一定是什么福气，也许会惹出什么麻烦来。

邻居们以为他故作姿态纯属老年人的狡猾。心里明明高兴，有意不说出来。

塞翁有个独生子，非常喜欢骑马。他发现带回来的那匹马顾盼生姿，身长蹄大，嘶鸣嘹亮，一看就知道是匹好马。他每天都骑马出游，心中扬扬得意。

一天，他高兴得有些过火，策马飞奔，一个趔趄，从马背上跌下来，摔断了腿。邻居听说，纷纷来慰问。

塞翁说：没什么，腿摔断了却保住性命，或许是福气呢。邻居们觉得他又在胡言乱语。他们想不出，摔断腿会带来什么福气。

不久，匈奴兵大举入侵，青年人被应征入伍，塞翁的儿子因为摔断了腿，不能去当兵。入伍的青年都战死了，唯有塞翁的儿子保全了性命。

这是塞上老翁的故事，正是“塞翁失马，焉知非福”这一成语的由来。这种透过长远时空、利弊并重的思考问题的方式，自然产生“不以物喜，不以己悲”的处世心态，遂成为中国传统文化中睿智的典型。

世上有一些东西，是你自己可以支配的，比如兴趣和志向。在处世和做人方面好好努力，至于努力的结果是什么，只需顺其自然。因此，如果我们尽了力，结果得到的不是最好，而是次好，次次好，我们也应该坦然地接受。人生原本就是有缺憾的，在人生中需要妥协。不肯妥协，和自己过不去，其实是一种痴愚，是对人生的无知。

德国的尤利乌斯先生是一个画家，而且是一个很不错的画家。他的画中都是快乐的世界，因为他自己就是一个非常快乐的人。不过却很少有人来买他的画，这使他想起来有点伤感，但那也只是一小会儿。

有一天他的朋友劝他说："玩玩足球彩票吧！只花两个马克就可以赢很多钱！"

性格随和的尤利乌斯听后就花了两个马克买了一张彩票，并且真的中了彩，他因此赚了50万马克。

他的朋友前来祝贺，对他说："你多走运啊！现在你还经常画画吗？"

尤利乌斯笑着回答说："我现在只画支票上的数字！"

尤利乌斯买了一栋别墅并装修了一番，他很有品位，买了阿富汗地毯、维也纳柜橱、佛罗伦萨小桌、迈森瓷器，以及古老的威尼斯吊灯来装饰这栋别墅。装修完毕之后，他很满足地坐下来，点燃一支香烟静静地享受着新居的美妙，忽然他想到应该去看看朋友了，就把烟往地上一扔，马上出门了。燃烧着的香烟躺在地上，点燃了华丽的地毯。

一个小时以后别墅变成了火的海洋，真到完全消失在灰烬中。

朋友们很快知道了这个消息，纷纷跑来安慰尤利乌斯："尤利乌斯，真是不幸啊！"

尤利乌斯反问他们说："怎么不幸了？"

"大火造成的损失啊！尤利乌斯，你现在什么都没有了。"

尤利乌斯回答说："什么呀？不过是损失了两个马克而已。"

物质的得失是人生的常态，当我们将物质与心灵捆绑在一起的时候，我们的心境就会随着物质的得失而大起大落，大喜大悲。尤利乌斯做到了不以物喜，不以己悲，所以才拥有了平和宁静的心境，不因人生的得失而困扰。

生活中，有许多人因为毫无节制的狂热而骚动不安，因为不加控制欲望而浮沉波动。整日被自己的欲望所驱使，好像胸中燃烧着熊熊烈火一样；一旦受到挫折，一旦得不到满足，便好似掉入寒冷的冰窖中一般。生命如此大喜大悲，哪里还有平静可言？

我们知道，竹林七贤本是魏晋时期的隐士高人，他们在竹林中饮酒赋诗，过着神仙般的生活。但他们最终分崩离析，原因就在于其中的部分人难以耐得住那份清凉与寂寞，红尘的诱惑使得他们的内心蠢蠢欲动，最终走出“竹林”，投入到俗世当中。

所以，与其说不以物喜，不以己悲是一种心态，不如说是一种静美的人生哲学。一切大智慧、一切摆脱烦恼的秘诀原本不在大风大浪中，也不在沧桑变迁间，只在日常生活中。这种至上境界是在很多人生经历之后，方才明白“历经千山万水，原来只隔条溪”。

对世态炎凉的感受或认识的程度，却是随年龄的大小和处境的不同而很不相同的，绝非大家都一模一样。我在这里发现了一条定理：年龄大小与处境坎坷同对世态炎凉的感受成正比。年龄越大，处境越坎坷，则对世态炎凉感受越深刻。反之，年龄越小，处境越顺利，则感受越肤浅。这是一条放诸四海而皆准的定理。

——季羡林

（曾任北京大学副校长，中国著名文学家、语言学家、翻译家、散文家）

世态炎凉心不凉

俗语说：“人情冷暖，世态炎凉。”我国最早在先秦时期，这种世情风气就已经形成并蔓延在社会上，直到今天，也没有完全根除。“贫居闹市无人问，富在深山有远亲”就是这一现象的真实写照，当我们看够了人间的沧桑沉浮，听惯了社会上的风言冷语，知道了利益是永恒追求的时候，作为社会性的人就很容易变得自私和漠然。

人们常说：“人在江湖，身不由己；失又何悲，得又何喜。曾经沧海，不期而遇。繁花过后，落陌成溪。”在这个复杂的世界，想发现简单的、单纯的情感实属不易，心灵深处的感动更是难以被激发，所以，从古至今，会有人一直感叹着世态炎凉。

在当今竞争激烈的社会中，能够保持一种世态炎凉心不凉的心态，显得格外珍贵。因为世态炎凉并非是说真情已经不存在，而是更加能够衬托真情的可贵。如果你的身边能够有人在你大起大落的时候，待你始终如常，那么你应该感到非常庆幸，因为你终究还是获得了真情。所以，古人对此也有盛赞："一死一生，乃知交情，一贫一富，乃知交态，一贵一贱，交情乃见。"

从古至今，有很多的书籍都对世态炎凉进行了描述，并且教我们怎样应对。其实，完全没有必要去相信。对待世态炎凉的最好办法就是世态炎凉心不凉，只要我们始终对生活充满热情，将生活中的人情冷暖，视为风轻云淡，那就足够了。

人走，茶凉，是自然规律；人未走，茶已凉，那便是世态炎凉。一杯茶，佛门看到的是禅，道家看到的是气，儒家看到的是礼，商家看到的是利。而茶说："我就是一杯水，给你的只是你的想象，你想什么，什么就是你。"所以，心既茶，茶既心。人与人之间的关系有时很微妙，浓淡可能不在远近而在造化。其实，人情世情，冷暖自知，不如看茶是茶，看心是心。

《红楼梦》的作者曹雪芹恐怕比任何人对世态炎凉都要有切肤之痛。曹家本和皇室有着密切的联系，康熙皇帝南下的时候也曾经住在他的家中。这样的荣宠无量，不知道有多少人对曹家巴结奉承，曹雪芹作为曹家的一分子，自己也见过很多这样的嘴脸，年幼的曹雪芹就在这秦淮风月之地过着众星捧月的生活。

但是"天有不测风云，人有旦夕祸福"，雍正年间，曹雪芹一家受政治斗争的牵连，被查抄家产，曹雪芹从贵公子，一下子成了贫民。

这个时候，那些曾经想要依附曹家的人全都作鸟兽散，曹雪芹也不再是别人心中的贵公子，而是一个落魄之人，昔日那些人也没有一个人愿意再与他来往。一贫如洗的曾雪芹在那个时候终于感受到了真正的世态炎凉。

但是曹雪芹没有因此对生活失去信心，经历过伤痛之后，曹雪芹安贫乐道，过着自己的日子，即使衣食无着，他也毫不在意。在这样的生活中，曹雪芹走上了文学创作的道路，最终写出了旷世奇作《红楼梦》。

人情冷暖、世态炎凉是一种世俗情态。正是因为有了许多世态炎凉的故事，败坏了人与人之间的真诚友情，产生出许多消极的所谓的"世情格言"。比如"知事少时烦恼少，识人多处是非多""入山不怕伤人虎，只怕人情两面刀""逢人只说三分话，未可全抛一片心"等。把正常的人际关系交往笼罩一层人情反复世态炎凉的阴云，或许因为这词义弄得人们心灵一片荒芜。

许多有识之士揭露和批判过这种丑恶世态。对这些现象，我们当然无法视而不见，甚至完全不受侵蚀也是不容易做到的。但我们可以努力丰富自己的知识，尽可能地对那些丑恶的东西有清醒的认识，净化自己的灵魂，陶冶自己的情操，以抵制世俗的恶习。正像古人所说的：以青铜作镜子，可以正衣冠，以历史作镜子，可以知兴亡，以别人作镜子，可以明得失。

人生苦短，匆匆几十年。在这个世界上，没有什么是我们一定要拥有的，也没有什么是我们无法忘记的。我们尽可以放开那些在我们生命中无法长久存留的，不去钻进欲望的沼泽。如果我们心中保有梦想，我们就能以一种平和的目光去看待周围的人和事。有时候，我们能看清自己是一个入世的人，这本身就是一件很幸运的事。我们有理由笑看今天和明天，笑看我们经历过的和即将经历的。一切都会好起来的，我们的心，我们的路，都会清晰；人情冷暖，世态炎凉，也将一一看透。

其实，我们的生活宛如一架钢琴，黑白键相互交错，奏出一首首交响曲，有高音，必有低调；有欢快的节奏，也有悲伤的韵律。其实，无论遭遇的是黑色的，还是白色的，无论人情多么淡薄，我们都可以将它看成是将生命弹奏优美旋律的乐器。只要热爱生活，我们就可以像蚌壳一样，将烦恼它的沙砾化成珍珠，生活的世界依然会是柳暗花明又一村。淡看世态炎凉，人间自有真情在，保持积极的心态和感恩的心，就会拥有快乐的生活。

有人说："人情似纸张张薄，世事如棋局局新。"其实，人生风雨，是我们锻炼心性的环境；世态炎凉，是我们忍耐心性的地方；世事黑白，是我们修炼操行的资源。总而言之，淡看世态炎凉，不管人情冷暖，拥有一颗关爱他人、善待自己的心，我们才能积极地面对人生，在暖意的世间真实地生活。

我一生写作自以为是比较随意和顺性的，秉笔直书，怎样想就怎样写，写成了也不太计较个人得失和别人的毁誉。

——费孝通

（曾担任北京大学教授，著名社会学家、人类学家、民族学家、社会活动家）

少一些计较之心

法国哲学家孟德斯鸠也说过："假如一个人只是希望幸福，这很容易达到。然而，我们总是希望比其他人幸福，这就是困难所在，因为一般人坚信其他人比自己幸福。"在人生的道路上，每个人都在不断地累积着令自己烦恼的东西，包括名誉、地位、财富、亲情、人际关系、健康、知识、事业，也包括烦恼、郁闷、挫折、沮丧、压力，等等。这些东西压得人们喘不过气来，使人们失去了原本应该享受的乐趣，增添许多无谓的烦恼。其实人生没有什么事情值得大惊小怪，更没有什么事情值得斤斤计较。很多时候，我们只需要行动起来，做有意义的事情。

古人云："至道无难，唯嫌拣择。"其实，做人、做事太过于精明和斤斤计较，样样都不肯放手，就会使生命负重，活得很累；反之，少一些计较之心，对他人多一些宽容，就会很轻松。有生活智慧的人，会有所不为，懂得收放自如，所以这样的人通常比平常人更快乐一些。

通常情况下，斤斤计较往往源于利益的纷争。当自己的利益受损的时候，几乎每一个人都会自然而然地作出反击的行为。然而，这种计较带来的最终只能是矛盾的激化与升级，因为几乎没有一个人会在利益上让步。所以，斤斤计较的最终结果是两败俱伤，选择这样做的人不仅不能得到任何好处，还会因此搅乱自己的生活。

一个快乐的人不是因为拥有得多，而是因为很少计较；一个事事都计较的人，他失去的不仅仅是快乐，还有更珍贵的东西。特别是对于金钱，当一个人和钱斤斤计较的时候，钱也会和你斤斤计较；如果你看得开一些，当你不是为了钱而活着的时候你才能获得更多金钱，金钱仅仅是成功的附带品罢了。与之相反，不计较，则可能让人拥有许多宝贵的东西，这些都是无法用金钱去衡量的。

美国著名的幽默大师威尔·罗吉士继承了一个牧场。

有一天，他养的一头牛，冲破了附近一家农户篱笆，偷吃那家的玉米，结果被农夫杀死了。按照当地牧场的共同约定，农夫应该通知罗吉士并说明原因，但是那名农夫并没有那样做。罗吉士知道这件事情之后，非常生气，于是带人去找那位农夫理论。

那个时候，天气非常寒冷，罗吉士走到一半的时候，他和马车都挂满了冰霜。和他同行的人也一样要冻僵了。好不容易到了农夫家，农夫却不在家。农夫的妻子热情地邀请他们进屋去等待。罗吉士在农夫的家中获得了温暖，于是打量起这个家。他看到了瘦削的农妇，还有桌椅后同样瘦削的孩子。

不久，农夫回来了。他的妻子告诉他："他们可是顶着狂风严寒而来的。"这个时候，原本打算和农夫理论的罗吉士改变了主意，他友好地伸出手，与农夫握手并热情地拥抱。农夫显然也不知道罗吉士是谁，于是热情地邀请他共进晚餐。

农夫满脸歉意地说："不好意思，委屈你们吃这些豆子，原本有牛肉可以吃的，但是忽然刮起了风，还没准备好。"

那几个皮包骨头的孩子听到有牛肉可吃，眼睛都发亮了。

晚餐的时候，佣人一直等着罗吉士开口谈正经事。但是罗吉士似乎已经忘记了那件事，他开心地和农夫一家人一边吃饭，一边说笑。晚餐以后，天气依然很差，农夫坚持要两人住下，罗吉士答应了。

第二天早上，他们吃了一顿丰盛的早餐后，就告辞回去了。在回家的路上，佣人终于忍不住说道："我以为，您准备去为您的那头牛讨回公道呢。"罗吉士微笑着说："我原本是这样打算的，但是等我见了那家人，我改变了主意，决定不再追究了。你知道吗？我并没有白白地失去一头牛啊！因为我得到了一点人情味。毕竟，牛在任何时候都可以获得，然而人情味，却并不是很容易得到。"

在生活中，大度包容的心是不可缺少的。如果一个人气量狭小，遇事只替自己打算，与他人斤斤计较，那么在生活中就会人见人烦，处处碰壁；反过来，如果能以实际行动理解、包容别人，那么也会换来别人的理解和包容。

想要有所成就的人，就要放开斤斤计较的狭隘心胸，学会豁达和包容，在工作中与他人积极配合，在生活中与人为善，以宽阔的胸怀为人处世，以严格的标准要求自己，不为一点点的蝇头小利去计较，这样的人才能够得到成功女神的青睐。而斤斤计较的精明，表面上看起来似乎十分实用，实际上却害了自己，因为他在计较中失去了宽容。我们唯有抱持"不比较、不计较"的态度待人处世，才能恰到好处，得其所在。

每个人的路途中都有无数的困难阻挠，很多人计较困难的侵袭，放弃努力，最后只能自己抱怨。困难和挫折对于强者来说是垫脚石，是走向成功的奠基石，因为他们不畏惧挫折，不计较挫折，对困难毫不动摇。在不断的磨炼中，失败，成长，成功。当我们遇到困难时，少一些计较，把困难看作人生路上的垫脚石，只有经过了磨炼的人生才更灿烂辉煌。

生活的酸甜苦辣每个人都要品尝，每一个人都渴望拥有灿烂的人生，但真正能够活得精彩无限、有滋有味的，却是那些始终以积极的方式回应生活的人。生活就是一种态度，你能驾驭自己的心态，其实就开始了你的精彩人生。不去计较生活中的得失与公平与否，会让我们的生活少一些失落，多一些希望。

我们可以从不同的人生经历中，寻找到它的意义和价值。

你如果问我，人们应该如何生活才好呢？我说，就顺着自然所给的本性生活着，像草木虫鱼一样。你如果问我，人们生活在这变幻无常的世相中究竟为着什么？我说，生活就是为着生活，别无其他目的。你如果向我埋怨天公说，人生是多么苦恼呵！我说，人们并非生在这个世界来享幸福的，所以那并不算奇怪。

——朱光潜

（曾担任北京大学教授，中国美学家、文艺理论家、教育家、翻译家）

不同的人生境遇皆有意义

俗话说“三十年河东，三十年河西”，人的一生总不会是一帆风顺的。每个人都希望自己一直矗立在山峰之上，为人所敬仰，但真实的情况是我们总还是会处于谷底之中，一次次缓慢地向上方爬去，再慢慢地滑下来。因此，一个人在不同的人生遭遇中所持何种心态，就成了考验他是否成熟的重要标准。

我们的生命本应体验不同的境遇，感受不同的人生风景。每个人都在这个世界上扮演着一个角色，那么我们就必须让自己这个角色有更丰富的经历，能够为自己，也为这个世界带来一定的意义，这一意义无关大小，它是一种内在的精神觉悟。只要我们能够在平凡中不失精神，做好每一件该做的事，那么我们这个角色的意义就一定能够体现出来，我们的人生也就不会平凡。

人生的挫折在所难免，每个人成长的过程中都有可能会遇到意想不到的挫折。然而，挫折只是人生的过程，而不是人生的终结。只要我们能够坦然面对，保持积极的心态，那么我们一定可以从挫折中走出，重新拥有成功的人生。

在有生命的日子里，我们会面临顺境，也同样会遭遇挫折。有人说“跌宕起伏才是完整的人生”，的确不无道理。要知道，生活中的顺境和挫折都有它的意义。我们要做的，就是拥有“得意时淡然，失意时坦然”的心境和态度。

熊十力曾任教于北京大学，作为著名革命家、哲学家，他早年参加辛亥革命，革命成功之后他归隐著书，从此投身学海。在他跌宕起伏的一生中，他曾经历过好几次的大起大落，几次走入“谷底”，但豁达坦然的性格让他每次都能够平静地面对失意，最终从谷底中慢慢走出。

1920 年，熊十力到南京求学。报到时因为很穷，因此他穿得破破烂烂的。书院接待人员看他一脸穷酸相，就把他安排到了下人住的地方，一住就是三年。没有同窗，到处都是鄙夷的目光，熊十力的窘迫可想而知了。但就是在这样的环境下，他仍能泰然处之，终于凭借一个有关佛学方面的论文一鸣惊人。

1937年，日本发动全面侵华战争，当时在北京大学教书的熊先生不愿做亡国奴，连夜跳上一辆拉煤的火车逃亡南方。他离开北京的当天正下着大雨，熊先生躺在煤堆上，又冷又饿，但就是在这样的情况下，他竟然还能甘之如饴地欣赏铁路两边的景致，先生的坦然可见一斑。

其实，任何人的人生都不是一帆风顺的，有众星捧月、鲜花与掌声簇拥的时刻，就有藏于角落、无人问津的时候。得意和失意是人生的必然的状态，伴随着这两种极端的人生状态的往往是两种极端的个人情绪，一个是大喜，一个是大悲。殊不知，人生本就是一个自然的状态，失意和得意也属平凡，我们不必为此改变自己的情绪。

用一颗平常心，坦然面对不同的人生状态，也就是心态平和，顺其自然，这是我们面对生活时应该有的心态。

“诗仙”李白一生漫游，创作了大量的充满浪漫主义气息的传世诗歌。他的诗歌之所以能够充满浪漫主义，正是源于他在不同的人生境遇中，都抱持洒脱不羁的生活态度。

李白和那个时期的年轻人一样，也希望能够晋身仕途，实现自己的政治抱负。但是，李白不愿意和其他人一样通过科举考试晋身，而是希望有人能够赏识他卓越的才华，直接上位。所以，他四处漫游，到处结交朋友，拜谒社会名流，希望能够得到引荐，一举实现自己的理想。

天宝元年，机会终于到来，因道士吴筠的推荐，李白被召至长安，供奉翰林，文章风采，名震天下，一句“仰天大笑出门去，我辈岂是蓬蒿人”道出了诗人的自信和豪放。不过，李白的才气虽为玄宗所赏识，却不见容于权贵。

不愿意谄媚于权贵的李白，三年之后就弃官离开，继续他那漂泊的流浪生活。而且经历了宫廷风波之后，李白反倒变得更加洒脱了，他不再强迫自己进入自己并不熟悉的官场。终其一生，李白就再没有什么“建功立业”的机会了，但坦然的心境成了他创作的源泉。其后，李白创作了大量的诗歌，那充满浪漫主义气息的诗歌受到后世文人的不断追捧。千年以后，大唐王朝早已不复存在，但“诗仙”的名号依然闪耀在李白的头上。

其实，无论是荣华富贵还是颠沛流离，那不过都是外部的因素，真正决定一个人人生高度的是他的内心。生活中，我们不需要做一个看破红尘、不食人间烟火的世外高人，而是要以平和的心态看待人生的起起落落。

可以说，懂得不同的人生境遇皆有意义，是一种高超的人生境界。“十年寒窗无人知，一朝成名天下闻”固然可喜可贺，但我们不能为此而“春风得意马蹄疾，一日看尽长安花”。在生活中，如果我们能拥有一份悠然，拥有一份豁达，在每一次经历中都能看到其意义，我们就能清晰地看到自己的人生方向，洞悉自己的心灵，在未来的人生旅途中看得更高，走得更远。

如果不能忘，或者没有忘这个本能，那么痛苦就会时时刻刻都新鲜生动，时时刻刻像初产生时那样剧烈残酷地折磨着你。这是任何人都无法忍受下去的。

——季羡林

（曾任北京大学副校长，中国著名文学家、语言学家、翻译家、散文家）

该忘记的要学会忘记

泰戈尔有这样一句诗：“如果你为错过太阳而哭泣，那么你也将错过星星了。”是的，如果我们总是纠结于不愉快的往事，那么现在正经历的美好时光也会被我们忽视。其实，每个人的人生都是一场旅程，沿途我们会遇到很多别样的风景，也会遇到很多坎坷的道路。

人生在世，忧虑与烦恼有时也会伴随着欢乐与快乐，正如失败常伴随着成功。如果一个人的脑子里整天胡思乱想，把没有价值的东西存在头脑中，那他就会感到前途渺茫，就会觉得人生有太多的不如意。

所以，我们很有必要对头脑中存储的东西及时进行清理，把该保留的保留下来，把不该保留的抛弃。那些给人带来诸方面不利的因素，实在没有必要过了若干年还回味不已或耿耿于怀。只有这样，我们才能生活得洒脱一点。

如果我们一路走来，总是把自己曾经的遗憾和伤害都记住，那么我们所背负的东西就会越来越重，生活的道路就会越来越难走。而且，不好的记忆太多，美好的记忆便也难以承载。

因此，一个人只有学会忘记，忘记那些曾经的哀伤和遗憾，记住曾经的快乐和幸福，才能够让我们以积极的、坦然的心态去面对现在、面对未来。

有这样一个故事：

某天，一个老和尚带着一个小和尚去山下化缘，来到一条小河边，师徒二人看到一个女子，由于没有桥，想过河的女子正在河边徘徊，不知如何是好。看到此情景的老和尚就背着那名女子过了河。女子道谢离开了，小和尚心中大惑不解，师父怎么可以背一个女子过河呢？走了很长时间，小和尚终于忍不住了，就问师父："我们是出家人，你怎么能背一个女子过河呢？"老和尚淡淡地说："我把她背过河就放下了，你却背了那么久。"

生命是由每一天的经历累积起来的，我们每个人都有属于自己生命的记忆。在已经过去的岁月中，会有无数的事情发生，这些事情有的让我们开心，有的让我们难过；有的让我们自豪，有的让我们难堪。对于每一个人来说，往事是一笔财富，时常回望自己走过的人生，会对我们未来的人生之路有很大的帮助。

然而，并非所有往事都是应该牢牢记住的，有的时候，太多的回忆反而会成为我们的负担，让我们未来的人生之路走得更加艰辛。而且耿耿于怀于过往的一些事情，会让我们无法坦然地面对现在的人生。人生不如意之事十之八九，不管昨天是成功还是失败，都已成为历史，不能成为最终的决定因素。因此，不要沉溺于过去，把过去的一切都放下，卸下心头的包袱，才能更好地重新开始新的生活。

三个很要好的朋友相约去旅行。这一天，他们来到一座荒山，在攀岩的过程中，有一个人踩在了湿滑的青苔上，差点滑下山谷，幸亏他旁边的那个朋友眼疾手快，一把抓住了他，把他拉了上来。被救的那个人非常感激，他在山上的石头上刻下了这样的一行字："某年某月某日，好朋友某某救了我一命。"刻完之后，他们继续前行。

这一天，他们又来到了海边，也不知因为什么事情，两个人吵了起来。当初救人的那个人还打了被救的那个人一巴掌。那人非常愤怒，然后就在沙滩上写下了这么一句话："某年某月某日，好朋友某某打了我一巴掌。"

另外的一个人对他的举动很不理解，旅行结束之后，他就问那个人为什么要把被救的事情刻在石头上，而把被打的事情写在沙滩上。

那人回答说："写在石头上的字迹永远不会消失，我对他的感激之情就会永远存在；写在沙滩上的字迹会随着潮水的涌动和人们的踩踏而很快消失，我对他的怨恨，也就无影无踪了。"

人的一生总会有很多经历，那些曾经令我们感动的、开心的事情往往很容易淡忘，而那些曾经令我们愤怒的事情却很容易深深地刻在我们的脑海中，而这些回忆正是造成我们人生痛苦的根源。

忘记该忘记的也是一种勇气，我们生活的天空也会因此而晴空万里。人的一生是短暂的，脆弱的生命不能承载太多的负荷，要学会忘记，忘记那些不该记住的东西，忘记不属于自己的东西。无论那些有多美，我们只能远远地欣赏。

哲人告诉我们："能够忘记，是最大的幸福。"如果每当夜阑人静的时候，在我们的脑海里涌现的不是那些温馨的画面，而是那些令我们陷入难过的场景，这样，我们就会忽略正在进行的生活中的种种美好的事物，沉溺于过去的痛苦中。只有忘记伤痛，我们的生活才可能变得更美好、更轻松。

聂绀弩是我国现代著名的诗人，其诗文体例和风格都别具匠心，为当时很多大学问家所推崇。聂绀弩早年参加过北伐战争，并多年从事办报生涯。无论在政界，还是在文化界，聂绀弩都有非常高的声望，但他在"文革"中却一次次跌进痛苦的深渊。

后来，恢复了名誉地位的聂先生，因其学识也因其傲骨再次引起了学界和政府的重视，先生声名地位渐渐比过去更高。但是，恢复了正常生活的聂先生似乎忘记了他人的背叛和自己受到过的磨难，对那些亲友一如既往地给予关照和帮助。

有很多人对聂绀弩的所作所为不理解，其实，这正是聂绀弩先生的睿智之所在。无论如何怨恨憎恶，过去的时光终究是追不回来了，与其苦苦纠结不能释怀，倒不如将其忘记。这样，不但能够重新拥有失去的朋友，还能赢得别人的尊重。只有忘记该忘记的，我们才能够平静地面对现在的生活。

生活是在不断进行的，它向未来无限延伸着。我们没有太多的时间回味过去，没有太多时间一味活在过去的记忆里。只有记住该记住的，忘记该忘记的，我们才能够一路收藏人生最美好的风景，洒脱地面对人生的种种苦难与幸福。

学会忘记是一种豁达、一种千帆过后的沧桑沉淀。世事无常，命运颠沛，生活还是无谓地继续着，除旧迎新，遗忘一些过往之后会使体内的血液更新鲜地涌动。遗忘是一种成熟，一种阅尽繁华之后的淡泊。在每一个无人的夜晚，梳理思绪，不要再有目光穿透伤悲，活在当下，更真实地拥抱自己。

学会忘记也是一种哲学的空灵。刻意遗忘则是很累的。只要我们想抛弃掉沉重的包袱，没有不可能的，学会遗忘，是一种深刻的生活体验，同时也体现了我们对人生的旷达。

忘记无缘的朋友，忘记花开花落的烦恼，忘记夕阳易逝的叹息，忘记一切不愿记忆的东西。人活一世重要的是经历，过去的伤痛其实不必过分在意，追忆过去，反而只能徒增伤悲。当我们为过去而掩面流泪的时候，时光已悄悄流逝，幸福也从指缝间悄悄地溜走。而懂得放弃，学会忘记，生命升华出安静超然的精神，也就收获了幸福。

我不在乎外界的评论，我一路都是在非议中走过来的。虱子多了不怕咬，我被人说惯了，无所谓了。这些年自己生生从一个老实听话的农村孩子变得逆反了，别人都说好的事儿我还不乐意干呢；别人都说这事儿不成，你别去，我还偏去了！

——刘震云

（曾就读于北京大学中文系，著名作家）

不必在意别人的看法

叔本华曾经说：“一切的真理，都得经历这样三个阶段，才会为世人接受。第一阶段，觉得可笑而不加理会。第二阶段，视为邪说而强烈抗拒。第三阶段，未加思索就欣然接受。所以，一旦你接受了别人的信念，就如神经系统被下了一道紧箍咒，你的现在和未来，都会受到它的影响。”

由此可见，一个人如果想主宰自己的人生，就必须好好掌握自己的信念。按照通俗的说法，就是在自己的想法和别人的意见之间，有一个自主的判断，否则，我们很可能会失去自我。

意大利诗人但丁有这样一句家喻户晓的名言：“走自己的路，让别人去说吧！”他告诉我们，选择自己的路，然后坚定地走下去，不必在意别人的看法。第一个吃螃蟹的人必定面临着诸多反对的声音，但有时候并不需要理会，只要坚持自己的梦想，一直往前走。

曾有记者采访英特尔前CEO安迪·格鲁夫，问他：“有没有什么事情，是您不在乎的？”他的回答很坚定：“其实很多事情，我都不在乎。我不在乎别人觉得我这个人怎么样，他们对我有什么评论我不在乎。我自己想，我应该做什么事情，我应该说什么话，假如说我这样说了，这样做了，给别人留下什么不好的印象，我也不觉得烦恼。我也不太在乎那些外表的形式，比如说有什么潮流要跟，我应该穿什么才合潮流，我都不太在乎。怎么说话，怎么交谈，这些形式上的东西我也不太在乎，我觉得更重要的是实质内容。”

其实，正是因为不在乎别人的看法，才成就了今天的安迪·格鲁夫。这样一件事也告诉我们，取得成功需要的是自身的能力，而不仅仅是他人的肯定。有时候我们要放下内心中被认同、被喜爱、被尊重的需求，让自己从依赖他人的欣赏、赞美和认可中解放出来。我们活着不是为了让别人看，是为了证明我们自己。

另外，如果我们太在意别人的想法，就很容易失去自我，在作判断与选择的时候，你是盲目的，也总是随着别人的意念而改变。所以，别人的看法对我们来说并没有太大的意义。

在一个山里的一个小村镇，那天清晨天气晴朗，阳光普照。有一对祖孙赶着要到一个集市里去卖一头驴子，他们把驴子清洗得非常干净，毛也刷得很柔顺，之后，祖孙就很快乐地出发了。

就在他们经过一个陡峭的小路时，在一旁闲聊天的人们看着他们说：“你们看看这两个笨蛋，他们竟然不坐在那驴子舒服的背上，让驴子载着他们走，自己却走得那么累。”爷爷听了他们的话，想想也对，于是他和孙子两人一起坐上驴子的背继续走去。

很快，他们又碰到了另一群路边闲聊的人：“看看他们这两个懒人，他们难不成要坐断那可怜驴子的背啊!”

老人想想也对，他觉得自己比较重，于是下来步行，让孙儿一人骑在驴背上。

不久之后，他们又听见有人说：“你们看看那小孩多不孝顺啊，竟然自己骑在驴背上，而让爷爷走得那么累，哎……”

老人听了之后，心想没错啊，所以就自己骑坐在驴背上，让孙儿自己走路。

再过不久之后，又有人说：“你们看看那个老人多么残忍啊，自己轻轻松松地坐在驴背上，却让一个小孩独自卖力地行走。”

这时祖孙二人真是困惑不已，他们停下来，在一旁想到底要用什么方法别人才不会被别人议论，却耽误了自己的行程。

英国有一句谚语：一千个读者心中，就有一千个哈姆雷特。对于同一件事情，每个人都有不同的看法，一千个人看同一个问题，就可能得出一千种答案。

如果你太过于在意他人的想法，被他人的眼光所左右，对自己来说也就永远都无从选择。

有位名人曾经说："生命短促，没有时间可以浪费，一切随心自由才是应该努力去追求的，别人如何议论和看待我，便是那么无足轻重了。"许多时候，我们都在为别人活着，我们太在意别人的感觉，因而在一片迷茫之中迷失了自己。

其实，别人的眼光和议论你不必太在意，我们何必太在意那些属于我们生命以外的一些东西呢？我们所应牢牢把握的只是生命本身，如果我们一直活在别人的目光下，那么属于我们自己的生命还有多少呢？

生命是一艘巨大的船，我们要让自己成为掌舵人，即使这艘船在我们的生命中行驶得有点颠簸，我们也会在航行的快乐中到达自己的生命彼岸。如果总是因为他人的看法改变自己，你会活得越来越没有自我。想要达到最终的目标，就不能放弃自己，要自己去走完这条路。放弃了自己不仅会使你失去成就的机会，你的生命也会随之失去意义。

很多时候，不必太在意别人的看法，我们要有自己的想法。在面对双向甚至多向选择时，决定权永远在我们自己的手中，也许有的时候我们自己的选择并不是最好的，但这就是人生。

我有两种看待人生的方法。在第一种方法里，我把我自己摆在前台，和世界一切人和物在一块玩把戏；在第二种方法里，我把我自己摆在后台，袖手看旁人在那儿装腔作势。

——朱光潜

（曾担任北京大学教授，中国美学家、文艺理论家、教育家、翻译家）

生命无常，泰然处之

世间的一切都有生住异灭的过程，生命的无常是无法回避的。人生都要经历生老病死，如同春夏秋冬的轮转一样，是一种自然现象。所以，面对生命无常的泰然心态，不但不是消极的，反而是积极进取的，是给人以希望与光明的。因为，只有明白了生命的无常，才会珍惜生命的有限，才能放下无谓的执着，才可以坦然地面对人生的苦难。

自然通达之人，能够看破事物的表象，优游物外，而化解险境和忧烦；一般凡夫俗子却总被世间的烦恼困惑缠缚而难以自拔。天地间的万事万物，不论美与丑、善与恶、得与失，既是相对，亦非绝对，却是无常的，缘生的。在热闹的尘世中，看破了名利、得失的虚妄，放下了贪爱的执着，活也活得自在，死亦死得安然。唯有旷达超然的态度，以乐观、宽容的心去正视现实，眼下的世界才会越来越广阔。

佛说："涅槃寂静。离苦得乐，苦与乐乃是生命的盛宴。"活在世间的生命，总是感慨苦多于乐，要离苦才能得乐。因此，佛学是离苦得乐的哲学。只有深刻体验苦，才能透彻体会其中之乐。

圆满的人生并不是一辈子没有吃过苦、没有失过恋，而是经历过、体验过、面对过那苦的滋味，超越那苦的感觉。苦为乐、乐为苦，苦与乐的感受全在于一心。达摩面壁，凡人皆称其为苦修。达摩祖师在静修中心归空灵、慧及宇宙，体肤之苦尽皆化为心灵的极乐，并无半点苦楚可言。世间许多有非凡成就的人并不害怕困苦，他们往往以自己的智慧和心胸化苦为乐，让自己的人生变得更从容、更成功。

法国作家巴尔扎克就是一个善于以苦为乐的人。

巴尔扎克是法国现实主义作家的代表。巴尔扎克一生共完成了 90 部长篇小说，平均每天工作 12 小时以上。每天深夜 12 点时，仆人就会叫醒他，于是他穿上衣服，立刻奋笔疾书。一般他会连续写五六个钟头，直到累到极点才会离桌休息。

巴尔扎克是举世公认的观察和剖析人性的高手，但在现实生活里，他却不太精明。年轻时，他曾经商失败，欠下了 6 万法郎的债务。等他成名后，尽管收入不菲，但由于奢侈浪费，最后弄得入不敷出。在他入不敷出的日子里，还发生了一桩趣事。

有一天晚上巴尔扎克醒来，发觉有个小偷正在翻他的抽屉，他不禁哈哈大笑。小偷问道："你笑什么？"

巴尔扎克说："真好笑，我在白天翻了好久，连一毛钱也找不到，你在黑夜里还能找到什么呢？"

小偷自讨没趣，转身就要走。巴尔扎克笑着说："请你顺手把门关好。"

小偷说："你家徒四壁，关门干什么啊？"

巴尔扎克幽默地说："它不是用来防盗，而是用来挡风的。"

巴尔扎克曾自诩要超过拿破仑："他的剑做不到的，我的笔能完成"。他的确做到了，虽然他只活了50岁，却留下许多伟大的作品，为人们提供了巨大的精神财富。

苦与乐并非是相互对立的，而是相辅相成、相互转化的。人的一生总要生活在一种特定的境遇中，无数的不同境遇连起来，便构成了一个完整的人生线段。这个处境线既不可能是圆的，也不可能是直的，在生命的长河中，我们总是会碰到各种各样的急流险滩，但是也会搭上顺风船，一路风平浪静。

唐代的孔颖达是为《周易》作详细注解的大学者。这天，他注释到"丰"卦的时候，不知该如何下笔，伏在桌子上睡着了。梦中，他遇到了先哲孔子，孔颖达赶紧问道："伟大的圣人啊，请告诉我什么是'丰'吧。"

孔子反问道："那你说什么是'丰'呢？"

孔颖达毕恭毕敬地回答说："按照学生的看法，'丰'就是丰富、顺利、兴旺的意思。"

孔子捋着白胡子笑了，说："是这样的，可是你只说对了一半。你看，太阳在天空中运行，正当顶的时候，骄阳万里，可是大家都知道，过了这个顶峰，它就向西方倾斜了。月亮到了每月十五，圆圆的像一面明镜，可是从第二天开始，它就开始亏缺了。夏天最炎热的时候，一片叶子悄悄落下，昭示着秋天即将来临。正午的太阳不'丰'吗？十五的月亮不'丰'吗？万物生长的夏季不'丰'吗？可是，它们都面临着下降、亏缺和衰败的危险啊。"

孔颖达恍然大悟，醒来后，在"丰"卦下写道："日月盈亏，寒暑往来，山陵升降，都是一个道理啊。增长的时候随着时间一同增长，衰减的时候也随着时间一同衰减，天地日月这样的宏伟之物还不能长久，更何况是人呢？所以，一定要在盛的时候想到衰，在存的时候想到亡，警惕吧。"

万事万物处于一个不断变化的过程中，好的可以变坏，弱的可以变强，冬去春来，斗转星移，所以，我们要举起双手划桨，左手上写着"乐观"，右手上写着"忧患"，两只手同时用力，就不会让心灵偏离正确的航向。

其实，每个人都有"潜龙在渊"的阶段，此时一定要保持乐观的心态，相信即使我们身处逆境、四面楚歌，也一定会有"山重水复疑无路，柳暗花明又一村"的那一天。不过，一味乐观就有了盲目之嫌，所以要学会在乐观的同时未雨绸缪，心中长存忧患意识，否则换来的可能是盛极而衰的结局。另外，就现实的情形而言，悲观失望者一时的呻吟与哀号，虽然能得到短暂的同情与怜悯，但最终的结果必然是别人的鄙夷与厌烦；而乐观上进的人，经过长久的忍耐与奋斗，最终赢得的将不仅仅是鲜花与掌声，还有别人饱含敬意的目光。

第二章　淡泊名利是人生的最高境界

社会上的浮躁风气和商业上的投机心理侵蚀着学术，一些学者忘记了学术的目的，或急功近利，粗制滥造；或媚于世俗，热衷炒作；有的人甚至丧失学术道德，以抄袭剽窃的手段换取一时的名利。这简直就是学术自杀的行为。

——袁行霈

（曾任北京大学中文系教授，人文学部主任、国学研究院院长，著名文学家）

君子不追名逐利

太史公司马迁在《史记·货殖列传》中有句名言："天下熙熙，皆为利来；天下攘攘，皆为利往。"这句话形象地描绘了人世间的生活百态。名与利，这几乎是每个人都关心的东西，很多人匆匆一生，几乎都只用在追名逐利上。

传说清朝乾隆皇帝微服下江南，有一次借宿江苏镇江的金山寺。在寺中乾隆与方丈攀谈，忽然他看到寺外京杭大运河中万帆相竞、百舸争流，于是大发感慨，开口问道："老方丈，你在这镇江住了几十年，可知道每天来往多少船只吗?"老和尚略作沉吟后回答道："我只看到两只船，一只为名，一只为利。"

追名逐利，这四字几乎就可以概括很多人的一生。世人却总是脱不开"名利"二字，因此才有了庸庸碌碌的一生，而那些能够看淡名利的人，却最终能够成就别人无法企及的事业。这个道理也许每个人都懂，很多人也都想持一颗淡泊宁静的心，可一旦到了名利面前，却又变得不甘心，最后纷纷奔走到拥挤的名利路上来。

名利之所以能够对很多人有那么大的吸引力，根源还在于人的欲望太过强烈，欲望促使我们采取行动去追逐和占有自己没有的东西。名利与欲望总是遥相呼应的，名利所能给人们带来的种种快感，正是欲望所需求的。

等我们对财富有极强的欲望的时候，就会想尽一切办法去求利；当我们向往雷鸣般的掌声和鲜花的簇拥时，我们就会动用一切力量去为自己争取名誉；当我们贪图享乐的时候，我们就会不断地去累积财富。

朱元璋的心腹军师刘伯温是明朝的开国功臣，他不仅有张良的才能，还有张良的智慧，在帮助朱元璋打下江山之后，他就萌生了退意。当时，朱元璋大封功臣，很多和他一起的功臣，甚至是没有他功劳大的人都封了公爵，但是刘伯温没有接受公爵，只领了一个诚意伯的爵位，这是在明朝的开国功臣中仅有的一个。

刘伯温疾恶如仇，深知自己得罪了很多人，而朱元璋也不是一个可以共富贵的人，于是在洪武四年（1371 年）向朱元璋提出了辞职，朱元璋欣然应允。从此，刘伯温过上了隐居的生活。

但是刘伯温的名头实在太大，在民间的影响力也大，朱元璋对他还是不放心。而在朝中，那些与他有隙的人也趁机攻击他。刘伯温为了打消朱元璋的疑虑，特意搬到南京住。虽然刘伯温晚年一直在惊虑中度过，但是相比那些富贵一时，不肯退下来的功臣们，他的结局算是好的。

一个人如果不能淡泊名利，就必然会急功近利，进而为了满足心中的贪婪而不择手段。很多贪污受贿之人都因为追逐名利而给自己带来不良的后果。

人如果能少一点贪欲，多一点自制与满足，自然就不会落入生活里各种各样的圈套中，让自己为名利所累，不能轻松面对生活。

张良是刘邦最重要的谋臣，他是一个懂得明哲保身的人。刘邦依靠他的计谋攻城略地，一次又一次地死里逃生。刘邦对张良待之以师礼。然而功成之后，张良却主动请辞，离开了斗争激烈的权力中心。

开国之后，刘邦给他的封赏是“齐地任选三万户”，深知刘邦个性的张良固辞不受，而是对刘邦讨要了一个“留侯”的封号（“留”今江苏省沛县东南的一座小城），算是处于半退隐的状态。

张良假托神道，不再参与政事。在刘邦清除异姓王的过程中，他也没有参与。这样一个人对刘邦来说是没有威胁的，因而张良得以善终。

“不畏浮云遮望眼，只缘身在最高层”，名利和它背后的欲望就是遮挡在我们成功路上的浮云，如果想要战胜它们，直抵成功的彼岸，我们就要提高自己的境界，始终保持一种超然、淡定的心。

常有人叹息生活忙乱，负担沉重。的确，人生有许多推不开的身外负担，但是，在这些负担之中，有许多是名利场上的。

许多人在除了自己分内该忙的事情外，更要在名利场上奔波，最终由于过早地涉足了各名利场合而纠缠于这种种的俗务中，顾此失彼，使自己的人生迷失了方向，改道而行。正如方仲永，如果不是在他年少时父亲就拉着他整日奔波于达官贵人家求名逐利，也许他就不会过早地归于平庸，泯然于众人。

一个人的精力有限，生命有限，在有生之年，把握住自己真正的志趣与才能所在，专一地做下去，才可能有所成就。我们不但要有魄力，而且还要有判断力，摆脱其他外物的诱惑，不为一切名利权位等虚荣而中途改道。这样，才能促成一个人走向人生的绚烂。

一个有成就的科学家，他最初的动力，绝不是想要拿个什么奖，或者得到什么样的名和利。他之所以狂热地去追求，是因为热爱和一心想对未知领域进行探索的缘故。

——王选

（曾任北京大学教授，著名科学家）

淡泊以明志，宁静以致远

诸葛亮在《诫子书》中说道：“非淡泊无以明志，非宁静无以致远。”因此，中国人不仅倾慕诸葛亮的神机妙算，还欣赏他的淡泊人生观，常常借用这句“淡泊以明志，宁静以致远”来自我勉励。

淡泊的心态也是孔子所提倡的，《论语》里他讲到“无欲则刚”，意在告诉人们：一个真正强大的人是“没有欲望”的——因为“没有欲望”，所以才不会患得患失。

淡泊与宁静，是一种宠辱不惊的淡然与豁达，是一种历经尘世间诸多磨难和变迁后的成熟与从容，也是大彻大悟的宁静心态。淡泊名利并非不追求名利，而是能在名利中游刃有余，顺势取得名利，并及时从名利中抽身。只有这样，我们的一生才不会被名利牵绊，身在红尘里飘摇，心在诗意地栖居，拥有一个洒脱的人生。

《瓦尔登湖》的作者梭罗为了写这本书，决心去森林中过两年隐士生活。梭罗以种豆和玉米为食，摆脱了一切剥夺他时间的琐事俗务，专心致志，去体验山林湖泊的景色与他心灵所产生的共鸣。这样，他便从中发现了许多道理，从而完成了这本名著。

而我们身处这样一个浮躁的时代，往往心浮气躁，似乎难以找到那种宁静、平和的精神境界。然而，对于每一个人来说，看轻世俗的名利，才能明确自己的志向；身心安宁恬静，才能实现远大的理想。

季羡林是淡泊名利的表率，当他在学界声誉四起之后，各种邀请、聘任、采访纷至沓来。面对众多虚名实利，季先生却选择了躲避，对于这些他是能推就推，不能推掉的也尽量不让它影响到自己的正常生活。

1981～1998 年，17 年间，当有的人靠着资历名望大赚外快、大捞实惠的时候，季先生却把自己关在书斋里，把全部精力都放在对《唐史》的撰写上面。

季羡林告诉我们：只要有“淡泊以明志，宁静以致远”的心态，我们就能从容应对一切的挫折与困难。因此，一个人要想使自己的头脑清明起来，必须先放下一切，使自己真正空起来，才能拥有无限的可能。

“淡泊明志，宁静致远”是追求精神境界的一种方式。淡泊名利不是超凡脱俗，宁静致远不是与世无争。

财富追求无止境，地位追求无止境，人生的意义在哪里？当人们成为财富和地位的奴隶时，不是快乐和幸福，只有痛苦和烦恼。淡泊是不要成为财富和地位的奴隶，明志是明确自己的志向，是要作出贡献，这样就可以在恬静的人生中感受更美的风景。

淡泊就是不争，不纠结，不骄躁，保持平常心的心态去面对人和事，“淡中出真味，常中识英奇”，越是生性淡泊的人越能体会平淡中的长久。淡然而不虚妄，从容面对得与失，静心必能修性致，淡泊可少纷争，锦衣丰食不长久，安于本分，淡泊随性，才能快乐生活、安然度日。

宋朝的雪窦禅师喜欢云游四方访学，这天，禅师在淮水旁遇到了曾会学士。曾会问：“禅师，您要到哪里去？”

雪窦回答说：“不一定，也许去往钱塘，也许会到天台那里去看看。”曾会建议道："灵隐寺的住持珊禅师和我交情甚笃，我给您写封介绍信，您带去交给他，他一定会好好招待您的。"

于是雪窦禅师来到了灵隐寺，但他并没有把曾会的介绍信拿出来，而是潜身于普通僧众之中过了三年。

三年后，曾会奉令出使浙江，便到灵隐寺去找雪窦禅师，但寺僧告诉他说并不知道这个人。曾会不信，便自己到云水僧所住的僧房内，在一千多位僧众中找来找去，终于找到了雪窦禅师。

曾会不解地问："为什么您不去见住持而隐藏在这里呢？是我为您写的介绍信丢了吗？"

雪窦禅师微笑着回答道："不敢不敢。我只是一个云水僧，一无所有，所以我不会做您的邮差的！"说完拿出介绍信，原封不动地交给曾会，两人相视而笑。曾会随即将雪窦引荐给住持珊禅师，珊禅师甚惜其才。后来，苏州翠峰寺缺住持，珊禅师就推荐雪窦去任职。在那里，雪窦终成一代名僧。

人格的伟大之处就在于：它超出了欲望的需求而追求品德的完善。一个人做到淡泊、宁静的时候，就是放弃了心中的杂念，就是清空了心灵中积存的枯枝败叶。人只有清空了心灵，才能最大限度地获得生命的自由、独立，才能收获未来的光荣与辉煌。

"淡泊明志，宁静致远"不仅是自我调节的心境宁静，而是要有更高的追求目标。淡泊于名利才能有更高的志向，将人们共同的快乐和幸福作为个人追求的目标，就会有持久的快乐。宁静才能对事物的规律有更清楚地认识，才能在努力奉献的过程中少犯错误。终日劳碌会烦恼，无所事事会更烦恼。

当人们处在劳碌之中时，会因为烦恼不能静心而更忙碌，如果能静心可以事半功倍，因为许多人是在反复重复着自己的错误。静心可以看清自我、提高智慧，提高智慧就能有更高的境界，境界提高了就会减少错误。

人生如花草植物，枯荣不定，岁月无情，生命短暂，名利对于我们来说就是过眼云烟，根本不用为功名利禄而煞费苦心。

其实，每个人都应该从功名利禄交织的尘世中超脱出来，认清生命的本质，从而掌握人生的禅机，游刃于变幻莫测的人生。只有做到淡泊，方能真正体会人生真义；只有心灵宁静，方能在生命的旅途中走得更远。

核武器事业，是成千上万人的努力，才能取得成功的！我只不过做了一小部分应该做的工作，只能作为一个代表而已。

——邓稼先

（曾在北京大学任教，中国杰出的科学家、中国“两弹”元勋）

以成就为重，而非以名利为先

有一位哲人说：“不要忽略参天大树之下的土壤。”现实生活中，我们往往被一种表象蒙住了眼睛，看不到光环笼罩下的表面背后，也需要有它坚实的基础。自然地，很多人都会重名利而轻成就。其实，成就与名利的关系就好像是花茎和花朵的关系，花朵虽然很引人注目，但是却需要花茎为支撑；花茎虽然看起来很不起眼，却能为花朵传输养分，没有花茎的良好生长，就不可能有美丽的花朵存在。如果我们总是想着追求名利，而忽略了成就，那么我们的行为就有失明智了。

钱锺书先生是我国难得的通才、大家，无论是古学还是新学，无论是中文还是外语，他都无所不通，但更让人慨叹的，还是先生那不以名利为先的情怀。

曾经有一次，法国巴黎的《世界报》撰长文力捧钱锺书先生，认为中国最有资格荣膺诺贝尔文学奖殊荣的，非先生莫属。

每天阅读外国报纸的钱先生读到这一信息后迅速作出反应，马上在《光明报》上发表笔谈式文章，历数诺贝尔奖委员会的误评、错评与漏评。条条款款有根有据。其表面上是在批诺贝尔奖委员会，实际上却是在消除自己获奖的可能。

生活中，如果我们一开始的时候，就怀一颗名利之心去从事某个领域的钻研，那么，一方面我们会很难有所成就，另一方面，我们会忽略所做事情本身带给我们的快乐。要知道，名利之心会让我们在做研究的时候就难以心无旁骛，总是关心自己的努力究竟有没有换来应得的名利。我们总会衡量：如果有好处，我们可能会继续下去；如果没有的话，难免会有些沮丧，进而失去动力。

古罗马国王哈德良手下有一位将军，跟随自己长年征战。

有一次，这位将军觉得他应该得到提升，便在皇帝面前提到这件事。“我应该升到更重要的领导岗位，”他说，“因为我已经参加过 10 次重要战役。”

哈德良国王指着拴在周围的驴子说：“亲爱的将军，好好看看这些驴子，它们至少参加过 20 次战役，可它们仍然是驴子。”

在战场上没有功绩，就不会有本质的改变，就如同参加20次战争的驴子一样，最终还是驴子。其实，很多人都与这位将军的想法一样，总是以名利为先，而非以成就为重。当工作任务没有成功地完成的时候，就产生“没有功劳也有苦劳”的想法，其实这样的人反而更难有大的成就。

其实，很多时候，一味追逐名利的心态会促使我们急功近利，难以下苦功、用心做事，总是计较暂时的得与失，这样就会大大地增加我们失败的可能性。

名利之心让我们总是把自己的付出与所得到的回报进行对比，追求付出与回报的对等，甚至是付出大于回报。一旦我们怀着名利之心去做某一件事情，必然不能全身心地投入其中，当然也就很难取得成就了。

有一个聪明的年轻人很想在所有方面都比他身边的人强，尤其想成为一名大学问家。可是，许多年过去了，他在其他方面都不错，就是学业没有长进。他很苦恼，就去向一位大师求教。

大师说：“我带你去爬山，到山顶之后你就会知道该如何做了。”

山路上有许多晶莹的小石头，很引人注目。每当见到漂亮的石头，大师就让年轻人装进袋子里背着。渐渐地，年轻人吃不消了。

“大师，如果再往袋子里放石头，别说到山顶了，恐怕我连动也不能动了。”他疑惑地望着大师。

“是呀，那该怎么办呢？”大师微微一笑。

“该放下。”

“那为何不放下呢？背着石头怎能登山？”大师笑了。

年轻人豁然开朗，向大师道谢。

从此，他再也不处处与人比较，而是一心一意做学问，果然进步飞快……

“但问耕耘，莫问收获”是我们成就一项事业应有的心态。任何一个人想要在某个领域取得成就，都必须付出非常大的努力，只有经过长时间的积累，才有可能最终有所成就。这也就要求我们必须不计代价地去做事。

对于大多数人来说，当我们决定要从事一项行业或研究的时候，往往并不是因为看到了这项行业和研究能给我们带来多少名利，而是完全出自于对这一行业或研究的兴趣和热爱，或者是某种崇高的理想，就像周恩来总理所说的那样“为中华崛起而读书”，这也许就可以称得上是一种赤子之心，也只有这样，我们才能在自己所从事的领域中取得成就。

其实，成就和名利是分不开的，当我们取得很高的成就的时候，名利自然也就随之而来。如果一定要将这两者分开的话，那么成就就是针对我们所从事的行业或者研究本身而言的，而名利则是外人强加给我们的。而且，虽然成就和名利在一定情况下是相伴而生的，但是我们应该把取得的成就看成是最重要的，而不是以求取名利为第一要义。这样，我们在人生的路上才能看得更高，走得更远。

淡泊名利并不是拒绝名利，而是要以平常心对待名利。

——季羡林

（曾任北京大学副校长，中国著名文学家、语言学家、翻译家、散文家）

充实内心，名利皆浮云

莎士比亚曾说："名利是一件无聊的骗人的东西。得到它的人，未必有什么功德，失去它的人也未必有什么过失。"如同德国诗人海涅所言："我不盼望我的墓碑上饰着诗人的桂冠，却只要战士、宝剑和盔帽。"诗人的桂冠固然是一种无上的荣誉，但生命的精髓却不在此，有许多真实的东西比它更有价值。

有一位学者说："假如看破名利，好比把人世间所有的追求都当作挂在驴子前面的胡萝卜，那样的人生想必是绝望而寡趣的；而假如根本看不破，把利害得失看得比山高、比水深，患得患失，那么人就会变得特别输不起，甚至小肚鸡肠、钩心斗角、不择手段，那样即便得到点名利，则不要也罢。"

无论到了何时，都要明白一个道理，人生之中许多事物都是生不带来、死不带去的，即使它曾经使你风光无比，到了该丢弃之时即可大胆丢弃，无名一身轻。懂得了这些，生活就会少掉许多烦恼。

对于名利，庄子用一则故事向我们阐述了他独到的理解：

有一天，庄子在濮水边垂钓，楚王派遣两位大臣先行前往致意，大臣说："楚王愿将国内政事委托给你，将要使你劳累了。"即楚王想要请庄子去做楚国国相。

庄子手持钓竿头也不回地说："我听说楚国有一神龟，已经死了三千年了，楚王用竹箱装着它，用巾饰覆盖着它，珍藏在宗庙里。这只神龟是宁愿死去为了留下骨骸而显示尊贵呢，还是宁愿活着在泥水里拖着尾巴呢？"

两位大臣说："宁愿拖着尾巴活在泥水里。"

庄子说："你们走吧！我仍将拖着尾巴生活在泥水里。"

孔子说，只要有粗菜淡饭可以充饥，喝喝白开水，弯起膀子来当枕头，靠在上面酣睡一觉，人就快乐无穷，舒服得很。一个人要修养到家，首先能够不受外界物质环境的诱惑，摆脱了虚荣的惑乱，外物于我不是不重要，而是我已经不再被它所牵制，凡俗世界的一切要看我是否愿意要它。如此修养实在了不起。

"天下熙熙，皆为利来；天下攘攘，皆为利往。"这句话可谓道出了世上一切人的心里话，所以，孔子没有标榜自己不喜欢名利，他也喜爱富贵，但是君子爱财，取之有道，不是说什么样的富贵名利我都要，那是小人的行径。这是一个圣人的自白，也是一个正人君子所应秉持的做人做事态度。

其实，一个人的一生所能承载的东西也是有限的，如果我们不能充实自己的内心，任由自己对名利的欲望无限制膨胀，最终会超越我们所能承受的范围，我们失去的将是真正的人生。所以，在这样的一个眼花缭乱的世界里，保护自己的最好方式就是收敛自己的欲望。

李叔同的一生正是追求内心充实的写照。他出身于富商之家，在未出家前可谓锦衣玉食，但钱财在他的眼里却是很淡。他在 15 岁的时候就有"人生犹似西山日，富贵终如草上霜"的感慨。

李叔同一生学习不辍，这正是他取得成就的根源，他集诗、词、书画、篆刻、音乐、戏剧、文学于一身，在多个领域，开中华灿烂文化艺术之先河。近代著名的学者都是他的仰慕者，这样的成就是无与伦比的。然而，他并没有用这些成就去换取应有的功名富贵，而是依然沉浸在孜孜不倦的钻研上。

当他再次感觉自己的心灵世界变得空虚的时候，他毅然放弃了尘世中的生活，选择了出家为僧，这在很多人看来是不可思议的。但是李叔同却认为是非常好的事情，因为他能够从佛学的世界里获得精神的满足。

出家之后，他苦心修行，精研律学，弘扬佛法，意图普度众生，终于成为一代高僧，被佛门弟子奉为律宗第十一代世祖。

李叔同一生都在追求精神的满足，功名富贵对于他来说，真的就是浮云，他不仅没有想着去取得功名富贵，而且主动放弃了原有的功名富贵。正因为如此，他的一生才如此丰富多彩，才如此饱含智慧。

内心充实，将名利视为浮云，不是玩世不恭，不是自暴自弃，而是一种达观、一种洒脱、一份人生的成熟、一份人情的练达。学会享受这样的人生，也是一种诗意的人生，才不会终日郁郁寡欢，才不觉得人生活得太累，能够安然地栖息在一片宁静的生存空间。

萨克雷的传世名作《名利场》就上演了一幕幕摆脱不了名利的桎梏，以灵魂换名利的故事："这里的人们追逐的都是名利，一个不折不扣的名利场。美丽钻营的贝姬，善良软弱同时自私的艾米莉娅，迥然相异而又互相交织，共同奔忙在无法停下来的名利场；人生潮水此起彼落，周围掠过的不过是一个又一个忙碌的人们：有人致力于一代一代地复制积累金钱的营生，有人相貌丑陋内心丑恶却终其一生有钱有势，有人潦倒后更计较蝇头小利，有人表面上不计较地位门第却可以立刻翻脸无情。在这个浮华人间，人人为名利的尘烟所蒙蔽，悲剧因此而生。名利制造的不是快乐，而是恶，它成为主人公一生的桎梏。"

朱熹说："凡名利之地退一步便安稳，只管向前便危险。"名利看起来虽然非常华丽，但是这华丽能否长久也是未知数，当我们对名利的渴望太过强大的时候，我们就难以承受最终失去名利的痛苦，到那个时候，我们的人生将会随着名利的失去而陷入沉沦之中。

落尽繁华，洗尽铅华，生在尘世中的人如若过早地钻营于名利场，不仅会迷失心智，一无所成，甚至连人性中美好的东西都会泯灭。在你能够声震人间之前，请你先学会缄默，与名利场保持应有的距离。

有修养的人士也只能避免利的诱惑，只有最伟大的人物才能够逃避名的诱惑。

——林语堂

（曾任北京大学教授，中国当代著名学者、文学家、语言学家）

远离名利，自在生活

名利是世上最难摆脱的诱惑之一，它让人产生幻觉、欲望、争斗，内心难以平静。人人都想将名利据为己有，却常常被名利俘获。这世上能够享受盛名高位，又能保持本性的，少之又少，这就是林语堂先生的名利观。

林语堂认为，只有那些伟大的人才能抵挡它们的诱惑。当权势、财富、名望等人造的幻象向那些人袭来的时候，他们只用宽容的微笑去接受，他们并不相信这些名利有什么特殊，拥有了它，自己又会有怎样的不同。正是有了这种思想和态度，他们才被林语堂先生称为伟大的人物和精神上的圣人。先生说他们的生活是简朴的，精神却是饱满和充实的。不为名利而惑的人是智者，只有这样的人才豁达、自由，少去忧伤和烦恼。

战国时代，孟子名气很大，府上每日宾客盈门，其中大多是慕名而来、求学问道之人。有一天，接连来了两位神秘人物，一位是齐国的使者，一位是薛国的使者。对这两人，孟子自然不敢怠慢，小心周到地接待他们。

齐国的使者给孟子带来赤金100两，说是齐王所赠的一点小意思。孟子见其没有下文，坚决拒绝齐王的馈赠。使者灰溜溜地走了。

隔了一会儿，薛国的使者也来求见。他给孟子带来50两金子，说是薛王的一点心意，感谢孟子在薛国发生兵难的时候帮了大忙。孟子吩咐手下人把金子收下。左右的人都十分奇怪，不知孟子葫芦里装的是什么药。

左右的人对这件事大惑不解，问孟子：“齐王送你那么多的金子，你不肯收；薛国才送了齐国的一半，你却接受了。如果你刚才不接受是对的话，那么现在接受就是错了；如果你刚才不接受是错的话，那么现在接受就是对了。”

孟子回答说：“都对。在薛国的时候，我帮了他们的忙，为他们出谋设防，平息了一场战争，我也算个有功之人，为什么不应该受到物质奖励呢？齐国人平白无故给我那么多金子，是有心收买我，君子是不可以用金钱收买的，我怎么能收他们的贿赂呢？”

左右的人听了，都十分佩服孟子的见解和操守。

名利与钱财世人都喜爱，让世人疲于奔命而又心甘情愿。但是人不能违背自己的良心与道义去拿不属于自己的东西，所以不义之财就算被你拿到了，将来也会要你十倍于它地偿还。一个人可以爱财，但是一定要取之有道。那些原本可以安享一生的人正是因为用旁门左道去发财，结果在监狱里终结了自己的人生。

《徐无鬼》篇中也有言曰：“钱财不积则贪者忧；权势不尤则夸者悲；势物之徒乐变。”就是说，追求钱财的人因钱财积累不多而忧愁，贪心者永不满足；追求地位的人常因职位还不高而暗自悲伤；迷恋权势的人，特别喜欢社会动荡，以便从中扩大自己的权势。

县城老街上有一家铁匠铺，铺里住着一位老铁匠。时代不同了，如今已经没人再需要他打制的铁器，所以，现在他的铺子改卖拴小狗的链子。

他的经营方式非常古老和传统，人坐在门内，货物摆在门外，不吆喝，不还价，晚上也不收摊。你无论什么时候从这儿经过，都会看到他在竹椅上躺着，微闭着眼，手里是一只半导体收音机，旁边有一把紫砂壶。

当然，他的生意也没有好坏之说。每天的收入正够他喝茶和吃饭。他老了，已不再需要多余的东西，因此他非常满足。

一天，一个文物商人从老街上经过，偶然间看到老铁匠身旁的那把紫砂壶，因为那把壶古朴雅致，紫黑如墨，有清代制壶名家戴振公的风格。他走过去，顺手端起那把壶。壶嘴内有一记印章，果然是戴振公的。商人惊喜不已，因为戴振公在世界上有捏泥成金的美名，据说他的作品现在仅存三件：一件在美国纽约州立博物馆，一件在中国台湾“故宫博物院”，还有一件在泰国某位华侨手里，是那位华侨1993年在伦敦拍卖市场上，以56万美元的拍卖价买下的。

商人端着那把壶，想以10万元的价格买下它。当他说出这个数字时，老铁匠先是一惊，然后很干脆地拒绝了，因为这把壶是他爷爷留下的，他们祖孙三代打铁时都喝这把壶里的水。

虽然壶没卖，但商人走后，老铁匠有生以来第一次失眠了。这把壶他用了近60年，并且一直以为是把普普通通的壶，现在竟有人要以10万元的价钱买下它，他转不过神来。

过去他躺在椅子上喝水，都是闭着眼睛把壶放在小桌上，现在他总要坐起来再看一眼，这种生活让他非常不舒服。

特别让他不能容忍的是，当人们知道他有一把价值连城的茶壶后，来访者络绎不绝，有的人打听还有没有其他的宝贝，有的甚至开始向他借钱。他的生活被彻底打乱了，他不知该怎样处置这把壶。

当那位商人带着20万现金，再一次登门的时候，老铁匠没有说什么。他招来了左右邻居，拿起一把斧头，当众把紫砂壶砸了个粉碎。

现在，老铁匠还在卖拴小狗的链子，据说现在他已经106岁了。

老铁匠真正体悟到了人生的本质，他的心中已没有名利等身外之物的束缚，只想从容而安静地生活，因此，他才没有一丝犹豫地砸了别人眼里的宝贝，活出了属于自己悠闲的人生。

然而，名利之心产生容易，摆脱难，一旦产生，也可能带来许多不必要的烦恼。只有当一个人远离名利的困扰时，他才能对客观的、外在的出身、家世、钱财、生死、容貌等，都看得很淡很轻，才能够达到精神的超脱、洒脱的境界。正所谓去留无意，任天空云卷云舒；宠辱不惊，看窗外花开花落。

名利虽然很耀眼，但并不是越多越好。过于靠近，就会刺痛我们的双眼；过分追求，我们将会失去很多人生乐趣。所以，在我们的生命中，远离名利是一种人生的智慧，这样我们拥有的将是淡然自在的幸福生活。

名次和荣誉，就像天上的云，不能躺进去，躺进去就跌下来了。

——俞敏洪

（毕业于北京大学英语专业，新东方学校创始人现任新东方教育科技集团董事长兼总裁）

不必在意那些虚名

庄子说：“不为轩冕肆志，不为穷约趋俗，其乐彼与此同，故无忧而已矣。”大意是，不追求官爵的人，不因为高官厚禄而喜不自禁，不因为前途无望穷困贫乏而随波逐流，趋势媚俗，荣辱面前一样达观，所以他也就无所谓忧愁。因此圣人主张“至誉无誉”。也就是说，在他看来最大的荣誉就是没有荣誉，把荣誉看得很淡很轻，名誉、地位、声望都算不得什么，即使行善做好事也不要留名。

虚名无益，古人云“嚼破虚名无滋味”，可谓深刻至极。其实，名利本为身外物，却是许多人执着追逐之物。五千年历史，自从有了阶级的观念，追名逐利变成了世俗人生活必不可少的内容，无几人能免俗，这正应了那句“名利本为浮世重，古今能有几人抛”。

名利的背后是虚荣的滋长，虚荣的最高形式就是爱名望，追名逐利之徒“为智者所轻蔑，愚者所叹服，阿谀者所崇拜，而为自己的虚荣所奴役”。有句话说：“荣辱立然后睹所病。”它告诉我们：人们心中有了荣誉的念头之后，就可以看到种种忧心的事情。过分关心个人的荣辱得失，就只能忧虑烦恼，无法摆脱。

弗朗西斯是一名长跑冠军，他极看重自己在公众心目中的形象。

弗朗西斯在得了胃病后，不愿告诉他人，也不去及时就诊治，将病情当成秘密一样倍加守护，唯恐自己给人留下一个弱者的印象。

终于有一天，弗朗西斯再也挺不住了，被家人送往医院。3 天后，他便离开了人世。

主治医生说他不是死于长跑的劳累，而是被自己的名气累死的。

为了保持自己在公众中的“光辉形象”，弗朗西斯付出了生命的代价，这就是为虚名所累的悲剧。

名誉毕竟是身外之物，虽然很重要，但是，人的生命更重要。为了追求名誉，而影响、损害健康，甚至送掉性命，这是舍本逐末，是最愚蠢的选择。

不过，几乎没有人不喜欢鲜花和掌声。在成长的过程中，你肯定也会多次与鲜花和掌声打交道。如果你沉迷于其中，并且为了保护这份声名而愿意损失其他一切，甚至包括健康，那就是一种愚蠢至极的行为，而你的这份虚荣心最终会使你丧失一切。

面对声名，应该保持清醒的头脑，我们要懂得珍惜，也要为自己争取良好的声誉，但不能被它们打垮，不能被外在东西所累，否则，当你被虚名所累时，你就逃不脱虚荣的怪圈了。

居里夫人是世界科学史上不朽的人物，这位伟大的女科学家发现了钋和镭两种新的化学元素，成为放射性化学和物理的奠基人。

她在 8 年的时间里，连续获得了诺贝尔物理、化学奖，成为世界上第一个两度获得诺贝尔奖的人。

1903 年 12 月，居里夫人因为发现镭而获得了诺贝尔物理学奖，震惊了全世界。伴随着这巨大的声名而来的是无数的邀请、宴会、采访等。居里夫人被这些无聊的应酬搞得头昏脑胀，她意识到生活完全被敬意和荣誉毁坏了。

为了躲避人们好奇的目光，她开始深居简出，家门只对几个朋友开放，而她和她的丈夫依旧在一间破旧的房子里做实验。

一向清贫的居里夫人对于诺贝尔奖的巨额奖金也毫不在意，大量奖金被她赠送给大学生、贫困的朋友、实验室的助手、老师等。出于对科学事业的热爱，居里夫人一心进行自己的研究，从没想过要用自己的研究成果牟利。在镭提炼成功以后，有人劝她向政府申请专利，垄断镭的制造以此发大财。居里夫人对此说：“那是违背科学精神的，科学家的研究成果应该公开发表，别人要研制，不应受到任何限制。何况镭是对病人有好处的，我们不应借此来牟利。”

居里夫人一生获得各种奖金 10 次，各种奖章 16 枚，各种名誉头衔 107 个，但她却毫不在意。

有一天，她的一位朋友来她家做客，忽然看见她的小女儿正在玩英国皇家学会刚刚颁发给她的金质奖章，于是惊讶地说：“夫人呀，得到一枚英国皇家学会的奖章，是极高的荣誉，你怎么能给孩子玩呢?”

居里夫人笑了笑说：“我是想让孩子从小就知道，荣誉就像玩具，只能玩玩而已，绝不能看得太重，否则就将一事无成。”

居里夫人能够有这样的成就，源于她对名利的漠视。爱因斯坦这样评价她：“在世界的所有著名人物中，玛丽·居里是唯一没有被盛名宠坏的人。”追名逐利很难说是一种恶行，但过早地涉足名利场，往往会使自己的言行都围绕虚荣而转，长此以往，为了满足虚荣心可能就会不择手段。

伊索曾经说过：“虚荣是灾祸的根源。”我们往往可能为了满足自己的虚荣心，而作出与自己的本性相违背的事。虚荣害人又害己，由于这样的人只关注于自己的名字，他们的名字最终也只被自己记得。

现在社会上有很多事业有成的人，他们常常在这种名誉下，生活得很苦很累，失去了常人生活的乐趣，总是想着自己的一言一行、一举一动都要符合自己的身份，这就像给自己戴上了名誉的枷锁，失去了生活的自由，也失去了生命的本真。

洞山禅师感觉自己即将离开人世了。这个消息传出去以后，人们从四面八方赶来，连朝廷也急忙派人赶来。

洞山禅师走了出来，脸上洋溢着净莲般的微笑。他看着满院的僧众，大声说：“我在世间沾了一点闲名，如今躯壳即将散坏，闲名也该去除。你们之中有谁能够替我除去闲名呢?”

殿前一片寂静，没有人知道该怎么办，院子里一片宁静。忽然，一个前几日才上山的小和尚走到禅师面前，恭敬地行礼之后，高声说道：“请问和尚法号是什么?”

话刚一出口，所有的人都投来埋怨的目光。有的人低声斥责小和尚目无尊长，对禅师不敬，有的人埋怨小和尚无知，院子里闹哄哄的。

洞山禅师听了小和尚的问话，大声笑着说：“好啊！现在我没有闲名了，还是小和尚聪明呀!”于是坐下来闭目合十，就此涅槃了。

小和尚眼中的泪水再也忍不住，流了下来。他看着师父的身体，庆幸在师父圆寂之前，自己还能替师父除去闲名。

过了一会儿，小和尚立刻就被周围的人围了起来，他们责问道：“真是岂有此理！连洞山禅师的法号都不知道，你到这里来干什么?”

小和尚看着周围的人，无可奈何地说：“他是我的师父，他的法号我岂能不知?”

“那你为什么要那样问呢?”

小和尚答道:“我那样做就是为了除去师父的闲名啊!”

真正的智者永远知道自己需要什么,不需要什么,就像故事中的洞山禅师和那个小和尚,除去虚名,就是除去不必要的负担,内心也因此得以宽慰。明白其中道理,人生便会得到解脱,一切烦恼和麻烦也会远离自己。

这种思想正是季羡林所推崇的。陶渊明“不戚戚于贫贱,不汲汲于富贵”的精神境界也是他极为认同的。看破名利,名利是名利,看不破名利,名利还是名利。所不同的是我们的态度。人最重要的是应该拥有平常心,对于名利有就有,没有也不奢求。

因此,不为虚荣役使就是,该怎么做就怎么做,该追求自己的人生目标,就不要被眼前的花环、桂冠挡住前面的道路,就应该毫不犹豫地抛开这一切身外之物,走自己的路,干自己的事,不因小成就妨碍自己的大成功,这样,我们才能获得心灵上的自由。

用沉默的力量与高尚的德行来对待他人的毁谤。

——季羡林

(曾任北京大学副校长,中国著名文学家、语言学家、翻译家、散文家)

淡然面对他人的评价

好誉而恶毁,乃人之常情,无可厚非。古代豁达的先贤一直倡导毁誉置之度外、宠辱皆不惊心。老子在《道德经》中说:“宠辱若惊,贵大患若身。何谓宠辱若惊?宠为下。得之若惊,失之若惊,是谓宠辱若惊。何谓贵大患若身?吾所以有大患者,为吾有身,及吾无身,吾有何患。”在老子眼里,宠辱观从始至终都不存在,因而无须惊心。

古人说“行高于人,众必非之”,赞誉和诋毁总是相伴而生的。当一个人取得很高荣誉的时候,也就逐渐地走向了公众视野,得到很多人的关注。这个时候,有人会赞誉他的功绩,也会有一些不明真相或者带着某种目的去诋毁他的声名。

成就大事者，需要一种宠辱不惊的淡然来面对来自外界的不同声音。赞誉也好，诋毁也罢，都要坦然接受，微微一笑，接收所有对自己的评价，沿着自己选好的道路，继续前行。若是因为别人的赞誉或诋毁而陷入苦恼，摇摆不定，所谓的成就也会被别人的声音淹没。

在诽谤与赞誉中，只有始终坚持自己的信念，才能将自己一生的活动进行下去。在历史上曾经留下过浓墨重彩一笔的人，不仅正在接受着我们这些现代人的评价，在他生活的那个年代也曾遭受过各种各样的非议。但是他们顶受住了毁谤的压力，也接受了各种赞誉。

就像中国历史上第一位也是唯一一位女皇帝武则天，她冒天下之大不韪登上了皇位，这种“惊世骇俗”的举动自然掀起了轩然大波。但武则天无动于衷，无论是别人对她的称颂，还是对她的诽谤，她都搁置一旁，依旧在皇帝的位置上行使着自己的权力。这种博大的胸襟，使她成功地应对了政治生涯里的种种危机，直到死去，留下一个无字碑，让后人去评述自己的功过。

北宋著名政治家、改革家王安石就是一个不避毁誉的人。他曾经说：“天变不足畏，人言不足惧，祖宗不足法，圣贤不足师。”

王安石当政期间，为了改变宋朝积贫积弱的情况，主持变法运动。他的变法运动得到了皇帝的支持，和一部分有革新思想的人的坚决拥护。

王安石的变法取得了一定的成效，那些从中得到利益的人，包括宋神宗都对王安石非常赞赏。

但是，他的变法运动触及到很多人的利益，由于用人不当，在执行的过程中也对老百姓造成了一定的伤害，遭到了来自太后和以司马光为首的保守派大臣的坚决抵制。

倔强的王安石在这冰火两重天中依然坚持自己的想法，誓死将变法运动进行到底。但是支持他的宋神宗很快死去，失去了坚强后盾的王安石不得不退出了政治舞台。

我们暂且不论王安石的变法运动究竟有没有起到作用。仅仅王安石的这种坚持，这种在赞誉和诋毁中始终不动摇的精神就是值得后人学习的。

庄子曾经说：“举世誉之而不加劝，举世毁之而不加沮。”真正有修养的人，即使全世界的人都对他赞誉有加，他也不会自傲；即使全世界的人都诋毁他，他也不会沮丧。这种毁誉不惊的修养，是人生的极高境界。只有毁誉不惊才能够坚持自己的理想和信念不动摇。

孔门贤人子路“闻过则喜”，意思是子路听到别人的指责仍然感到欢喜，子路的谦虚美德被传为美谈。

每个人都有朋友，也会有“非友”。友，难免有誉；非友，难免有毁。若是毁誉得有理，从中获益，那完全可以将这种毁誉置之度内，做到“闻过则喜”便不难了。

有位修行很高的禅师叫白隐，无论别人怎样评价他，他从不加以争辩，每次都只是淡淡地说一句：“就是这样吗？”

在白隐禅师所住的寺庙旁，住着一家三口，女儿年方二八，长得如出水芙蓉，上门提亲的人不少，老两口都不满意，便一一回绝了。无意间，夫妇俩发现尚未出嫁的女儿竟然怀孕了。这种见不得人的事，使得她的父母震怒异常！在父母的一再逼问下，她终于吞吞吐吐地说出“白隐”二字。

她的父母怒不可遏地去找白隐理论，但这位大师仍不置可否，只若无其事地答道：“就是这样吗？”

孩子生下来后，就被送给白隐。

此时，他的名誉虽已扫地，但他并不以为然，只是非常细心地照顾孩子。他向邻居乞求婴儿所需的奶水和其他用品，虽不免横遭白眼，或是冷嘲热讽，他总是处之泰然，仿佛他是受托抚养别人的孩子一样。

事隔一年后，这位没有结婚的女子终于不忍心再欺瞒下去了，她老老实实地向父母吐露真情：孩子的生父是街北的一位青年。

她的父母立即将她带到白隐那里，向白隐道歉，请他原谅，并将孩子带回。

白隐仍然是淡然如水，他只是在交回孩子的时候，轻声说道：“就是这样吗？”仿佛不曾发生过什么事；即使有，也只像微风吹过耳畔，转瞬即逝！

白隐禅师的泰然处之是因为将别人的评价完全置之度外了吗？从他那一句发人深省的“就是这样吗”之中，我们不难看出禅师心中泛起的微澜。他将人们的冷嘲热讽放在心上，并非为了报复，而是为了感化。

大千世界，人各有异。由于各人禀赋不同、遗传基因不同、生活环境不同，所以各人的人生观、世界观、价值观、好恶观等，都会千差万别。

在这种情况下，最好是各人自是其是，而不必非人之非，若能以自己的德行来感化他人，就是更高的境界。

生活在这个社会中，我们就必须接受来自旁人的评价。人人都希望得到别人的赞誉，而不希望听到别人对自己的诋毁。然而，名誉的好坏，是别人的看法，并不受我们的控制。即使我们自我感觉已经做得非常好了，一样会有人说我们不好。

古语说：“雁过留声，人过留名。”声名尽管对我们来说很重要，但是对于别人的评价，无论是赞誉，还是诋毁，我们都不必放在心上。因为出自别人之口的评价，并不一定是最真实的评价，只需淡然面对，而不必去过多在意。只要我们自己无愧于心，便可一路行走，宠辱不惊，坦然自适。

第三章 人生要禁得住诱惑

要享受悠闲的生活只要一种艺术家的性情，在一种全然悠闲的情绪中，去消遣一个闲暇无事的下午。

——林语堂

（曾任北京大学教授，中国当代著名学者、文学家、语言学家）

抵制诱惑，保持一颗清凉心

诱惑是存于世上的一种奇怪的东西，你会为之疯狂而不能自已，而它之所以存在，是因为人的一生不断地被欲念刺激，所以为诱惑折磨一生。人存于世上，首先要面对的是物质上的诱惑，然后才是精神上的诱惑。精神诱惑，指追求浮名、执着于表现、对知识领域过度探求。权势、地位、名利、金钱，这些都是诱惑。

孟德斯鸠说："不要试图同诱惑争辩，躲开它，躲得远远的。面对诱惑动不动心并不重要，重要的是为了诱惑而动摇自己的良心。"在这个纷繁复杂的社会，诱惑无处不在。面对考验和诱惑。有的人经受住了，保持了本色，并把它当作生命的原动力，经过自己的不懈努力到达理想彼岸；有的人深陷其中不能自拔，并不择手段，最后与自己想实现的愿望背道而驰，落得不应有的下场。人心不足，蛇吞象，就是对人们无法直视诱惑的最好诠释。

诱惑看起来的确美丽，往往有光鲜诱人的外表，却又像一朵带刺的玫瑰，若接触它，便会被深深扎痛，就要付出代价。

在一座小城里，住着一个年轻人，以卖炊饼为生。他白天卖炊饼，到了晚上，便吹笛子自娱自乐。因此，天天晚上，悠扬笛声都能从他的屋里飘逸出来。他活得很自在，也很快乐，脸上时常挂着笑容。他的邻居是个大商人，觉得他为人老实，就借给他一万贯铜钱，叫他做大生意，不要再卖炊饼了。

从此，这个卖炊饼的人便白天忙生意，晚上忙算账。只闻他屋里算盘响，再也听不到悠扬悦耳的笛声了。

他在白天做生意时，心情也不好，既害怕出差错，又担心亏本。过了些日子，他实在不愿再过这种心无宁静的日子了。

于是，他把钱如数还给邻居，又做起卖炊饼的小生意来，每逢晚上，他的屋里又传出了美妙的笛声。

做大生意固然能带来充足的物质享受，却不是人人都能做，人人都适合做的。有的时候，你必须知道自己只是普通沙粒，而不是价值连城的珍珠。不要抵制不住外界的诱惑而过不适合自己的生活。每个人的人生都有自己的轨迹，挖一口真正属于自己的井，而不要望着别人桶里的水止渴，这才是理智的选择。

有的人因为难以抵制物欲的诱惑，从而使自己晚节不保，踏上了不归路。一桶牛奶倒进一杯脏水就成了一桶脏水；人一旦放弃了自己坚持的操守，就容易自暴自弃，从而抛弃自己最珍贵的东西。

可同时这也是被迫的，因为无论我们愿不愿意，我们从小到大所处的环境和氛围都在“逼”着我们去追求名利、金钱、地位等一系列能获得众人认可的东西，我们从小都是在这种压力与熏陶下长大，如果我们不去追求，或者追求不到，就会产生焦虑和不安，会害怕自己被众人遗忘和丢弃。我们没法超脱，但是我们要懂得平衡，尽量做自己喜欢的事情、契合自己性格气质的事情，这样的话既能在奋斗中获得快乐，同时与世俗的成功也不会有太大的背离。

有一个齐国人很想得到黄金。他听到有人家藏万两黄金，羡慕不已。他绞尽脑汁，昼思夜想，寝食难安，也没有办法得到黄金。

一天，他清早起来，穿衣戴帽，打扮得整整齐齐，要到市场上去碰碰运气。市场上人来人往，十分热闹。道路两旁店铺林立，货物琳琅满目。但这个齐国人无心观看，因为他一心只想着如何得到黄金。走着走着，忽然眼睛一亮，他看到玉器铺旁边有一家金店。

只见柜台上摆着大块小块的黄金，还有各式各样的金器、金饰，闪闪发光，黄澄澄一片。他走上前去，抓起一把黄金，撒腿就跑。金店的伙计追了上来，高喊：“快抓住抢劫黄金的强盗!”

一个官吏闻声赶到，把这个齐国人当场抓住，官吏审问他说："这么多人都在这里，你抢走人家的黄金，这是为什么？"

他回答说："我在拿黄金的时候，没有看见人，只看见了黄金啊！"

这个齐国人的做法，显然是被诱惑迷住了双眼，内心一片混沌，才作出这样令人发笑的举动来。

其实，一个人所需要的东西其实很有限，那些超出我们需求的东西只是为我们徒增无谓的负担而已。那些不断膨胀的欲望将慢慢占据我们全部的时间，让我们每天忙着服从欲望的指令，却从没有想过这些欲望究竟能给我们带来什么。

抵制生活中的诱惑，时刻保持一颗清凉心，才是真正懂得生活的人。要知道，拼命用"加法"会把我们变成负担沉重的登山人，我们要学会为自己适当作些"减法"。只有扔掉我们身上多余的"行李"，放下心中的妄念，我们才能于利不趋、于色不近、于失不馁、于得不骄，达到宁静致远的人生境界。

人都会犯错误，在许多情况下，大多数仍是由于欲望或兴趣的引诱而犯错误的。诱惑，有时是一种美丽，但美丽的外衣下面常常是陷阱。面对诱惑时，若不能保持清醒，作出正确的判断和选择，便会陷入这种美丽所编织的黑暗中。

孟子说："富贵不能淫，贫贱不能移，威武不能屈。"面对诱惑，只有我们用意志战胜它时，我们才不会陷入其中；只有勇于和善于摆脱诱惑，保持一颗淡定之心，人生的路上才会少一些伤害，多一些安宁。

因为我是一个知足的人，我并不希冀得到很多，但也不要太少。那是我的一点长处。

——林语堂

（曾任北京大学教授，中国当代著名学者、文学家、语言学家）

贪婪的人容易迷失

广厦千间，夜眠七尺，珍馐百味，不过一饱。在人类古老的伟大圣典中，都共同提到一条戒律：不要贪婪。这是人必须遵循的生命品质。

贪婪是每一个人在心中必须跨越的生命障碍。对于人们来说，知道满足的人才能经常获得快乐，知足常乐的人才能免除人心中日益增长的贪念。钱财之于人的诱惑总像无底洞一样，看不到边际，也摸不清它的深浅。所以，哲学家提醒人们："人，不要贪婪！"

从前，有两位很要好的年轻人，他们非常崇拜花果山的猴王，决定一起到遥远的花果山去朝拜。两人背上行囊、风尘仆仆地上路，誓言不达花果山，绝不还家。

两位年轻人历尽艰辛，风餐露宿，走了两个多月后，还未到达花果山。但他们决心要朝拜猴王的消息，早已传到了猴王的耳朵里，年迈的猴王十分感动，便决意亲自上路去迎接他们，顺便想看看他们到底心地有多圣洁，对朝拜自己到底有多虔诚。于是，猴王变成一位白发老者上路了。

这天，两位年轻人边走边向路人表白自己是如何的虔诚时，发现前面来了一位白发老者，便连忙上前招呼。当老者知道他们的去向后，高兴地说："真是有缘啊，我去的地方与你们同一个方向，一路上我们可以为伴，旅途就不寂寞了，并且大家可以相互照应。"

一路上，两位年轻人与白发老者相处得很融洽。一日，白发老者见快到花果山了，心想对他们的考验也该开始了，便停下脚步说："亲爱的孩子们，从这里到花果山还有三天的路程，但是很遗憾，我在这个十字路口就要和你们分手了。在分手前，我要送给你们一个礼物。就是你们当中一个人先许愿，他的愿望一定会马上实现；而第二个人，就可以得到那愿望的两倍！"

此时，其中一位年轻人心想："这太棒了，我已经知道我想要许什么愿，但我不要先讲，因为如果我先许愿，我就吃亏了，他就可以有双倍的礼物！不行！"而另外一位年轻人也自忖："我怎么可以先讲，让我的朋友获得加倍的礼物呢？"

于是，两位年轻人就开始客气起来："你先讲嘛！"

"你比较年长，你先许愿吧！"

"不，应该你先许愿！"

两位年轻人彼此推来推去，"客套地"推辞一番后，两人就开始不耐烦起来，气氛也变了："你干吗！你先讲啊！"

"为什么我先讲？"

两人互相推让到最后，其中一人生气了，大声说道："喂，你真是个不识相、不知好歹的人，你再不许愿的话，我就把你的狗腿打断、把你掐死！"

另外一人一听，没有想到他的朋友居然变脸，竟然来恐吓自己。于是想：

“你这么无情无义，我也不必对你太客气。我没办法得到的东西，你也休想得到!”于是，这一年轻人干脆把心一横，狠心地说道：“好，我先许愿！我希望——我的一只胳膊——断掉!”

很快地，这位年轻人的一只胳膊马上断掉，而与他同行的好朋友，两只胳膊也立刻都断掉了。

原本，两位好朋友都将得到一件十分美好的礼物，他们却因对方可能比自己获得更多而产生心理不平衡，上了贪欲的钩，为自己招来了危险。于是，原来的“祝福”变成“诅咒”，“好友”变成“仇敌”，原本的双赢变成两人断掉胳膊的“双输”。

“人心不足蛇吞象”，这句话形象地表明了人的欲望是永远不知满足的。是的，贪欲是洪水猛兽，一旦泛滥就无法控制。贪欲是饵，愈靠近愈危险。若不能节制自己的欲望，贪婪者就可能会像故事中互相诅咒的朋友一样走向自我毁灭的深渊。

李日知是唐朝郑州荥阳人，唐玄宗先天元年（712 年），他转任刑部尚书。自上任后，他屡次上书唐玄宗请求辞职告老还乡，后来唐玄宗批准了他的要求。事先他并没有与妻子商量，等获准后，他才回家吩咐佣人收拾行装启程。妻子吃惊地说：“咱们根本没有什么家产，儿子们也还没有个一官半职，你为什么不替他们的前途考虑安排一下，就这样急匆匆地辞职了呢?”

李日知对妻子说：“我本是一个书生，能达到这个地步，已经很过分了。人心没有满足的时候，欲壑难填，如果放纵自己的欲望，贪得无厌，就没有停步的时候了。”他毅然回家过起了田园生活。

开元三年（714 年），他安然逝去。他虽然没有带给家人荣华富贵，却给后人留下了两袖清风的美誉。

一个贪得无厌的人，给他金银便怨恨没有得到珠宝，封他公爵则怨恨没封侯，这种人虽然身居权贵之位却自愿沦为乞丐；一个自知满足的人，即使吃粗食野菜也比吃山珍海味还要香甜，穿粗布棉袍也比穿狐袄貂裘还要温暖，这种人虽然身为平民，但实际上比王公更快乐。

人性中的贪婪总是能被轻易而彻底激发起来，当金钱成为你的目的，一个小小的谎言都能让你上当，贪婪就开始牢牢地控制住你了。

我们要懂得知足，减少欲望，抵挡诱惑。只有知足知止，才能不受大辱，不遭危险，生命也必将得以永存。学会知足，谁不被欲望过多地笼罩，谁就可能找到更多快乐的理由。人生在世，欲望少一点，满足多一点，生活就会美好很多。

人老了，现在只好睡在同一张床上了，但我每天做的梦都不一样的。

——沈从文

（曾在北京大学任教，现代著名作家、历史文物研究家）

恬淡寡欲，怡然自得

《幽闺记·士女随迁》中说：“乐道安贫巨儒，嗟怨是何如，但孜孜有志效鸿鹄。”如果沉浸在世俗名利中不能自拔，一心追求欲望的满足，那还不如在宁静的海边享受简单的幸福。

什么是衡量人生成功的标准？是财富、权力，还是享受一份粗茶淡饭的宁静日子？在儒家看来，安于贫困生活，以学习和掌握圣人之道为乐，不要被现实与名利所扰，便能找到自己的人生意义，便是一种成功的表现。

其实，与整日追逐的生活相比，宁静的生活未尝不好，为达到目的而操劳的人，会整日被自己的欲望驱使。而懂得享受宁静生活的人则可以从名利的烈焰中解脱出来，不受风暴的侵扰，保持内心的安宁。这样的人即使身处困境之中，也可以怡然自得。

俄罗斯诗人涅克拉索夫有一首长诗叫《在俄罗斯，谁能幸福和快乐》，诗里的内容是找遍俄罗斯，最终找到的快乐之人竟是枕锄瞌睡的农夫。农夫有强壮的身体，能吃能喝能睡，他打瞌睡的表情和他打呼噜的声音无不流露出由衷的开心。这位农夫为什么那么开心？原因有两个：一是知足常乐，二是劳动能给人带来快乐。

有这样一个心理学实验：

茶几上摆放着十几个水杯，这些杯子材质不同、造型各异、品位悬殊。心理学家对实验者说：“你们如果口渴的话，就自己拿个杯子倒杯水喝吧！”

正值暑天，大家聊了一会就觉得口干舌燥，便纷纷起身去选杯子倒水。等到每个人面前都有了一杯水之后，心理学家突然问：“你们有没有发现你们选杯子时有个共同点？”

众人互相对视了几眼，都摇了摇头。

“你们看看茶几上被挑剩下的杯子，大多是劣质的塑料杯或纸杯。在可以选择的情况下，每个人都想拥有更好的东西，你们的心思就这样有意或无意地表露出来了。这样的心思并没有什么对错之分，但是你们当中大多数人在选择杯子去倒水的时候都忘记了，自己需要的是水，而不是水杯。水杯的优劣对水质的好坏影响并不大。”

在生活中，类似的例子不在少数。但是，生活的愉悦不是能用外物换取的。现实生活中，人们越来越重视对金钱、地位的追求，以及对物质的占有，却不知道金钱固然可以使人更加富足，但不一定能给我们带来悠然的心境。

“采菊东篱下，悠然见南山。”陶渊明告诉我们，保持一颗恬淡的心方能感受人间至乐。所以，我们只有放下无谓的负担，破除欲望的屏障，才能看到世间的美丽景象。我们就会发现，生活中的很多快乐都将会不请自来，我们的生活反而有更多滋味。

银行家在一个沿海小渔村碰到了刚刚靠岸的一艘小渔船，船上只有一个渔夫，却载着几条大的金枪鱼。银行家夸奖渔夫捕鱼的本领好，并且问他捕到这些鱼需要多长时间。

渔夫回答说：“要不了多长时间。”

银行家接着问：“那为什么不多干一会儿，多捕一些鱼呢?”

渔夫说：“这些鱼足够一家人吃的了。”

银行家又问道：“那你剩下的时间都做些什么呢?”

渔夫说：“我睡个好觉，钓钓鱼，陪我的孩子玩耍，陪陪我的妻子玛丽亚。每天晚上我都会到村子里去，和朋友们吃吃饭、弹弹吉他。我的生活非常充实。”

银行家说：“我是哈佛大学的工商管理硕士，也许我可以帮助你。你应该花更多的时间捕鱼，挣钱买一艘更大的渔船，用大渔船挣来的钱再买更多的渔船，你就拥有一支船队了。你不用再把自己打来的鱼卖给中间商，而是直接卖给加工商，或者自己做批发零售。你可以离开这个小村子，到墨西哥城，然后到洛杉矶、到纽约，让公司的业务发展壮大。”

渔夫问道：“但是这要花多长时间呢?”

银行家回答：“15 到 20 年吧。”

“然后怎么样呢?”

银行家笑了笑说：“到时候你就可以申请上市，向公众出售公司的股份。你会成为富翁，拥有数百万财产。”

“数百万……然后怎么样呢?”

银行家说：“你就可以退休了。你搬到海边的一个小镇上，可以一觉睡到下午，钓钓鱼，陪孩子们玩耍，陪陪妻子，每晚到镇上和朋友们吃吃饭、弹弹吉他。”

渔夫回答说：“难道这些不是我现在就已经在做的事吗?”银行家无言以对。

渔夫朴实的回答让银行家哑口无言。

渔夫让银行家明白了：生活就是一个圆圈，无论你的过程都多辉煌，终究会回到原点。渔夫的安贫乐道未必是不思进取，反而是一种和谐的生活哲学，是一份难得的悠闲心境，而忙于追逐的人，所需要的就是这样一种心境。

古人云“心为形所累”，欲望越大，压力越大，欲望越强，枷锁千钧。人一旦跌入“欲”的深渊，无法自拔，就会腐蚀心灵，堕落良知，以至于使人成为欲望的奴隶。清心寡欲的智者知道简单是福，知足常乐，从而让自己的心灵轻松自在，平静祥和。

事实上，生活中快乐的体验，只来源于我们内心的充实和恬淡，而不是来源于对物质的一味追逐和占有。要知道，事有利弊，虽然物质是生活不可缺少的一部分，但快乐和幸福往往才是生活里最令人向往的东西。物质的充实与内心和精神的充实比起来显得微不足道，内心的充实与丰富才是最大的富足。法国作家罗曼·罗兰说得好：“一个人快乐与否，绝不是依据他获得了或是丧失了什么，而只能在于他自身感觉怎样。”如果我们怀着知足心和上进心，在尘世的纷扰中追寻内心的充实，便可以清明自在，怡然自得。

人若无欲品自高。

——季羡林

（曾任北京大学副校长，中国著名文学家、语言学家、翻译家、散文家）

人到无求品自高

“事能知足心常泰，人到无求品自高。”这句话是清代文学家纪晓岚的先师陈伯崖写的。它告诫人们：不要一味追逐功名与财富，要懂得知足，不为外物所羁绊，不为浮云遮双眼，才能获得一种超然物外的自在与宁静。

人要无求，不是人生的不思进取和漫不经心，也不是心灰意冷和垂头丧气，更不是一筹莫展、难掩烦闷的消极态度和庸人哲学。而是告诫人们要摆脱功名利禄的羁绊和困扰，不必强求，有所不求才能有所追求。

“求”，是人生品格的体现，但为事在人，淡泊的人生虽然说没有轰轰烈烈扬名内外，也没有显赫的地位，可它的确是人们需要达到的境界。

什么样的人生才算是大自在，是位高权重、追随者众，还是悠然自得、少奢寡求地享受每一天？对于这个问题，每个人都会有不同的看法。

林则徐在漫长的官场生涯中，一时一刻都不曾忘记“廉洁”“清政”。最初在山东济宁当“运河河道总督”时，便立下一块石碑，上面镌刻着 7 个大字——“人到无求品自高”，一针见血地道出无私无欲的崇高品德，作为自己的座右铭，时刻鞭策自己、激励自己。后来任江苏廉访使时，他在官署大厅最显眼的地方，挂出一幅自己亲书的条幅，“愿闻己过，求通民情”，由此可以看出他念念不忘的“做官准则”，处处关心民情疾苦。

1838 年，林则徐前往广东查禁鸦片。无疑，在贪官们眼中，这是一个求之不得的肥差，不知会有多少白花花的银子装进私人腰包。也许正是如此，林则徐出发前，便向沿途所有州县驿站发了正式通知，言明奉旨去穗禁烟，只带仅有的几名随员，乘坐车、船、轿，一律自己掏钱付费，不得张罗迎接、操办酒席。

到广州后，尽管公务千头万绪忙得不可开交，林则徐还没有忘记给夫人写封家书，千叮咛、万嘱咐：“做官不易，做大官更不易，我是奉命唯谨，毕恭毕敬。夫人务嘱二儿须千万谨慎，切勿仰仗乃父的势力，和官府互相往来，更不可干预地方事务。”家书发出后，林则徐面对官场的腐败，风气的污邪，还是放心不下，提笔又语重心长地给在京翰林院任职的长子写道：“吾儿年方三十，侥幸成务，何德何才，而能居此，唯有一言嘱汝者，服官者应时时作归计，勿贪利禄，恋权位，而一旦归家，则又应时时作用计，勿儿女情长，勿荒弃学业，须磨砺自修，以为旦之为。”

鸦片给中华民族带来的灾害，比山重，比海深，要彻底禁绝，谈何容易。国内权贵的阻挠，朝臣的牵制，腐朽势力的破坏，更有外国侵略者的大肆威胁、挑衅，实在是困难重重。但一心想着民族利益的林则徐坚定表示：“死生命也，成败天也，苟利社稷，不敢竭股肱以为门墙辱！”

1839 年 6 月 3 日，虎门海滩成了万人瞩目的地方。6 月 25 日，多达 200 多万斤的鸦片统统化为灰烬，一斤一两没有被偷走、流失。

这场斗争，揭开了近百年来反对外国侵略斗争的序幕，也是林则徐光辉一生的生动写照。官场40载，行迹踏遍14省，统兵40万，到头来仍两袖清风，一贫如洗，实在令人可钦、可佩！

所有这些，正如他故居厅堂悬挂的那幅亲笔所书的格言所示："海纳百川，有容乃大；壁立千仞，无欲则刚。"

淡泊名利、无欲则刚，是无求的最高境界。那种碌碌无为，不求有功但求无过，是庸人的哲学。在面对名利和低级趣味的生活时，我们要无所求；对待事业和人生，却需要孜孜不倦地追求。

世界上有两种花，一种花能结果，一种花不能结果，不能结果的花更加美丽，比如玫瑰，又比如郁金香，它们在阳光下开放，没有任何明确的目的，纯粹只是为了快乐，这就够了，快乐本身就是成功。

人也像花一样，有一种人能结果，成就一番事业，而有一种人不能结果，一生没有什么建树，只是一个普通人而已。

当我们年轻的时候，以为什么都有答案。可是老了的时候，才会发现其实人生并没有所谓的答案，更没有标准答案。

我们对于成功的定义总是太过于狭窄，把名誉、金钱、地位和世俗所认可的一切当成了成功。

孟子说过："养心莫善于寡欲。"寡欲即是少有索取、不过度追求虚无的东西，尊重万事万物的自然发展，自然也会有同等的回馈。人的一生只要做到无欲无求，必然可以安然享受生活，享受人生几十年的美好时光。

当然，在现代生活中，很多人未必完全做得到"无欲无求"。有求与无求本是不可分割的统一体，能否正确对待有求与无求，反映了一个人的思想品德、人格情操的高尚和低下。品德高尚的人，名利上无所求，事业上却是生命不息，奋斗不止；品德低下的人，看重的是名利地位，追求的是个人利益，一旦满足不了个人私欲，工作上就怨天尤人，不思进取。

人到无求品自高，是一种超脱，是一种淡然，是一种勇气，超然物外，像白玉兰那样，卓尔不群，纤尘不染，带着某种孤傲与矜持，超然于世俗之上。所以，只要我们一生都在脚踏实地去干事，即使创造不出什么辉煌，也能感受到生活的真实、追求的快乐，也能"得鱼固可喜，无鱼亦欣然"，人生载不动太多的烦恼和忧愁！唯有内心泰然、坦然，才能无往而不乐。

任何欲望带来的幸福，都会是空虚没有自信的，只有满足才是最高的幸福享受。

——林语堂

（曾任北京大学教授，中国当代著名学者、文学家、语言学家）

欲望转身即幸福

在日常生活中，诱惑太多，心境就难以平和，很多人带着纷繁浮躁的心就可能向更大的欲望寻去。要想享受人生的乐趣，感受真正的幸福，就要让欲望转身，有一颗知足常乐的心。

太多的欲望，太多的渴求，快节奏的生活节拍让人们的生活转向困境，倒不如怀一份恬静的心境，淡泊地看待人生起伏，看世间百态，如此正是“回首向来萧瑟处，归去，也无风雨也无晴”。让我们的整个心灵，伴着氤氲清幽的一缕书香、一樽甘醇的烈酒，进入一个幽雅的精神领地，享受生命的大自在、大幸福。

年轻的时候，艾莎比较贪心，什么都追求最好的，拼了命想抓住每一个机会。有一段时间，她手上同时拥有 13 个广播节目，每天忙得昏天暗地，她形容自己：“简直累得跟狗一样！”

事情都是双方面的，所谓有一利必有一弊，事业愈做愈大，压力也愈来愈大。到了后来，艾莎发觉拥有更多不快乐，反而是一种沉重的负担。她的内心始终有一种强烈的不安全感笼罩着。

1995 年“灾难”发生了，她独资经营的传播公司被恶性倒账四五千万美元，交往了七年的男友和她分手……一连串的打击直奔她而来，就在极度沮丧的时候，她甚至考虑结束自己的生命。

在面临崩溃之际，她向一位朋友求助：“如果我把公司关掉，我不知道我还能做什么？”朋友沉吟片刻后回答：“你什么都能做，别忘了，当初我们都是从‘零’开始的！”

这句话让她恍然大悟，也让她勇气再生：“是啊！我们本来就是一无所有，既然如此，又有什么好怕的呢？”就这样念头一转，没有想到在短短半个月之内，她连续接到两笔很大的业务，濒临倒闭的公司起死回生，又重新动了起来。

经过这些挫折后，反而让艾莎体悟到人生“无常”的一面，费尽了力气去强求，虽然勉强得到，最后留也留不住；反而是一旦放空了，随之而来的是更大的能量。

她学会了“舍”。为了简化生活，她谢绝应酬，搬离了150平方米的大房子。索性以公司为家，挤在一个15平方米不到的空间里，淘汰不必要的家当，只留下一张床、一张小茶几，还有两只做伴的狗。

艾莎赫然发现，原来一个人需要的其实那么有限，许多附加的东西只是徒增无谓的负担而已。

欲望转身即是幸福，只是很多人一味地被欲望拖着往前走，却忘记了还可以转个身。生活中，人们总是因为得不到想要的东西，而感到沮丧和消沉。其实，每个人都有一定的欲望，都想过美满幸福的生活，这是无可厚非的。但是，如果把这种欲望变成一种无止境的贪婪，我们就会无形中成为欲望的奴隶，这样就会离幸福越来越远。因此，适当地修剪一下自己的欲望，别让那些不必要的贪念支配我们的生活，我们就不会不经意地错过了生命的美好。

我们都追求幸福多彩的人生，都想让生命绽放出最美丽的光彩。然而不是谁都生而拥有优越的环境，往往我们都会陷入人生的泥淖中无法自拔。面对生命中的诱惑和欲望，我们应该懂得有所舍弃。很多时候，我们都需要耐得住寂寞，忍受得住孤独，让欲望转身而去。只有我们相信雨过天晴终有日，远离贪欲即是福，我们才是真正地懂得了珍爱生活。

一股细细的山泉，沿着窄窄的石缝，叮叮咚咚地往下流淌，也不知道过了多少年，竟然在岩石上冲出一个鸡蛋大小的浅坑，里面填满了黄澄澄的金砂，天天不增多也不减少。

有一天，一位砍柴的老者来喝水，偶尔发现了清澈泉水中闪闪的金砂。

惊喜之下，他小心翼翼地捧走了金砂。

从此，老者不再受苦受累地砍柴，每过十天半月的，就来取一次金砂，日子很快过得富裕起来了。

对于这个秘密，老者虽然守口如瓶，但还是让跟踪他的儿子发现了，儿子埋怨他不该将这个秘密瞒着，要不然早就发大财了。

儿子不断丛勇父亲拓宽石缝，扩大山泉，这样一来，不就能冲出更多的金砂吗?

父亲想了想，自己真是聪明一世糊涂一时，怎么没想到这一点呢?

说到做到，父子俩随即找来工具，叮叮当当地把窄窄的石缝凿宽了，山泉比原来大了几倍，随后他们又凿深了坑。

随后，父子俩天天跑去看，天天失望而归，金砂不但没有增多，反而消失得无影无踪。

这对父子贪婪地想得到更多财富，却连原本微小的利益也失去了。当人欲望太多时，最终将什么也得不到。

古人曾不断劝解我们：“大厦千间夜眠不过八尺，良田万亩日食又有何几?”晚上睡觉所需要的不过是一张床的大小，每餐所需要的也不过是一碗饭的食量，再多的土地、钱财，我们又能用得到多少呢？拥有许许多多我们用不到的东西，其实，也未必就是幸福。人们要活得舒心，活得快乐，活得潇洒，就要学会知足，学会随遇而安。远离过多的欲望，懂得知足、随遇而安，这就是幸福。

如果我们能够持有一颗平常心，坐看云起云落、花开花谢，一任沧桑，就能获得一份云水悠悠的好心情。做平常事，做平凡人，没有太多的欲望，保持平静的心态，保持平衡的心情，我们就能以最美好的心情来对待每一天的生活。

庄子有语云：“若夫乘天地之正，而御六气之辩，以游无穷者，彼且恶乎待哉？故曰：至人无己，神人无功，圣人无名。”欲望转身，即是幸福，逍遥悠然，摆脱一切世俗的自我限制，足以让我们的人生色彩纷呈。那么，我们的每一天都会充满着阳光，洋溢着希望，流动着幸福。

人，诚如波斯诗人莪谟伽耶玛所说，来不知从何处来，去不知向何处去，来时并非本愿，去时亦未征得同意，糊里糊涂地在世间逗留一段时间。在此期间内，我们是以心为形役呢，还是立德立功立言以求不朽呢，还是参究生死直超三界呢？这大主意需要自己拿。

——梁实秋

（曾任北京大学教授，中国著名的散文家、作家、文学批评家、翻译家）

别用过长的尺子衡量生活

哲学家尼采说：“人生究竟是黑白还是彩色，纯粹是一种习惯性的看法。”生活中，我们一旦习惯看到人生的黑暗面，就会刻意去寻找黑暗的那一面，而忽略掉光明的一面，我们自然就会被消极的世界所包围。多计算一下自己已拥有的，我们会发现每个人都是富人。

贪婪总是幸福的大敌。要想真正获得幸福，就要学会淡定，学会知足。你的人生是贫穷还是富有，是黑白还是彩色，都在于你自己。如果你能接受自己所有的缺憾，接收这份不完整的生命赐予，那么你就能更快乐地活着。对于生命的苦难，我们不能把它当成是“谁”的错。你总去看他人的优越面，心中的怨恨就愈增。衡量生活，别用过长的尺子，接受现实，相信我已富有、已完美，生命将无憾。

要懂得欣赏自己的生活，让自己活得随心所欲。你能改变什么让自己感到愉快，那就做一些改变，不过，如果改变了以后会让自己不愉快的话，那么不管有多少人改变，也不应该盲从去做。即使你已经知道改变以后会很好，但自己无力改变的话，也不应该勉强去做，那些让自己觉得不满意的地方，倒不如尽量忽略。要接受自己所谓不完美的地方，没有必要勉强自己变得完美。

一个婴儿刚出生就夭折了，一个老人寿终正寝了，一个中年人暴亡了。他们的灵魂在去天国的途中相遇，彼此诉说起自己的不幸。

婴儿对老人说：“上帝太不公平，你活了这么久，而我却等于没活过。我失去了整整一辈子。”

老人回答：“你几乎不算得到了生命，所以也就谈不上失去。谁受生命的赐予最多，死时失去的也最多。长寿非福也。”

中年人叫了起来：“有谁比我惨！你们一个无所谓活不活，一个已经活够数，我却死在正当年，把生命曾经赐予的和将要赐予的都失去了。”

他们正谈论着，不觉到达天国门前，一个声音在头顶响起：“众生啊，那已经逝去的和未曾到来的都不属于你们，你们有什么可失去的呢?”

三个灵魂齐声喊道：“难道我们中间没有一个最不幸的人吗?”

上帝答道：“最不幸的人不止一个，你们全是，因为你们全都自以为所失最多。谁被这个念头折磨，谁就是最不幸的人。”

不知满足不知感恩的人，永难得到幸福，就如上文中的三个灵魂一样。其实我们对自己不苛求，我们又怎么知道别人一定比自己好？事实上每个人都有令人羡慕的东西，也有自己缺憾的东西，没有一个人能拥有世界的全部，重要的在于自己的内心感觉。那些心态平和的人也许生活中物质的享受并不比任何人好，只是他能接受自己，觉得自己好而已。

现实生活中，许多人都习惯于把自己和别人相比，殊不知在你拿自己的短处与别人的长处相比时，别人也在羡慕你的长处。其实，人应该学会知足，知足才是幸福和快乐的源泉。

上帝在天庭里闲得无聊，突然想到了一个好玩的主意：“如果让世界上的万物再选择一次，大家都想要做什么呢?”于是，他让天使去办这件事情，而天使最后带回来的答案确实让上帝大吃了一惊。

猫说假如让它再活一次，它要做一只鼠。它认为自己偷吃主人一条鱼，会被主人打个半死。而老鼠可以在厨房翻箱倒柜，大吃大喝，人们对它却无可奈何。

老鼠说假如让它再活一次，它要做一只猫，吃皇粮，拿官饷，从生到死由主人供养，时不时还有老鼠给它送鱼送虾，很自在。

猪说假如让它再活一次，它要当一头牛，生活虽然苦点儿，但名声好。而它们似乎是傻瓜懒蛋的象征，连骂人也都要说蠢猪。

牛说假如让它再活一次，它愿做一头猪。它认为它自己吃的是草，挤的是奶，干的是力气活，有谁给它评过功、发过奖?做猪多快活，吃罢睡，睡罢吃，肥头大耳，生活赛过神仙。

鹰说假如让它再活一次，它愿做一只鸡，渴有水，饿有米，住有房，还受主人保护。而它们鹰一年四季漂泊在外，风吹雨淋，还要时刻提防冷枪暗箭，活得太累!

鸡说假如让它再活一次，它愿做一只鹰，可以翱翔天空，任意捕兔捉鸡。而它们除了生蛋、司晨外，每天还胆战心惊，怕被捉被宰，惶惶不可终日。

最让上帝觉得不可思议的是人的回答。

男人说假如让他再活一次，他要做一个女人，可以撒娇邀宠，可以当公主，可以当妃子，可以当太太……最重要的是可以支配男人，让天下所有的男人都拜倒在她的石榴裙下。

不少女人都说假如让她再活一次，一定要做个男人，可以蛮横，可以冒险，可以当皇帝，可以当王子，可以当老爷，可以当父亲……最重要的是可以驱使女人。

上帝看完，大失所望：“这些家伙只知道盲目攀比，太不知足了!哎，还是一切照旧吧!”

有位哲人说：“与他人比是懦夫的行为，与自己比是英雄。”这句话乍一听不好理解，但细细品味，却大有道理。在我们的身边，也有很多人羡慕他人的生活，羡慕别人有显赫的家庭，羡慕那些明星、名人，天天淹没在鲜花和掌声中，名利双收，以为世间苦痛皆与他们无缘。可是俗话说，人生失意无南北，宫殿里也有悲恸，瓦屋同样也会有笑声。只是，平时生活中无论是别人展示的，还是我们关注的，总是风光的一面、得意的一面。

如果我们认真分析别人表现杰出的地方，从对方的表现看出成功的端倪，收获最多的其实还是自己。这种心态，并非想和对方一较高下，而是向对方虚心学习。这个对象不管是谁，只要你愿意仔细观察，一定可以看见别人成功的关键所在。

有智慧的人不会用太长的标尺去要求自己，衡量生活。他们会把眼光放在自己的身上，多花心力去提高和完善自己，这样的生活一定会多一份满足，多一份悠然，多一份幸福。

一般人不能领略这个尘世生活的乐趣，那是因为他们不深爱人生，把生活弄得平凡、刻板，而无聊。

——林语堂

（曾任北京大学教授，中国当代著名学者、文学家、语言学家）

不为物累，洒脱生活

印第安人酋长对他的臣民们说："上帝给了每个人一杯水，于是，你从里面饮入了生活。"是的，生活确实就是一杯水，杯子的华丽与否显示不了一个人的贫与富。但杯子里的水，清澈透明，无色无味，对任何人都一样。所有人都有权利在水中加盐、加糖等别的东西，这是每个人的生活权利，没有人能够剥夺。但必须适可而止，因为杯子的容量有限。

生活当中，有很多人为了让自己的这杯水色香味俱佳而往里面加着各种各样的佐料，诸如爱情、友情、金钱、喜、怒、哀、乐等，所以他们都感到活得非常"累"。然而，许多人仍然自愿地承担着这种重量，当各式各样的诱惑接踵而至，欲望的雪球越滚越大，最终使整个人生陷入混乱，难以解脱。

我们都知道这样一个故事：

一只狐狸发现一个结满果实的葡萄园，可是它太胖了穿不进栅栏。于是它饿了三天让自己瘦下来。终于进来了，狐狸尽情享受美味的果实。可是，一顿饱餐之后，它发现自己又出不去了，只好又三天三夜不吃不喝。

人生何尝不是如此？赤裸裸地来，赤条条地走，没有人能带走一生经营的财富与盛名。生活中，有多少人也像这只钻进钻出的狐狸，为了自己心中的“葡萄”透支着自己的身体与精力，最后终于因这串葡萄而失去了人生的整个田野。

我们之所以始终难以做到淡定，就是因为我们的心灵总是为外物所缠绕，生活中的事情都能够撼动我们的内心，而内心的不宁静又使得我们外在的行为上也不安定。而外在行为的不安定又再一次造成内心的波动。

不甘心、忌妒、愤怒、爱恨、得到等情绪，这些情绪的载体就是现实中的种种事物。如此往复循环下去，我们将会遗失生活中最美好的事物，使自己一生难以超脱，在外物的压力下筋疲力尽。

一个饱读诗书的秀才去山上找老禅师聊天，在路上的时候，看到一件有趣的事情，就想用这件事情考一考老禅师。来到禅院之后，他一边与老禅师品茗，一边悟禅机。突然，秀才冷不防地问道：“什么是团团转？”

“皆因绳未断。”老禅者随口答道。

秀才听了目瞪口呆，难以置信地问：“您怎么知道的呢？我在来的路上，看到一头牛被绳子穿了鼻子，挂在树上。这头牛极力想要挣脱，可是无论如何都摆脱不了，只能围着树转来转去。所以，我才拿这件事情来问您，本来我认为您没有看到，肯定答不上来，但是没想到您随口就答了出来。”

老禅师笑着说：“你问的是事，我回答的是理。你问的是牛被绳子束缚而不得解脱，我答的是人心被俗物所纠缠不得超脱。一理通百事啊。”秀才恍然大悟！

在人的一生中，有些重量是你心甘情愿承受的，比如爱情、亲情，有些重量是你不得不承受的，比如责任、义务，而有些重量则是你无论如何都不能承受的，比如私欲。人活着应该让别人因为你活着而得到益处，而不是只为了满足自己的私欲，每当你往欲望的篓子里多扔一块小石子，你的脊背就不得不因此弯曲一次，最终欲望的重量让你只能匍匐于地。

过完庸俗的甚至可鄙的一生，私欲就成了你唯一能为自己写下的墓志铭。

属于我们的生活之水，当我们慢慢啜饮的时候，才能尝到它的味道，其中滋味，各人自知。而且每个人都只有一杯水，水喝完了，杯子便空了。因此，我们不要为外物所累，不在生活的水杯中加入太多的东西。这样，我们才能洒脱生活，为生活描绘出完美的色彩。

第四章　淡定从容才能走远

“最难风雨故人来”，阴森森的天气使我们更感到人世温情的可爱，替从苦雨凄风中来的朋友倒上一杯热茶时候，我们很有放下屠刀，立地成佛子的心境。“风雨如晦，鸡鸣不已”，人类真是只有从悲哀里滚出来才能得到解脱，千锤百炼，腰间才有这一把明晃晃的钢刀，“今日把示君，谁为不平事。”

——梁遇春

（曾在北京大学任教，著名散文家、语言学家）

从容是一种心灵优势

《庄子·内篇》有言曰：“人莫鉴于流水，而鉴于止水。唯止能止众止。”人为什么不能鉴于流水，因为流水不是平的，只有止水才能鉴人。水平不流，如止水澄波，能够做到昼夜都在止水澄波中，便是淡定从容的境界所在。

老子说：“治大国若烹小鲜。”意思是说，治理一个很大的国家，像炖一条小鱼一样简单。传说舜在位时，弹琴赋诗，从容儒雅，把天下治理得很好。人生也一样。每一个人都可以有无限多样的选择。人们似乎应该去更好地选择，选择去过一种更适然、更从容、更惬意的生活。

从容是一种气质，一种修养，一种境界，是一种充满内涵的心灵优势。安之若素、沉默从容，往往比气急败坏、声嘶力竭更显涵养和理智。从容可以沉淀出生活中的浮躁，过滤出浅薄粗率等人性的杂质，可以避免许多鲁莽、无聊、荒谬的事情发生。

有这样一则故事：

下雨了，大家都匆匆忙忙往前跑。唯有一人不急不慢，在雨中踱步。

旁边跑过的人十分不解："雨这么大，你怎么不快些跑？"

此人缓缓答道："急什么，前面不也在下雨吗？"

从某种角度看，当人们在面临风雨匆忙奔跑之时，那个淡然安定欣赏雨景的人，其实深谙从容的生活智慧。在现代都市竞争的人性丛林，从容淡定是一种难以达到的大境界，别人都在杞人忧天、慌不择路，只有他镇定从容。

庄子在《逍遥游》中说："朝菌不知晦朔，蟪蛄不知春秋，此小年也。"意思是说，树根上的小蘑菇寿命不到一个月，因此它不理解一个月的时间是多长；蝉的寿命很短，生于夏天，死于秋末，它自然不知道一年当中有春天和冬天。它们的生命都是短暂的，或许一般人觉得它们可怜，然而，那些生命即使活了几秒钟，也觉得自己活了一辈子，它们有它们自己的快乐。人生也是如此，每个人都有自己的活法，感受的境界也各不相同，其实不必计较太多，只要我们能够从容生活，感受到生命中的快乐就行。

唯有境界从容，才不会眼热权势显赫，不奢望金银成堆，不乞求声名鹊起，不羡慕美宅华第，因为所有的眼热、奢望、乞求和羡慕，都是一厢情愿，只能加重生命的负荷，增加心灵的浮躁，而与豁达康乐无缘。

老僧的一位老友来拜访他，吃饭时，他只配一道咸菜。

老友忍不住问他："这样不会太咸吗？"

老僧回答道："咸有咸的味道。"

吃完饭后，老僧倒了一杯白开水喝。

老友又问："白水过于平淡了吧？"

老僧笑着说："白水虽淡，可是淡也有淡的味道。"

漫漫人生路，需要品尝各种滋味，咸菜的咸与白水的淡就像人生中遇到的不同情境与事件，超越了咸与淡的分别，才能真正品味到咸的恰到好处与淡的至纯至真。

心灵与外物一经碰触就再也难以分开，这正是造成我们人生苦难的根源。或许我们可以尝试着在年轻的时候，就摆脱外物的纠缠，尝试着去放松，给自己的心灵腾出一片空间，让自己能够平和地面对现实生活中的种种，减轻不满足、不平衡带来的负担。当我们真正懂得了从容是一种心灵的优势，能够淡然面对生活的时候，无论过着怎样的生活，我们都能从正在拥有的生命中感受到淡淡的幸福。

梁实秋是近代最负盛名的作家和翻译家，他翻译的《莎士比亚全集》至今是汉英翻译教学中的典范。和同时期的文人大多参与政治不同，梁先生对政治的态度是规避三舍，他一再强调文学和文人应该保持独立的思想和生活，尽量去掉阶级性。

在北大教书的时候，梁先生始终两耳不闻窗外事，一心过他从容质朴的生活，上课、听戏、下馆子、游园子，从来不将自身和政治挂上钩，无论是身边哪位同事又高升进政务院了，抑或是自己的哪位知己又收到某政府机构的邀请了，梁先生都装作不知。观其一生，这种淡然从容的生活志趣梁先生从未改变过。

也正因为有这样的心态，梁先生才在旁人都忙于世俗杂务的时候，能够潜心于书斋，把精力放在提高文化修养上面，他先后发表的《雅舍小品》等散文著作开创了一股清新的文风，成为后世争相效仿的对象。

一个人所处的环境无论是多么的荒凉或不和谐，或者一个人的生活条件是多么的艰难，这都无关紧要。在每个人的体内都有着巨大的潜能，这使他能在每一次暴风雨和外在不利环境的重压下保持真诚和平静，他是自己的主人。他可以这样指导他的思想，甚至达到了“不以物喜，不以己悲”的境界。这样，任何事物都无法破坏他对天赐的巨大潜能的开发和利用。

人生是不可避免的“劳生”，但“劳生”更要“徐生”。许多人忙碌了一辈子，究竟为谁辛苦为谁忙？到头来自己都无法回答。

其实，真正的动，是明明白白又充满意义的“动之徐生”，心平气和，才能生生不息。“动之徐生”是做人做事的法则，道家要人做一切事都不暴不躁、不乱不浊，一切悠然“徐生”，态度从容，怡然自得。

许多人一世“劳生”，从来不知“徐生”的从容，其实他们陷入了人生的误区，无法自拔。心无旁骛，只做自己该做的，面对纷杂世俗之事，一笑而过，笑看世间风云变幻，只求从从容容、平平淡淡，因此，看到的又是山水的本来面貌。真正的做人与处世之道便在其中：人本是人，不必刻意去做人；世本是世，无须精心去处世。

如今的社会，每个人都奔波劳碌，疲于奔命，早已忘却了“从从容容才是真”的人生真谛。青山不改，细水长流，“动之徐生”，从容便是。生命的原则若是合乎“动之徐生”的原则，便能够营魄合一、持盈保泰。

从容是一种心灵优势，从从容容才是真。生命中的许多东西是不可以强求的，那些刻意强求的东西或许我们终生都得不到，而我们不曾期待的灿烂会在我们的淡泊从容中不期而至。

在漫长的人生旅途中，我们只有做到了平淡、坦然，方能心态平和，恬然自得，达观进取，笑看风云。

只有登上山顶，才能看到那边的风光。

——徐志摩

（曾任北京大学教授，现代诗人、散文家）

得意时淡然，失意时坦然

有位哲人说："人这一生不可能顺顺利利，有得意必有失意，有快乐必有痛苦，有欢笑必有眼泪。"其实，人生之路就像天气一样。天气不可能总是风和日丽、艳阳高照，也有风雨交加、电闪雷鸣的时候。不可能晴朗的天气你就享受，恶劣的天气你就回避。不管人生有什么样的风风雨雨，要学会坦然面对，要学会淡然承受。因而做到"得意时淡然，失意时坦然"对每个人来说都非常重要。

心态的平和能使一个人作出正确的决断，能够看到别人的优点，也看清自己的不足。懂得用一生践行淡然之道的人，必是一个拥有生活智慧的人。"安禅何必须山水，灭却心头火自凉。"生活就是心灵的修炼场，凡事顺其自然，遇事处之泰然，得意之时淡然，失意之时坦然，艰辛曲折必然，历尽沧桑了然，方是修身养性之道。

淡然并非平庸，而是随性；坦然不是不思进取，而是低调处理人生之事，以平和的心态去面对人生，以怡性怡情的胸襟去享受生活。花开任其绽，云散任去飘，得意时不忘我，失意时泰然恬淡，以豁达的心来体会人生的真谛。

世间之事确实如此，很多时候都是和硬币一样，集正反面于一身的。牵牛花靠攀附在篱笆架上成长，有人贬斥它是软骨头，没有人格，可悲；也有人赞美它能利用他物发展自己，开花结果，成就一番事业，可喜。

小草与庄稼争肥料，争地盘，影响庄稼生长，农民把它斩草除根。但它生命力极强，高山、石隙、洼地，都茁壮成长。人们常用"疾风知劲草""野火烧不尽，春风吹又生”来赞颂它。在这个祸福并行的世间，任何事情都有它的两面性，关键是看你如何从不利的一面当中看到有利的一面。

面对成功需要淡然以对，面对失败更要淡然以对。经历过千辛万苦，最终换来的却是失败，这对任何人来说都是痛苦的。但是，即使再痛苦，也要学着用淡然的态度来看待它。那些取得巨大成就的人物，都是从失败中走出来的。在面对失败的时候，他们都选择了用一颗平常心来对待。

佛语道：“笑着面对，不去埋怨。悠然，随心，随性，随缘。注定让一生改变的，只在百年后，那一朵花开的时间。”有的时候我们要用佛家的思想来劝慰自己。人心本无杂念，只是随着年龄的增长，生活的烦恼、工作的压力、情感的纠缠等，才让人心无宁日。得意时淡然，失意时坦然，看淡一时的得失，不受外物的纷扰，人生苦乐安然面对，收放自如，才能体会看天上云卷云舒的淡然与自在。

一天夜里，一场雷电引发的山火烧毁了美丽的“万木庄园”，这座庄园的主人迈克陷入了一筹莫展的境地。面对如此大的打击，他痛苦万分，闭门不出，茶饭不思，夜不能寐。

转眼间，一个多月过去了，年已古稀的外祖母见他还陷入悲痛之中不能自拔，就意味深长地对他说：“孩子，庄园成了废墟并不可怕，可怕的是，你的眼睛失去了光泽，一天一天地老去。一双老去的眼睛，怎么能看得见希望……”

迈克在外祖母的说服下，决定出去转转。他一个人走出庄园，漫无目的地闲逛。在一条街道的拐弯处，他看到一家店铺门前人头攒动。原来是一些家庭主妇正在排队购买木炭。那一块块躺在纸箱里的木炭让迈克的眼睛一亮，他看到了一线希望，急忙兴冲冲地向家中走去。在接下来的两个星期里，迈克雇了几名烧炭工，将庄园里烧焦的树木加工成优质的木炭，然后送到集市上的木炭经销店里。

很快，木炭就被抢购一空，他因此得到了一笔不菲的收入。他用这笔收入购买了一大批新树苗，一个新的庄园初见规模了。

几年以后，“万木庄园”再度绿意盎然。

很多时候，一个人的苦乐成败，不在于外物的左右，而在于自己的心态和看待世界的角度，庄园烧毁了并不可怕，可怕的是心灵也成了废墟。面对人生的得意和失意，做事心态很重要，要时时保持内心平和，得意时不要过分骄傲。适度的骄傲能增强自信心，但是过分的骄傲则像前进路上的大石，使你失去进一步发展的机会，这就如狂放地饮酒，没有节制，酒多到“濡其首”，就会危及自身的前途。

一人若不能坦然面对生活中的不如意，就会很容易被困难击倒。而一个能够坦然面对困难的人，能够放下心中的负担，反倒可以无往不胜，无坚不摧。其实，沮丧的面容、苦闷的表情、恐惧的思想和焦虑的态度，是我们缺乏自制力的表现，是你不能控制环境的表现。它们是你的敌人，你要把它们抛到九霄云外。面对得意和失意，都能从容面对，这样才算达到了一种较高境界。

世间没有死胡同，就看我们如何去寻找出路。正视不如意之事，不在失意面前退缩，自然不会无路可走。得意是一位贫乏的教师，它能教给我们的东西很少；在失意的时候，我们学到的东西才最多。

所以，不要为自己所没有的东西感到苦恼，能享受自己现在所拥有的人，才是最聪明的。

我们不妨学着坦然一点，坦然面对一切得到和失去，坦然面对一切成功和失败。我坦然，于是我心美丽；我心美丽，于是人生跟着美丽。坦然，是一份快乐，是一种潇洒；是一种失意后的乐观，是沮丧时自我的一种调整；是一种看淡一切功名利禄的成熟，也是平淡中的一份自信。

在人的一生中，许多的成败与得失，并不是我们都能预料到的，很多的事情也并不是我们都能够承担得起的。

很多时候，得未必是好事，失也未必是坏事。但是，只要我们努力去做，求得一份付出后的无愧于心，便会得之淡然，失之亦坦然。

只有知道如何停止的人才知道如何加快速度。

——俞敏洪

（毕业于北京大学英语专业，新东方学校创始人现任新东方教育科技集团董事长兼总裁）

冲动只会让事情变得更糟

剑桥大学的托马斯·沃森教授说过这样一句话：“人生要获得成功，有两种能力是不可或缺的，即思维能力和行动能力。二者相辅相成，缺一不可。”光有行动没有冷静的头脑是不行的。行动中最重要的就是冷静，沉着、冷静能够使你的头脑变得更加清晰、更有智慧，从而使你的行动能够达到预期的目的。

千百年来，古人对医治“躁”病妙法良多，比如“处世最当熟思缓处”，告诉人们遇事进行处理，最佳做法是深思熟虑和延宕一下再办；“安详是处事第一法”，是说不急不躁是处理事物的最好方法；“多躁者，必无沉潜之识”，是说过分浮躁之人，一定没有深刻的认识；这些格言警语，无不渗透着先人的卓见哲思。

其实，具有理性控制力的人，反映了一种涵养和心态。心态良好，就不会去计较一些不必计较之事。

冷静也是克服冲动的良药，我们要变“热处理”为“冷处理”，才能把冲动克服在即将发生之时，最坏也能把冲动解决在已经发生之后。只有让心的容量变得更大，只有让心的韧性变得更强，我们才能管制住“冲动”这头野马，才能在生活和投资中享受收获的快乐。

皮索恩是古代的一个品德高尚、受人尊敬的军事领袖。

一次，一个士兵侦察回来，没能说清楚跟他一起去的另一个士兵的下落。皮索恩愤怒极了，当即决定处死这个士兵。

就在这个士兵被带到绞刑架前时，失踪的士兵回来了。

但结果出人意料：皮索恩由于羞愧更加暴怒，于是将两个人都处死了。

理智是灵魂的高贵所在，如果人们任由灵魂自我伤害而不进行干预，则会对自身造成很大的伤害。我们在冲动情绪的支配下很容易丧失理智，失去心灵的安宁。

冲动难免发生，但只要我们能在冲动发生时克服了它，或是在冲动发生后解决了它，那么冲动就不再可怕，更不会有可怕的结果发生。

面对冲动，我们需要的是一种“泰山崩于前，我自岿然不动”的冷静心态，而不是一种让自己迷失方向的紧张情绪。

一个穷人从倒了的墙里挖出了一坛金子，他一夜暴富。有了钱之后这位穷人想让自己变得更聪明一些，于是，他就向一位老人诉苦，希望老人能指点迷津。

老人告诉他：“你有钱，别人有智慧，你为什么不用你的钱去买别人的智慧呢？”

于是他就来到城里，见到一个智者，就问道：“你能把你的智慧卖给我吗？”

智者答道："我的智慧很贵，一句话100两银子。"

那个穷人说："只要能买到智慧，多少钱我都愿意出！"

于是那个智者对他说道："遇到困难不要急着处理，向前走三步，然后再向后退三步，往返三次，你就能得到智慧了。"

"智慧这么简单吗？"穷人听了将信将疑，生怕智者骗他的钱。

智者从他的眼中看出他的心思了，于是对他说："你先回去吧，如果觉得我的智慧不值这些钱，那你就不要来了，如果觉得值，就回来给我送钱！"

当晚回家，在昏暗中，他发现妻子居然和另外一个人睡在炕上，顿时怒从心生，拿起菜刀准备将那个人杀掉。突然，他想到白天买来的智慧，于是前进三步，后退三步，做了三次。突然间，那个与妻同眠者惊醒过来，问道："儿啊，你在干什么呢？深更半夜的！"

穷人听出是自己的母亲，心里暗惊："若不是白天我买来的智慧，今天就错杀母亲了！"第二天，他早早地就给那个智者送钱去了。

有人说过这样的话，"人一旦发脾气，就等于在人类进步的阶梯上倒退了一步"。很多悲剧都是由于一时冲动和鲁莽造成的，如果我们遇事能够保持冷静，等了解事情真相后再做决定，那么很多悲剧就可以避免。其实，智者的方法就是让人在做事情之前有一段冷静思考的时间，穷人如他所说的做了，便在冷静中控制了自己的邪念，而最终才没有犯下不可饶恕的罪过。

生活在当下，我们难免因为一些事情而冲动。不受控制的冲动，具有很大的破坏力，同时对人的健康也有很强的杀伤力。我们在冲动时，会失去正确的判断力，理解力也会下降，容易作出一些无法挽回的错事。如果无法克制冲动，我们将必定失败；如果无法克制投资的冲动，我们将注定亏损。

因此，在生活中，随时保持平和的心态是至关重要的。在心情激动之时，应停止身体的动作，静坐下来，降低音调，心情就会自然而然稳定下来。

假如感情如平波静水一般，那么火气就可以消失，这样不但节省精力，还可预防疲倦，进而使你的行动急缓有序，成为一个有涵养的人。赶快收敛你的愤怒，化戾气为祥和，这样，你才能让愤怒的火山在即将喷涌时熄灭，并转化为一种平和的力量，也能让事情向一种好的趋势发展。

人要有出世的精神才可以做入世的事业。现世只是一个密密无缝的利害网，一般人不能跳脱这个圈套，所以转来转去，仍是被利害两个大字系住。在利害关系方面，人己最不容易调协，人人都把自己放在首位，欺诈、凌虐、劫夺种种罪孽都种根于此。

——朱光潜

（曾担任北京大学教授，中国美学家、文艺理论家、教育家、翻译家）

以出世心做人，以入世心做事

中国文人在谈论理想人格时，总是离不开两个词：出世与入世。在人们的思想意识里，出世与入世的思潮永远泾渭流变，枝蔓衍生，成为思想精神文化上的两难选择。特别是在封建时代的文人们，要么选择精神上的困顿，要么远离官场，潇洒自在。

陶渊明因看不惯官场黑暗而退隐江湖，选择了出世，并且没有再回来，即使他有过想法。也有入世成就霸业，急流勇退般出世的人，例如范蠡。相传范蠡帮勾践报仇之后，便弃官从商，富而有德，人称“陶朱公”。而这个世界上，真正像范蠡那样的人不在多数，大多都是像李白、李商隐这样的人，郁郁不得志，无处退隐。

出世与入世，换一种说法其实就是看透进退的玄机。古人讲进退，是指做官还是退隐的问题。明代理学大师薛文清说：“进将有为，退将自修。君子出处，唯此二事。”这是古人的进退观，正是“穷则独善其身，达则兼济天下”。

最高明的智者会在出世和入世间进退自如，不受名利的束缚，既能全身，又能成就大业。梁漱溟就是这一方面的典型代表。

梁漱溟先生说：“挺然是有精神，站立得起。安详则随时可以吸收新的材料，因为在安详悠闲时，心境才会宽舒；心境宽舒，才可以吸收外面材料而运用融会贯通。”

梁漱溟先生到北大讲学后，便开始研读儒家经典。他发现佛学只言苦，而儒家却讲乐。这两者的矛盾迫使他去寻求答案。这时，少年中国学会邀请他去做关于宗教问题的演讲。这件事情在以前本是很容易的，但现在他“写不数行，涂改满纸，思路窘涩，头脑紊乱”。

于是，他放下笔，在《东崖语录》中看到“百虑交锢，血气靡宁”这句话才蓦然惊醒。

正是这件事情，促使他后来重返儒家。

梁漱溟先生认识到自己在散乱暴躁的心境之下，很难认真地去做好每件事情。所以，他选择放下了手头之事，在平和的心境下确立了自己的“精神”——放弃出世，回归儒家。

中国历史上还有一位幸运者，他就是诸葛亮，诸葛亮的人生只有短短的54年，他出山辅佐刘备的时候，刚好近而立之年，正是人生大好时光。隆中对成了他人生的分界线。他有两句名言，一句是“淡泊以明志，宁静而致远”，另一句是“鞠躬尽瘁，死而后已”。分别代表了他前后半生的精神。

诸葛亮是先出世，后入世的。前半生避世草堂之中，躬耕于南阳，博览群书，拥有经世致用的才能，同时在身体力行中，养成淡泊名利的人生态度。前半生为后半生打好了基础，所以他既不会苟活于乱世，也不求闻达于诸侯。

诸葛亮所拥有的人生，的确令人向往。现在面对出世与入世，很多人无从选择，往往会从这一面走到那一面。

其实每个人都有自己的人生，要走的人生路也不可能相同，所以什么样的生存方式都是正确的，只是不要自寻烦恼就是了。毕竟出世与入世只不过是生活方式不同而已。入世却能够不恋世，便是心出家，再经过生活的锤炼而愈发炉火纯青，才会有真正的觉悟。出世却持名利心，不仅不能有助于解脱，反而会影响道心，更堕地狱!

有个说法叫出离心，是以出世之大愿，做入世的事业，也就是“以出世的态度做人，以入世的态度做事”。朱光潜先生也曾用这句话评价弘一法师，即“以出世之精神，做入世之事业”。

印度有一位智者，学识渊博，德高望重。他有一个小徒弟，天资聪颖，却总是怨天尤人。

这天，徒弟又开始抱怨，智者对他说：“去取一些盐来。”徒弟不知何意，疑惑不解地跑到厨房取了一罐盐。

智者让徒弟把盐倒进一碗水里，命他喝下去，徒弟不情愿地喝了一口，苦涩难耐，智者问：“味道如何?”

徒弟皱了皱眉头，说：“又苦又涩。”

智者笑了笑，让徒弟又拿了一罐盐和自己一起前往湖边。

智者让徒弟把盐撒进湖水里，然后对徒弟说：“掬一捧湖水喝吧。”

徒弟喝了口湖水，智者问：“味道如何?”

徒弟说：“清爽无比。”

智者又问："尝到苦涩之味了吗？"徒弟摇摇头。

智者语重心长地对他说："人生中的许多事情如同这罐盐，放入一碗水中，你尝到的是苦涩的滋味，放入一湖水中，你尝到的却是满口甘爽。让自己的心变成一湖水，自然尝不到人生的苦涩。"

做人做事，都应如此，莫让心局限在一个狭小的空间，心如大海，便可达到出世的境界。但最完美的人生并不是一味地追求出世，而是以出世心做入世事。

以出世的心态做人，以入世的心态做事。常怀出世之心，功名利禄才能看得淡、愤懑幽怨才能放得下；常怀入世之志，满腔抱负才能展得开、生命之翼才能飞得起。做人当如隐士，在滚滚红尘中淡泊明志，羽扇纶巾，泰山崩于前而面不改色；做事当如战士，在人生战场上披坚执锐，长剑既出，虽千万人吾往矣！

具体说来，人活着要做事，要谋生，不论是为自己，还是为社会，都来不得半点虚妄。一个人一生能看到几次日出日落的景致？因此主要还是得珍惜，绝不能虚度光阴。要每日都过得充实、有意义，有益于人，也有益于己。

积极地做好眼前的每一件事，不悲观，不厌世，一步一步坚定地向前走去。明知愈走愈接近那谁也无法逃避的终点，也坚定地前行。这样的人生是摆脱了大悲苦，拥有大欢喜的人生。

人生譬如一出滑稽剧。有时还是做一个旁观者，静观而微笑，胜于自身参与一分子。

——林语堂

（曾任北京大学教授，中国当代著名学者、文学家、语言学家）

坐看云起，宠辱不惊

《菜根谭》里说："宠辱不惊，闲看庭前花开花落；去留无意，漫随天外云卷云舒。"为人能视宠辱如花开花落般平常，才能"不惊"；视职位去留如云卷云舒般变幻，才能"无意"。"闲看庭前"大有"躲进小楼成一统，管他冬夏与春秋"之意；"漫随天外"则显示了目光高远，不似小人一般浅见的博大情怀；一句"云卷云舒"又隐含了"大丈夫能屈能伸"的崇高境界。对事对物，对功名利禄，失之不忧，得之不喜，正是“闲观落花，坐看云起”。

人生在世，谁都会遇到许多不尽如人意的烦恼事，关键是你要以一种平和的心态去面对这一切。坐看云起，就是对人对事看得开、想得开，不斤斤计较生活中的得失，超脱世俗困扰、红尘诱惑，视功名利禄为过眼烟云，有登高临风、宠辱不惊的胸怀。这样的心态，不是看破红尘、心灰意冷，也不是与世无争、冷眼旁观、随波逐流，而是一种修养、一种境界。

尘世生活中许多人追求舒适的物质享受、为人羡慕的社会地位、显赫的名声，今日的青年人追求的“时尚”，也是一种“世味”，说穿了，也不离物质享受和对“上等人”社会地位的尊崇。

世上有许多事情的确是难以预料的，成功常常与失败相伴。人的一生，有如簇簇繁花，既有红火耀眼之时，也有暗淡萧条之日。面对成功或荣誉，要像菲尔德那样，不要狂喜，也不要盛气凌人，把功名利禄看轻些，看淡些；面对挫折或失败，也就不会像《儒林外史》里的范进，乐极生悲。

人要有经受成功、战胜失败的精神防线。成功了要时时记住，世上的任何成功或荣誉，都依赖周围的其他因素，绝非你一个人的功劳。失败了不要一蹶不振，只要奋斗了，拼搏了，就可以无愧地对自己说：“天空不留下我的痕迹，但我已飞过。”这样就会赢得一个广阔的心灵空间。

生活中有些事情，静下心的时候想一下便会觉得不过如此，只是由于心理作用我们把它放大了而已。若在生活中我们能做到得而不喜，失而不忧，方可把握自我，超越自己。

在新西兰有一个牧场主，他们家有很多牧场，房子全是木头的，这样的田园生活已经延续一百多年了。牧场主家的房子前有一大株仙人掌，高大得可以伸到屋顶上去，又肥又大的仙人掌叶片会在成熟之后“啪嗒啪嗒”地落到房顶上，每年都会腐蚀房顶，把房顶砸坏，牧场主每年都要修房顶。

邻居说：“把这棵仙人掌砍掉不就行了？省得费这个事。”

而牧场的主人却说：“当我听到仙人掌落到房顶的声音，这是一种生活乐趣；当我再修房顶时，我也把它当成一种乐趣。”

还有一件更让人诧异的事情，牧场主的牧场居然有一块最好的地是荒着的，而且什么也不种，就那么荒着。别人问他：“这是为什么，多可惜的土地啊，可以种什么长什么的。”但牧场主给的回答是：“我不能种任何东西，因为我祖父有遗嘱，他让我父亲在这块地上什么都不要种，就这样荒着，我父亲给我的遗嘱上也是这样写着。我祖父说过，有一块这样的地荒着是一种美，那是一种寂静之美。”

超脱了眼前的荣辱得失，心清如水，是人生一大智慧。从失意处觅希望，从万全处见危机。猝然临之而不惊，无故加之而不怒。常思人之美，不以一眚掩大德；常思己之过，医好心病心生乐。得意不自持，失意不自失，不因为荣辱兴衰而扰乱一池清水；他人之恩，自是铭心；他人之过，却是云烟，不要为他人的作为而打翻心中的天平。一颗平常心，是荣是辱，俱不过风吹烟散，守得天开见月明。

宠辱俱平常，人生境界实不平常。事事平常，事事也不平常。无论处于何种环境下，都能做到宠辱不惊，那一定是个了不起的人，就如孔子所赞美的，不是个圣人，也是个贤人。这是智者为人处世的一种境界，同样亦是胸怀宽广之人才有的气魄。面对羞辱能够气定神闲，这需要很大的自控力，而在成功之时的谨慎与不得意忘形更需要超人的自制力。

当然，放弃荣誉并不是寻常人具有的，它是经历磨难、挫折后的一种心灵上的感悟，一种精神上的升华。

“宠辱不惊，去留无意”说起来容易，做起来却十分困难。红尘的多姿、世界的多彩令大家怦然心动，名利皆你我所欲，又怎能不忧不惧、不喜不悲呢？否则也不会有那么多的人穷尽一生追名逐利，更不会有那么多的人失意落魄、心灰意冷了。只有做到了宠辱不惊，方能心态平和；恬然自得，方能达观进取，笑看人生。

过去与将来，都是那无始无终永远流转的大自然在人生命上比较出来的程序，其中间都有一个连续不断的生命力，一线相贯，不可分拆，不可断灭。

——李大钊

（无产阶级革命家、中国共产党的主要创始人之一、著名学者）

冬天总会过去，春天迟早会来

19世纪英国诗人雪莱在他的最负盛名的作品《西风颂》中有这样一句诗：“冬天来了，春天还会远吗？”这样简单的一句话，却给我们留下了很深的印象。我们知道，四时有更替，季节有轮回，严冬过后必是暖春，这符合大自然的发展规律。但是，在我们眼中，事物的发展也同样遵循着这一条规律。否极泰来、苦尽甘来、时来运转等成语无不反映了人们的一种美好愿望：逆境达到极点就会向顺境转化，坏运到了尽头好运就会来到。

是的，生命四季，是我们每个人都共有的，而春天更能开启人们的感情之源，心灵之泉。只要心中有阳光，一切生命将会复苏，又会是一切的起点。“冬天来了，春天还会远吗?”这句话虽然朴素，却蕴涵了深邃的哲理，闪烁着智慧的光芒：没有一个冬天不可逾越，没有一个春天不会来临。这是对生活的信心，也是对生活的希望。有了信心与希望，事情再糟糕，我们也会有面对现实的勇气和决心。

约翰是一个汽车推销商的儿子，是一个典型的美国孩子。他活泼、健康，热衷于篮球、网球、垒球等运动，是中学里一个众所周知的优秀学生。后来约翰应征入伍，在一次军事行动中他所在部队被派遣驻守一个山头。激战中，突然一颗炸弹飞入他们的阵地，眼看即将爆炸，他果断地扑向炸弹，试图将它扔开。可是炸弹却爆炸了，他重重地倒在地上，当他向后看时，发现自己的右腿右手全部炸掉了，左腿变得血肉模糊，也必须截掉了。一瞬间他想哭，却哭不出来，因为弹片穿过了他的喉咙。人们都以为约翰再也不能生还，但他却奇迹般地活了下来。

是什么力量使他活了下来？是格言的力量。在生命垂危的时候，他反复诵读贤人先哲的这句格言：“如果你懂得苦难磨炼出坚韧，坚韧孕育出骨气，骨气萌发不懈的希望，那么苦难最终会给你带来幸福。”约翰一次又一次默念着这段话，心中始终保持着不灭的希望。然而，对于一个三截肢（双腿、右臂）的年轻人来说，这个打击实在太大了！在深深的绝望中，他又看到了一句先哲格言：“冬天总会过去，春天迟早会来。”这句话给了他极大的鼓励，又让他重新燃起了希望。

回国后，他从事了政治活动。他先在州议会中工作了两届。然后，他竞选副州长失败。这是一次沉重的打击。但他用这样一句格言鼓励自己：“经验不等于经历，经验是一个人经过经历所获得的感受。”这指导他更自觉地去尝试。紧接着，他学会驾驶一辆特制的汽车并跑遍全国，发动了一场支持退伍军人的事业。那一年，总统命他担任全国复员军人委员会负责人，那时他 34 岁，是在这个机构中担任此职务最年轻的一个人。约翰卸任后，回到自己的家乡。1982 年，他被选为州议会部长，1986 年再次当选。

后来，约翰已成为亚特兰城一个传奇式人物。人们可以经常在篮球场上看到他摇着轮椅打篮球。

“你必须知道，人们是以你自己看待自己的方式来看你的。你对自己自怜，人家则会报以怜悯；你充满自信，人们会待以敬畏；你自暴自弃，多数人就会嗤之以鼻。”一个只剩一条手臂的人能成为一名议会部长，能被总统赏识担任一个全国机构的要职，是这些格言给了他力量。同时，他的成功也成了这些格言的有力佐证。

俗话说“天无绝人之路”，生活虽然总有难题，同时也会给我们解决问题的能力与方法。约翰之所以能够生存下来并创造事业的辉煌，是因为他坚信人生没有过不去的坎儿，坚信冬天之后春天将会来临。他在困难面前没有低头，昂首挺进，直至迎来了生命的春天。

的确，尽管在生活中，我们每个人都会遇到各种各样的磨难和考验，可是只有认真过日子的人，才能在最后的关头突破自己，创造生活的奇迹。其实，生活给予我们每个人的机会都是相同的，越是艰难的岁月，就越能提供给我们进步的空间。所以，不要总是抱怨日子不好过，只要我们坚持，认真过好每一天，我们就能抓住希望。

李·艾柯卡曾是美国福特汽车公司的总经理，后来又成了克莱斯勒汽车公司的总经理。作为一个聪明人，他的座右铭是：“奋力向前。即使时运不济，也永不绝望，哪怕天崩地裂。”他 1985 年发表的自传，成为有史以来非小说类书籍中最畅销的书，印数高达 150 万册。

艾柯卡不光有成功的欢乐，也有挫折的懊丧。他的一生，用他自己的话来说，叫做“苦乐参半”。1946 年 8 月，21 岁的艾柯卡到福特汽车公司当了一名见习工程师。但他对和机器做伴、做技术工作不感兴趣。他喜欢和人打交道，想搞经销。

艾柯卡靠自己的奋斗，由一名普通的推销员，终于当上了福特公司的总经理。但是，1978 年的一天，他被董事长亨利·福特开除了。当了 8 年的总经理、在福特工作已 32 年、一帆风顺、从来没有在别的地方工作过的艾柯卡，突然间失业了。昨天他还是英雄，今天却好像成了麻风病患者，人人都远远避开他。过去公司里的所有朋友都抛弃了他，这是他生命中最大的打击。

“艰苦的日子一旦来临，除了做个深呼吸、咬紧牙关、尽其所能外，实在也别无选择。”艾柯卡是这么说的，最后也是这么做的。他没有倒下去。他接受了一个新的挑战：应聘到濒临破产的克莱斯勒汽车公司出任总经理。

艾柯卡，这位在世界第二大汽车公司当了五年总经理的事业上的强者，凭他的智慧、胆识和魄力，大刀阔斧地对企业进行了整顿、改革，并向政府求援，舌战国会议员，取得了巨额贷款，重振企业雄风。1983 年 8 月，艾柯卡把面额高达八亿多美元的支票交给银行代表。至此，克莱斯勒还清了所有债务。

如果艾柯卡不是一个坚忍的人，不敢勇于接受新的挑战，在巨大的打击面前一蹶不振、偃旗息鼓，那么，他和一个普通的失业者就没有什么区别了。正是不屈服于挫折和命运的挑战精神，使艾柯卡成为一个世人敬仰的英雄。我们生活在五光十色的大千世界中，难免会有这样或那样的不如意、不顺心，会有各种各样令人头疼的棘手问题，也必然会有喜有忧、有得有失。要想一切都平平稳稳、一帆风顺，只是人们美好的向往而已。

生活是喜怒哀乐的总和，我们必须清楚，不顺心、不如意是人生不可避免的一部分，这些都不是我们个人的力量所能左右的。在曲折的人生旅途上，如果我们能够泅渡苦闷的心理冰河，给自己一丝温暖的阳光，就一定能够化解与消释冬天的所有的困难与不幸，等到春暖花开般的美好时光的到来，那么，我们的人生之旅也会更加顺畅、更加开阔。

只要坚信冬天总会过去，春天迟早会来，我们就会对生活抱一种达观的态度。当这种态度占据了我们的心灵后，我们也就拥有了阳光的心态，去面对生命中每一个未来的日子。

第二篇

心中洒满阳光，世界才会透亮

第一章 不抱怨地生活

世界上没有绝对的公平，公平只在一个点上。心中平，世界才会平。

——俞敏洪

（毕业于北京大学英语专业，新东方学校创始人现任新东方教育科技集团董事长兼总裁）

人生没有绝对的公平

人生中充满着不能尽如人意之事，中国有句俗话说得好："比上不足，比下有余。"当我们为自己的不幸而愤恨的时候，想一想那些正遭受磨难的人，相对于你，他们是否更不公平。而且，人们觉得不公平的痛苦主要还是来自于向上看，看到比自己好的人。但要知道，那些看起来"幸运"的人，他们也同样经历了无数的磨难。

所以，不平之事都是客观存在的，我们应该追求一种豁达的心态，而不是一味地苛求这个世界。生活是没有道理可讲的，当我们遇到不顺心的事情的时候，没有必要怨天尤人，也没有必要自怨自艾。

虽然，有很多事会让我们感到痛苦，但是过多的不满和抱怨更会加深这种痛苦，只有看淡不公平的事情，它才不会在我们的心里造成涟漪，才不会因此而愤世嫉俗，甚至失去生活的信心。

威廉·詹姆士曾说："心甘情愿地接受吧！接受事实是克服任何不幸的第一步。"是的，你我也应该能接受不可避免的事实。即使我们不接受命运的安排，也不能改变事实分毫，我们唯一能改变的，只有自己。

外界的事物什么样，这由不得你去选择和控制，但用什么样的心态去对待，这可以由你自己做主。面对生活中的种种不公正，能否使自己坚忍，关键就在于你能否以一颗平常心去面对。

有这样一个寓言：

一个水池中，有许多大鱼和小鱼在快乐地游动。大鱼随便张口，十几条小鱼就被吞入口中。

一天，一条大鱼又在吃小鱼。旁边的一条小鱼愤怒异常，朝着大鱼喊道："太不公平了，太不公平了！你们大鱼为什么要吃小鱼？"

大鱼很平静地说："那你吃我，可以吗？"

小鱼就狠狠地朝大鱼的肚子咬了一口，但只咬下一小片鱼鳞，还差点噎死，小鱼就不再打大鱼的主意。

大鱼也轻轻地笑了笑，扬长而去了。

这是林语堂先生曾经讲过的一个寓言，结论很简单：世上没有绝对的公平。这话听起来有些残酷，可事实或许就是这样。

每个进入社会的人总会遇到这样那样的无奈、责难、非议甚至莫名的中伤。奋斗是个过程，而起点可能是最低也最容易被人忽略的。此时进入社会，难免会有诸多不适应，这是每个人都要经历的过程。世上没有天生的强者，只有跨越了所有苦难、波折，由弱者蜕变成强者的人。

其实，生活中很多事情，都是人们在进行付出与回报的比较之后，产生的一种主观的心理感受，公平与不公平全在于我们怎么看。只要我们不用自己内心的天平，去进行丁是丁、卯是卯的衡量，那么客观上的不公平对我们来说就不再那么重要了。

每个人都在追求自己想要的生活，都幻想着能够通过自己的努力获得应有的回报，然而在很多时候，我们恰恰会感受到不公平的存在。在我们一心为一件事情付出之后，却见不到任何回报，于是我们会抱怨那些不公平、不能尽如人意之事。但是，世事不可能完全按照我们设想的那样发生。

承认生活中充满着不公平这一事实的一个好处便是它激励我们去尽己所能，而不再自我伤感。我们知道让每件事情完美并不是"生活的使命"，而是我们自己对生活的挑战。承认这一事实也会让我们不再为他人遗憾。

每个人在成长、面对现实、做种种决定的过程中都有各自不同的能力和难题，每个人都有感到成了牺牲品或遭到不公正对待的时候。承认生活并不总是公平这一事实并不意味我们不必尽己所能去改善生活，去改变整个世界；恰恰相反，它正表明我们应该这样做。

成功学大师戴尔·卡耐基刚开始拓展事业的时候，经常在全国各地巡回演讲，举办一些成人教育班和座谈会。

某次的活动里，来了一位纽约《太阳报》的记者，他后来在报道中毫不留情地攻击卡耐基和他所热爱的工作。这对年轻气盛的卡耐基来说，不只是一桶泼在头上的冷水，而且简直是一桶恶臭难当的馊水。

卡耐基看了报纸，越想越恼火。这些文字侮辱了他的人格、他的理想，以及他全心全意专注的事业，根本是这个记者在刻意扭曲事实。气急败坏之下，卡耐基马上打电话给《太阳报》执行委员会的主席，要求刊登一篇声明，以澄清真相。是可忍，孰不可忍。卡耐基当时只有一个念头，就是一定要让犯错的人受到应有的惩罚。

几年之后，卡耐基的事业规模越来越庞大，他不禁为自己当时的幼稚行为感到惭愧。因为，他直到这时才体会到，当时气冲冲地发表自己的文章，想要借此昭告天下、澄清事实，但是实际上，看那份报纸的人也许当中只有1/10会看到那篇文章；看到那篇文章的人里面可能有1/2会把它当成一件微不足道的小事，而真正注意到这篇文章的人里面，又有1/2会在几个礼拜之后，把这件事忘得一干二净，如此一来，刊登这篇文章有什么作用呢？

经过一番思考，卡耐基的处世态度更为成熟，他明白了这样一个道理：在你的能力范围内，尽可能做你应该做的事，然后把你的伞收起来，免得任意批评你的雨水顺着脖子向背后流去，当你不停地充实自己，那些攻击你的人就会自动闭上嘴巴了。

面对别人的批评和指责时，你可以回敬同样的“礼数”，这也许会使你的怨气得以宣泄，却不会让你有更好的名声。因为，当你反击对手，为自己平反时，你还是同一个你，没有一点进步：喜欢你的人依然喜欢你，不接受你的人还是不接受你。这就像生气地把一块大石头丢进海水里，只会有一瞬间的水花，转眼却又风平浪静。

许多不公平的经历，我们是无法逃避的，也是无所选择的。我们只能接受已经存在的事实并进行自我调整，抗拒不但可能毁了自己的生活，而且也许会使自己精神崩溃。因此，人在无法改变不公和不幸的厄运时，要学会接受它、适应它。

当我们没有意识到或不承认生活并不公平时，我们往往怜悯他人也怜悯自己，而怜悯自然是一种于事无补的失败主义的情绪，它只能令人感觉比现在更糟。但当我们真正意识到生活并不公平时，我们会对他人也对自己怀有同情，而同情是一种由衷的情感，所到之处都会散发出充满爱意的仁慈。

当你发现自己在思考世界上的种种不公正时，可要提醒自己这一基本的事实。你或许会惊奇地发现它会将你从自我怜悯中拉出来，采取一些具有积极意义的行动。

对强求生活公正的人来说，生活就是一出不可逆转的悲剧。在这悲剧中，人们先是冷眼旁观片刻，然后就扮演起自己的角色。

我们承认生活是不平等的客观事实，并不意味着一切消极的开始，正因为我们接受了这个事实，我们才能放平心态，找到属于自己的人生定位。

明白了这些，我们就会善于利用不公正来培养你的耐心、希望和勇气。缺少时间的时候，可以利用这个机会学习怎样安排一点一滴珍贵的时间，培养自己行动迅速、思维灵敏的能力。就像野草丛生的地上能长出美丽的花朵，在满是不幸的土地上，也能绽放出美丽的人性之花。

历史的道路，不全是平坦的，有时走到艰难险阻的境界这是全靠雄健的精神才冲过去的。

——李大钊

（在北京大学组织中国第一个马克思学说研究会，无产阶级革命家、中国共产党的主要创始人之一、著名学者）

怨天尤人不如改变心态

罗曼·罗兰说：“只有将抱怨环境的心情化为上进的力量，才是成功的保证。”也有人说：“如果一个人青少年时就懂得永不抱怨的价值，那实在是一个良好而明智的开端。”心理学家认为，成功心理、积极心态的核心就是自信、主动意识，或者称作积极的自我意识，而自信意识的来源和成果就是经常在心理上进行积极的自我暗示。反之，消极心态、自卑意识，就是经常在心理上进行消极的暗示。而不同的心理暗示也是形成不同意识与心态的根源。

人生在世，并不是做的每一件事都是徒劳有功的。当一个人开始抱怨的时候，他想到的只是自己如何的不幸，造成如今的悲惨结果，越想越伤心，越想越生气，当这种情绪不断蔓延的时候，就再也没有余力去做真正重要的事。比如抱怨生活条件不佳，不仅不能对改善你的生活起到任何作用，反而影响到你为自己创造更好条件的机会和时间。

怨天尤人不如改变心态。苦难永远不会因为人的暴躁而消失，当我们苦闷的时候可以尝试着放松心情，暗示自己这是很正常的事情，没什么大不了的，也可以适当地倾诉，但绝不要让心情一直沉浸在不幸的事情上。充满信心，昂首挺胸地迎接生活的挑战这是打胜仗的前提条件。只要我们换个视角，就可以让生命充满生机，充满希望。

有一位自以为优秀的女子毕业以后屡次碰壁，一直找不到理想的工作。她觉得自己怀才不遇，对人生感到失望。

痛苦绝望之下，她来到大海边，打算就此结束自己的生命。正当她走向大海的时候，一位路过的智者阻止了她。这位智者问她为什么要走绝路，她说自己不能得到别人的认同，没有人欣赏她。

智者从脚下的沙滩上捡起一粒沙子，让女子看了看，然后随意地把它扔回沙滩上，对女子说："请你把我刚才扔在沙滩上的那粒沙子捡起来。"

"这根本不可能！"女子说。智者没有说话，接着又从自己口袋里掏出一颗珍珠，同样将其随意地扔在沙滩上，然后对女子说："那你能不能把这颗珍珠捡起来呢？"

"当然可以。"

"你应该明白这是为什么了吧？现在你还不是一颗珍珠，所以你不能苛求别人认同你。如果你想要得到别人的认同，那你就要由一粒沙子变成一颗珍珠才行。"

即使曾经迷失过、彷徨过、挣扎过、沉沦过，只要我们有好的心态，不去怨天尤人，相信坚持不懈的努力，一定可以找到前行的方向。很多时候，命运的改变往往只在一念之间。让信念转化成行动，或许下一秒，幸福就会来敲门。

抱怨远远不如调整好自己的状态，努力地改变现状，这样更容易使自己摆脱困境。与其怨天尤人，不如改变心态，抛开不悦，乐观进取。生活处处都有希望，只要你想去做、尽力做，就一定能做得更好，走得更远。

倘若我们心中出现抱怨的念头，应马上提醒自己从根本上改变自己的心态，由消极变为积极，由推诿变为主动，由事不关己变为责任在我。即使我们的抱怨具备十足的理由，那也不要抱怨！在逆境中拼搏能够产生巨大的力量，当你遇到某一个难题时，也许一个珍贵的机会也正在悄悄地靠近你。抱怨并不能解决实际问题，尽快地停止抱怨吧，只有行动才能解决问题。

生活是一面镜子，你对着它笑，它也对着你笑；你对着它哭，它也对着你哭。不去怨天尤人，才能看到生活细微处的美妙和动人，才会懂得珍惜拥有的一切，才能享受到当下的幸福。一个人一旦没有了埋怨，没有了忌妒，没有了愤愤不平，也就有了一颗从容淡然的心，积极地面对每一天的生活。

其实哪一个人在人生的坎坷的路途上不有过颠簸？哪一个不再憧憬那神圣的自由的快乐的境界？不过人生的路途就是这个样子，抱怨没有用，逃避不可能，想飞也只是一个梦想。

——梁实秋

（曾任北京大学教授，中国著名的散文家、作家、文学批评家、翻译家）

别把抱怨当成习惯

生活如海上航行，不可能始终一帆风顺，面对这样或那样的不如意，有人选择一笑而过，有人选择抗争，有人选择抱怨。而抱怨一旦成为一种习惯，生活的本来面目就被遮掩了，就只剩下布满阴霾的天空。

有些人习惯于抱怨，今天抱怨这个，明天抱怨那个，仿佛一刻不说抱怨的话，他就感受不到平衡。可是抱怨多了实在无益，一味地去抱怨自身的处境，对于改善处境没有丝毫益处。面对不如意的事情，只有先静下心来分析，并下定决心去改变它，付诸行动，它才能向你所希望的方向发展。

抱怨的人和不抱怨的人的最大区别就是他们看待事物的态度，抱怨的人的心中，充斥的是挑剔和不满，它们是腐蚀幸福的酸液。而不抱怨的人，心中必定有善良和感恩，因为他们懂得抱怨对改变现状并没有用处，懂得去感恩生活的美好之处，不会让暂时的不如意毁坏这种美好。

有时候我们抱怨自己的生活，其实并不是真的不顺心，生活中还是有很多开心的、有意义的事，只是已经习惯了将目光放在相对不好的事情上。其实，如果我们的心态积极，生活也变得积极，同样的生活在一个爱抱怨的人眼中，任何事情都会失去美好的色彩。而慢慢地去体会和感受生活中的美好，把一切的失败和错误当成是人生的一种历练，我们就会慢慢发现，一切生活都有它的意义。

一位老人每天都要坐在路边的椅子上，向开车经过镇上的人打招呼。有一天，他的孙女在他身旁，陪他聊天。这时有一位游客模样的陌生人在路边四处打听，看样子想找个地方住下来。

陌生人从老人身边走过，问道："请问老人家，住在这座城镇还不错吧？"

老人慢慢转过来回答："你原来住的城镇怎么样？"

陌生人说："在我原来住的地方，人人都很喜欢批评别人，邻居之间常说闲话，总之，那地方让人很不舒服。我真高兴能够离开，那不是个令人愉快的地方。"摇椅上的老人对陌生人说："那我得告诉你，其实这里也差不多。"

过了一会儿，一辆载着一家人的大车在老人旁边的加油站停下来加油。车子慢慢开进加油站，停在老先生和他孙女坐的地方。

这时，父亲从车上走下来，对老人说道："住在这市镇不错吧？"老人没有回答，又问道："你原来住的地方怎样？"

父亲看着老人说："我原来住的城镇每个人都很亲切，人人都愿帮助邻居。无论去哪里，总会有人跟你打招呼，说谢谢。我真舍不得离开。"

老人看着这位父亲，脸上露出和蔼的微笑："其实这里也差不多。"

车子开动了。那位父亲向老人说了声谢谢，驱车离开。等到那家人走远，孙女抬头问老人："爷爷，为什么你告诉第一个人这里很可怕，却告诉第二个人这里很好呢？"老人慈祥地看着孙女说："不管你搬到哪里，你都会带着自己的态度。你如果一直抱怨，那么你的心中就充满了挑剔和不满；可是不抱怨的人，却能够看到人们的可爱和善良。我正是根据两个不同人的心理给出的答案啊！"

心态不同，看到的世界就是不同的。不抱怨的人生是多彩的，他们看得到别人看不到的美景。他们的生活中始终有白云和蓝天，有知足，有意趣。而抱怨的人生是灰色的，报怨者的眼睛里只有消极和悲观，他们的目光也只会为了生活中的不如意而停留，他们的生活总是被烦恼占满，他们的心理总是被沮丧充斥着。

当然，抱怨也是人之常情。然而抱怨之所以不可取在于：抱怨等于往自己的鞋里倒水，只会使自己以后的路更难走。抱怨的人在抱怨之后不仅让别人感到难过，自己的心情也往往更糟，心头的怨气不但没有减少，反而更多了。

戈洛尔是公司的业务精英。在年终业绩评比时，他的业绩名列整个集团公司的第五名。按照惯例，业绩在公司前六名的员工可获得一大笔年终奖金。对此，戈洛尔兴奋极了，甚至他已经许诺为妻子买一条白金项链。

可万万没想到的是，公司公布的获奖名单上竟然没有他的名字！第七名都入围了，唯独裁掉了他，凭什么？

戈洛尔怒气冲冲地去找上司讨个说法。上司看到他一点也不意外，说这次绩效考核，不仅看业绩，而且还要看平时的表现，尤其是个人的心态。很多同事都反映戈洛尔的牢骚与抱怨太多了，影响了公司的团队合作士气，甚至让同事间彼此产生很多误会，导致一些客户丢失。所以，公司决定取消戈洛尔的获奖资格。

上司的一番话，像一记炸雷撞击着戈洛尔的心。他先是诧异，继而愤怒，接着是羞愧，他低下了头，脸上阵阵发烧。

上司安慰地拍拍他的肩膀，语重心长地说："我能理解你现在的心情，回去好好反思反思，相信明年见到的你会是一个全新的人。"

那一刻，他感到全公司的同事都在嘲笑他、奚落他，感到无地自容。对上司的话，他几乎找不到一点反驳的理由，因为他的确就像上司说的那样，爱发牢骚，爱抱怨，同事们都私下里叫他"抱怨鬼"。

其实戈洛尔是个非常有才华的人，他本来可以得到更好的工作，但是由于一些变故他才来到了现在的公司。所以，从进入公司的第一天起，他就怨天尤人，让上司和同事都觉得不愉快。他常常觉得一身才气没受到重用，便不免牢骚满腹。他常常抱怨命运不公，抱怨上司事情处理得不好，抱怨同事爱挑他的毛病，抱怨手下人能力不济……总之，从上司到同事，他从来都是不合作、不屑与不满的态度，走到哪里都在发牢骚，都在抱怨，在公司里与同事说，在外面与客户说，牢骚与他形影不离。

如果你一个星期抱怨 10 次以上，那么你可能已经陷入惯性的抱怨状态，这样对你和你身边的人都没有任何好处，而我们的生命也在抱怨中一点一点消逝。所以，当抱怨成为一种习惯，将是一件很可怕的事情。

美国著名作家华盛顿·欧文说过这样一段话："如果有人总是抱怨自己的天赋被埋没的话，那通常都是推辞，是那些慵懒的人和意志不坚定的人在公众面前故作姿态而已。"生活中有很多人参不透这其中的道理，遇事抱怨不止，认为自己经历了世上最大的不平，但他忘记了听他抱怨的人也可能同样经历了这些，只是心态不同、感受不同。

现实生活中的确有太多的不如意，但只是抱怨而不去改变的话，一切还会照旧。在我们的身边，大部分终日抱怨的人，实际上并不是遭受了多大的不幸，而是内心素质存在着某种缺陷，从而导致对生活的认识存在偏差。

所以，与其抱怨，不如将其放下，用超然豁达的心态面对一切，这样迎来的将是一番新的景象，人生的美景自然会映入我们的眼帘。

顺境是我们的愿望，而逆境则可能是生活中应有之理，应有之义。不然的话，我们又何必讲“迎接挑战”或“参与竞争”之类的话？

——谢冕

（北京大学教授，诗人、作家、文艺评论家）

在逆境中抱怨，等于遗弃幸运

有位哲学家说：“上天赋予我们生命的同时，在上面附加了许许多多的苦难。”在人生逆境面前，每个人都可以选择面对它的态度。但是，要知道，在逆境中抱怨总是无济于事的，与其不停地抱怨，不如把力气用于行动，思考一下事情的根由，想一想如何改变不好的局面。一味地抱怨，只是不必要的精力浪费，在这种心境下，事情甚至会变得更糟。

人们常说“心态决定命运”，是的，我们的心其他人无法左右，完全取决于我们自己。在生活中的困境面前，只要敢于尝试，不去抱怨，我们就会发现，原来曾经觉得不幸的一切，都会转变成一种幸福，原来我们具备改变人生、改变命运的能力。

其实，人的抱怨，往往总是产生于付出与得到的不平衡。所有的抱怨都只会加深我们内心的失落。在逆境中就算我们不停地抱怨，也无济于事，与其如此，不如改变自己的观念与心态。

如果我们期望自己能够有个不平凡的人生，就不要抱怨“冷遇”与“困难”的到来。因为那些逆境中的磨难，正是成就非凡人生的垫脚石，是上天赐予我们的最好的礼物。

在读高中毕业班时，查理·罗斯是最受老师宠爱的学生。他的英文老师布朗小姐年轻漂亮，富有吸引力，是校园里最受学生欢迎的老师。

同学们都知道查理深得布朗小姐的青睐，他们在背后笑他说，查理将来若不成为一个人物，布朗小姐是不会原谅他的。

在毕业典礼上，当查理走上台去领取毕业证书时，受人爱戴的布朗小姐站起身来，当众吻了一下查理，向他表了个出人意料的祝贺。

当时，人们本以为会发生哄笑、骚动，结果却是一片静默和沮丧。许多毕业生，尤其是男孩子们，对布朗小姐这样不怕难为情地公开表示自己的偏爱感到愤恨。不错，查理作为学生代表在毕业典礼上致告别词，也曾担任过学生年刊的主编，还曾是“老师的宝贝”，但这就足以使他获得如此之高的荣耀吗?

典礼过后，有几个男生包围了布朗小姐，为首的一个质问她为什么如此明显地冷落别的学生。

布朗小姐微笑着说，查理是靠自己的努力赢得了她特别的赏识，如果其他人有出色的表现，她也会吻他们的。

这番话使别的男孩得到了些安慰，却使查理感到了更大的压力。他已经引起了别人的忌妒，并成为少数学生攻击的目标。他决心毕业后一定要用自己的行动证明自己值得布朗小姐报之一吻。

毕业之后的几年内，他异常勤奋，先进入了报界，后来终于大有作为，被杜鲁门总统亲自任命为白宫负责出版事务的首席秘书。

当然，查理被挑选担任这一职务也并非偶然。原来，在毕业典礼后带领男生包围布朗小姐，并告诉她自己感到受冷落的那个男孩子正是杜鲁门本人。布朗小姐也正是对他说过：“去干一番事业，你也会得到我的吻的。”

查理就职后的第一项使命，就是接通布朗小姐的电话，向她转述美国总统的问话：“您还记得我未曾获得的那个吻吗?我现在所做的能够得到您的评价吗?”

当我们遭到冷遇时，不必沮丧，不必愤恨，冷遇对于一个真正坚韧的人来说，是一种历练，是一种锤打，是开启成功之门的钥匙。我们唯有全力去追求进步和梦想，才是对曾经的冷遇最好的答复和反击。

生活中，我们不能因为月缺，就抱怨月亮不圆；不能因为日食，就指责太阳不可靠。任何人都会遇到喜与忧，任何一天都有好与坏。所以，不要抱怨生活的不公，有些人的成功不是单纯因为运气，而是因为他们在逆境中作出了明智的选择。

被誉为“经营之神”的松下幸之助并不是一个社会的幸运儿，不幸的生活却促使他成为一个永远的抗争者。

家道中落的松下幸之助9岁起就去大阪做一个小伙计，父亲的过早去世使得15岁的他不得不担负起生活的重担，寄人篱下的生活使他过早地体验了做人的艰辛。

1910年，松下幸之助独自来到大阪电灯公司做一名室内安装电线练习工，一切从头学起。不久，他诚实的品格和上乘的服务赢得了公司的信任。22岁那年，他晋升为公司最年轻的检察员。之后，他又经历了很多事，使他下决心辞去公司的工作，开始独立经营插座生意。

创业之初，正逢第一次世界大战，物价飞涨，而松下幸之助手里的所有资金还不到100元，困难可想而知。公司成立后，最初的产品是插座和灯头，然而当千辛万苦才生产出来的产品遇到棘手的销售问题时，工厂竟到了难以为继的地步，员工相继离去，松下幸之助的境况变得很糟糕。

但他把这一切都看成是创业的必然经历，他对自己说：“再下点工夫，总会成功的！已有更接近成功的把握了。”他相信：坚持下去取得成功，就是对自己最好的报答。工夫不负有心人，生意逐渐有了转机，直到6年后拿出第一个像样的产品，也就是自行车前灯时，公司才慢慢走出了困境。

老子在《道德经》中说：“天地不仁，以万物为刍狗。”人生在天地之间，就要面临各种各样的压力，这些压力对人形成一种无形的折磨，使很多人觉得人生在世就是一种苦难。面对困难，松下幸之助没有抱怨，而是选择“再下点功夫”，选择了坚持。这是他成功的秘诀。

所以，即使身处逆境也不要抱怨，要坚信只要努力付出，就终会有云散雾开的那一天。只要拥有良好的心态，逆境就是最好的课堂。要知道，树木经过风雨才结出果实，雄鹰经过千辛万苦的练习才学会飞翔。人也一样，只有历经逆境的人，才能够更快、更好地成长。逆境中不抱怨，我们的生命会在与逆境的抗争中升华，当我们走出逆境时，幸运女神也已来到。

命运，一切尽在把握；改变，一切皆有可能。在逆境中不抱怨，就是选择一种幸运，路就在脚下，需要我们自己走出。只有这样，我们才能决定自己未来的方向，改变人生的轨迹，拥有我们真正想要的人生。

世界既完美，我们如何能尝创造成功的快慰？这个世界之所以美满，就在有缺陷，就在有希望的机会、有想象的田地。换句话说，世界有缺陷，可能性才大。

——朱光潜

（曾担任北京大学教授，中国美学家、文艺理论家、教育家、翻译家）

悦纳生活中的不顺心

著名学者房龙说："当世界抛弃了你，而你又无法改变时，你才有权利抱怨。"在人生的路上，无论我们走得多么顺利，只要稍微遇上一些不顺的事，首先想到的不是去怎么改变现状，而是习惯性地去抱怨。其实，人的一生很少一帆风顺，或平淡，或惊奇，或险恶，或复杂，乃至几起几落，大喜大悲，总是有这样和那样的不顺心，因此，只要愿意，我们总能找到抱怨的理由。

大海的博大在于它能包容一切，即使是把一块大石头丢进海水里，也只会有一瞬间的水花激起，海面很快又会风平浪静。所以我们要做的，就是把我们的心灵变成大海。不顺心的事就像洒进大海的盐，盐融化了，大海却不会有任何改变。事实上，只要我们能够调整好自己的情绪，理智地分析自己对生活的不满，内心始终为快乐占据，用昂扬的战斗精神面对一切。那么，不管是雷霆还是阳光，都值得我们喝彩。

有人说："大事聪明的人，小事必朦胧；大事懵懂的人，小事必伺察。"不顺心之事是我们生活中的一部分，如果我们对一些不尽如人意的事情总是耿耿于怀，我们的生活将会失去很多美好。

要知道，生活并非时时刻刻都是那样让我们满意，但是只要我们能够坦然面对，它会始终向我们展露它最灿烂的微笑。

苏格拉底和一个失恋者之间有这样一段对话。

苏格拉底："孩子，你为什么悲伤？"

失恋者："我失恋了。"

苏格拉底："哦，这很正常。如果失恋了没有悲伤，恋爱大概也就没有什么味道。可是，年轻人，我怎么发现你对失恋的投入比对恋爱的投入还要倾心呢？"

失恋者："到手的葡萄给丢了，这份遗憾，这份失落，您非当事人，怎知其中的酸楚啊。"

苏格拉底："丢了就是丢了，何不继续向前走呢，鲜美的葡萄还有很多。"

失恋者："等待，等到海枯石烂，直到她回心转意向我走来。"

苏格拉底："这一天也许永远不会到来。你最后会眼睁睁地看着她向另一个人走去。"

失恋者："那我就用自杀来表述我的诚心。"

苏格拉底："如果这样，你不但失去了你的恋人，同时还失去了自己，体会蒙受双倍的损失。"

失恋者："踩上她一脚如何？我得不到的别人也别想得到。"

苏格拉底："可这只能使你离她更远，而你本来是想与她更接近的。"

失恋者："那我该怎么办？我真的很爱她。"

苏格拉底："真的很爱？"

失恋者："是的。"

苏格拉底："那你希望你所爱的人幸福吗？"

失恋者："那是自然。"

苏格拉底："如果她认为离开你是一种幸福呢？"

失恋者："不会的！她曾经跟我说，只有跟我一起的时候她才感到幸福！"

苏格拉底："那是曾经，是过去，她现在并不这么认为。"

失恋者："这就是说，她一直在骗我？"

苏格拉底："不，她一直对你很忠诚。当她爱你的时候，她和你在一起。现在她不爱你，离去了，世界上再没有比这更大的忠诚。如果她不再爱你，却还装着对你很有情谊，甚至跟你结婚、生子，那才是真正的欺骗。"

失恋者："那我为她投入的感情不就白白浪费了吗？谁来补偿我？"

苏格拉底："不，你的感情从来没有浪费，根本不存在补偿的问题。因为在你付出感情的同时，她也对你付出了感情，在你给她快乐的时候，她也给了你快乐。"

失恋者："可是，她现在不爱我了，我却还苦苦地爱着她，这多不公平啊！"

苏格拉底："的确不公平，我是说你对所爱的那个人不公平。本来，爱她是你的权利，但爱不爱你，则是她的权利，而你却想在自己行使权利的时候剥夺别人行使权利的自由，这是何等的不公平！"

失恋者："可是，现在痛苦的是我而不是她，是我在为她痛苦。"

苏格拉底："为她而痛苦？她的日子可能过得很好，不如说是你为自己而痛苦吧。明明是为自己，却还打着别人的旗号。年轻人，德行可不能丢。”

失恋者：“这么说，这一切倒成了我的错？”

苏格拉底：“是的，从一开始你就错了。如果你能给她带来幸福，她是不会从你的生活中离开的。要知道，没有人会逃避幸福。”

失恋者：“可她连机会都不给我，说可恶不可恶？”

苏格拉底：“当然可恶。好在你现在已经摆脱了这个可恶的人，你应该感到高兴，孩子。以真诚换真诚，做事但求问心无愧。”

生活的现实对于我们每个人都是一样的，但经过不同的心态诠释后，便代表了不同的意义，因而形成了不同的事实、环境和世界。

心态改变，则事实就会改变；心中是什么，则世界就是什么。心里装着哀愁，眼里看到的就全是黑暗，心里装着牢骚，所有的事情都会变得很不顺眼。

如果想做一个快乐的人，就要能掌控自己的思想，开始按照自己的规划生活。你需要非常高的门槛，才能容许自己表达哀伤、痛苦，或者不满。当下次发牢骚之前，请先问问你自己，这件事情是否已经重要到了值得你去抱怨的程度。

有一天，素有森林之王之称的狮子，来到了天神面前：“我很感谢你赐给我如此雄壮威武的体格、如此强大无比的力气，让我有足够的能力统治整座森林。”

天神听了，微笑地问：“但这不是你今天来找我的目的吧，看起来你似乎为了某事而困扰呢！”

狮子轻轻吼了一声，说：“天神真是了解我啊！我今天来的确是有事相求。因为尽管我的能力再好，但是每天鸡鸣的时候，我总是会被鸡鸣声给吓醒。神啊！祈求您，再赐给我一个力量，让我不再被鸡鸣声给吓醒吧！”

天神笑道：“你去找大象吧，它会给你一个满意的答复的。”

狮子兴冲冲地跑到湖边找大象，还没见到大象，就听到大象跺脚所发出的“砰砰”响声。

狮子加速地跑向大象，却看到大象正气呼呼地直跺脚。

狮子问大象：“你干嘛发这么大的脾气？”

大象拼命摇晃着大耳朵，吼着：“有只讨厌的小蚊子总想钻进我的耳朵里，害我都快痒死了。”

狮子离开了大象，心里暗自想着：“原来体型这么巨大的大象，还会怕那么瘦小的蚊子，那我还有什么好抱怨的呢？毕竟鸡鸣也不过一天一次，而蚊子却是无时无刻地骚扰着大象。这样想来，我可比他幸运多了。”

狮子一边走，一边回头看着仍在跺脚的大象，心想："天神要我来看看大象的情况，应该就是想告诉我，谁都会遇上麻烦事，而它并无法帮助所有人。既然如此，那我只好靠自己了！反正以后只要鸡鸣时，我就当鸡是在提醒我该起床了，如此一想，鸡鸣声对我还算是有益处呢!"

生活中，我们有时也会像狮子一样陷入了抱怨的"陷阱"，但静下心来想一想，我们所抱怨的事情并没有那么严重。

实际上，每个困境都有其存在的正面价值。一个障碍，就是一个新的已知条件，只要愿意，任何一个障碍，都会成为一个超越自我的契机。

没有一种生活是完美的，也没有一种生活会让一个人完全满意，我们做不到从不抱怨，但我们应该让自己少一些抱怨，而多一些积极的心态去努力进取。

因为如果抱怨成了一个人的习惯，就像搬起石头砸自己的脚，于人无益，于己不利，生活就成了牢笼一般，处处不顺，处处不满；反之，则会明白，自由地生活着，其实本身就是最大的幸福，这样一想，生活中的不顺心就会减少很多。

人生不如意事常八九，每个人的生活都不是完全如意的。面对生活中的不顺心，我们应该愉悦地接纳它，并试图去改变它，这是一种积极面对人生的态度。有了这样的态度，我们才能在不如意的生活中拥有如意的人生。

我始终是一个乐观主义者。我相信，不管还要经过多少艰难曲折，不管还要经历多少时间，人类总会越变越好的，人类大同之域绝不会仅仅是一个空洞的理想。

——季羡林

（曾任北京大学副校长，中国著名文学家、语言学家、翻译家、散文家）

用微笑温暖生命的色调

法国作家拉伯雷说过这样的话："生活是一面镜子，你对它笑，它就对你笑；你对它哭，它就对你哭。"微笑是一种做人心态的外在表现，这种魔力不仅能够给日渐枯萎的生命注入新的甘露，还会使我们的人生开出幸福的花朵。

而微笑的背后蕴涵的则是一种无可比拟的、坚实的力量，一种对生活巨大的热忱和信心，一种高格调的真诚与豁达，一种直面人生的智慧与勇气。

而且，境由心生，境随心转。我们内心的思想可以改变外在的容貌，同样也可以改变周围的环境。

大海如果失去了巨浪的翻滚，就会失去雄浑，沙漠如果失去了飞沙的狂舞，就会失去壮观。人生如果仅去求得两点一线的一帆风顺，生命也就失去了存在的魅力。所以，我们不必抱怨生活给予了太多的磨难，也不必抱怨生命中有太多的曲折。

生活中，我们需要做的，只是微笑着，去唱好生活这一支歌谣。只要我们将尘封的心胸敞开，让狭隘自私淡去；把自由的心灵放飞，让豁达宽容回归。这样，一个豁然开朗的世界就会在你的眼前层层叠叠打开。

没有什么东西比一个阳光灿烂的微笑更打动人了，这是季羡林的人生感悟。关于此，有这样一段故事。

季羡林有一位朋友，每当两人交谈的时候，总感到非常的畅快，所以这位朋友给季羡林的印象极好。但给他留下印象最深刻的，还是朋友爽朗的笑容。

季羡林说："这不是会心的微笑，而是出自肺腑的爽朗的笑声。这笑声悠扬而清脆，温和而热情。它好像有极大的感染力，一听到它，顿觉满室生春，连一桌一椅都仿佛充满了生气。有时候我甚至觉得这笑声冲破了高楼大厦，冲出了窗户和门，到处漂流回荡，响彻了整个燕园。"这就是季羡林对那位朋友笑声生动的描绘。

但是后来，由于那位朋友遭到了莫名的打击，这笑声突然终止了。季羡林再见到他时，他"垂首低头，步履蹒跚"，毫无生气可言。季羡林心中一阵悲凉，明白"原来笑也是可以失掉的啊"。

随着笑的丢失，那人的生活也低沉下去，完全不是季羡林以前所认识的老友。

这一切是在所有莫须有的罪名清除后得以改变的。那位老友经过人生的一段阴霾之后苍老了许多，但那笑声终于再次回来了，还是那么爽朗的声音，"滋润着心灵，温暖着耳朵"。老友的生活重新焕发生机。

季羡林感慨，人是不能丢掉笑的。"一个在沧海中失掉了笑的人，绝不能做任何事情。只有能笑、会笑、敢笑，才能阔步前进，创建宏伟的事业。"

在平时的生活中，无论遇到怎样的难事，都要学会笑。笑，就是阳光，它能消除人们脸上的冬色。把每一次的失败都归结为一次尝试，不去自卑；把每一次的成功都想象成一种幸运，不去自傲。就这样，微笑着弹奏从容的弦乐，去面对挫折，去接受幸福，去品味孤独，去战胜逆境。微笑是把“人”字写直写大，可以让我们活出一种尊严，活出一种力量。

如果我们整日愁眉苦脸地生活，生活肯定愁眉不展；如果我们爽朗乐观地看生活，生活肯定阳光灿烂。

俗话说“一笑解千愁”，既然现实无法改变，当我们面对困惑、无奈时，不妨给自己一个笑脸，洒脱面对生命中的每一天。

约翰·内森堡是一名犹太籍的心理学博士。在第二次世界大战期间，由于纳粹的疏忽，他幸免于难，然而他却没能逃脱纳粹集中营中惨无人道的生活折磨。他曾经绝望过，这里只有屠杀和血腥，没有人性，没有尊严。

那些持枪的人像野兽一样疯狂地屠戮着，无论是怀孕的母亲、刚刚会跑的儿童，还是年迈的老人。

他时刻生活在恐惧中，这种对死亡的恐惧让他感到一种巨大的精神压力。

集中营里，每天都有因此而发疯的人。内森堡知道，如果自己不控制好情绪，也难以逃脱精神失常的厄运。

有一次，内森堡随着长长的队伍到集中营的工地上去劳动。一路上，他产生一些幻觉：晚上能不能活着回来？是否能吃上晚餐？他的鞋带断了，能不能找到一根新的？这些幻觉让他感到厌烦和不安。

于是，他强迫自己不去想那些倒霉的事，而是刻意幻想自己是在前去演讲的路上。他来到了一间宽敞明亮的教室中，他精神饱满地在发表演讲。

他的脸上慢慢浮现出了笑容。内森堡知道，这是久违的笑容。当他知道自己还会笑的时候，他也就知道了，他不会死在集中营里，他会活着走出去。

当从集中营里被释放出来时，内森堡显得精神很好。他的朋友不相信，一个人可以在魔窟里保持年轻。

眼泪，要为别人的悲伤而流；仁慈，要为善良的心灵而发；同情，要给予不幸的朋友；关怀，要温暖孤独者的凄凉。

微笑着的我们，要用微笑的力量，去关照周围，去感化周围，去影响周围，直到每一个人的脸上都挂起一片灿烂的笑容。

微笑是最好的信使，能照亮所有看到它的人，让我们微笑着面对生活带给我们的一切。对那些整天都皱着眉头、愁容满面的人来说，微笑就像穿过乌云的太阳；对于一个正处于逆境中的人来说，微笑能帮助他们树立这样一种信心，那就

是：一切都是有希望的，世界是有欢乐的。如果我们的每一天都从一个微笑开始，那么，我们就离成功很近，离幸福不远。

朋友，当你进入我的田地时，不要有什么歉意。你不会打扰我。你到这儿来有比得到玉米更重要的事情要做。谁说了我今天必须犁出这么多的犁沟？来吧，朋友，坐在这块土地上；让我们谈些高雅的话题，度过一个甜美的夜晚。我们将把时间花在探讨生命上，而不是谈论什么玉米或者现金。

——林语堂

（曾任北京大学教授，中国当代著名学者、文学家、语言学家）

在行走中领悟生命的纯美

有人说：“怎样对待生活，生活就会呈现给你一种怎样的姿态。”就像林语堂先生所说的：“爱生活，爱它的挫折和苦难，爱别人不经意的打搅，爱一切，一切才会爱你。”生活就像平静的水面，我们对它笑，笑容就会反馈；对它哭，泪水也会成为唯一的主题。

当然，生活并不容易，并不是每时每刻都能获得一个欢愉的心境。要想淡然、雅致、无忧，就要学会在平凡中感知美的真谛，学会在行走中顿悟人生。走的意义，全在于不停地感知和丰盈。在行走中顿悟，包含了一个求真求我的大世界。

“人生譬如一出滑稽剧。有时还是做一个旁观者，静观而微笑，胜如自身参与一分子。”林语堂先生把人生看作一出滑稽剧。这滑稽不是戏谑，也不是嘲唠，而是一种达观、快乐，一种冷面幽默。每个人都可以从苦中看到乐，在悲中看到喜，于拘束中感到自由，于刻薄慵懒里寻找到惬意。而这一切，都是在行走中才感受到的生命的纯美。

一辆公交车行驶在路上，车到中途抛锚了，乘客们只好纷纷下来步行。他们有的怨声载道，有的骂声迭迭，低着头匆匆地赶往目的地，哪怕是青年人也毫无生气和活力。唯有一位鹤发童颜的老人信步而行，态度悠闲，意趣盎然，偶尔抬头看看蓝天白云，竟有一番仙风道骨。

老人的“另类”行为感染了匆匆的人群，人们逐渐心平气和，也开始放慢脚步，开始关注道旁的美景、沿途的鸟鸣，人们的脸上慢慢地都挂上了笑容。

生活中，我们习惯了拖着长长尾气的汽车、预先设置好轨道的火车，抑或是飞机、轮船，最差也是“单薄”的自行车，而没有做好迎接意外的准备。

我们习惯于车马，却在失去依赖之时陷入了迷惘，不知道怎样结束现在的迷惘，找到来时的路。因为我们维持着习惯，就像戴着沉重的枷锁，时间长了，竟不觉得它是重的，反而还很惬意。

一张一弛，生活之道。人生若一味急迫地赶路，生命就会显得狭窄而劳碌；若一味地悠然漫步，生命又显得虚空而无味。只有急缓相当，张弛有度，方为人生大境界。

有一个人过得非常失意，他到现在还没有成功过，命运似乎总是在与他作对。于是，不堪忍受的他爬上了一棵樱桃树，准备从树上跳下来，结束自己的生命。

就在他决定往下跳的时候，旁边的学校放学了。一群群小朋友走了出来，看到了站在树上正准备向下跳的他。其中的一个孩子问道：“你在树上做什么?”

“我在看风景。”他心虚地回答道，因为总不能告诉孩子自己是要自杀吧!

“那你有没有看到身旁有许多樱桃?”另一个孩子问道。

他低头一看，发现原来自己一心一意想要自杀，根本没有注意到树上结满了大大小小的红色樱桃。

“你可不可以帮我们采樱桃啊?”很多孩子向他请求道，“你只要用力摇晃树干，樱桃就会掉下来。麻烦你了叔叔，我们爬不了那么高!”

这个人有点儿意兴阑珊，心想这群孩子真是无聊，但又拗不过他们，只好答应帮忙。他开始在树上又跳又摇。

很快，樱桃纷纷从树上掉下来。树下聚集的孩子越来越多，大家都兴奋而又快乐地拣拾着樱桃。在一阵嬉戏打闹之后，树上的樱桃掉得差不多了，孩子们也纷纷散去了。

这时他坐在树杈上，看着孩子们蹦跳着离去的身影，不知道为什么，居然打消了想要结束生命的念头。

他在周围采了一些还没掉下去的樱桃，无可奈何地跳下樱桃树，拿着樱桃慢慢走回了家。当他到家的时候，看到的仍然是那间破旧的房子，生活依然如此。不过他的孩子因为看到他带着樱桃回来，便高兴起来。当一家人聚在一起吃着晚餐，他看着孩子们快乐地吃着樱桃时，忽然一种温馨的情绪涌上心头。他心里想着：这样的生活虽然不算幸福，但总还可以让人活下去。

终于，他彻底放弃了自杀的念头，重新体会到了生活的快乐和幸福，而好运也终于来到了他的身边。

没过多久，他的职位得到了升迁，收入提高不少，房子也换了新的，总算苦尽甘来了。

生活就如同天气，一时晴空万里，一时却风雨大作，我们不可能左右天气，但可以做到的是控制自己的心情。在风雨中我们感受凉爽，在艳阳下我们感受温暖，对于一个智者来说，生活无论是甜还是苦，都是难得的滋味。

当我们静下心来，放慢脚步，竟会发现周围的景色原来这么美。这就是我们天天经过的路程吗？几年如一日，怎么竟然从未发现过？我们的心里涌起莫大的悲哀，于是开始细细地欣赏，美美地体味。这体会包含了生活中所有美的东西，也包含了小小的意外和惊扰，一切都是生活的馈赠。

当我们低头匆匆而行的时候，我们不但在心底种下了怨懑的种子，还忽略了沿途风光秀美的景色。春花的蓬勃灿烂、夏雨的专注猛烈、秋月的寂寥淡远、冬雪的晶莹无瑕、小溪的吟唱、蟋蟀的弹奏、鸟儿的放歌……一切都与我们擦肩而过，失之交臂。那么，我们生活的目的还有什么？

我们要在行走中感知，放慢脚步，幸福和快乐就藏在那些纷纷扰扰的细节中。像林语堂先生一样爱生活，像他那样亲切地谈论生活的色彩和滋味，喜爱干草的气息，怜爱地把手放在一匹马抽搐的侧腹上，一切的美好就会从其中溢出，令人领悟到喜悦与幸福。

人生最苦痛的是梦醒了无路可走。

——鲁迅

（曾任北京大学讲师，著名文学家、思想家、评论家、革命家）

一道门关上后，总有一扇窗打开

海伦·凯勒说过：“当一扇幸福的门关起的时候，另一扇幸福的窗会因此开启；但是，我们经常看着这扇关闭的大门太久，而没有注意到那扇已经为我们开启的幸福之窗。”这正是上帝以另一种方式告诉我们：我们未尽其才，天生我材必有用，不如天生我材自己用，竞争不激烈不足以显示我们的战斗力，社会不残酷不足以显示我们的生命力。

生活就像浩渺的大海，有落潮的无奈，也有涨潮的欣慰；生活也像一碗百味汤，酸甜苦辣溶于其中，个中滋味，品后才知分晓。人的一生不可能永远一帆风顺地走下去，其中肯定会有不少时间是灰暗的时光。这些灰暗的日子被我们称为苦难，即人这一生必经的过程。

生活里没有旁观者，每个人都有自己的位置。每个人都有自己的得到和失去，成功与失败，因此，每个人都有着自己的快乐和痛苦。所以，我们不如学会坦然地面对功成名就与闲云野鹤，让得失之心远离我们的内心，也让淡然从容带给我们恬淡美好的性情。

丘吉尔，世界上著名的政治家。曾于1940～1945年及1951～1955年两度任英国首相，被认为是20世纪最重要的政治领袖之一，带领英国获得第二次世界大战的胜利。

丘吉尔在第二次世界大战期间，带领英国人民取得了胜利，为英国的反法西斯战争作出了不可磨灭的贡献。但是1945年7月英国大选后，丘吉尔首相却落选了。

理查德·皮姆爵士去看望丘吉尔，把大选结果告诉他。当时丘吉尔正躺在浴缸里洗澡。当理查德爵士把这个坏消息告诉他时，丘吉尔说："他们完全有权利把我赶下台。那就是民主！那就是我们一直在奋斗争取的！现在劳烦您把毛巾递给我。"

丘吉尔先生被赶下台了，不仅没有沮丧，相反认为这是他一直追求的民主。能如此坦然地面对失败，还有什么事情能难倒他呢？而且，这一扇门的关闭，对丘吉尔来说，只是另外一扇窗的开启，他获得的是一种悠闲而非整日忙碌的生活。

生活就是这样，一会儿让我们号啕大哭，一会又让我们喜极而泣。我们如果事事都太过较真，太过在意，生活必定会非常痛苦。

其实，上天赐予我们每个人的生活都是一样的，不同的是有的人有着一份坦然的胸襟，而有的人却没有。

面对苦难，每个人的承受能力又很不同，有些人可以乐观应对，有些人却陷于其中不能自拔。乐观者往往能以积极的心态去看问题，这样不仅可以使自己心情愉悦，而且正视问题的同时也可以使问题得到很好的解决；悲观者总是感慨命运不济，认为自己是世界上最不幸的人，这样不仅不能解决问题，反而会加剧自己的痛苦。

西娅在维伦公司担任高级主管，待遇优厚。很长一段时间，她都为到底去什么地方度假而烦恼，但是不久之后，情况就变得糟糕起来。为了应对激烈的竞争，公司开始裁员，而西娅也在其中。那一年，她 43 岁。

“我在学校一直表现不错!”她对好友墨菲说，“但没有哪一项特别突出。后来，我开始从事市场销售。在 30 岁的时候我加入了那家大公司，担任高级主管。我以为一切都会很好，但在 43 岁的时候，我失业了，那感觉就像有人给了我的鼻子一拳，当时感觉简直糟糕透了。”

西娅似乎又回到那段灰暗的日子，语气也沉重了许多。

“有一段时间，我不能接受自己失业的事实。整天躲在家里，不敢出门，因为每当看到忙碌的人们，我都会觉得自己没用，脾气也越来越大，孩子们也越来越怕我。情况似乎越来越糟糕。但就在这时，转机出现了。一个月后，一个出版界的朋友询问我，如何向化妆业出售广告。这是我最擅长的事。我重新找到了自己的方向：为很多上市公司提供建议，出谋划策。”

两年后，西娅拥有了自己的咨询公司。她已经不再是一个打工者，而成了一个老板，收入自然也比以前多了很多。

“被裁员是一件糟糕的事情，但那绝对不是地狱。也许，对你自己来说，可能还是一个改变命运的机会，比如现在的我。重要的是如何看待，我记得有一句名言说：世界上没有失败，只有暂时的不成功。”西娅真诚地对墨菲说。

很多人在面临西娅那样的遭遇时都会苦恼不已，沉浸在低迷的情绪状态中不能自拔。但是只要迅速调整心态，转个弯就能找到另一条出路，就能找到成功之门。所以，像西娅那样，面临挫折和磨难时勇敢地走过去，前面有更光明的天空在等着我们。

对待生活，我们大多数人都还来不及体味和享受，就已经匆匆地走到了目的地。当你身陷人生的低谷，首先是要有一颗向上的心，就像朝阳，而不是夕阳。从低谷走到平地远比从平地攀上高山容易，只要有坚定的信念，你就可以战胜一切。

或许你以为在你面前，是很难越过的门槛，其实当事情过去以后，你会发现，这在你人生路上是多么不显眼的一件事情，根本不用害怕，所以，你应该重新扬起自信的风帆，鼓起劲摇桨，向成功的彼岸进发。

面对不可避免的事实，我们就应该学着做到诗人惠特曼所说的那样：“让我们学着像树木一样顺其自然，面对黑夜、风暴、饥饿、意外等挫折。”生活的不顺心更能培养美好的品德，我们应该做的就是让自己的美德，在不利的环境中放射出奇异的光彩。

面对现实，并不等于束手接受所有的不幸。当我们发现情势已不能挽回时，我们最好就不要再思前想后，拒绝面对，要接受不可避免的事实，唯有如此，才能在人生的道路上掌握好平衡。

人生不如意事十之八九，有悲有喜，有起有落，既有成功后的喜悦，也有失败后的痛苦。岁月会编织五彩斑斓的梦，给人积极向上的启迪，也会编织无情的网，使人走不出人生的沼泽地。面对短暂的人生，我们要学会面对磨难，不要错过人生的失意时刻，也许当生命之神把你抛入谷底时，也是你人生腾飞的最佳时机。

上帝关上一扇门的同时，会打开一扇窗，车到山前必有路，不要放弃任何成功的希望。面对人生的不如意，我们可以走进来，就可以一定走出去。这时，我们就会发现，迎接我们的是一片湛蓝的天空。

第二章 看淡得失，知足常乐

然无论如何，倘把中国人和西洋人分门别类，一个阶级归一个阶级，处于同一环境下，则中国人或许总是比西方人来的知足，那是不错的。此种愉快而知足的精神流露于知识阶级，也流露于非知识阶级，因为这是中国传统思想的渗透结果。

——林语堂

（曾任北京大学教授，中国当代著名学者、文学家、语言学家）

知足是一种乐观的态度

何谓知足？知足的第一个境界就是珍惜所拥有的，人们可以看到很远，但远方的景色再好，也是虚幻的，只有你的立足之地才是现实，如果一直关注虚幻的东西，看不到现实的美好，那么就永远不会知足。

知足者身贫而心富，贪得者身富而心贫。生活中常见到这样两类人，一类人虽然没有太多的财产，收入也不高，却整天心无牵挂，活得开怀；另一类人，物质上很富足，但是却不知道满足，看见更好的就觉得自己差，即使事事如意，他也能找到不快乐的理由来。这两种人最大的区别就是知足与否。

古人的“布衣桑饭，可乐终生”是一种知足常乐的典范。“宁静致远，淡泊明志”中蕴含着诸葛亮知足常乐的清高雅洁；沈复所言“老天待我至为厚矣”表达了知足常乐的真情实感；曾国藩认为人生一切都“不宜圆满”，以免乐极生悲，名其书房为“求阙斋”，体现了知足常乐的智慧；林语堂说半玩世半认真是最好的处世方法，不忧虑过甚，也不完全无忧无虑，才是最好的生活，这流露了知足常乐的幽默。

儒家提倡“中庸之道”，一切行为适中、折中为宜，不能什么也不追求，也不要过分追求，凡事讲究个“度”。简言之，就是对幸福的追求持一种极易满足的态度。一个人知道满足，心里就时常是快乐的、达观的，这样有利于身心健康。相反，贪得无厌，不知满足，就会时时感到焦虑不安，甚至是痛苦不堪。

明朝有个人叫胡九韶，他的家境很贫困，一面教书，一面努力耕作，仅仅可以衣食温饱。但每天黄昏时，胡九韶都要到门口焚香，向天拜九拜，感谢上天赐给他一天的清福。妻子笑他说：“我们一天三餐都是菜粥，怎么谈得上是清福？”

胡九韶说：“我首先很庆幸生在太平盛世，没有战争兵祸。又庆幸我们全家人都能有饭吃，有衣穿，不至于挨饿受冻。第三庆幸的是家里没有病人，监狱中没有囚犯，这不是清福是什么？”

知足常乐，并不是易事。人生中总是面临着形形色色的诱惑，名气、财富是很多人一生孜孜以求的目标。一个人拥有多少财富才算足够？这个问题可能并不容易回答。因为钱财之于人的诱惑总像一个无底深渊一样，让人们看不到它的边际，也无法探测它的深浅，很多人都只能受它的奴役，而且往往不自知。

但是，在日常生活中，很多人却做不到这一点。诱惑一旦多起来，心境很难保持平和淡然，而且纷繁浮躁的心就可能向更大的欲望寻去，所以，我们要懂得知足，减少内心的欲望，以抵挡外界的诱惑。只有懂得知足并且知止的人，才能不为凡尘所累，免遭不必要的危险，生命也必将更加真切、美好。

智者能够明白其中的道理，而一个被名利迷住双眼、无法自拔的人，终究会因为欲望的不断膨胀而迷失自己，丧失人生的乐趣。基于这一点，林语堂先生告诫我们：做人要知足。不能奢求太多，在即得中感恩和满足，才能获得人生之乐。即使身处逆境，也应该乐观看待一切。

知足常乐，是一种乐观的生活智慧。在烦躁与喧嚣中，懂得知足，会过滤一种压抑与深沉，沉淀一种默契与亲善，澄清一种本真与回归，久而久之，步伐轻盈，精力充沛。小说《笑傲江湖》里有一句话：“莫思身外无穷事，且尽生前有限杯。”这不失为一种人生感悟，它点出了“人生一世，草木一秋”的真谛。

黄美廉，出生于台南，父亲是位牧师。出生时由于医生的疏失，造成她脑部神经受到严重的伤害，以致颜面四肢肌肉都失去正常作用。病魔夺去了她肢体的平衡，也夺走了她发声讲话的能力。从小她就活在肢体不便及众多异样的眼光中，她的成长充满了血泪。

然而，这位坚强的女孩没有让这些外在的痛苦击败她内在奋斗的精神，她昂然面对，迎向一切的不可能。

经过努力，她终于获得了加州大学艺术博士学位，她用她的手当画笔，以色彩告诉人“寰宇之力与美”，并且灿烂地“活出生命的色彩”。

“请问黄博士，”在一次讲座上，一个学生问她，“你从小就长成这个样子，请问你怎么看你自己？你都没有怨恨吗?”

“我怎么看自己?”黄美廉用粉笔在黑板上重重地写下这几个字。她写字时用力极猛，大有力透纸背的气势。

写完这个问题，她停下笔来，歪着头，回头看着发问的同学，然后嫣然一笑，回过头来，在黑板上龙飞凤舞地写了起来：

我好可爱！

我的腿很长很美！

爸爸妈妈这么爱我！

上帝这么爱我！

我会画画！我会写稿！

我有只可爱的猫！

还有……

台下，所有的人都沉默了，面对众人的沉默，她在黑板上写下了她的结论：“我只看我所有的，不看我所没有的。”

掌声响起。有一种永远也不会被击败的傲然，写在她的脸上。

黄美廉是乐观而知足的，她看见了自己拥有的生命和爱，因此她能在不幸中感受到快乐。

但是有些人恰恰相反，他们身体健康，生活在优裕的家庭，丰衣足食，可是他们偏偏感知不了这一切，觉得这一切都理所当然，于是无视自己的幸福，盲目攀比，欲望泛滥。

“人心不足蛇吞象”这句话形象地表明了这种人的欲望是永远不知满足，要想真正享受人生的乐趣，就需要有知足常乐的心。

知足常乐是一种人生底色，当我们都在忙于追求、拼搏而找不着北的时候，知足常乐，是平凡人生中深沉的最丰富的底色，它孕育的宁静与温馨，对于风雨兼程的我们来说，是最好的避风港口。知足的人是幸福的，他们清楚自己需要的是什么，他们的天空少有阴霾，他们的世界总是光明。一点点微小的幸福就成了他们生活中的太阳，散发着快乐的光与热。

社会越来越繁荣，人们在物质的潮水里渐渐迷失了自我，逐渐脱离了生活的真谛，社会越富足，人们的幸福感反而越低。这种情况下，就需要我们知足常乐，返璞归真，明白真正的生活真谛。认清自己所拥有的幸福，不盲目比较，不抱怨自己所缺。

知足是一种处事态度，常乐是一种幽幽释然的情怀。知足常乐，贵在调节。这是一种人生底色，当我们在忙于追求、拼搏而迷失方向的时候，知足常乐，这种在平凡中渲染的人生底色所孕育的宁静与温馨对于风雨兼程的我们是一个避风的港口。休憩整理后，毅然前行，来源于自身平和的不竭动力。真正做到知足，人生便会多一些从容、多一些达观，从而常乐。

微小的幸福就在身边，容易满足就是天堂。

——海子

（1983 年毕业于北京大学，著名诗人）

珍惜拥有，你会得到更多

叔本华说：“我们很少想到我们有什么，可是总想到我们缺什么。”这句话深刻地揭示了人性的本质。

两千多年前，孔夫子便在河川上感叹：逝者如斯。几乎在同一时代，古希腊的大哲学家赫拉克利特也在沉吟：“万物流变，无物常在。人不能两次踏入同一条河流。”先哲们那悠远的声音至今仍在我们耳边回响，无非是提醒我们要懂得珍惜拥有。

生活中很多人不快乐，就是因为他看不到自己所拥有的，不会珍惜，而只看到自己所没有的。

其实，人的一生何其匆匆，如果想不留遗憾，就要学会珍惜、懂得珍惜，要看清自己手中的幸福，感受身边的感动。

有这样一个故事：

有一位哲学家，当他是单身汉的时候，和几个朋友一起住在一间小屋里。尽管生活非常不便，但是，他一天到晚总是乐呵呵的。

有人问他："那么多人挤在一起，连转个身都困难，有什么可乐的？"

哲学家说："朋友们在一块儿，随时都可以交换思想、交流感情，这难道不值得高兴吗？

过了一段时间，朋友们一个个相继成家了，先后搬了出去。屋子里只剩下哲学家一个人，但是每天他仍然很快活。

那人又问："你一个人孤孤单单的，有什么好高兴的？"

"我有很多书啊！一本书就是一个老师。和这么多老师在一起，时时刻刻都可以向它们请教，这怎能不令人高兴呢？"

几年后，哲学家也成了家，搬进了一座大楼里。这座大楼有七层，他的家在最底层。底层的境况是非常差的，既不安静，也不安全，还不卫生。那人见他还是一副自得其乐的样子，好奇地问："你住这样的房间，也感到高兴吗？"

"是呀！你不知道住一楼有多少妙处啊！比如，进门就是家，不用爬很高的楼梯；搬东西方便，不必费很大的劲儿；朋友来访容易，用不着一层楼一层楼地去叩门询问……特别让我满意的是，可以在空地上养些花、种些菜。这些乐趣只可意会，无法言传。"

又过了一年，哲学家把底层的房子让给了一位朋友，因为这位朋友家里有一位偏瘫的老人，上下楼不方便，而他则搬到了楼房的最高层。哲学家每天依然快快乐乐。那人又问他："现在住七楼又有哪些好处呢？"

哲学家回答说："好处多着呢！比如说吧，每天上下几次，这是很好的锻炼，有利于身体健康：光线好，看书写字不伤眼睛，没有人在头顶干扰，白天黑夜都非常安静。"

后来，那人遇到哲学家的学生，问道："你的老师总是那么快快乐乐，可我却感到，他每次所处的环境并不那么好呀。"

学生笑着说："决定一个人快乐与否，不在于环境，而在于心境。"

其实，一个人是否幸福，关键在于他心态的平衡与否，世界上与幸福相连的东西太多了，一个人穷其一生，又能得到几何？所以，珍惜拥有，知足常乐就是最大的幸福。谁能够以平常心看待功名利禄，以平静心观赏云起云散，宠辱不惊，谁就是幸福最大的受益者。

我们总以为生活在别处，其实，生活就在身边。岁月河水一般在我们的脚下缓缓流过，一去不复返。

千万要记住，珍惜眼前的一切，珍惜当下的时光，珍惜你所拥有的一切，珍惜值得你珍惜的一切。这样才能让我们的生活少一些牵挂的苦楚，多一些悠闲的舒适；少几分带瑕疵的不如意，多几分悠闲的惬意。

有一位青年时常对自己的贫穷发牢骚，有一天，他终于鼓足勇气敲开了一位富翁家的门，希望那位靠白手起家的富翁能够告诉他一些关于致富的秘诀。

“你一定是来问我，我是怎么白手起家的吧？”一进门，富翁首先问道。

“你是怎么知道的？”青年暗暗地对富翁的判断表示惊讶。

“因为在你之前，已经有很多自以为一无所有的年轻人来找过我。来时他们确实贫困潦倒而且牢骚满腹，但走时俨然个个都成了富翁。你也具有如此丰厚的财富，为什么还抱怨不止呢？”

“那到底是什么呢？快告诉我在哪里呀？”青年急切地问。

“你的一双眼睛。只要你给我一只眼睛，我可以用一袋黄金作为补偿。”

“不，我不能失去眼睛。”青年大声回答道。

“好，那么把你的双手给我吧。这样我就可以把你想得到的东西都给你。”

“不，双手也不能失去。”青年尖叫道。

“既然有一双眼睛，你就可以学习，既然有一双手，你就可以劳动，现在球看到了吧，你有多么丰厚的财富啊。这就是我所谓的致富秘诀。”富翁微笑着说。

这个故事就是要告诉我们，要懂得珍惜，才能懂得生活，才能拥有充实圆满的人生。其实，生命中值得我们珍惜的东西有很多。

我们要珍惜所拥有的健康。珍惜健康是一种责任。无论对家人，对社会，对自己的事业，健康的作用和重要性毋庸置疑。唯有健康，才能够有资格谈幸福，才能有“资源”拥有幸福和享受幸福，才能有资格成就事业，品味快乐。珍惜健康，就是不要再为名利所拖累，不要再为失意而痛苦欲绝，不要再为一时的挫折而忧伤。

我们要珍惜所拥有的幸福。幸福对每个人有着不同的含义：颜回的一箪食一瓢饮是清贫者的幸福；财源滚滚、生意兴隆是商人的幸福；“春种一粒粟，秋收万颗子”是农民的幸福；官运亨通、青云直上是政治家们的幸福。对任何人来讲，幸福极容易把握，也极容易失去。有时候，幸福的出现只需要我们擦亮眼睛，生活中不是没有幸福，而是幸福已经来到，而有些人却在张望远方。

我们要珍惜我们所拥有的今天。昨天已经逝去，明天还未来到，我们唯一能把握的，就是今天。所以说，虚度了“现在”，就等同于虚度了今天，也就在不知不觉中丧失了昨天和明天。

与其沉迷于昨天的痛苦回忆，与其憧憬于明天的海市蜃楼空中楼阁，不如脚踏实地抓住今天，充实今天，完善今天。从某种意义上说，珍惜了今天，就等于延伸了自己生命的长度，升华了生命的意义。

总之，在有限的生命时光中行走，懂得珍惜拥有是一种人生的大智慧。懂得发现我们已拥有的东西的价值，我们将会得到更多，我们的生命将会更富足、更美好。

快乐是在心里，不假外求，求即往往不得，转为烦恼。

——梁实秋

（曾任北京大学教授，中国著名的散文家、作家、文学批评家、翻译家）

不快乐，是因为你想要的太多

生活如海，欲望如潮。人生在世，不能没有欲望，就像大海不能不涨潮一样，这是一种自然规律。假如世人都没有欲望，就会对什么事情都不感兴趣，就会缺少热情、缺少投入、缺少追求，那将是多么苍白的生活画卷。问题的关键在于，人们如何把握住自己的欲望尺度。涨潮也有落潮时，不让欲望泛滥成灾，才是可取之举。

追求财富，占有金钱，本无可厚非。那么，富有到什么程度才算富有，占有多少金钱才算足够？这大概没有一个固定的统一标准。

坦然的人生则要把握好欲望的“横”和“竖”两条线。所谓“横”线是以自己的富有程度为起点画一条水平线，可以看出高于水平线和低于水平线的都大有人在。自己比上不足，比下有余，已经是较佳的位置了。因为生活是大海，浪高浪低纯属自然，正如人们的富有程度永远不可能都在一个水平线上一样。所谓“竖”线是以自己从前生活中的低点为起点画一条上升线，随着这条线上升可以十分清晰地表明自己生活水平逐步提高的程度，应该为此感到欣慰、充实并满足。

然而，生活中有许多人不想这么做。他们从来不蓦然回首，不和自己的从前比，而是一味地和别人攀比。于是，欲望的潮水只涨不落，而且一浪高过一浪。为了自己富有与享乐，他们让欲望的潮水冲开理智的大坝，轻者自己不快乐，重者害己害人。

欲望过度是人们不快乐的根源，欲望以及其隐含的名利是快乐的最大障碍，一个人只有抛开心中欲望的纷扰，真正把自己从物质的束缚中解放出来，才能够成就不朽的事业。

我们要明白这样一个道理：欲望适度则为利，欲望过度则为害。人生在世，不应让欲望的潮水冲开理智的大坝，只有这样，才能少走弯路，少流悔恨的泪水。清爽恬淡，笑对人生，也是一种高度的幸福。

从前，有个山民靠打柴为生，他长年累月地辛苦劳作，仍改变不了困顿局面。他自己也不记得曾在佛前烧了多少炷高香，祈求佛祖降临好运，帮他逃脱苦海。

佛祖果然慈悲，有一天，山民无意中在山坳里挖出了一个百十来斤的金罗汉。转眼间他就过上了他从前做梦都无法梦到的生活，又是买房，又是置地。而他的宾朋亲友一时间竟多出十几倍，从四面八方赶来向他祝贺。

可是这个山民只高兴了一阵，继而却犯起愁来，食不知味，睡不安稳。

“偌大的家产，就是贼偷，一时也不能偷个精光，看你愁得像个丧气鬼!”他妻子劝了几次都没效果，不由得高声埋怨起来。

“你一个妇道人家怎能理解我的愁事呢，怕人偷只是原因之一啊!”山民叹了口气，说了半句便很懊恼地用双手抱住了头，又变成了一只闷葫芦。

“18 尊罗汉我只挖到了一个，其他 17 个不知在什么地方？要是那 17 个罗汉一齐归我所有，那该有多好啊!”这才是他犯愁的最大原因。

其实，如果我们能够停下来回头看看自己走过的岁月，我们就会发现，除了一路追寻物质的脚印，我们甚至什么都没有留下。

很多时候，事业和成功都是在淡泊和刻苦中积累起来的，我们什么都没留下是因为我们把时间都用在了享受和索取上面，却忘记了想要成功就要控制自己的欲望，不被欲望控制，才能认清成功的道路。

调整贪婪心理的最好办法就是懂得知足常乐的道理，“知足”就是懂得满足，知道满足了，就不会再有非分之想，也就能保证正常的心理平衡了。人要时刻保持清醒的头脑，摒弃不该有的欲望。

要知道，生命是有限的，贪图太多，生命就变成一场负重行走。那样，你一路上都在给自己加重，就再也无心欣赏沿途的美景。

自己生存，也让别的动物生存，这就是善。只考虑自己生存，不考虑别人生存，这就是恶。

——季羡林

（曾任北京大学副校长，中国著名文学家、语言学家、翻译家、散文家）

贪得无厌是一种病态

明末清初有一本书叫《解人颐》，这本书对人的不知足的心态做了入木三分的描述："终日奔波只为饥，方才一饱又思衣。衣食两般皆俱足，又想娇容美貌妻。娶得美妻生下子，恨无田地少根基。买到田园多广阔，出入无船少马骑。槽头扣了骡和马，叹无官职被人欺。当了县令嫌官小，又要朝中挂紫衣。若要世人心满足，除是南柯一梦西。"

老子说："罪莫大于可欲，祸莫大于不知足；咎莫大于欲得。故知足之足，常足。"意思是，罪恶没有大过放纵欲望的了，祸患没有大过不知满足的了；过失没有大过贪得无厌的了。所以知道满足的人，永远是觉得快乐的。"不知足"，也就是人的欲望，是人的一种本能，属于人的自然属性也叫动物属性。

有这样一个故事：

有一个人丢失了一个钱币，十分难过。正在寻找的时候，他突然发现了另一个钱币，但不是自己的那个。

旁人看到都以为他会很高兴，没想到这人反而显得更加伤心。

旁人不解，问他："你现在不是有一个钱币吗？为何还这样伤心？"

这人回答说："我本来可以有两个钱币的。"

贪得无厌的人每天都生活在殚精竭虑、费尽心机的算计中，更有甚者可能会不择手段、走极端。而一味贪婪的人在这个过程中是无法知道贪婪的结果的，因为贪欲早已迷惑了他的心，遮住了他的眼，他不知道自己该在什么时候停下来。做人如果不能控制自己的欲望，就会成为欲望的奴隶，最终丧失自我，被贪念所役。

在人生中，我们每一个人都会遇到一些陷阱，而这些陷阱中，最为可怕的一种是我们亲自挖掘的。因为贪心，我们忽略了自己的弱点，不顾一切地去满足我们的欲望。而当一种欲望满足之后很快便又有了新的更进一步的追求。总是不满足，就总是有痛苦，真是"欲壑难填"。

一个乞丐每天都在想，假如我有两万元就好了，我就可以变成正常人，不用再做乞丐。一天，这个乞丐无意中发现了一只很可爱的小狗，他见四周没人，便把狗抱回了他住的窑洞里，拴了起来。

这只狗的主人是本市有名的大富翁。这位富翁丢狗后十分着急，因为这是一只纯正的进口名犬，于是，就在当地电视台发了一则寻狗启事：如有拾到者请速还，付酬金两万元。

第二天，乞丐行乞时，看到这则启事，便迫不及待地抱着小狗准备去领那两万元酬金。可当他匆匆忙忙抱着狗又路过贴启事处时，发现启事上的酬金已变成了 3 万元。原来，大富翁寻不着狗，又电话通知电视台把酬金提高到了 3 万元。

乞丐似乎不相信自己的眼睛，向前走的脚步突然间停了下来，想了想又转身将狗抱回了窑洞，重新拴了起来。第三天，酬金果然又涨了，第四天又涨了，直到第七天，酬金涨到让市民们都感到惊讶时，乞丐才跑回窑洞去抱狗。想不到的是，那只可爱的小狗已经被饿死了。

这个故事，足以说明除贪之难。西方一位哲人曾说过：“人的欲望是座火山，如不控制就会伤人害己。”贪欲是人成功路上的障碍，因为它会自动成长、膨胀，最后喷薄而出时，就会炸伤自己，一切的荣誉、事业、成功也都将随之烟消云散。

人到无求品自高。做到一切无欲才能真正刚正，才能真正作为一个大写的人，屹立于天地之间。也就是说，心里的欲念有时候会对人的现实生活产生影响，贪腐者们会追求一些不外乎身体的安适、丰盛的食品、漂亮的服饰、绚丽的色彩和动听的乐声等物质上的奢侈品，这一切终究也是一场空而已。

人应该知足，承认和满足现状不失为一种自我解脱的方式。知足者想问题、做事情能够顺其自然，保持一份淡然的心境，并乐在其中。这并不是削弱人的斗志和进取精神，在知足的乐观和平静中，认真洞察取得的成功，总结经验，而后乐于进取，乐于开拓，为将来取得更大的成功鼓足信心，做好充分的准备。

不知足的人的心中，总是充斥着过多的欲望。欲望过多，不加节制，便成了贪婪。贪婪并非遗传所致，它是个人在后天环境中受病态文化的影响，形成自私、攫取、不满足的价值观而出现的不正常行为。

在前进的道路上，当我们取得一些成绩的时候，如果我们都能知足，就能够保持乐观的心态，在对待生活中的困难时，也会泰然处之。

中国文化的精髓就是“和谐”。

——季羡林

（曾任北京大学副校长，中国著名文学家、语言学家、翻译家、散文家）

如果为了没有鞋而哭泣，看看那些没有脚的人

宋代无门慧开禅师做过一首诗偈：“春有百花秋有月，夏有凉风冬有雪。若无闲事心头挂，便是人间好时节。”但是，现实生活中常常有人抱怨着生活中的种种不如意，其实仔细想想，我们应该是非常幸福的：如果你拥有自己的家庭，有关心自己的人，每天吃得饱穿得暖，这就比世界上很多的人幸福了。

如果早上醒来，你发现自己还能自由呼吸，你就比在这一周离开人世的一百万人更有福气；如果你从未经历过战争的、被囚禁的孤寂、受折磨的痛苦和忍饥挨饿的难受，你已经好过世界上的五亿人；如果你冰箱里有食物，身上有足够的衣服，有屋栖身，你已经比世界上百分之七的人更富足；如果你银行户头有存款，钱包里有现金，你已经身居世界上最富有的百分之八的人之列；如果你的双亲仍然在世，并且没有分居或离婚，你已属于稀少的一群；如果你能抬起头，带着笑容，内心充满感恩的心情，你是真的幸福——因为世界上大部分的人都可以这样做，但是他们没有。

拿自己的优势跟别人的劣势比，越比越幸福；相反，若拿别人的优势比自己的劣势，却会越比越伤心。

幸福是比出来的，痛苦也是比出来的，关键看你怎么比，聪明的人知道该如何比较出幸福，而不是痛苦。拿什么作为幸福的参照物？这就要看一个人活着最看重什么了。有些人看重金钱、名誉、地位，有些人认为情最重要，亲情、友情、爱情缺一不可，拥有它们我们的生命才堪称完美。

金钱它能买任何物质上的东西却唯独买不到情。名誉、地位，可有可无的东西，它只不过是世俗的一种心灵上的慰藉。有的人穷其一生只为争权夺利，却换来了终身疲惫；而有些人平凡一生却快乐生活了一辈子。

周大疾的短篇小说《无疾而终》中，小说主人公是瞎爷，他 9 岁时发高烧之后，左眼什么也看不见了，急得父母泪流满面。独生儿子瞎了一只眼，父母能不伤心吗？儿子对两位老人说：“爹，娘，你们哭啥？应该笑才对，这场病不是只弄坏了我一只眼吗？左眼瞎了右眼还能看见，总比两只眼都弄坏要好嘛。你们想

一想，我比世界上那些双目失明的人，不是要强多了吗?”

瞎爷家境不好，父母无力供他上学，只好送他去私塾旁听，为此老人很是伤心。

儿子十分明智，对父母说：“我已经认识了几个字，虽然不多，总比一个字不识的孩子强多了。”

后来瞎爷娶了个嘴巴很大的媳妇，父母觉得对不住儿子，可儿子很满足，说：“能娶这么个媳妇就很不错了，和世界上许多光棍比起来，真是好到天上去了。”瞎爷有几个孩子全是闺女，媳妇总觉得对不住他们家，瞎爷说：“这有什么值得愧疚的？我认为你还是个很有能耐的女人。世界上有好多结了婚的女人，压根就没生过孩子，别说生男孩子，连一个女孩也生不出来。咱们这5个女孩，待长大之后就会有5个女婿。日后等我老了，逢年过节时，5对女儿女婿一起提着酒拎着肉回来孝敬咱们，那该多热闹!”

瞎爷家境后来更是贫寒，妻子实在熬不下去了，便抱怨起来，瞎爷说：“你不能只跟那些住楼房、有万贯资财的人家相比，越比咱这日子就越没法过了。你要是瞧瞧那些拖儿带女、四处讨饭的人家，白天饱一顿饥一顿，晚上睡在别人家的屋檐下，弄得不好还会被狗咬一口，你就会觉得咱家这日子还真不赖。虽然咱们没有馍吃，可是还有稀饭喝；虽然咱们家买不起新衣服，可是总还有旧衣裳穿；虽然咱们住的房子漏雨，可总还是住在屋子里边，和那些讨饭维持生活的人相比较，我们家的日子算是天堂了……”

瞎爷有着一种乐天知足的人生观，从不和比自己强的人攀比，这是找到了快乐的人生哲学。即使生活穷苦，他的世界依然充满阳光。

美国著名作家海伦·凯特的一句经典之语：“我哭喊着，痛苦着自己没有新鞋可穿，但突然发现身边的一个人，他居然没有脚……”所以，如果用自己的劣处和他人的优点去比，我们会越比越不幸福，而如果我们用自己的优点和别人的劣处比，你会发现，我们原来竟是如此幸福。

能比出幸福来，是人生的智慧。季羡林先生在谈到和谐的创建时说，关键是人的内心要和谐，内心和谐，社会才会有和谐的基础。所以，人只要有阳光的心态，眼前就会是一片光明，身边就会处处温暖，累中有乐。

幸福是比较出来的，在比较中感受幸福，在比较中感受世界的美好、人间的温暖，是正常的心态，是和谐的心境。怀着阳光的心态，拥有平和的心境，感受今天比昨天好、明天会更好，就会天天都有好心情。

有这样一个故事：

一年四季，只要不是大风雪雨天，每天晚上，马路边的路灯下，总有一对姐妹趴在板凳上，聚精会神地写着作业。面前，是川流不息的车辆，来来往往的行人，身后是一个帐篷搭建的简易房，这个简易房就是姐妹俩的家。生活的贫苦显而易见。

这一对姐妹是外乡人，她们的父母是收废品的，因此，她们俩只能跟随父母四处漂泊。很多人见她们每天晚上都在路灯下写字，同情之余，又好奇地问姐妹俩，为什么不在家里写字。姐妹俩浅浅一笑，说家里没有灯，到了晚上帐篷里一片漆黑，为了节省蜡烛，我们只能在路灯下写字。

路人都赞赏姐妹俩的懂事，又问她们："这样的苦日子，你们感觉幸福吗？"姐妹俩都说很幸福！

路人很诧异，继续问道："这样的苦日子，你们为什么说是幸福的？"姐妹俩说："虽然我们父母很穷，但他们非常疼爱我们；虽然我们的家很简陋，但能为我们遮风挡雨；虽然我们日子很苦，但我们还有饭吃还有衣穿还有书读，比起一些没有父母没有家没有书读的孩子，我们是幸福的！"

只要有父母的爱、有个家、有书读就是幸福，这种幸福是多么简单啊。很多人的生活比这姐妹俩强百倍。他们有高大宽敞明亮而又温暖的房子，有大大的、宽宽的、干净的书桌，有属于自己的一盏明亮的台灯，他们也有父母伟大无私的爱，有美酒佳肴锦衣玉食，可他们却感觉不出幸福。因为他们把眼光抬得太高，只和一些有权有钱有势的富人比生活。

有一篇文章里讲到过，人生值得去的地方有三个：监狱、贫困地区、火葬场。到监狱里，你看到的是失去人身自由的罪犯。很多人生的梦想都在这里搁浅，留下深深的遗憾。你就会感到自己可以尽情自由享受生活是多么的幸福。

到贫困地区，你看到的是人们困苦的生活现状，意想不到的艰苦生活的情景，你会从心底里生发感慨，会从骨子里庆幸自己生活的优越。

到火葬场，你看到的是一个实实在在存在的人，瞬间变成一堆骨灰的残酷。想到自己有一天也会落得如此结局，你还会为了金钱、名誉、地位等身外之物趋之若鹜，争得面红耳赤、碰得头破血流吗？

我们要学会真正看清自己的幸福，明白幸福生活快乐生活的法则，明白人生应该怎样度过，应该以怎样的心态去生活。那样，我们的生活就会少了很多不必要的烦恼了。

我们现代人读书真是幸福。

——梁实秋

（曾任北京大学教授，中国著名的散文家、作家、文学批评家、翻译家）

平凡地活着，就是莫大的幸福

每个人的一生皆各有各的幸福，并不需要一味依靠物质，依靠虚伪的荣耀，通过不合法的手段达到富贵是非常可耻的事。孔子认为，这种富贵对他来说就等于浮云。

生活在幸福的年代，人们也渐渐习惯了衣食无忧的生活，但是，幸福却似乎没有跟物质上的丰裕并行。英国未来基金会的迈克尔·威尔莫特和威廉·纳尔逊在《复杂的生活》一书中指出："在过去50年里，物质财富的极大丰富并没有使人们增加多少快乐，这是进步的悖论。今天的一代人比以前更富裕、更健康、更安全，享有更多的自由，但他们的生活却似乎更压抑。"

幸福是朴实的、简单的。一杯淡水，一杯清茶，也可以品出幸福的滋味；一朵鲜花，一片绿叶，也可以带来幸福的气息；一间陋室，一卷书册，也可以领略幸福的风景。

一个人，如果每天早晨，清风拂过，双眼迷蒙，心里充满了难以拂拭的尘埃，时间久了，生活变得越来越无趣，除了吃喝玩乐似乎已经没有什么事情可做，便开始追求刺激，一步步滑向"不义"的深渊。这样的生活并不是人们想要的，人们期待的是毫无心灵负担的幸福，是平凡生活中的甘甜，是一杯无色的蜂蜜水，看似平淡，其实回味甘甜。

有位青年，厌倦了生活的平淡，感到一切只是无聊和痛苦。为寻求刺激，青年参加了挑战极限的活动。

活动规则是：一个人待在山洞里，无光无火亦无粮，每天只供应5千克的水，时间为整整5个昼夜。

第一天，青年颇觉刺激。

第二天，饥饿、孤独、恐惧一齐袭来，四周漆黑一片，听不到任何声响。于是，他开始向往平日里的无忧无虑。

他想起了乡下的老母亲不远千里地赶来，只为送一坛韭菜花酱以及小孙子的一双虎头鞋；他想起了终日相伴的妻子在寒夜里为自己掖好被子；他想起了宝贝儿子为自己端的第一杯水；他甚至想起了与他发生争执的同事曾经给自己买过的一份工作餐……渐渐地，他后悔起平日里对生活的态度来：懒懒散散，敷衍了事，冷漠虚伪，无所作为。

到了第三天，他几乎要饿昏过去。可是一想到人世间的种种美好，便坚持了下来。第四天、第五天，他仍然在饥饿、孤独、极大的恐惧中反思过去，向往未来。

他责骂自己竟然忘记了母亲的生日；他遗憾妻子分娩之时未尽照料义务；他后悔听信流言与好友分道扬镳……他这才觉出需要他努力弥补的事情竟是那么多。可是，连他自己也不知道，他能不能挺过最后一关。

此时，泪流满面的他发现：洞门开了。阳光照射进来，白云就在眼前，淡淡的花香，悦耳的鸟鸣——他又迎来了一个美好的人间。

青年扶着石壁蹒跚着走出山洞，脸上浮现出了一丝难得的笑容。5 天来，他一直用心在说一句话：活着，就是幸福。

当我们把追求外在的成功或者“过得比别人好”作为人生的终极目标的时候，就会陷入物质欲望为我们设下的圈套。它像童话里的红舞鞋，漂亮、妖艳而充满诱惑，一旦穿上，便再也脱不下来。我们疯狂地转动舞步，一刻也停不下来，尽管内心充满疲惫和厌倦，脸上还得挂出幸福的微笑。

当我们在众人的喝彩声中终于以一个优美的姿势为人生画上句号时，才发觉这一路的风光和掌声，带来的竟然只是说不出的空虚和疲惫。这个时候，是无暇去感受幸福的。幸福的青鸟早在你疯狂旋转的时候，飞向了别人的树枝。

因此，“简单不一定最美，但最美的一定简单”。最美的生活也应当是简单的生活。因为大多数的生活，以及许多所谓的舒适生活，不仅不是必不可少的，而且是人类进步的障碍和历史的悲哀。

人来到这个世界后，一开始无忧无虑，因为需求的东西少，负担少，所以也更容易觉得幸福。随着自己想要得到的东西不断地增加，要求不断地提高，各种各样的负担和烦恼也由此而生，除了苦苦挣扎得到想要得到的一切之外，再也没有时间去想自己是不是幸福。

到了最后，终于明白了这个问题时，生命的守护神已经开始远离，等待自身的是身体的衰落、灭亡。那么，为何不在衰落之前就对欲望和奢求适可而止呢?

人的一生很短暂，仿佛一刹那就走到了生命的尽头。惊鸿一瞥、昙花一现，正如伟大的印度诗人泰戈尔的诗句一样：生如夏花般绚烂，死如秋叶般静美。

人生看似几十个春秋，其实不过是一声叹息之间就让我们的生命画上休止符。它就是这样一个从绚烂归于平淡的过程。年少的时候喜欢出名，因为少年都钟爱艳丽与繁华，喜欢一切新鲜刺激的事物，喜欢放任物欲。

但是随着年岁的增长、阅历的丰富，我们渐渐地喜欢清淡的色彩，那就像淡雅的人生，少了年轻人的血气方刚，褪去了中年人的惆怅和幽怨，留下的是一颗通透的心灵。

幸福是简单的、朴素的、平凡的，就如粮食、空气和水。在被过多的物欲蒙蔽双眼的时候，我们就无法看见美。平凡而幸福地活着，像一棵撑开绿荫的树，像一块山间小溪底的卵石，岁月无声，身心清静。

第三章 保持阳光心态，乐观生活

一个人总是在仰望和羡慕别人的幸福，一回头，却发现，自己正在被别人仰望和羡慕着。

——卞之琳

（曾任北京大学教授，著名诗人）

透过窗棂，用阳光照亮心灵

“我之所以高兴，是因为我心中的明灯没有熄灭。道路虽然艰难，但我却不停地去求索我生命中细小的快乐。如果门太矮、我会弯下腰；如果我可以挪开前进路上的绊脚石，我就会去动手挪开；如果石头太重，我可以换条路走。我在每天的生活中都可以找到高兴的事情。信仰使我能够以一种快乐的心态面对事物。”歌德夫人如是说。其实，生活中并不缺少快乐，而是缺乏发现快乐的眼睛与心灵。花朵绽开的刹那，蜻蜓点水的瞬间，炊烟飘散的过程，与家人团聚的时刻，是那么平凡，又是那么真实，只要我们张开心灵的眼睛，就能从平凡生活的细微之处感受到最真实的快乐与幸福。

当清晨的第一缕阳光洒下来时，我们可以问自己：“你今天有两种选择，你可以选择心情愉快，也可以选择心情不好。”相信你一定选择的是要快乐地度过一天。生活中总是充满了意外，当有坏事发生时，我们可以选择成为一个受害者，也可以选择从中学些东西。不如选择后者，让自己快快乐乐地活着。

黄彦曾被确诊患上中期乳腺癌，需要尽快做手术。手术前期，她依然过着有规律的生活。她每天早上六点半就醒来，做做关节活动，上午收拾房间，中午照常喝着午茶——那种加奶的红茶，傍晚插插花，睡前认真写日志。所不同的就是，每天下午三点半的时候要接受医院规定的检查。对于来检查的医生，她总是微笑接待，让他们感到轻松无比，尽管检查的时候，她感觉十分不舒服。

直到手术麻醉之前，她仍然对主治医师说："王大夫，别忘了明天要请我吃炸酱面的，你可别赖账啊！"直叫王医生哭笑不得。

手术进行得很顺利。两个月后的一天，朋友来探望她，她竟然马上忘记疼痛，要让朋友看她新养的一盆花。等到她出院时，她与医科室一半的人都交上了朋友，还有那些病友。因为人们都被她轻松的坚强所感染和征服。

半年之后，黄彦再提及此事时，说："我一直心情很好！现在，想不想看看我的伤疤？愈合得不错，对吧！"

"当时第一件在我脑海中浮现的事就是我对自己说有两个选择：一是死，一是活。我选择了活，而且是今后快乐的生活。于是，我要坚强地笑一笑，我要让王大夫放松下来，以稳健的心情给我做手术。我相信，我们会配合好，手术也会顺利，尽管成功率只有50%。显然，我很幸运！"

相信黄彦之所以活了下来，一方面当然要感谢医术高明的医生，但另一方面得感谢她的生活态度。生活充满了选择，坚强的黄彦总是积极地选择生活的正面，所以她快乐。

偶然与不幸是生活的组成部分，但它仅仅是生活的一小部分。花草树木，随着气候的变化而生长，但是你只能为自己创造天气。你要学会用自己的心态弥补气候的不足。如果你为他人带来风雨、冰霜、黑暗和不快，那么他们也会报之风雨、冰霜、黑暗和不快。相反地，如果你为他人献上阳光和温暖，自己也会收获光明和快乐。快乐就在我们每个人的身边，选择快乐，抓住快乐，拥抱快乐，你就是一个快乐的人。

一位闻名遐迩的老人被电视台节目主持人作为特邀嘉宾邀请来参加活动。她确实是一个非常杰出的老人。

她的讲话完全没有经过特别的准备，更没有经过任何排练。这些讲话与她的个性是完全一致的，她精神极好，容光焕发，充满快乐。

无论她想说什么，她都毫不掩饰，而且思维敏捷。她的机智幽默让听众捧腹大笑。大家都非常喜爱她。

这次节目，她给人留下了深刻印象，她也和其他人一样感到特别的兴奋。

最后，节目主持人问这位老人为什么总是这样高兴："你一定有什么特别的让自己快乐的秘密。”

“不，没有，”老人回答说，“我没有什么特别的秘密。这只不过和你脸上的鼻子一样普通。每天早上起床的时候，我有两种可能的选择：要么高兴，要么不高兴，你想我会选择什么呢？当然，我会选择快乐，这就是全部的秘密所在。”

这似乎也太过于简单，这个老人的思想也好像很浅显。但是，这让我们想到了林肯，林肯曾经说：“境由心造，你的心里有多快乐，你也就会得到多少快乐。如果我们想让自己不开心，那你时时刻刻都可以不开心，这也是世界上最容易做到的事情。”如果我们告诉自己什么事情都不顺利，没有什么事情让自己满意，就肯定开心不起来。但是，如果我们对自己说“事情进展良好，生活也不错，所以，我选择开心”，那么，我们很快就会快乐起来。

不同的心态，对所发生事件的评价是如此的不同，它必然会对处理问题的态度发生影响，也会对今后的人生之路产生影响。以达观、超然的心态看待这个世界，就会看出事物美好的方面；以狭隘、悲观的眼光对待生活，就会觉得人生是灰暗的。两个同时面对暴风雨的人，一个想着也须会看到美丽的彩虹，一个只想着暴雨阻碍了行路，这就是乐观和悲观的区别。

诗人罗伯特·布莱把心灵的阴影称为“每个人背上负着的隐形包裹”，我们在成长的过程中，总喜欢把胆怯、贪婪、恼怒诸如此类的阴影东西塞进包裹里。大多数人都对自己内心的阴暗面感到恐惧，不愿正面以对，殊不知，只有拥抱心灵的阴影，进而驱逐阴影，才能找回完整的自我，才能获得真正充实幸福的生活。

走路一定要昂起头来。

——林庚

（曾任北京大学教授，现代诗人、古代文学学者、文学史家）

远离悲观的迷雾

汪国真说：“悲观的人，先被自己打败，然后才被生活打败；乐观的人，先战胜自己，然后才战胜生活。”虽然，每个人的人生际遇不尽相同，但命运对每一个人都是公平的。因为窗外有土也有星，就看你能不能磨砺一颗坚强的心、一双智慧的眼，透过岁月的风尘寻觅到辉煌灿烂的星星。先不要说生活怎样对待你，而是应该问一问，你怎样对待生活。在人的一生中，幸与不幸之间仅仅只有毫厘之差，这毫厘之差就往往取决于心态的差别。

曾经有两个囚犯，从狱中望窗外，一个看到的是满目泥泞，一个看到的是万点星光。面对同样的遭遇，前者持一种悲观失望的心态，看到的自然是满目苍凉、了无生气；而后者持一种积极乐观的心态，看到的自然是星光万点、一片光明。

顾城有一句诗："黑夜给了我黑色的眼睛，我却用它来寻找光明。"就现实的情形而言，远离悲观的情绪，可以让生命富有朝气，也可以让我们的生活充满活力。人一旦陷入消极的思想，生活就会笼罩着一片暗淡的色彩，而当人们以乐观的心态看待世界，在黑夜中寻找光明，那么生活呈现给我们的将是一片光明。

布朗想到人生的虚无，就痛不欲生，他决定自杀。

他来到一片空旷的野地里，给自己挖了一个坟坑。他看这坟太光秃，便在周围种上树木和花草。种啊种，布朗渐渐地迷上了园艺，醉心于培育各种珍贵的树木和奇花异草。他的成就终于闻名遐迩，吸引来一批又一批的游人。

有一天，布朗听到一个小女孩问她的妈妈："妈妈，这是什么呀？"

妈妈回答："我不知道，你问这位叔叔吧。"

小女孩的手指着布朗从前挖的那个坟坑。

布朗的脸红了，他想了想，说："小姑娘，是叔叔特意为你挖的树坑，你喜欢什么，我就种什么。"

小女孩和她的妈妈都高兴地笑了。

在布朗失意时，那个坑是他为自己掘的坟墓，而当布朗为自己创造出一个美的花园后，那个坑在布朗眼里就是为纯真的孩子种下美好愿望的树坑。

生活就是这样，你把那个坑想象成坟墓，它就是坟墓，你把它想象成树坑，它就能绽放出绚烂的花朵。

在每个人的一生中，都会碰到无数的坑，关键是看你想做掘墓者还是种树人，你的心态决定了你一生的走向，打破心中的瓶颈，就可以排除一切障碍。

有人说："人的一生，就像一趟旅行，沿途中有数不尽的坎坷泥泞，但也有看不完的春花秋月。"因此，面对纷繁的人世，我们应该多一些乐观进取之心，少一些悲观失落的情绪，这样我们才能看到人生中更美的风景。

很久以前，为了开辟新的街道，伦敦拆除了许多陈旧的楼房。然而新路却久久没能开工，旧楼房的废墟晾在那里，任凭日晒雨淋。

有一天，一群自然科学家来到这里，他们发现，在这一片多年未见天日的旧地基上，这些日子里因为接触了春天的阳光雨露，竟长出了一片野花野草。奇怪的是，其中有一些花草却是在英国从来没有见过的，它们通常只生长在地中海沿岸国家。这些被拆除的楼房，大多都是在古罗马人沿着泰晤士河进攻英国的时候建造的。

这些花草的种子多半就是那个时候被带到了这里，它们被压在沉重的石头砖瓦之下，一年又一年，几乎已经完全丧失了生存的机会。

但令人感到意外的是，一旦它们见到阳光，就立刻恢复了勃勃生机，绽开了一朵朵美丽的鲜花。

人的一生很像是在雾中行走。远远望去，只是迷茫一片，辨不出方向和吉凶。可是，当你鼓起勇气，放下悲伤和沮丧，一步一步向前走去的时候，你就会发现，每走一步，你都能把下一步路看得清楚一点。

智者告诉我们："放下悲观往前走，别站在远远的地方观望。"这样我们就可以潇洒上路，最终找到自己的方向。

每个人都要学会主宰自己，做自己的主人。沮丧的面容、苦闷的表情、恐惧的思想和焦虑的态度是我们缺乏自信的表现。

在生活中，如果遇到失意或悲伤的事情时，我们要学会调整自己的心态。对一些事念念不忘，不但于事无补，还会占据快乐的时光。只有让它们彻底远离我们的心灵，我们才能感受到人生的乐趣，才能走出阴影，沐浴在明媚的阳光中。这样，我们就会惊奇地发现，人生的旅途原来可以是轻松的、自由的、愉快的。

你把自己的心封闭起来，使它陷于一片黑暗，你的生活怎么可能有光明！

——俞敏洪

（毕业于北京大学英语专业，新东方学校创始人现任新东方教育科技集团董事长兼总裁）

为了看看阳光，我来到这个世上

太阳是生命之源，也是生命的价值之源。生活中，我们每个人都渴望得到阳光的照耀，渴望积极的心态和幸福的生活。我们歌唱太阳，也是赞颂生活，在光芒的关照之下，我们的世界才会更加美好，我们的生活也会更加幸福。有了太阳，人生不再兴趣索然，冷若冰霜；有了太阳，人生总是激起无数的幻想；有了太阳，人生充满动人的力量。

在我们生活的世界，时时看着阳光，就是我们的心灵与生命本质的接触和交流。在太阳之下，人就是自己至上的主宰。

巴尔蒙特有这样一首诗：

我来到这个世界，为了看太阳和蔚蓝的原野。
我来到这个世界，为了看太阳和连绵的山峦。
我来到这个世界，为了看大海和繁花盛开的山谷。
我和这个世界当面签下字据。
我就是这个世界的主宰。
我渡过冰冷的忘川，
发现了自己的理想。
我时时启示，
时时歌唱。
我的理想来自痛苦，
所以我拥有世人之爱。
谁的歌声能与我共唱？
无人、无人可与我媲美。
为了看看太阳，我来到这个世上，
当一切光芒熄灭，
我仍将歌唱……我要歌唱太阳，
直到一生中最后的时光！

“为了看看阳光，我来到这个世上”，只是这样简单的一句话，就足以看出诗人对生活的深刻领悟和无限的热爱。太阳每天都是新的，生活也如此。如果以“为了看看阳光，我来到这个世上”的心态，面对人生的每一天，热爱每一天的生活，那么，我们的生命必将是充满阳光、乐观向上的。

因此，我们要以欢悦的态度，微笑着对待当下的生活，那么生活也会回报我们以阳光、馈赠我们以幸福，让我们在平淡无奇的生活中，甚至在人生的困境中，找到属于自己的一缕阳光、一片绿叶、一朵鲜花……

尽管生活不可能一帆风顺，但只要我们的心是向着阳光的，就不会感受到悲伤。找一件自己喜欢的事情，全身心投入地做，这本身就是一种快乐的享受。这种快乐，要比花费钱财到游乐场寻找乐趣要划算得多。

快乐本来不需要刻意为之，为快乐而快乐，难逃矫揉造作之嫌，也显得不够尽兴。抓住生活中的每一个小惊喜，尽情发挥，这种“碰巧为之”的乐趣却是任何既有的娱乐形式都无法比拟的。

只要我们每天都给自己一点希望，让自己看到最光明的一面，那么我们每一天的生活都是崭新的。只要你不想结束，一切就不可能结束。就像有人说的那样：“生活中不是缺少美，而是缺少发现美的眼睛。”

同样，快乐也是如此，如果我们带着发现的眼光去对待生活，就会发现快乐无处不在。让我们带着阳光前行，让幸福的阳光洒满我们生活的每一个角落。

我的确时时解剖别人，然而更多的是无情地解剖我自己。

——鲁迅

（曾任北京大学讲师，著名文学家、思想家、评论家、革命家）

直接面对内心的恐惧

在人生的道路上，我们会无可避免地遇到很多困难，也总会对未知的、难以预测的生活充满畏惧感。我们会感觉到恐惧就像一块千斤重的石头，压在我们心上，阻碍我们前行的步伐，如果心灵上的锁链不被解开，我们就无法高高地飞翔。而事实上，恐惧只是来自于我们内心深处的不安和软弱，我们可以通过勇敢地战胜自己来摆脱它。所以很多时候，事情并没有我们想象的那样难以解决，只是因为内心受到限制，我们才觉得生活中的困境高高耸立，像山峰一样难以逾越。

然而，我们最深的恐惧，不是我们无能，而是心灵的自我限制。恐惧像是门上的一把锁，需要用心灵的钥匙去打开它，这样才不会被封闭在一个小小的屋子里，可以到无边无际的世界里自由飞翔；恐惧还像一个拦河的大坝，只有用我们无边无际的力量，去撞倒这个坚固的大坝，这样才能使我们的智慧和思想一下子全部涌出来，让我们尽情发挥。

一个人能不能战胜恐惧取决于他的心灵，如果他始终背对着阳光看到的只能是自己的影子，那他的内心也必将被恐惧的阴影笼罩着；但是，如果他面对着阳光，像向日葵一样抬起头追逐着太阳，他的内心将有可能会升起一股战胜内心恐惧的勇气，正是这股勇气指引着人们走向成功的彼岸。

恐惧属于生命的一部分，你我都在劫难逃，它以不同的面貌伴随着我们，从诞生直至死亡。我们只有直面它，培养与之抗衡的力量：勇气、信任、知识、希望以及爱，才有机会打败恐惧，掌握自己的命运。

我们许多人总是喜欢吓自己，使得处境越发恶化，把一点小事想得很严重，这是一种可怕的生活方式。因此，当我们的内心被恐惧侵占的时候，就会变得迟疑不决。恐惧让我们的心情低落，始终处于失望之中。在恐惧的压力下，我们失去了行动的勇气和力量，无法集中精神坚持我们所要做的事情。消除恐惧的唯一办法就是直面内心的恐惧。

一位心理学家在课堂上讲了心理暗示对于人们造成的重大影响，但他的很多学生不以为然。他们认为心理暗示不过是某种借口，不存在科学依据。于是，心理学家决定带他的学生们去做一个实验。他把他的学生们带到了一个没有开灯的黑屋子里，屋子里有一座窄窄的桥。

心理学家问："谁敢从这座桥上走过去？"不服气的学生们一个接一个踏上那座窄桥，并顺利地走了过去。

心理学家打开了一盏幽幽的小灯。灯光昏暗，但是学生们看清楚了桥下是漆黑的水潭。谁也不知道那水有多深，而且在幽幽的灯光下，水潭显得更加诡异莫测。心理学家再次问："现在，谁敢从这座桥上走过去？"学生们有些犹豫，但是大部分人还是走上那座桥，依旧小心翼翼走了过去。

心理学家再次打亮一盏灯，这盏灯的灯光较先前的那盏亮多了，学生们看到水潭里的景象，心头不禁打个冷战。只见水潭里有数不清的蛇游来游去，有一条眼镜蛇还吐着长长的信子昂头冲着那座桥。

学生们无不倒吸一口冷气，心里在庆幸自己幸好没有掉下去。心理学家再次问："这下，谁还敢走过那座桥？"几乎没有学生敢再踏上那座桥了。

这时，只见心理学家踏上了那座桥，稳稳地走到了对面，学生们都惊呆了。心理学家没有说话，只是再次打亮一盏更亮的灯让学生们细看，原来桥和水潭之间密布着一张细细的铁丝网，学生们面面相觑。

心理学家这时开口了："同学们，这就是我们心灵的力量。我们不知道，恐惧正是来自于我们的内心。在开灯之前，我们所有人都能够小心地走过那座桥，那时候，黑暗对我们来说，不值得恐惧。反而是黑暗让我们变得小心，而不至于出错。但是，当灯被一盏盏打亮，我们被自己内心的恐惧限制住了，反而不敢迈步走向那座桥。

“其实，我们任何一个人都可以走过那座桥。那座桥，就是我们内心的力量。只要我们不被自己内心的恐惧所震慑，我们都有能力轻松地过桥。”

我们常说“无知者无畏”，并多作为一种贬义的说法。但是，有时候，正是由于不知道面临着怎样的境况，我们才会无畏地去面对生活，也相信自己能够克服任何困难。但是，一旦我们清楚地看到了自己的处境，我们反而会被自己的心灵限制住，而无法成功战胜那些本来可以克服的困难。

把恐怕掩埋在心底是一个不理智的举动，长期处于恐惧的心理状态会让人变得麻木、自闭、充满焦虑感和没有安全感。如果能把内心的想法讲出来，充分表达内心的感受，尽量宣泄负面的情绪，打开自己的心，大声哭出来，把悲伤发泄出来，这样我们的心灵才不会负担那么多痛苦。

直面内心的恐惧，心理学家给我们的建议是：拿出一张白纸，把让你恐惧的事情、画面写下来，然后对着那张纸说：“我要忘记你，我要把你撕碎，我要健康阳光地生活”。之后，把这张纸一点一点地撕碎，在心里想象：“我已经忘记了昨天的恐惧，我能面对明天的希望，我再也不去想以前的事了。”

要知道，每个人都有自己的长处，要靠自己勇敢地去探索，这样才能充分发挥自己的才能，使生活变得更加美好。

任何时候，都不要被自己内心的恐惧所震慑，不要因自己内心的胆怯阻碍了前行的脚步，这才是我们成功的开始。

希望是附着于存在的，有存在，便有希望，有希望，便是光明。

——鲁迅

（曾任北京大学讲师，著名文学家、思想家、评论家、革命家）

生命在，希望就在

俞敏洪曾说过这样的话：“生活中其实没有绝境，绝境在于你自己的心没有打开。你把自己的心封闭起来，使它陷于一片黑暗，你的生活怎么可能有光明！封闭的心，如同没有窗户的房间，你会处在永恒的黑暗中。但实际上四周只是一层纸，一捅就破，外面则是一片光辉灿烂的天空。”生活中，很多人早已习惯了用悲伤去迎接生命的各种不幸的遭遇，使得原本明朗的生活变得灰暗而毫无希望。事实上，只要用心去感受，你就会发现眼中的世界如此可爱。哪怕是最没有希望的事情，只要能以一个勇敢者的姿态坚持去做，到最后就会看到新的希望。

困境并不可怕，关键是人在生命的极点时，在完全不可能的情况下，主观上是否愿意奋力一搏，是否相信还存有希望。只是很多时候，精神先于我们的身躯垮下去了，打败自己的不是外部环境，而是自己本身。

其实，生活给予我们挫折的同时，也赐予了我们坚强，我们也就有了另一种阅历。对于热爱生活的人，生活从来不吝啬。

哈佛大学戴维·R. 克拉克教授曾经说：“任何生物没有不惧怕大自然的力量的。然而，当人的生命中充满了希望，当人生已经被阳光铺洒，生命之旅就会变成光明的路径，再也没有什么能让你自己感到害怕的了。”每当有学生遇到困难而退缩的时候，克拉克教授就鼓励他们：只要生命在，希望就在，永远都不要放弃希望。

一个人经过两山对峙间的木桥，突然，桥断了。奇怪的是，他没有跌下，而是停在半空中。脚下是深渊，是湍急的涧水。他抬起头，一架天梯荡在云端。望上去，天梯遥不可及。倘若落在悬崖边，他绝对会乱抓一气的，哪怕抓到一根救命小草。可是这种境地，他彻底绝望了，吓瘫了，抱头等死。

渐渐地，天梯缩回云中，不见了踪影。云中的声音说，这叫障眼法，其实你踮起脚尖儿就可以够到天梯，是你自己放弃了求生的愿望，那就只好下地狱了。

踮起脚尖儿，就是另一种活法，另一番境界。希望是生命的维系，只要一息尚存，就要心存希望，就要奋斗。身处逆境，不要轻易放弃，只要心灵不熄灭信念的圣火，努力地去寻找，总会找到能渡过难关的方法。

鲁迅先生曾经说过：“希望是附着于存在的，有存在，便有希望，有希望，便是光明。”当我们去审视和叩问自己的心灵，就可以看到永不熄灭的希望之光。只要我们内心充满希望，我们就会多一份勇气和力量，这种力量可以支撑起我们一身的傲骨。

通常情况下，最伟大的成就都属于那些在大家都认为不可能的情况下，却能沉住气坚持到底的人。是的，希望就是坚持，坚持就是胜利，这是走向成功的一条真理。

有两个人结伴穿越沙漠。走到半途，水喝完了，其中一人也因中暑而不能行动。同伴把一支枪递给中暑者，再三吩咐："枪里有五颗子弹，我走后，每隔两小时你就对空中鸣放一枪，枪声会指引我前来与你会合。"说完，同伴满怀信心找水去了。

躺在沙漠里的中暑者却满腹狐疑：同伴能找到水吗？能听到枪声吗？他会不会丢下自己这个"包袱"独自离去？

暮色降临的时候，枪里只剩下一颗子弹，而同伴还没有回来。中暑者确信同伴早已离去，自己只能等待死亡。想象中，沙漠里的秃鹰飞来，狠狠地啄瞎他的眼睛，啄食他的身体……终于，中暑者彻底崩溃了，把最后一颗子弹送进了自己的太阳穴。

枪声响过不久，同伴提着满壶清水，领着一队骆驼商旅赶来，找到了中暑者温热的尸体。

中暑者不是被沙漠的恶劣环境吞没，而是被自己的恶劣心境毁灭。身处困境，他用绝望驱散了希望的圣火，拒绝了未来。一个人无论面对怎样的环境，面对再大的困难，都不能放弃自己的信念。放弃希望就意味着放弃自己。

在不断前进的人生中，凡是看得见未来的人，也一定能掌握现在，因为明天的方向他已经规划好了，知道自己的人生将走向何方。留住心中的"希望之火"，相信自己会有一个无可限量的未来，心存希望，任何艰难都不会成为我们的阻碍。只要怀抱希望，生命自然会充满激情与活力。

希望为我们带来美好，美好的希望更是让人激动，让人无限憧憬。社会能进步几乎是希望的功劳，是它让人们为了希望中的美好不断奋斗、拼搏，让社会天天在进步。拥有希望，我们将活得生机勃勃、激昂澎湃，哪里还有时间叹息、悲哀，将生命浪费在一些无聊的小事上，让时光荒废在回忆过去中呢？

生命是有限的，但希望是无限的，每天给自己一个希望，解开套牢自己的怀旧绳索，告诉自己不能活在回忆当中，便能够在生活当中得到快乐。

我们生活在一个竞争十分激烈的社会，有时困难重重，有时失败连连，甚至有时被人嘲笑。但是，无论什么时候，我们都不能放弃努力；无论什么时候，我们都不要熄灭心中希望的圣火。这样我们就能够在艰苦的岁月中，抱有一份美好的希望和期待走出困境，收获幸福。

假如命运折断了希望的风帆，请不要绝望，岸还在；假如命运凋零了美丽的花瓣，请不要沉沦，春还在；生活中总会有无尽的麻烦，请不要无奈，因为路还在，梦还在，阳光还在，我们还在。是的，只要生命在，希望就在。

我是对中国前途充满了希望、绝对乐观的一个人。我胸中所有的是勇气，是自信，是兴趣，是热情。这种自信，并不是盲目的、随便而有的；这里面有我的眼光，有我的分析和判断。

——梁漱溟

（曾在北京大学任教，国学大师、著名的思想家、哲学家、教育家、社会活动家）

自信，让生命起航

“东风不与周郎便，铜雀春深锁二乔。”杜牧的意思是说，如果不是因为有东风相助，周瑜怎么可能建立这般伟业呢？恐怕早被曹操所俘虏。言下之意，历史的成败有太多的偶然存在。但是试想，如果周瑜没有对天时的研究，如果他不知道有东风可以相助，又如何会去制订这个时人看来不可能成功的计划呢？中国的历史也就少了一段火烧赤壁的传奇。他那份谈笑间樯橹灰飞烟灭的潇洒，并不是心存侥幸的故弄玄虚，而是一种自信的从容和潇洒。

自信是需要有底气的，梁漱溟先生就一直保持着这种自信。当中国社会依然在一片混乱中苍黄莫辨时，他相信纵然现在碎石凌乱、尘土漫天，但是这一切都能够被抹去；把这些都整顿干净之后，就能够看见国家前进的铁轨。他也没有妄下断语。从历史整体的大趋势和当时中国社会各种主流力量分析，曙光隐约模糊，但是依然可见。梁漱溟先生就是捕捉到了这抹曙光，所以才能如此乐观，如此自信。

梁启超说过：“凡任天下大事者，不可无自信心。”人只有拥有了自信，才能树立必胜的信念，才能不断进取，不断地超越自我，最终到达别人难以企及的人生高度。

王昌龄、高适、王之涣都是唐玄宗开元年间的著名诗人，三人齐名，只是王之涣流传的诗歌没有王昌龄、高适两个人的多，他们的交情颇好。

有一天，天意微凉，三人约好去酒楼赊酒小饮。把酒对饮之际，有掌管梨园的官员带着十多个弟子登楼宴饮。他们有意回避，就躲在黑暗的角落里，围着小火炉，且看她们表演节目。没过一会儿，又上来四位漂亮的梨园女子。很快，乐曲奏起，演奏的都是当时有名的曲子。

这三个人低语约定道：“我们三个在诗坛上都算是有名的人物了，可是一直未能分个高低。今天算是个机会，可以悄悄地听这些歌女们唱歌，谁的诗唱得多，谁就最优秀。”

一位歌女首先唱道：“寒雨连江夜入吴，平明送客楚山孤。洛阳亲友如相问，一片冰心在玉壶。”

王昌龄听完就用手指在墙壁上画一道，说：“我的一首绝句。”

随后一歌女唱道：“开箧泪沾臆，见君前日书。夜台何寂寞，犹是子云居。”

高适伸手画壁：“我的一首绝句。”

又一歌女出场：“奉帚平明金殿开，强将团扇暂徘徊。玉颜不及寒鸦色，犹带昭阳日影来。”

王昌龄又伸手画壁，说道：“两首绝句。”

王之涣见没有唱到自己的诗歌，虽然有些不快，但是很快就坦然道：“这几个唱曲的，都是不出名的歌女，所唱不过是下里巴人之类不入流的歌曲，那阳春白雪之类的高雅之曲，哪是她们唱得了的呢!”

于是，他用手指着几位歌女中最漂亮、最出色的一个说：“到这个歌女唱的时候，如果不是我的诗，我这辈子就不和你们争高下了；果然是唱我的诗的话，甭客气，二位就拜倒于座前，尊我为师好了。”三位诗人说笑着等待着。

一会儿，轮到那个梳着双髻的最漂亮的姑娘唱了，她唱道：“黄河远上白云间，一片孤城万仞山。羌笛何须怨杨柳，春风不度玉门关。”

王之涣得意至极，揶揄王昌龄和高适说：“怎么样，我的诗歌岂是凡夫俗子唱得的?”三位诗人开怀大笑。

王之涣的诗歌大气磅礴，在当时传颂一时，他的这首《凉州词》比歌女之前所唱的更是高出一筹，因此他在这两位诗人面前连失两局依然能够非常自信。如果他只是一个无名小卒，或者虽然名气很盛却没有一两首出类拔萃的诗歌，断然不敢下此语，否则就成了狂妄之徒，而不是自信。

王勃在滕王高阁上毫不推让，挥笔而就，同样因他胸中有千言，所以才能自信自己不会贻笑于大方之家，而他的赋果然字字珠玑，不仅获得满堂喝彩，也为滕王阁增添了一段佳话。

李太白自诩天生我材必有用，敢凤歌笑孔丘，而不会被人所笑，就因为他知道自己有谪仙之才，是个天子呼来不上船的酒中仙；谢灵运说，“天下才共一石，曹子建独得八斗，我得一斗，天下才共用一斗”，豪迈狂放，同样放眼天下，其才智也罕有人能匹敌。

自信能唤醒人们内心沉睡的潜质，自信多一分，成功多十分。阿基米德曾经说过：“给我一个支点，我就能撬动地球。”这就是自信而豪迈的语言。一个人只有拥有了自信，才能战胜自我，让生命起航。

有一位歌手，第一次登台演出，内心十分紧张。想到自己马上就要上场，面对上千名观众，她的手心都在冒汗：“要是在舞台上一紧张，忘了歌词怎么办?”越想，她心跳得越快，甚至产生了打退堂鼓的念头。

就在这时，一位前辈笑着走过来，随手将一个纸卷塞到她的手里，轻声说道：“这里面写着你要唱的歌词，如果你在台上忘了词，就打开来看。”她握着这张字条，像握着一根救命的稻草，匆匆上了台。也许有那张字条握在手心，她的心里踏实了许多。她在台上发挥得相当好，完全没有失常。

她高兴地走下舞台，向那位前辈致谢。前辈却笑着说：“是你自己战胜了自己，找回了自信。其实，我给你的，是一张白纸，上面根本没有写什么歌词!”她展开手心里的纸卷，果然上面什么也没写。她感到惊讶，自己凭着握住一张白纸，竟顺利地渡过了难关，获得了演出的成功。

“你握住的这张白纸，并不是一张白纸，而是你的自信啊!”前辈说。

歌手拜谢了前辈。在以后的人生路上，她就是凭着握住自信，战胜了一个又一个困难，取得了一次又一次成功。

积极的心态、坚定的信心，是战胜困难和成就事业的重要力量。正如萧伯纳所说：“有信心的人，可以化渺小为伟大，化平庸为神奇。”面对眼前复杂严峻的经济形势和生活环境，我们一定要充满信心，相信自己能战胜一切，渡过难关。有信心就有勇气，有信心就有力量，信心比黄金更重要。

有位哲人说过：“什么是路?路就是从没路的地方践踏出来的，从只有荆棘的地方开辟出来的。”生活中，谁也不会是一帆风顺的，总会遇到寒冷的“冬天”，当我们陷入困境，一蹶不振时，一定要沉住气，拿出勇气走过自己的人生灰色地带，对未来充满希望，让自己勇敢地再来一次。

很多时候，有些事情看起来没有回旋的余地，但只要不放弃，很可能就会出现转机。而在人生的道路上，也只有那些拥有自信、敢于面对挫折、对生活抱有希望的人，才能走出阴霾，迈向光明的前程，让生命带着幸福起航。

人生的努力，总向光明的方面走，这是人类向上的自然动机。

——李大钊

（在北京大学组织中国第一个马克思学说研究会，无产阶级革命家、中国共产党的主要创始人之一、著名学者）

内心有阳光，世界就是光明的

曾担任过联合国秘书长的瑞典政治家哈马·舍尔德说过：“我们无法选择命运的框架，但我们放进去的东西却是我们自己的。”人不能选择命运，却可以选择自己生命的道路；不能控制夜晚的到来，却可以选择心中有光明。

“不论担子有多重，每个人都能支持到夜晚的来临，”19 世纪的浪漫主义代表，小说《金银岛》的作者罗勃·史蒂文生写道：“不论工作有多苦，每个人都能做他那一天的工作，每一个人都能很甜美、很有耐心、很可爱、很纯洁地活到太阳下山，而这就是生命的真谛。”是的，生命对我们所要求的也就是这些。

可是住在密歇根州沙支那城的薛尔德太太在学到“要生活到晚上睡觉为止”之前，却感到极度的颓丧，甚至于几乎想自杀。

1937 年她丈夫死了，她觉得非常颓丧。她写信给她以前的老板李奥罗区先生，请他让她回去做她以前的工作。她以前靠推销世界百科全书过活。两年前她丈夫生病的时候，她把汽车卖了。于是她勉强凑足钱，分期付款才买了一部旧车，又开始出去卖书。

她原想，再回去做事或许可以帮她解脱她的颓丧。可是要一个人驾车，一个人吃饭，几乎令她无法忍受。有些区域简直就做不出什么成绩来，虽然分期付款买车的数目不大，却很难付清。

1938 年的春天，她在密苏里州的维沙里市，见那儿的学校都很穷，路很糟，很难找到客户。她一个人又孤独又沮丧，有一次甚至想要自杀。她觉得成功是不可能的，活着也没有什么希望。

每天早上她都很怕起床面对生活。她什么都怕，怕付不出分期付款的车钱，怕付不出房租，怕没有足够的东西吃，怕生病没有钱看医生。让她没有自杀的唯一理由是，她担心她的姐姐会因此而觉得很难过，而且她姐姐也没有足够的钱来支付她的丧葬费用。

然而有一天，她读到一篇文章，使她从消沉中振作起来，使她有勇气继续活下去。她永远感激那篇文章里那一句很令人振奋的话：“对一个聪明人来说，太阳每天都是新的。”她用打字机把这句话打下来，贴在她车子前面的挡风玻璃上，这样，她在开车的时候，每一分钟都能看见这句话。她发现每次只活一天并不困难，她学会忘记过去，不想未来，每天早上都对自己说：“今天又是一个新的生命。”

她成功地克服了对孤寂的恐惧和对需要的恐惧。她现在很快活，也还算成功，并对生命抱着热忱和爱。

她现在知道，不论在生活上碰到什么事情，都不要害怕；她现在知道，不必怕未来；她现在知道，每次只要活一天——而“对一个聪明人来说，太阳每天都是新的”。

是的，太阳每一天都是新的，每一个旧的日子都会过去，新的一天总会到来。但是，在很多人的生活中，总是充满了各种各样的忧虑、恐惧、不幸福。其实，生活中我们最需要的只是阳光的心态。只要我们内心有阳光，我们面前的世界就是充满光明的，只是太多人都意识不到这一点。

第三篇

人生的价值在于拼搏

第一章 梦想有多大，舞台就有多大

每条河流都有一个梦想：奔向大海。长江、黄河都奔向了大海，方式不一样。长江劈山开路，黄河迂回曲折，轨迹不一样，但都有一种水的精神。水在奔流的过程中，如果像泥沙般沉淀，就永远见不到阳光了。

——俞敏洪

（毕业于北京大学英语专业，新东方学校创始人现任新东方教育科技集团董事长兼总裁）

梦想照亮生活

人生在世，总少不了对自身的期望：有些人想要成为叱咤风云的领袖，有些人想要成为金光闪闪的明星，有些人想要成为造福人类的科学家，有些人想要成为除暴安良的执法者，有些人则只想安安稳稳地过一生……无论哪一种人生的期望，都是合理的，也都有它的可行之处，毕竟每个人的人生，都应该有其不同的意义，有其特定的价值。

梦想在任何时候都是一种支持生命的力量，失去它生命就会枯竭，梦想，是每一个奋斗者的热烈企盼和向往，是每一个奋斗者为之倾心的夙愿。在它的推动下，人就能够被激励、鞭策，处于一种昂扬、激奋的状态下，去积极进取，向着美好的未来挺进。

人的一生，生活得是否幸福，并不在于每一天活得无忧无虑，而在于有没有梦想与目标。要知道，一个人如果没有梦想，就没有指引自己前进的光芒，人生也将陷入一片黯淡。不论一个人的梦想多么卑微，他都将得到尊重。不论生活有怎样的坎坷或不幸，只要坚持梦想，追寻梦想，我们的生活也必将被照亮。

在拿破仑小时候，一次偶然的机会，他的叔叔问他将来长大想要做什么。拿破仑在听叔叔这样问他之后，马上滔滔不绝地发表了心中构想已久的伟大抱负。拿破仑从他立志从军开始，一直说到想带领法国的雄兵，席卷整个欧洲，建立一个前所未有的超级大帝国，并且让自己成为这个大帝国的皇帝。

不料，叔叔听完拿破仑的抱负之后，当场大笑不已，指着拿破仑的额头，嘲讽道："空想，你所说的一切全都是空想！想当法国国王？那是不可能的！依我看，你长大之后，还是去当一个小说家，反倒更容易实现你的美梦……"

拿破仑被叔叔这一阵抢白，非但没有动怒，反而静静地走到窗前，指着远处的天边，认真地问道："叔叔，你看得到那颗星星吗？"

这时还是正午时分，拿破仑的叔叔诧异地走到窗前，茫然地答道："什么星星？现在是中午，当然看不到啊！孩子，你该不会是疯了吧？"

再次面对叔叔的质疑，拿破仑却依然镇定而冷静地说道："就是那颗星星啊！我真的看得到，它依然高挂在天边，不分日夜，一直为了我而闪烁着，那是属于我的希望之星；只要它存在一天，我的梦想就永远不会破灭……"

事实上，那颗希望之星从未高悬天际，它一直躲藏在拿破仑的内心深处，凭借内在希望之星的引导，终于使得拿破仑成为真正的法国国王。

许多人做事时非常努力，却坚持不到最后。其实，若心中有梦，总会有实现的那一天，哪怕现在我们仍在黑暗中摸爬滚打，哪怕别人认为我们现在是如何的不起眼，没有关系，只要自己相信自己，付出努力，坚持向着梦想的方向努力，就会让我们心中的幼芽开花、结果。

人的心走多远，人的脚步走多远，美丽的梦就能走多远。一个没有高远梦想的人就像一艘无舵的船，永远漂泊不定、心无所依，那么搁浅是必然的，由灰心、失望而导致失败也是在所难免的。

一百多年前，一位穷苦的牧羊人带着两个幼小的儿子替别人放羊为生。

有一天，他们赶着羊来到一个山坡上，一群大雁鸣叫着从他们头顶飞过，并很快消失在远方。牧羊人的小儿子问父亲："大雁要往哪里飞？"

牧羊人说："它们要去一个温暖的地方，在那里安家，度过寒冷的冬天。"

大儿子眨着眼睛羡慕地说："要是我也能像大雁那样飞起来就好了。"

小儿子也说："要是能做一只会飞的大雁该多好啊！"

牧羊人沉默了一会儿，然后对两个儿子说："只要你们想，你们也能飞起来。"

两个儿子试了试，都没能飞起来，他们用怀疑的眼神看着父亲，牧羊人说：

"让我飞给你们看。"于是他张开双臂，但也没能飞起来。可是，牧羊人肯定地说："我因为年纪大了才飞不起来，你们还小，只要不断努力，将来就一定能飞起来，去想去的地方。"

两个儿子牢牢记住了父亲的话，带着能飞起来的梦想，一直努力着，等他们长大——哥哥 36 岁，弟弟 32 岁时——他们果然飞起来了，因为他们发明了飞机。这两个人就是美国的莱特兄弟。

因为一直带着想飞的梦想，莱特兄弟才发明了飞机，实现小时候的心愿。有人说："梦想是一盏不会熄灭的明灯，会照亮我们每一天平凡的生活。"人生不可无梦想，生活不可无光亮，想一想自己曾有的梦想，也许就可以看到一颗颗星星，在生命的天空中闪耀着。

然而，很多时候，我们都会因失去梦想，而失去了人生的全部意义。其实，每个人都是自己人生的主宰者，想要成为什么样的人是自己的目标，能否成为期望中的人看自己的努力。

人生目标是指路明灯。没有人生目标，就没有坚定的方向；而没有方向，就没有生活。这便是梦想与目标的力量。作为一个完整的人，唯有树立自己人生的志向，才能点燃人生不灭的灯塔，让梦想的光芒照亮我们前进的方向。

将平凡的日子活成伟大的人生。

——俞敏洪

（毕业于北京大学英语专业，新东方学校创始人现任新东方教育科技集团董事长兼总裁）

人因梦想而伟大

人生在世，处在两个世界，一个是物质世界，一个是精神世界。所谓梦想，就是人们精神世界里处在领导地位的一个支柱，如果没有这样一个支柱，人的精神世界就会倒塌，感觉不到生命的温度。因此，梦想是我们生命天空中的璀璨明星，有了梦想，我们的生活才有目标，我们的内心才不会空虚，生活才丰富多彩，充满意义。

有位哲学家说："每个人都有梦想，只要你勇敢地抬起自己的脚，整座山都在你脚下。”是的，梦想就像黑暗里的指路明灯，照亮我们前行的道路；梦想是一道永恒的光芒，是驱使我们前行的力量。然而，所有的梦想都要经过努力才能实现，也许在实现梦想的过程中会遇到很多困难和挫折，但是只要坚持下去，每个人都很了不起。

著名诗人流沙河曾这样描写理想：

理想使忠诚者常遭不幸，
理想使不幸者绝路逢生。
平凡的人因有理想而伟大，
有理想者就是一个“大写的人”。

现实在此岸，梦想在彼岸。一个人要取得成功，就要心怀理想，并坚定心中的信念，为之坚持不懈地努力。当一个梦想足够强大，会催动一个人的能动性、进步性、创造性去构建一座此岸到彼岸的桥梁，这桥梁就是化梦想为一步一个脚印的可以达成的理想，这许多理想的积累会让我们不断地接近梦想。梦想是一种动力，或许一生都难以达成，但在追梦的过程中我们完成了一个个同样很美好的理想。

马云说过：“今天很残酷，明天更残酷，后天很美好，大部分人死在明天晚上，看不到后天的太阳，创业者要懂得左手温暖右手，要把痛苦当作快乐，去欣赏，去体味，你才会成功。”所以我们每个人都要坚持今天的梦想，勇往直前，才可以收获与众不同、无怨无悔的人生。

薛瓦勒是一个乡村的邮差。虽然他的工作很辛苦，工资很少，但是他每天勤勤恳恳地工作，总是把信件及时送到人们的手中。

有一天，他在山路上被一块石头绊倒了。他发现绊倒他的石头形状很特别，于是，他便把石头放在了自己的邮包里。

当他把信送到村子里时，人们发现他的邮包里除了信之外，还有一块沉甸甸的石头。大家觉得很奇怪，便问他为什么要带着这么沉的一块石头走。薛瓦勒取出那块石头，向人们炫耀：“你们看啊，这是一块多么美丽的石头啊，它的形状这么特别，你们以前一定没有见过这样的石头。”

人们听到他这么说，便开始笑他：“这样的石头山上到处都是，你带着这么沉的石头到处走，负担多重啊，不如把它扔了吧。如果你想要捡这样的石头，山上足够你捡一辈子的。”

薛瓦勒不理会人们的取笑，不肯扔掉那块美丽的石头。他晚上回到家，躺在床上，脑海里忽然冒出这样一个念头：要是我能够用这样美丽的石头建造一个城堡，那该有多美啊！

从那以后，薛瓦勒每天除了送信之外，都会带回一块石头。过了不久，他收集了一大堆千姿百态的石头。可要建造一座城堡，这些石头还远远不够。

薛瓦勒意识到，每天收集一块石头的速度太慢了。于是，他开始用独轮车送信，这样每天送信的同时，他可以推回一车石头。

薛瓦勒的行为在人们看来简直是疯了。无论是他的石头还是他的城堡，都受到了人们的嘲笑。可他丝毫没有理会人们诧异的目光。

在二十多年的时间里，薛瓦勒每一天都找石头、运石头和搭建城堡，在他的住处周围，渐渐出现了一座又一座的城堡，错落有致，风格各异。

1905 年，薛瓦勒的城堡被法国一家报社的记者发现并撰写了一篇介绍文章。一时间，薛瓦勒成为新闻人物。许多人都慕名前来观赏薛瓦勒的城堡，甚至连当时最有声望的毕加索大师都专程赶来参观。

如今，薛瓦勒的城堡已经成为法国最著名的风景旅游点之一，被命名为“邮差薛瓦勒之理想宫”。

一个梦想竟有如此大的力量！是啊，你的心能够走多远，你的脚就能够走多远。如果你把自己的心灵禁锢起来，那你的脚步就会停滞不前。很多时候，别人的看法并不重要，重要的是你的选择。世上没有做不到的事，只有不敢去设想所以不能实现的愿望。

如果人生没有了梦想，也就失去了前行的方向。尽管命运将我们推向了时代的巅峰，但是我们要找到属于我们自己的精彩。种下一颗梦想的种子，用坚韧给它浇水，用乐观给它施肥。人生还没有走到终点，即使一个小小的努力，一点点的坚韧，也能让梦想轻舞飞扬。

梦想就像阳光和希望一样，前者是世间万物生存的前提条件，后者是支配着人们前进的动力。试想，如果没有对生命的渴求，对生命的挽留，又怎么会出现医学？梦想的实现也是我们对自己生存的一种认可方式。我们都会问自己，生命是什么？活着又是为了什么？如果没有梦想，我们就会随波逐流，得过且过，如同行尸走肉，为了活着而活着。但是有了梦想，我们会通过一切努力和方法去实现，尽管不一定会成功，但在追求的过程，本身就是对自己的一种认可，对生命的一种尊重。正因为不想辜负，不愿意枉费一生，所以我们需要梦想，愿意为之奋斗。梦想就像一朵阴天里的向日葵，虽然在生活里痛苦辗转，在风雨和挫折中游走，但我们只要有梦想，随时抬头，总有你的那一抹阳光在笼罩你，它就是让你前进、为之拼搏的力量。

爱因斯坦说，“人类因为梦想而伟大”，所以，我们说，有梦想，才有人生。一个人如果想要成就一番伟大的事业，就要给自己一个伟大的梦想，让梦想成为激励自己不断进步的力量。我们相信，这样的人生才是足够丰盛、足够浓烈的，而这样的人也一定是一个真正幸福的人。

命运，不过是失败者无聊的自慰，不过是懦怯者的解嘲。人们的前途只能靠自己的意志、自己的努力来决定。

——茅盾

（毕业于北京大学，著名作家、社会活动家）

人生具有无限的可能性

拿破仑说：“‘不可能’这个词，只在愚人的字典中找得到。”生活原本有无限的可能性，只是很多人并不知道。“不可能”缘自我们自身思维所受到的限制，正因为如此，它才局限了我们对周围事物的认知，缩小了我们生活的半径，并进而缩小了我们获取幸福和自由的渠道。活着，有时也是为了追寻人生无限的可能性。不要把自己固定在某一点上，这样会过早地把自己束缚起来。人生是一条很长的路，在这条路上会有无限的可能性，结果是过程的递进，过程才充满整个人生。

时常将“这事根本不可能”“想都别想”这些话挂在嘴边的人，一遇到棘手的事情就把它们当成最好的遁词，实际上是画地为牢，自己将机会的大门关闭。正如茅盾先生所说，失败的人将自己的过失归罪于命运以此获得安慰，没有勇气的人将自身的怯懦抛给命运回避嘲讽，实际上，他们都没有认识到人生具有无限的可能性，而将这些可能性变成现实需要坚强的意志与不懈的努力。

在墨西哥，有一个年轻人看到老人出海钓鱼，想要和老年人一起去，老先生同意了。于是，年轻人和老人一起上船钓鱼。

老人每钓起一条鱼，他就用尺子量一下，如果鱼小于七寸，他就放在桶中；如果是鱼大于七寸，就放回海中。

年轻人越看越不懂。为什么不要大鱼要小鱼？老人说：“因为我们家的锅只有七寸大，鱼太大没法煮，所以只要七寸以下的。”

鱼大了明明可以用刀切开，完全没有必要扔回海里，钓到大鱼本应该是件好事，为什么不把家里的七寸小锅换成一口大锅呢？这样既省事又能享受到更丰盛的鱼肉。

其实，这就好比我们面对困难的一种习惯性思维，遇到棘手的事情，就把自己扣在一口“七寸小锅”底下，不知道从改变自身开始，人们的前途只能靠自己的意志和努力来决定，只有这样才能让人生无限的可能性变为现实。

俞敏洪被媒体评为最具升值潜力的十大企业新星之一，20 世纪影响中国的 25 位企业家之一。俞敏洪的创业、创富故事已被演绎为一种难能可贵、不可复制的传奇。他用自己的故事告诉莘莘学子人生没有你认为不可能的事情发生，只要不放弃努力。

俞敏洪是班里唯一出身于农村的学生，讲普通话常被人们讽刺成讲日语，从 A 班调到了 C 班。

在北大时，别人津津乐道的校园爱情与他也完全无关。在大学经历一场大病之后，俞敏洪放弃了通常意义上“要比别人强”的“上进心”，而是开始寻找真正让自己一想起来就激动的未来。

俞敏洪曾经说过：“唯一不可预测的是人，因为他会不停地成长，因此，即便现在的你出身不够好，学历不够高，人长得不怎样，也请不要否定自己。人生永远有你认为不可能的事情发生，只要不放弃努力。”

人生是 360 度的，通向哪里的可能性都在无限延伸。生活本身就是好事与坏事不断交替而组成的，遇到挫折时请不要颓废，遇到痛苦时请坚持奋斗。

有志向的人不会将自己的人生限定在一个范围之内，更不会将自己囚禁在过去失败的圆圈里。

生活有无限的可能性，只因为我们自己不尝试，才衍生出那么多的不可能，这些不可能叠加在一起就成了重重的困难，这些困难让我们和成功无缘。

稻盛和夫先生在回顾自己的人生道路时也说：“我觉得人生真是有无限的可能性。”稻盛和夫出生在一个贫困的家庭之中，父母亲也只有小学的文化程度。稻盛和夫不仅在上学期间只读过三流的学校，毕业后求职也是屡屡受挫，甚至还曾徘徊于鹿儿岛繁华区暴力团的事务所门前很久，萌生过加入黑社会的念头。在种种的烦恼之后，他修正了自己的想法，如他所说：“一味地怨天尤人，不会让自己的人生时来运转。确实，到现在为止，我一直运气不好，做什么都不顺利。

但相信上苍一定会一视同仁，23 岁以前，我遭遇许多不幸，但在以后的人生中，上苍也许会授予我幸运。所以我要积极开朗，要努力奋斗。”凭借着这样的信念，稻盛和夫创办了两家世界 500 强企业。

稻盛和夫在总结自己迈向卓越的经验时，言简意赅地说：“只要满怀希望，持续不断地努力，人生之路一定光明。”当你烦闷时，当你对前途感觉困惑时，你只需要竭尽全力把你眼前的工作做好，坚持不懈地努力。

这样做了，你前进的道路一定会顺畅。

让思维更加开阔，勇于抓住每一次机会努力尝试，不要忘记人生的无限可能性，即使一直身处逆境，也总会迎来生活的转机。

我们改变不了所处的环境，但是可以改变我们自己；我们改变不了失败的事实，却可以改变面对它的态度；我们控制不了他人，却能掌握自己；我们不能预知明天，却可以把握今天；我们不能避免困难，却可以想尽一切办法解决；我们或许曾经失去过很多机会，却仍可以抓住以后的机会，让人生无限的可能性变为现实。

人生是个未知数，原本就有无限的可能性，只因我们的错误认知，把生活的世界缩小，从而也缩小了我们获得成功、幸福与自由的渠道。

人生没有什么办不到的事情，只是我们不尝试或者尝试次数不够多，泰戈尔说，“仅仅站在那儿望着大海，你根本无法横渡它”，这也告诉我们，一个人敢做多大的梦，敢给自己开拓多大的范围，才能得到多大的成就。

人们为梦想而斗争，正如为财产而斗争一样。于是梦想即由幻象的世界，走进了现实的世界，而成为我们生命中的一个真实力量。梦想无论怎样模糊，总潜伏在我们心底，使我们的心境永远得不到宁静，直到这些梦想成为事实才止。

——林语堂

（曾任北京大学教授，中国当代著名学者、文学家、语言学家）

永远不要轻视自己的梦想

梦想是一种信念、一个目标、一个身份，是潜伏在我们心底的另一个自己，也是一段未知的路。每个人的梦想都不同，在林语堂先生的心中，梦想即是成为另一个自己。我们因为它的新鲜与不曾接触，而把它当作心中的梦。

梦的根植可能很早很早，就像林语堂先生在《谈梦想》一文中说的：很多人的梦想产生于他的童年。无论小的时候是在屋顶的阁楼上，在谷仓里还是潺潺的溪水边，每个人都是平等的，都对梦想怀着一颗思慕的心，拥着热切的希望去睡觉，希望醒来后美梦成真。虽然这种事不可能通过一觉实现，但梦想的种子却在那时生根发芽，随着生命的延展，不断激励我们奋斗。

林语堂先生鼓励我们拥有梦想，因为它给我们力量和奋发的精神，而生命也会因为梦想而更具价值。

梦想让人变得高尚、积极、精力充沛。很多人之所以能够成功，就是因为比别人多做了一个梦，而且足够重视这个梦。但是，并不是每一个人都能真实地触摸到自己的梦想。只有在面对困难的时候，能够为了梦想勇往直前的人，才能最终采摘到成功的果实，让梦想成为现实。球王贝利就是这样的一个强者。

在巴西，踢球几乎是每个男孩子的梦想，贝利也不例外。很小的时候，贝利就渴望成为一名伟大的足球运动员，但是对于穷人家的孩子来说这并不容易。家里没有钱，贝利买不起足球。

一天，贝利走过他所在的贫民窟的时候，看到有一户人家的晾衣绳上搭晒着许多袜子。他突发奇想，用袜子是不是也可以做一个足球呢？于是他立刻跑到自己的家里，先找到一只最大的袜子，再不断往里面塞满破布和旧报纸，然后把它尽量弄成球形，最后，外面用绳子扎紧，一个“足球”就这样诞生了。

贝利非常高兴，他终于有了属于自己的“足球”。尽管有人嘲笑他，但是贝利并不在意。但是，这种“布球”因为里面填充的是破布和报纸，没有足够的分量，踢起来轻飘飘的。如果球场是湿的，那这个“布球”就会吸水，慢慢地会沾上许多泥巴，泥巴越滚越多，球踢起来就会比成人踢的标准足球还要重许多。

这样，随着年龄增长的同时，贝利的脚力越来越大，“球”里面塞的东西也越来越多、越来越重。这使得贝利的球技日益见长，他渐渐能准确地判断出足球和队员位置的变化，并在恰当的时机抢占到最有利的位置进行有效的攻击。

为了实现自己心中的梦想，贝利坚持用他自制的“足球”进行练习。随着时间的推移，贝利不但射门准确有力，还能射出各种旋转球，使守门员防不胜防。

可以说，正是那个破旧的“布球”才练就了贝利独特超群的球技，而支撑贝利一直将这个“布球”踢下去的动力，正是他自己的足球梦。他知道只要自己努力，就一定可以战胜困难，实现梦想。

而事实也像他想的那样，凭着自己的努力，他一步步走进了足球殿堂。1962

至1970年，贝利带领巴西国家队赢得了两次世界杯冠军。连巴西总统都称他是“国宝”，自此，贝利就成了闻名全球的球星。

永远不要放弃自己的梦想，在梦想面前，没有高低贵贱之分，只有重视与否。音乐天才很可能出自一个根本买不起钢琴的贫寒人家，书法大家在幼时居然是以一根根小树枝来描画……想想贝利光着脚踢球的日子，我们还有什么困难不能克服呢？只要我们有梦想，就有了实现梦想的可能。

梦想不是我们逃避现实的方式，而是让我们寻求另一个更美好的世界的途径。这其中当然需要艰苦的跋涉，但不跋涉怎知真正的美好？要知道，带着梦想走在路上的人生才是贴近心灵的，生命也会因梦想而更加光彩夺目。

1933年，他出生在美国芝加哥的黑人贫民窟。第二次世界大战期间，芝加哥经济萧条，黑帮林立，街上每天都有斗殴和抢劫事件发生。他厌恶这一切，经常会对着天空中往返穿梭的飞机发呆。他想知道，这些飞机飞向何处，外面会有更美好的世界吗？

他问父亲：“我为什么不能飞？”

父亲说：“你没有翅膀。”

他很沮丧，父亲又说：“孩子，只要有梦想，你也能飞。”

一切的改变缘于一架钢琴。一天，他和小伙伴闯进了一家军械库玩。鬼使神差般，他走进一间小屋，黑暗中一架立式钢琴将他的视线牵引了过去。他走过去，缓缓坐下，手指轻轻触摸那些琴键。那一刻，他热血沸腾：“我的心从此寻找到了一生的方向，那就是音乐。”那年，他10岁，他的梦想是成为歌手。

第二次世界大战后，他随父亲搬到西雅图，开始了自己的音乐之旅。由于小号吹得非常出色，他逐步赢得了和爵士乐高手同台演出的机会，继而又实现了另一个突破——全美巡演。那年，他20岁，他的梦想是唱响整个欧美。

当美国满足不了他的雄心壮志时，他继续“迁徙”，来到了世界艺术之都——巴黎。除了演出，他把主要精力放在学习上，作曲、配乐样样都令他兴趣盎然。那年，他30岁，他的梦想是成为全能的音乐家。

再次回到美国，他开始进军好莱坞，并且迅速成长为好莱坞大腕们争抢的配乐大师，先后八次获得奥斯卡最佳配乐奖提名。40岁那年，他的梦想是成为全球最炙手可热的音乐大师。

2008年，他与季羡林、何振梁、李安等各界人士被聘为北京奥运会开幕式艺术顾问，先后多次来到北京，忙碌了好一阵子。奥运会结束后，记者问他，北京奥运会哪一点令你印象最为深刻？他脱口而出："同一个世界，同一个梦想。"这也代表了他现在的梦想。此时，他已年过70。

他叫昆西·琼斯，被誉为西方现代音乐的教父。有人问他："你早已功成名就，为何从不停下脚步?"他说："因为我的梦想永远在路上。"

梦想是灯，照亮前方的路；梦想是路，延伸向明天的美好。为自己的梦想而前进，永不抛弃，永不放弃，这样的人生必然是充实而厚重的。一个人无论拥有怎样的梦想，只要坚持信念，就永远不会停下前进的脚步，就会走出一片属于自己的天地。

所以，我们说，任何时候，都不要轻视自己的梦想；同样地，任何时候，不要为了任何人放弃自己的梦想。

在人生的道路上，只要我坚持自己的梦想，勇往直前，永不放弃，在无数次的拼搏、奋斗之后，我们总会成功的。请不要畏惧不前，请相信再小的帆，也能远航，也能驶向胜利的彼岸。

梦想是奋斗的动力和源泉，不轻视自己的梦想，我们就可以扬起梦想之帆，在以后的人生中勇往前行，拥有更美好的未来。

很多时候，一个人没有取得足够好的成绩，是因为他们没有足够大的梦想。

——李彦宏

（毕业于北京大学信息管理专业，百度公司创始人，董事长兼首席执行官）

梦想有多大，舞台就有多大

有句话说得好："梦想有多大，舞台就有多大。"生命是上天赋予我们的最宝贵的财富，我们必须以热忱的心来呵护这份礼物。而梦想就是生命旅途中永远的路标，无论遇到什么事情，都不要关闭生命的梦想之门。

只要有生命，就有梦想；只要有梦想，生命就有价值。梦想是指引人们前行的灯塔，梦想越大，灯塔的光才会越明亮，走的路也才会更长远。梦想不抛弃苦心追求的人，只要不停止追求，你们会沐浴在梦想的光辉之中。

梦想是生命不竭的原因所在，它是引爆生命潜能的导火索，是激发生命激情的催化剂。有梦想的人，每天都将活得生机勃勃、激昂澎湃，即使他身处逆境，也会忘记叹息和悲哀，不会把生命浪费在一些无足轻重的小事上。

但凡取得成功的人，都有一个伟大的梦想。所以，我们说，只有伟大的梦想，才能激起无穷的力量，才能创造广阔的舞台。

哈佛的教授们一直告诫自己的学生：无论处境多么艰难，无论多么绝望，都要给自己一个希望、一个梦想。百度创始人李彦宏在留学的时候，他就确定了自己的伟大的梦想——要做一个让几亿人都能使用的东西，这个听起来遥不可及的梦想，现在已经成了现实。比尔·盖茨刚创业时的梦想是每个人都能拥有一台电脑，当时连他都很难拥有一台电脑，别说每个人了，但是正是有了这么伟大的梦想，才有了今日的比尔·盖茨和微软。

没有一颗心会因为追求梦想而受伤，当你真心想要某样东西时，整个宇宙都会联合起来帮你完成。人性最可怜的就是我们总是梦想着天边的一座奇妙的玫瑰园，而不去欣赏今天就开在我们窗口的玫瑰。

哥伦布，人类历史上最为出色的航海家之一。他的航海之旅向世人证明了地球是圆的这一学说。而他的这一伟大成就正是源于他那伟大的梦想。

哥伦布自幼热爱航海冒险。他读过《马可·波罗游记》，十分想往印度和中国。当时，地圆说已经很盛行，哥伦布也深信不疑。他和别人的不同是，他坚决要用自己的行动来证实这个理论的正确性。他确信西起大西洋是可以找到一条通往东亚的切实可行的航海路线的。

但是，环球航行需要大量的人力、物力和财力。他只能一次次向葡萄牙、西班牙、英国、法国等国国王请求资助，以实现他向西航行到达东方国家的计划。但是他的梦想遭到了残酷的践踏。因为当时地圆说的理论尚不十分完备，许多人并不相信他，把哥伦布看成是江湖骗子或疯子。

虽然受挫，但是哥伦布并未放弃自己的梦想。为了实现自己的梦想，他到处游说了十几年。功夫不负有心人，他的伯乐终于出现。1492 年，西班牙王后慧眼识英雄，她说服了国王，甚至要拿出自己的私房钱资助哥伦布，使哥伦布的计划才得以实施。

1492 年 8 月 3 日，哥伦布率领着浩浩荡荡的队伍开始了改变世界的航海之旅。哥伦布一行经过 30 多天不见陆地、不靠岸的航行，终于抵达和登上了西半球的第一块陆地。这是一座长约 13 英里最宽处约 6 英里的珊瑚岛。这一天是 1492 年 10 月 12 日，世界历史上重要的一天。洪都拉斯、巴西、厄瓜多尔、委内瑞拉、智利、哥伦比亚、巴拉圭、哥斯达黎加、巴哈马、美国等十几个国家把这一天或这一天前后定为美洲发现日——哥伦布日，予以纪念。离开美洲后，哥伦布继续前行。

1493 年年初，哥伦布从海地岛海域向西班牙胜利返航。

但船队刚离开海地岛不久，天气骤然变得十分恶劣。天空布满乌云，远方电闪雷鸣，巨大的风暴从远方的海上向船队扑来。这是哥伦布航海史上遭遇的最大一次风暴，有几艘船已被排浪打翻了，只一闪，便沉入了大海的深渊。船长悲愤地对哥伦布说："我们将永远不能踏上陆地了。"

哥伦布知道，或许就要船毁人亡了。他叹口气对船长说："我们可以消失，但资料却一定要留给人类。"

哥伦布钻进船舱，在疯狂颠簸的船舱里，迅速地把最珍贵的资料缩写在几张纸上，卷好，塞进玻璃瓶里并加以密封后，将玻璃瓶抛进波涛汹涌的大海。

"有一天，这些资料一定会漂到西班牙的海滩上!"哥伦布自信肯定地说。

"绝不可能!"船长说，"它可能葬身鱼腹，也可能被海浪击碎，或许会被沙子深埋，但他绝不会被冲到西班牙海滩上去!"

哥伦布自信地说："或许是一年两年，或许是几个世纪，但他一定会漂到西班牙去，这是我的梦想。上帝可以辜负生命，却不会辜负生命的梦想。"

幸运的是，哥伦布和他的大部分船只在这次空前的海上风暴中死里逃生了。1493 年 3 月 15 日，经过了 224 天的航行，经过无数次的生死难关，哥伦布回到了西班牙。哥伦布给欧洲带回了在西方大西洋彼岸发现陆地和居民的轰动消息，地理大发现的第一条重要新闻通过几十种语言的翻译迅速传遍整个欧洲。

哥伦布胜利返航以后，一直在找寻那个漂流瓶，但是一直都没有找到。1856 年，大海终于把那个漂流瓶冲到了西班牙的比斯开湾，而此时，距哥伦布遭遇的那次海上风暴，已经 3 个多世纪。

伟大的梦想是人前进的动力，是人的精神支撑。一个人只有有了伟大的梦想，他的人生才会充实，他才会时时刻刻提升自己，才会不断地挑战极限，创造奇迹。而没有理想的人就像一颗没有受精的种子，即使土地再肥沃，也是不可能长出植物来的。

梦想一旦被付诸行动，人就会变得神圣。伟大的梦想可以引导着我们战胜一个又一个困难。因此，一个人有了梦想，就不会害怕任何艰难险阻。在梦想面前，所有的困难都只是一个小小的考验而已。

哥伦布在一望无际的大海上漂流了二百多天，在这期间，他遇到过大海的风浪，他遇到过原始民族的追杀。但是，为了实现心中的梦想，他艰难地闯过了一关又一关。

一位诗人说过：“努力向上吧，星星就躲藏在你的灵魂深处；做一个悠远的梦吧，每个梦想都会超越你的目标。”在我们前行的路上，伟大的梦想是漆黑长夜中的星光，当我们身处困境的时候，给予我们勇气和信心。所以，只要我们坚定自己的梦想，并为之不断努力，相信一定会拥有一个属于自己的光辉舞台。

人活着是为了什么？并不是为了穿衣吃饭。穿衣吃饭是为了生活，而生活本身还有崇高的目的。

——王力

（曾任北京大学教授，中国语言学家、教育家、翻译家）

给未来一个承诺

塞涅卡有句名言说：“如果一个人活着不知道他要驶向哪个码头，那么任何风都不会是顺风。有人活着没有任何目标，他们在世间行走，就像河中的一棵小草，他们不是行走，而是随波逐流。”没有目标的人生就像没有方向的航船，只能在海上漫无目的地漂泊。为了掌握自己的人生，我们需要为自己设立一个明确的目标，为自己的未来一个承诺。根据未来的承诺，找到努力的方向，再立即采取行动，不断努力提高自己的能力，促进自己的成长，就能获得满意的人生。

有梦的人生才是精彩的人生，有追求的人才是参透了生命真意的人。没有明确目标的生活，就像是在黑漆漆的夜里走路，看不到方向，看不到路标。对未来有了承诺，我们的生活就有了方向，有了路标。不管是顺境、逆境还是十字路口，我们都知道该如何继续。

李小龙在成名之前，写过这样一张字条：“我的明确目标是，成为全美国最高薪酬的超级东方巨星。从1970年开始，我将会赢得世界性声誉。到1980年，我将会拥有1500万美元的财富，那时候我和我的家人将过上幸福的生活。”在这个目标的指引下，李小龙一步步实现了自己的承诺。

有一次，在高尔夫球场，罗曼·V. 皮尔在草地边缘把球打进了杂草区。有一个青年刚好在那里清扫落叶，就和他一块儿找球，那时，那青年很犹豫地说："皮尔先生，我想找个时间向你请教。"

"什么时候呢?"我问道。

"哦！什么时候都可以。"他似乎颇为意外。

"像你这样说，你是永远没有机会的。这样吧，30 分钟后在第 18 洞见面谈吧!"皮尔说道。30 分钟后他们在树荫下坐下，皮尔先问他的名字，然后说："现在告诉我，你有什么事要同我商量?"

"我也说不上来，只是想做一些事情。"

"能够具体地说出你想做的事情吗?"皮尔问。

"我自己也不太清楚。我很想做和现在不同的事，但是不知道做什么才好。"他显得很困惑。

"那么，你准备什么时候实现那个还不能确定的目标呢?"皮尔又问。

青年对这个问题似乎既困惑又激动，他说："我不知道。我的意思是有一天，有一天想做某件事情。"

"原来如此，你想做某些事，但不知道做什么好，也不确定要在什么时候去做，更不知道自己最擅长或喜欢的事是什么。"

听皮尔这样说，他有些不情愿地点头说："我真是个没有用的人。"

"哪里。你只不过是没有把自己的想法加以整理，或缺乏整体构想而已。你人很聪明，性格又好，又有上进心。有上进心才会促使你想做些什么。我很喜欢你，也信任你。"

皮尔建议他花两星期的时间考虑自己的将来，并明确决定自己的目标，不妨用最简单的文字将它写下来。然后估计何时能顺利实现，得出结论后就写在卡片上，再来找自己。

两个星期以后，那个青年显得有些迫不及待，至少精神上看来像完全变了一个人似的在皮尔面前出现。

这次他带来明确而完整的构想，已经掌握了自己的目标，那就是要成为他现在工作的高尔夫球场经理。现任经理 5 年后退休，所以他把达到目标的日期定在 5 年后。

他在这 5 年的时间里确实学会了担任经理必备的学识和领导能力。经理的职务一旦空缺，没有一个人是他的竞争对手。

又过了几年，他的地位依然十分重要，成了公司不可缺少的人物。他根据自己任职的高尔夫球场的人事变动决定未来的目标。

现在他过得十分幸福，非常满意自己的人生。

目标是航标灯；目标是指南针；目标是碧空的太阳；目标是夜间的星斗。若一个人心中没有一个明确的目标，就会虚耗精力与生命，就如一个没有方向盘的超级跑车，即使拥有最强有力的引擎，最终仍是废铁一堆，发挥不了任何作用。

未来的目标与方向主导了我们一生的命运与成就，它是驱使人生不断向前迈进的原动力。有了目标的指引，我们才知道自己该选择什么样的生活，才知道自己该如何努力；有了目标的指引，我们才不会得过且过，庸庸碌碌地度过每一天；有了目标的指引，我们的内心才会丰富，精神才会强大。

确立了目标，对未来作出了承诺，就要用全力去兑现它。许下承诺简单，兑现承诺却无比艰难。

如果承诺都能轻而易举地兑现，承诺也就不会这般让人看重。因为艰难，所以可贵。经历过千辛万苦而实现的承诺，将是最美、最重的承诺。

目标的坚定是性格中最必要的力量源泉之一，也是成功的利器之一。没有它，天才也会在矛盾无定的迷径中，徒劳无功。

给未来的人生设立一个目标，给未来一个希望的承诺，我们将会在光芒的指引下，拥有美好的前程。

青年呵！你们临开始活动之前，应该定定方向。譬如航海远行的人，必先定一个目的地，中途的指针，只是指着这个方向走，才能有到达目的地的一天。若是方向不定，随风飘转，恐永无达到的日子。

——李大钊

（在北京大学组织中国第一个马克思学说研究会，无产阶级革命家、中国共产党的主要创始人之一、著名学者）

每个人的生活都应该有个目标

托马斯·爱迪生说：“如果我们只做那些我们能力范围内的事，我们将陷入平庸。”有一个高于现实的人生目标，对每个人来说都至关重要，一个人如果没有目标，他的人生必将流于平庸。

所有成功的出发点，都是设定一个明确的目标。拥有大目标的人，成就的是大事业；没有目标的人，生活仅仅是过日子。亚里士多德很尖刻地区分了两种人，一种是“吃饭是为了活着”，另一种是“活着是为了吃饭”。有远大目标的人，绝不会因无所事事而无聊，因为目标能够激励人不断进取，能引导人不断激发自己的潜能。这样，人生也就更充实，而不至于为了吃饭而活着。

所以，我们说，每个人都应该有目标，人因为有了目标才能够成就卓越，而且，目标也可以让一个人的生活充满自信和激情。给人生一个明确的目标，就像在路途中认出了北斗星一样，可以在迷路的时候，指引我们走上正确的道路。

其实，我们每个人都希望发现并实现自己的人生目标，如果你能把你的人生目标清楚地表达出来，这样就能帮助你随时集中精力，发挥出你人生进取的最高的效率。

只是，一定要记住，我们在表达人生目标时，一定要以实际能力和个人的信念作为基础。因为这有助于你把自己的目标定得具体，且具有现实可行性。目标必须是具体的可以实现的，这一点很重要。如果计划不具体，无法衡量是否可以实现，那会降低你的积极性。因为向目标迈进是动力的源泉，如果无法知道自己的目标前进了多少，就会让人失去继续前行的动力。

一位孤独的年轻人正靠着一棵树晒太阳。他衣衫褴褛，眼光呆滞，不时有气无力地打着哈欠。

一位老人恰巧经过这里，好奇地问：“年轻人，如此好的阳光，你不去做你该做的事，却在这里晒太阳，岂不辜负了大好时光?”

“唉!”年轻人叹了一口气说，“在这个世界上，我只有一个躯体，除此之外，一无所有。我又何必去费心费力地做一些事情呢？每天晒晒我的躯体，就是我做的所有事了。”

“你没有家?”

“没有。有家庭多累啊，还要承担很多责任，不如没有。”年轻人说。

“你没有你所爱的人?”

“没有，与其爱过之后便是恨，不如不去爱。”

“没有朋友?”

“没有。反正得到了还会失去，不如没有朋友。”

“你不想去赚钱?”

“不想。反正挣了钱也会花掉，何必劳心费神动躯体?”

“噢，”老人沉思了一会儿说，“看来我得赶快帮你找根绳子。”

“你找绳子？干吗？”年轻人好奇地问。

“帮你自缢！”

“自缢？你想让我死？”年轻人惊诧了。

“对！人有生就有死，与其生了还会死去，不如不出生的好。你不觉得你的存在很多余吗，自缢而死，不是正合你的逻辑吗？”

没有目标的人生是可悲的，就像故事中的年轻人一样，他的人生是荒芜而没有任何意义的，只是虚度光阴而已。

人生目标需要设计，它不是为了让我们得到什么东西，而是为了引导我们去实施行动。心中有了目标，就可以从一个成功走向另一个成功，把上一个成功作为下一个成功的跳板，让下一次弹跳能够更高、更远。

俄国大文豪托尔斯泰有这样一句名言：“人要有生活的目标，一辈子的目标，一个阶段的目标，一年的目标，一个月的目标，一个星期的目标，一天的目标，一小时的目标，一分钟的目标，还得为大目标牺牲小目标。”每个人都想达到最佳的目标，都希望成功，都想找到打开成功这扇门的那一把钥匙。

在美国的路易斯安纳有个黑人少年名叫约翰·富勒，他的父亲是当地黑人佃户，家中有 7 个孩子。富勒从 5 岁就开始工作，9 岁时就会赶骡子。这些一点也不稀奇，因为佃农的孩子大多在年幼时就必须工作，他们对于贫穷十分认命。幸运的是，富勒有一位了不起的母亲，她始终相信一家人应该过着快乐且衣食无忧的生活。她经常和儿子谈到自己的梦想。

“我们不应该这么穷，”她时常这么说，“不要说贫穷是上帝的旨意。我们很穷，但不能怪上帝。那是因为你们的爸爸从来不想追求富裕的生活，家中每一个人都胸无大志。”

没有一个人不想追求财富。这句话深植于富勒的心中，改变了他的一生。他一心想要摆脱贫穷的窘境，开始追求财富。他认为推销东西是最快的致富捷径，于是选择挨家挨户推销肥皂。

12 年后，他得知供货的公司即将被拍卖，底价是 15 万美元。谈判的结果，他用积蓄的 2.5 万美元作为定金，答应在 10 天内筹足余款 12.5 万美元。合约中还规定，若逾期未补齐余款，将没收定金。

富勒的工作态度认真，极受客户肯定。现在他需要帮忙，他向朋友、信托公司及投资集团筹钱，到了第十个晚上，他筹到了 11.5 万美元，还差 1 万美元。

“我已经想尽所有的办法，”他回忆当时的情形，“时间不早了，房里一片漆黑，我跪下来祈祷，请求上帝指引，谁能在时限内借我1万美元。我决定开车沿着第六十一街走下去，看到第一家亮着灯的商店，我进去请求帮助，我请求上帝给我一线曙光。”

当时是深夜11点，富勒沿着芝加哥第六十一街走下去，过了几个路口，终于看到一家承包商的办公室里还有灯光。富勒走了进去。那位承包商正埋头办公，由于熬夜加班，已经疲惫不堪。富勒和他略有交情，便鼓起勇气，“你想不想赚1000美元?”富勒直截了当地问。

那位承包商看着富勒，“想，”他说，“当然想。”

“借我1万美元，我会外加1000美元红利还给你。”富勒告诉那位承包商还有哪些人借钱给他，并且详细说明整个投资计划。

最后，富勒拿着1万美元的支票，迈出承包商的办公室。其后，他不但从接手的公司获得可观的利润，还陆续收购了7家公司，其中包括4家化妆品公司、1家制袜公司、1家标签公司及1家报社。

电视台的记者赶来采访，请他谈谈成功的秘诀，他用多年前母亲的话回答：“我们很穷，但不能怪上帝。那是因为爸爸从来都不想追求富裕的生活，家中每一个人都胸无大志。你有权选择你要追求什么，只要你有梦想和目标，上帝就会帮你。”

凡是伟大的人物从来不承认生活是不可改造的。富勒的起点比一般人更低，但他并没有抱怨和不满，相反，即使在最绝望的处境中，他也没有放弃最后的希望。贫穷当然不能怪上帝，那完全是由于你自己胸无大志和不思进取。只要拥有目标，并且敢做敢拼，上帝自然会帮你，奋斗就是这样，永无止境，重要的不是结果，而是在这个过程中所体会到的快乐。

人生目标绝非一蹴而就，它是一个不断积累的过程。目标必须实在，而且不要太遥不可及，应该是在达得到的范围内，千万不要错认自己应该或能够在一天里建造一座罗马城。

目标量化，是梦想与空想的分水岭。而一个个量化的具体目标，就是人生成功旅程上的里程碑、停靠站。每一个站点都是一次评估、一次安慰、一次鼓励。

人的内心构想是人生的蓝图，对人的现在和未来都有重要的影响，也使得我们的未来变得一片光明。

想着成功，成功就会在内心形成，在雄心勃勃的推动力之下，每个人都可以控制环境，创造人生。所以，生活中每个人都有追求、有目标，生活才有意义和价值。

哪怕是最没有希望的事情，只要有一个勇敢者去坚持做，到最后就会拥有希望。

——俞敏洪

（毕业于北京大学英语专业，新东方学校创始人现任新东方教育科技集团董事长兼总裁）

有志者，事竟成

“有志者，事竟成，卧薪尝胆，三千越甲可吞吴；苦心人，天不负，破釜沉舟，百二秦关终属楚。”这是蒲松龄的自勉联，意思是，只要我们抱定理想信念，就一定能够取得最后的成功。

《周易》里说：“天行健，君子以自强不息；地势坤，君子以厚德载物。”这也告诉我们，一个人要想成功，要有志向、要不怕吃苦，这样才能有所成就。

一个人有了志向，就会更有力量，不轻言放弃，不妄自菲薄，也就有了奋斗的目标和方向。有了志向，只要坚持走下去，就能走得更加坚定和从容，就能抵达梦想的彼岸。正如马克思所说：“成功的路上有许多条歧路，只有勇敢的人才能到达光辉的顶点。”

的确，成功路上都是坑坑洼洼，只有靠自己的正确态度，才能获得成功。人生要自己去拼搏、去奋斗，在风雨中百折不挠勇往直前，在人生的每个驿站上留下一段段不悔的回忆。流泪不是失落，徘徊不是迷惑，成功属于那些战胜失败、坚持不懈、执着追求梦想而又异常自信的人。

在一个小镇子里，有个园艺公司在报纸上刊登启事，重金征求纯白金盏菊，一时间应征者络绎不绝。人们热烈地讨论着这个话题，但是不久就归于沉寂。因为自然界中的金盏菊花不是金色的就是棕色的，从没有见过白色的金盏菊花。

20 年后，那家园艺公司收到一封热情洋溢的应征信，信中还附了一粒种子，纯白金盏菊花“问世”了！

应征者是一位年过古稀的老妇人，她在退休之后喜欢上了养花种草。20 年前，她看到那则消息后，心中就萌生了一个关于纯白金盏菊的梦想，于是播下了一些最普通的种子。在金盏菊花盛开的时节，她精心挑选一朵颜色最淡的花，取其种子。次年，把种子播到地里，待它开花的时候，她再挑选一朵颜色最淡的花的种子。她不停地播种、收获，如此往复过了20年，终于培育出了如银如雪的纯白金盏菊花。

有志气的人只要坚持不懈，事情终究会取得成功。对于老妇人来说，她只是在追求一种生活的极致：要做就做最好。那朵纯白金盏菊花就成了她生活的极致。她的信念和耐心就是她全部的聪明才智，最终在一块自己喜欢的园地上得到了淋漓尽致的发挥。

清朝的郑燮写过这样一首诗："咬定青山不放松，立根原在破岩中。千磨万击还坚劲，任尔东西南北风。"志向就像一座灯塔，照亮我们前进的方向；志向就像一份约定，激励我们勇敢地走下去。有了志向并且坚定地走下去，每个人都可以达到梦想的山巅，走出一片属于自己的天地。

在2008年的北京奥运会上，在游泳项目中，美国运动员菲尔普斯一共参加了8个比赛，每一场比赛，他都顺利地进了决赛，而且连连夺冠，这不可谓不是一个奇迹。在这8个项目中最悬的要数第7个项目，这个项目是男子200米蝶泳，一开始连他自己都没有想到自己能得冠军，他认为自己只要尽力而为就行了，因为与他一起比赛的还有比他实力还要强的选手。

比赛马上就要开始了，只听"砰"的一声，8个运动员像8颗出膛的子弹跳下水去，并奋力向前游去；又犹如江堤决口，群马狂奔，运动员们像离弦的箭一样向前冲去。前100米，菲尔普斯一直处于倒数第二的不利位子。不一会儿，大家都还剩最后100米了，菲尔普斯开始不顾一切地向前冲去，终于在离终点几米的时候，他追平了第一名的选手，两人几乎同时像一阵旋风冲到终点。

要想知道他们谁第一，谁第二，用肉眼太难分辨了，裁判员们经过一次次地观看慢镜头，终于作出决定：菲尔普斯由于最后一下的划臂，比另外一名运动员快0.01秒。当菲尔普斯听到自己又获得金牌的消息后，激动得用力拍打水面，这是他在本次奥运会夺得的第七枚金牌，也是最可贵的一枚奖牌，因为这是他所参加的项目中最悬的一次比赛。0.01秒啊，0.01秒啊，1秒钟是很短暂的，0.01秒可是1秒的百分之一啊，但是相差0.01秒就有两个不同的成绩了。

在记者的采访时，菲尔普斯说："有志者，事竟成。"菲尔普斯还说："我6岁就和哥哥姐姐一起到游泳馆训练，接着我便进了国家队，我为了能取得好成绩，每次游泳都要游六七千米，像这样的次数，一个星期起码有 10 多次。通过这样刻苦的练习，这次奥运会我才能得到 8 枚奖牌，这就是我平常练出来的，只有从小就有远大志向的人才能成功!”

苏格拉底说：“世界上最快乐的事，莫过于为理想而奋斗。”是的，为理想而奋斗的人生是最值得过的。无疑，菲尔普斯是一个快乐的人。有志向，并朝着预定的目标，脚踏实地、坚持不懈地努力，就一定能够取得属于自己的成功。

“人须立志，志立则功成。天下古今之人，未有无志而建功。”人必须立下志愿，立下了志愿就会有可能成功。立志是成功的动力，能让我们为实现目标而艰苦奋斗，凭借坚忍不拔的信念屹立在成功的巅峰眺望远方。

有一句俗语说：“能登上金字塔的生物只有两种——鹰和蜗牛。”虽然我们不能人人都像雄能鹰一样一飞冲天，但我们至少可以像蜗牛那样凭着自己的耐力默默前行。

只要曾经拥有又何必在乎天长地久，即使失败了，这一生也会因在雨中的自强不息而更加精彩。

第二章 生活不是单纯用来享受的

人生最可乐的就是活动所生的感觉，就是奋斗成功而得的快慰。

——朱光潜

（曾担任北京大学教授，中国美学家、文艺理论家、教育家、翻译家）

人生的美丽在于奋斗的过程

历史就像是一位顽强奋斗而永远年轻的勇士，催逝了往者，孕育了新军。安于享受之人如过往云烟飘然而逝，唯有奋斗者，才是浩瀚星河中永不陨落的灿烂星辰。人生的意义在于奋斗，就像一条在大海中航行的船，尽管会遇到许多的风浪，但只要坚定信念，坚持目标，乘风破浪，总会到达光明的彼岸。

流星之所以美丽在于燃烧的过程，人生之所以美丽在于奋斗的过程。成功的路上是没有止境的，一个人无论取得了怎样的成绩，这些成绩的取得，都是过往经验和知识的积累。如果在取得一定成绩的同时停止学习的脚步，就无法吸收更多给养，也无法为接下来的成功提供潜在的动力。

林语堂先生在 40 岁生日的时候写下这样的诗句：“一点童心犹未灭，半丝白鬓尚且无。”他把自己比喻成一个烂漫孩童，天真地看着这个奇异多姿的世界。他觉得自己还有许多东西需要去学习，去掌握，鼓励自己探索更多的未知，他甚至会因为别人具备自己没有的才能而苦恼。其实，那时的林语堂先生已经具有相当的地位和名望，他大可因为自己的名望而出书、讲学，但林语堂先生没有这样做，一颗求知的心支撑着他一直前行。

智者在学习到更多的知识后会更加觉察到自己的“无知”，这种“无知”即是一种大智慧，林语堂先生就是如此。

有这样一个故事：

有一天，池沼向在自己身边奔流而过的河流问道："你整天川流不息，一定累得要命吧！你一会儿背着沉重的大船，一会儿负着长长的水筏，在我眼前奔流而过。小船更不用说了，它们多得没有个穷尽。你什么时候才能抛弃这种无聊的生活呢？像我这样安逸的生活，你找得到吗？我是一个幸福的闲人，舒舒服服、悠悠闲闲地荡漾在柔和的泥岸之间，好比高贵的太太们窝在沙发的靠枕里一样。大船小船也罢，漂来的木头也罢，我这儿可没有这些无谓的纷扰，甚至小船有多重我都不知道，至多偶尔有几片落叶飘浮在我的胸膛上，那是微风把它们送来和我一起休息的。一切风暴有树林挡住，一切烦恼我也沾染不上，我的命运是再好不过的了。周围的尘世不断地忙忙碌碌，我却躺在哲学的梦里养神休息。"

"哲学家，你既然懂得道理，可别忘了这条法则，"河流回答，"水只有流动才能保持新鲜，我成了伟大壮阔的河流就是因为我不躺在那儿做梦，而是按照这个法则川流不息。结果呢，我的源源不绝的水，又多又清的水，年复一年地给人们带来了幸福，因而赢得了光荣的名誉，或许我还要世世代代地川流不息下去。那时候，你的名字就不会有人知道了。"

多年以后，河流的话果然应验了，壮丽的河仍旧川流不息，池沼却一年浅似一年。池沼的表面浮着一层黏液，芦苇生出来了，而且生长得很快，池沼终于干涸了。

水只有在流动中才能够保持新鲜，而水不断承载他人也得到了无上的荣誉。池沼只看到今日，而川流大河看到的是永久，二者的境界之不同不言而喻。

由此，人只有在不断进取的状态下才能够永葆生命的活力，如果始终活在自己的一亩心田当中，便如同蜉蝣，朝夕即死，志向何谈？

成功无止境，奋斗无绝期。成功的人生，应当像河流，在汩汩流淌的过程中，不断汲取他处的营养，丰富自己，充实自己。林语堂先生在事业已取得很大成绩的时候仍不断学习，我们这些还在为梦想奋斗的人们，是不是更应像他那样孜孜不倦地追求呢？

孔子曾说："若圣与仁，则吾岂敢。抑为之不厌，诲人不倦，则可谓云尔已矣！"他的意思是圣者的境界与仁者的境界，以他的修养不敢担当。不过他虽不是圣人，不是仁者，但他一辈子在这条路上摸索，而且没有厌倦过；至于学问方面，他永远奋斗努力，没有满足或厌烦的时候；他教人家，同样没有感觉到厌倦的时候，只要有人肯来学，他总是不遗余力地教诲。只有这两点，孔子自言可以做到。

南怀瑾先生在《论语别裁》里说“为之不厌，诲人不倦”，孔子的作为实在不容易实现。自己求学，永远没有满足、没有厌倦，从不自以为是，任何事业都“为之不厌”；有人来请教，知无不言，言无不尽，不会说同一个问题有人问了三次之后，第四次还来问时就觉得讨厌；不会有厌恶此人，乃至不愿再教而放弃他的心理。孔子不厌不倦的境界，高明至极。但是人们早早地就让自己驻足，不再奋斗，所得的将是生命的枯竭。

追求成功的人生，就要不断奋斗，需要志向支撑，那就是你的志向，不管学习还是工作，如此坚持下去，必定能够迎来美好的人生。人生路上，风雨常有，泪的意义，就在于奋斗的激动时刻洒下闪耀而抵过群星光芒的辰光。

“宝剑锋从磨砺出，梅花香自苦寒来”，人生美丽在于奋斗的过程。奋斗的岁月波澜壮阔，奋斗的生命多姿多彩，也只有奋斗的人生最灿烂、最耀眼，生命之树经历了风雨和奋斗，才能更显风采。

人只有在不断追求中才能得到满足。像爱情一样，诗、哲学、科学的真正精神恰恰就是不断地追求，永远站在起跑线上。

——赵鑫珊

（毕业于北京大学德国文学语言系，教授、作家、哲学家）

富贵来自拼搏

俞敏洪说过：“谁说‘机会面前，人人平等’，新东方相信，个人奋斗制胜、攫取成功的精神财产将永远贫富不均。在浩瀚的生命之岸，你应该自豪地告诉世界，你追求过，你奋斗过，你为辉煌的人生从来没有放弃过希望，从来没有停止过拼搏。而这个造就了万物的世界也将自豪而欣慰地回答你：只要奋斗不息，人生终将辉煌。”生命不息，奋斗不止。这不仅仅是一句豪言壮语，更需要我们踏踏实实在拼搏奋斗中实现自己的人生价值。

“拼搏”二字，意蕴无穷。为了承担责任，你务实进取实干，这是拼搏；为了追求理想，远走他乡，这也是拼搏。人生短暂，与其任其白白流逝，倒不如抓住它，好好利用一番，相信成功总是喜欢垂青于不甘平庸之人。而那些总是希望拥有财富，却不愿付出努力的人，终将一无所有。

某人日复一日地向上帝祈祷让他富起来。终于有一天，上帝回答他说："可以，你将会赢得下一期彩票的头奖。"

过了一些日子，这个人向上帝抱怨说："主啊，难道我不够虔诚吗？你说我会赢得头奖的，可是彩票已经开奖了，怎么还没有我的份呢？"上帝叹了口气，说："你能不能先去买一张彩票呢？"

如果只是向往财富，而不去奋斗拼搏，那么上帝也帮不了你。有位著名的经济学家说："财富是一种运气。"这句话不假，好的命运和出身就像是人生的捷径，会让人少走很多弯路，但我们要知道，没有捷径的人也并非是完全到不了终点的，弯路上固然多波折，但只要努力下去，坚持下去，我们也是可以获得自己的财富的。

富贵来自拼搏，人生因奋斗而精彩。正像冰心说的："成功的花，人们只惊羡她现时的明艳。然而当初她的芽儿，浸透了奋斗的泪泉，洒遍了牺牲的血雨。"的确，光明前面的黑夜总不被人们关注到。然而，真正重要的却是成功背后的付出。李嘉诚之所以能够成为香港首富，也是与他的拼搏精神分不开的。

在李嘉诚 14 岁时，由于家庭生活所迫，不得不中途辍学，早早地踏入社会，肩负起一家生活的重担。

起初，李嘉诚在一家茶楼当跑堂。在中国香港的广东人有吃早茶的习惯，店伙计必须在凌晨 5 时左右赶到茶楼，为客人们准备好茶水茶点，于是李嘉诚每天天未亮就得起床，赶往茶楼。

茶楼工作异常辛苦，工作时间长达 15 小时以上。李嘉诚是地位最卑下的堂仔，大伙计休息时，他还要待在茶楼侍候。晚上是茶客最多的时候，茶楼打烊时，已是夜半人寂了。李嘉诚经常累得两眼发黑腿发软。

李嘉诚后来对儿子谈起他少年的这段经历时，感慨地说："我那时，最大的希望，就是美美地睡 3 天 3 夜。"

在茶楼工作的两年中，李嘉诚见到了形形色色的人和各种各样的事，学到了许多书本上学不到的东西，生活的残酷和世人的冷眼也激发了他出人头地的欲望。

17 岁时，李嘉诚毅然离开了茶馆，到一家塑胶厂当了推销员。推销产品需要到处跑，十分辛苦，但他对此早已习惯，因为，在茶馆当跑堂时，每天少说也要跑上百八十里。他善动脑筋，根据不同的对象，灵活地推销产品。

由于他刻苦钻研、任劳任怨，成绩显著，年仅20岁就被提升为业务经理，后来成为总经理。可以说年轻的李嘉诚已初露锋芒，崭露头角。在顽强的拼搏中，他不仅站稳了脚，而且养活了全家人，在香港已成为一颗令人瞩目的新星。在随后几十年的创业中，他依然保持着兢兢业业的工作态度，最终开创了属于自己的事业。

李嘉诚的拼搏精神让他从工作中学到比别人更多的经验，开创了自己的精彩人生。命运是没有绝对公平的，有的人天生聪慧，有的人则资质平庸，有的人天生丽质，有的人则相貌平平。在这种情况下，处于劣势的一方总不免自卑自弃，这是人人都具有的正常心理。

不过，在自卑自弃之余，成熟的人也应该在心底迸发出一种自尊和自强的精神，用行动去弥补差距。相貌平庸，那就让自己显得有气质；智慧平庸，那就逼自己掌握更多的知识；如果家境贫寒，那就通过努力让自己富起来。

卓越来自于拼搏，精彩来自于追求，成功来自于意志。当我们在拼搏中遇到讥讽嘲笑都不为所动时，我们获得的是忍耐和自信；当我们在拼搏中屡战屡败时，我们获得的是坚定的信念和“行到水穷处，坐看云起时”的豁达心态；当我们在拼搏中面对各种诱惑而能“富贵如浮云”时，我们获得的是一份完美的人格。

人生若白驹过隙，忽然而已。岁月匆匆，无情地流逝着。我们应该静下心来，抓住时间的尾巴，乘风破浪，直挂云帆，享受搏击沧海的乐趣。只有在拼搏中，我们才能体验到生命的躁动和灵魂的升华，才能够书写自己辉煌灿烂的人生。

不满是向上的车轮，能够载着不自满的人前进。

——鲁迅

（曾任北京大学讲师，著名文学家、思想家、评论家、革命家）

不满是向上的车轮

一个想要成功的人是不能够安于现状的，只有对现状不满，才能激发人向上的动力，进而改变现状，创造更美好的未来。从这种意义上说，不满是人进步的源泉。一个人，当他一旦满足于自己目前获得的成就，便失去了继续前进的动力，不再追求更高的目标。而在这个竞争日趋激烈的社会，不前进便意味着后退，就可能被无情地淘汰。一旦你停止前进，便会被别人所赶超。

在人类航海史上，哥伦布靠着超强的信念和勇气，书写下光辉的一页。在他每一天的航海日记上都会出现这样一句话："我们继续前行!"是的，人生就是一个不断攀登不断超越的一种过程。

漫漫的人生路途中，也许会阴云密布，令你感到茫然无措，但是只要从始至终都坚定自己的信念，就会迎来阳光灿烂、鸟语花香的美景。只有不断地超越自己，才能成功。

把事情做到极致，就是永不满足，将事情做到无限接近性价比最高的那个点。对每一个人来说，只要将一件事情做到极致，就会有成功的惊喜在不远处等着。

美国富兰克林人寿保险公司前总经理贝克曾经这样告诫他的员工："我劝你们要永不满足。这个不满足的含义是指上进心的不满足。这个不满足在世界的历史中已经导致了很多真正的进步和改革。我希望你们绝不要满足。我希望你们永远迫切地感到不仅需要改进和提高你们自己，而且需要改进和提高你们周围的世界。"

这样的告诫对于我们每一个人来说，都是必要的。不思进取的人不但不能够发展，说不定还会在日益激烈的社会竞争中被淘汰。只有那些能够不断学习，适应形势需要的人才能够在这个社会中长久地生存。一个和自己较劲的人，就拥有了不懈的动力，凭借这样的动力，才能够不断提升自己，全力以赴将任何事情做到最好，也为改变自己的命运提供了更多的机会。

纳迪亚·科马内奇是第二个在奥运会上赢得满分的体操选手，她在 1976 年蒙特利尔奥运会上完美的表现，令全世界为之侧目。

有一次在接受记者采访时，当纳迪亚·科马内奇被问到她为何会有如此完美的表现时，说："我总是告诉自己'我能够做得更好'，不断鞭策自己更上一层楼。要拿下奥运金牌，你不能过正常人的生活，要比其他人更努力才行。对我而言，做个正常人意味着会过得很无聊，一点儿意思也没有。我有自创的人生哲学：'别指望一帆风顺的生命历程，而应该期盼成为坚强的人。'"

这就是她为自己所设定的标准。

一般人认为还可以接受的标准，对于像纳迪亚·科马内奇这样渴望成功的人而言，却是无法接受的低标准，他们会努力达到更高的标准。

多数人遭受失败的原因在于他们不能正确地判断自己的能力，低估了自己的价值。只有不平凡的个性才能成就不平凡的人生。韦尔奇说："要么做行业第一，要么做行业第二，达不到就不要去做。"人的追求在哪儿，他的人生也就在哪儿，追求永无止境，你的成就也就永无止境，一旦在心里为自己预设一个追求的高度，你的人生就会局限在一个小圈子里，难以再有突破。

胸中有了大目标，泰山压顶不弯腰。小草有根才能发芽，人只有不满足于现状，只有志向高远，才能取得大的成就。成功者之所以能够取得成功，在很大程度上取决于他们永不满足，积极进取的生活态度。

要引人敬意，就要研究一个非常专业的领域，在那个领域中，你是最顶尖的，至少是中国前十名，这样无论任何时候你都有话说，有事情可做。我原来想成为中国研究英语的前100名，但后来发现根本不可能。所以我就背单词，用一年的时间背诵了一本英文词典，成为中国单词专家。现在我出版的红宝书系列，从初中到GRE词汇有十几本，年销量100万册，稿费比我正式工作都高得多。

——俞敏洪

（毕业于北京大学英语专业，新东方学校创始人现任新东方教育科技集团董事长兼总裁）

你的时间花在哪里，成就就在哪里

正所谓："不是聚焦的太阳不能燃烧。"凡大学者、科学家取得的成就，无一不是"聚焦"的功劳。从古至今，只要在事业上有所成就的人，都是心无二志、专注勤勉的人。专注是通往成功路上的敲门砖，我们在追求成功、实现理想的道路上，必须学会舍弃一些东西，只有这样，才能避免无谓的精力浪费，从而更能集中才智，将一件事情做大、做精、做强。成功是由无数个点组成的完整的生命历程，成功就是每天进步一点点。

时间对于我们每一个人来说都是公平的，上帝不会因为一个人可怜而多赋予一个小时，也不会因一个人贪婪而夺取一分钟。但是，我们总能发现，有的人出身寒门，凿壁偷光而后鱼跃龙门；有的人出身富贵，坐享其成而后一无所有。

实际上，时间是创造一切的根本，一个人把他的时间花在哪里，他的成就就在哪里。

因而，当我们在惊叹别人的成功时，当我们在羡慕他人的“运气”时，别忘了他为这一天付出了多少努力，学习了多少东西。林语堂说：“写作是若非一鸣惊天下的英才，都得靠窗前灯下数十年的玩摩思索，然后可以著述。”正是他把时间用在思索与写作上，才取得了他应有的成就。

1882 年，26 岁的考拉尔来到英国斯特林镇的一所学校当教师，他热爱读书。一次，他想在学校附近买几本书，结果却发现整个斯特林镇都找不到一家书店。

考拉尔想：“为什么我不能自己开一家书店呢？这样，我能够在赚钱的同时，还能读到自己喜欢的书。”

想到这里，考拉尔开始行动了。

经过一番忙碌，一家名叫“思想者”的书店正式开张营业了。

可是，书店的生意并不好，因为镇上的人没有读书的习惯。一连几个月下去，书店基本上可以说是门可罗雀。

考拉尔想：“生意刚开始时都是难做的。只要我能够坚持到底，迟早会做起来的。即便真的做不起来，我就当这些书是自己的藏书算了。”

就这样，考拉尔在困境中坚持了下来。

可是，书店的生意越来越差。幸好考拉尔和妻子都有一份稳定的工作，他们将自己的收入几乎全补贴在了书店上，可依然入不敷出。

这时，身边的朋友们都劝考拉尔干脆把书店关了，既然赔钱，干吗还要开下去。这个时候，考拉尔的思想已经发生了转变，他由最初的单纯经营转变成为弘扬文化而经营。他坚定地说：“对于一个城市来说，书店是城市文明的象征，它能够带给人们知识和力量。不管书店生意如何，我都决定坚持下去。”

此后，即使遇到了金融危机，遭遇了两次世界大战，考拉尔的书店依旧照常营业。当初的斯特林镇也变成了斯特林市。

1948 年，92 岁高龄的考拉尔走到了生命的尽头。临终前，考拉尔告诉自己的子孙，以后不管时代如何变迁，书店都要一直开下去。

2004 年，斯特林市参加了全球 50 个文明城市的竞选，在激烈的竞争中，斯特林市得分落后，眼看就要落选了。这时，有人向市长提到了存在了上百年的“思想者”书店。这个建议让市长眼前一亮。当他把“思想者”的牌子打出去后，“百年老店”的坚守精神让斯特林市得到了更多人的尊重。

评选结束后，斯特林市不但入选，名次还排在前十。

一时间，考拉尔的“思想者”书店名扬四海，很多慕名而来的人被考拉尔的精神所感动。就这样，“思想者”书店不但成了当地最著名的旅游景点，还成了当地销售额最高的书店，每年的销售额已经达到了几百万美元。

2006年，考拉尔的后人接手了书店。他对书店一百多年的经营做了详细的分析，结果发现，在考拉尔经营的66年里，书店有9年在赚钱，17年持平，其余的四十年都一直处于亏损状态。对此，考拉尔的后人动情地说：“面对这样的经营情况，我不知道世界上有几个人能够坚持66年。我无法想象我的祖先是如何度过那段岁月的。在那个年代，他绝不会想到书店能带来如此巨额的利润。事实上，他只是在一个思想贫瘠的时代，为文明而苦苦坚守。”

“思想者”书店为考拉尔家族带来了数不尽的金钱与荣誉，但这一切，都源于考拉尔最初的专注。许多伟大的成就都是专注的结果。其实，无论在哪个行业，要作出一番成就，起决定作用的不是运气，而是你在这件事情上花费了多少时间和精力。

付出多少，得到多少，这是一个众所周知的因果法则。也许你的投入无法立刻得到相应的回报，但也不要气馁，应该一如既往地多付出一点。回报可能会在不经意间以出人意料的方式出现。你付出的努力如同存在银行里的钱，当你需要的时候，它随时都会为你服务。

洛杉矶湖人队前教练派特雷利在湖人队最低潮时，告诉球队的12名队员说：“今年我们只要每人比去年进步1%就好，有没有问题?”球员们一听：“才1%，太容易了!”于是，在罚球、抢篮板、助攻、拦截、防守5方面，每人都各进步了1%，结果那一年湖人队获得了冠军，而且夺冠的过程很轻松。

有人问派特雷利教练，为什么能这么容易得到冠军，教练说：“每人在5个方面各进步1%，则为5%，12人一共60%。一年进步60%的球队，你说能不得冠军吗?”

“人能一其心，何不知之有哉?”意思是，人如果能够专心致志，那么什么事情办不到呢? 成功与不成功之间的距离，并不像大多数人想象的那样是一道巨大的鸿沟。

成功与不成功之间的差别只在一些小小的动作：每天花10分钟阅读、多打一个电话、多努力一点、多一个微笑、演出时多费一点心思、多做一些研究，仅此而已。

如果我们为生活设定一个明确的目标，多一点勤奋，多一点耐心，多一点谦恭，那么，我们就能够进步得更快且事半功倍；如果我们自以为是地坚信自己具有超越一切的智能及洞察力并以此为傲，甚而不作出任何努力，那么我们就会事倍功半。一寸光阴一寸金，一分耕耘一分收获。

有时候，付出也许得不到回报，但不付出就永远没有收获，不要总等着天上掉馅饼，总期望不劳而获，成功必须是在你努力的前提之下产生的。

当一个人真正地学会运用时间、把握时间，只要付出和努力的时间足够多，成功就会一步步靠近。

能受苦方为志士，肯吃亏不是痴人。

——闵嗣鹤

（曾任北京大学教授，数学家、教育家）

吃得苦中苦，方为人上人

明朝冯梦龙《警世通言》写道："不受苦中苦，难为人上人。"正是俗语所说的"吃得苦中苦，方为人上人"之意，意思是，只有吃得了千辛万苦，才能成为优秀出众的人。生活中，每个人都希望自己的人生能够一帆风顺，但上帝并不喜欢安逸的人们，他要挑选出最杰出的人物，就一定会让这部分人经历磨难。

所谓"千锤百炼终成金"，人们只有经历过苦难，才会变得更加成熟，更加懂得珍惜。在苦难中成长，才能使我们变得坚强。

世上但凡有成就的人，没有一个人是没有经历过苦难的。曹雪芹若非家道中落，必然难以写出旷世奇作《红楼梦》；鲁迅先生若非饱尝世态炎凉、人间冷暖，必然也不会成为文学斗士，正是苦难激发了他的创作激情。

生命学家认为，困难和苦难是生命体不致退化的重要因素。一个生命体在没有任何困难和苦难的环境下生存，无论是身体机能，还是心志都会退化，时间久了，就会失去应对困难和苦难的能力，最终会走上灭亡的道路。所以，苦难其实是上苍赐予我们的最好的礼物，我们不应该拒绝，而应该欣然接受。

当我们在苦难中穿梭的时候，必然有切肤之痛，但是当我们渡过苦难之后，就具备了应对苦难的能力。经历苦难，正是一个不断超越自我的过程。只有在苦难面前，不放弃，我们才能在战胜苦难的同时，超越自我，使自己得到升华。所以，我们不仅不能抱怨苦难，还要感谢苦难。

所以，我们说："吃得苦中苦，方为人上人。"但是，这里所说的"人上人"并不是一般功利的想法。而是说，他可以在生活上比一般人较为豁达开通，眼光远大，做起事来可以得心应手。如果我们从小就安安稳稳无风无浪地像花朵一样生活在暖房里，我们所见的天日就只有那一点点，所能适应的温度也就只有那一点点，人生将失去很多乐趣。

挪威著名文学家克努特·哈姆逊，出身十分贫寒，9岁时，由于家庭生活贫困，父母无力抚养，只好把他送给叔叔抚养。但叔叔没有结婚，收入也不高，而且还有一个坏毛病——粗鲁、蛮横。

克努特每天都要干一些繁重的体力活，常常累得浑身酸疼。即使这样，克努特还是动不动就受到叔叔的责骂和惩罚。他的童年根本就没有欢乐。可是，虽然他的童年过得非常悲惨，但他从来都没有对生活失去希望，总是很乐观地对待每一天。

一天，克努特得到了一个让他感到非常高兴的消息——叔叔同意让他去学校上学了，为此，他高兴得好几天都没有睡好觉。

来到校园以后，他每天都认认真真地听课、学习。可是，由于叔叔没有钱给他买新衣服，所以他穿的衣服总是破破烂烂的，其他的小孩也就都不喜欢跟他一起玩。很多时候，克努特都是孤零零地待在旁边，看着其他的小伙伴一起玩耍。

中午吃饭的时候，其他的同学吃着从家里带来的香喷喷的饭菜，有说有笑，可怜的克努特根本就没有饭可吃，因此，他只好一个人坐在图书室里，捧着书如饥似渴地读着，任凭肚子饿得咕咕叫。

在图书馆里，书籍让他插上了想象的翅膀，使他忘掉了饥饿与烦恼。在书的海洋中，他感受到了生活的快乐，也体验到了人生的悲凉。在阅读了大量的书籍以后，他渐渐产生了创作的冲动。

有一天，他得到了一个不幸的消息，他最心爱的朋友——一只可爱的小鹿病死了。为此，他怀着极度悲伤的心情写下了自己的第一篇作品《葬词》。

尽管书籍中的世界丰富多彩，但是现实生活远不如书中描绘得那么美好，贫穷带给他的痛苦实在太大了。读了没多长时间的书，克努特就不得不为自己的生计而奔波了，他不得不离开无限眷恋的学校，孤身一人到挪威的南部去流浪。在那段艰苦的日子里，他做过商店的店员，也做过工厂的学徒、工人。在做学徒工的时候，他因为被误认为是小偷而被师傅赶了出来。最后，他在一个港口做了挑煤工。

贫穷的生活环境，并没有让克努特屈服，他总是非常乐观地告诉自己，美好的生活就在不远处等着自己。所以，为了能够更好地学习知识，他每天都把书带在身边，在劳动的间隙，随时打开阅读。正是因为这样，最后，他凭借自己不懈的努力，终于有了《饥饿》《土地的滋长》等举世闻名的佳作的成功诞生。

生活中，每个人都会遇到挫折，遭受苦难，甚至有时一些挫折的现状难以突破，一些苦难难以摆脱。面对这些困境，有的人便会不战而败，捶胸顿足，怨天尤人。这样的人永远也无法走出困难。真正能成大事者，总会满怀希望，同时表现出他们对人生积极乐观的态度。他们能以这种积极乐观的态度在困境中主动寻找幸福，获得成功。即使是道路坎坷，荆棘绕身，他们也会乐观地奔向前方，直到幸福出现的那一刻。

其实，人生是这样一个过程，最初的我们是包裹着厚厚的外衣的，我们并不了解生活，也不知道怎样生活，苦难会让我们把包裹着自己的外衣一件件脱掉，使我们更加深刻地认知生活，只有这样，才能锻炼我们，才能使我们具有应对生活的能力。苦难很有力，它比任何说教都更有力量，它能让我们真实地历练书本上描述的场面。世上的任何事情都是只有经历了才能有更加深刻的认知。苦难让我们看清的就是真实的生活。

要知道，蝴蝶能够翩翩起舞，是因为她经历了化茧成蝶的痛苦。成功的道路是布满荆棘的，需要我们用大无畏的精神去面对，然而，如果我们没有经历过苦难的洗礼，那么必然没有勇气去面对成功道路上的种种困难。苦难对于人生来说是一剂良药，它能使我们更加坚强。

人生中有无数大大小小的苦难在等着我们，我们可以选择逃避，也可以选择勇敢地面对。选择逃避吗？我们将永远不能明白人生的真相，更不可能沿着苦难的人生走下去并取得成功。选择勇敢地面对，我们才能在苦难中了解人生，才能更好地走以后的人生之路。只要我们能够度过黎明前的黑暗，必能迎来人生中的第一缕曙光。

孟子说：“天将降大任于斯人也，必先苦其心志，劳其筋骨，饿其体肤，空乏其身，行拂乱其所为。”苦难会让我们伤痛，会让我们迷茫，同样也可以让我们坚强，只有在苦难的打磨之下，我们才会愈加坚强。我们本来就像是一把没有开锋的刀，而苦难就像是磨刀石，刀蹭上磨刀石会痛苦，却能够在痛苦中更加锋利。苦难是黎明前的黑暗，只有挺过了最黑暗的时间，我们才能够看到黎明的曙光。

理想的工作一定是自己创造的。

——俞敏洪

（毕业于北京大学英语专业，新东方学校创始人现任新东方教育科技集团董事长兼总裁）

弱者等待机会，强者创造机会

在人类的历史中，再没有一件事比那些人们在困境中达到成功的故事更为神奇的，这些故事讲述了人们怎样在黑暗中摸索，最终达到光明的境地；怎样久困于痛苦与贫困之中，不断摸爬滚打与奋斗，克服艰难险阻，取得最后胜利。它们讲述了那些人如何在普通的岗位上化平凡为伟大，以及那些仅具有一般天赋的人如何靠着坚强的意志，经过不断的努力而最终成就大业的故事。

没有人能安享一帆风顺的人生，总是会在生活中遇到各式各样的挫折。谁曾想过，即使是少年得志、一生严谨积极的胡适也曾有过堕落的生活。不过，强者与弱者的不同就在于，弱者会被迷茫的人生所淹没，强者却不会在堕落的生活中沉沦，他们会清醒振作，走上新的生活道路。

西点军校前校长佛雷德·W. 斯莱登说："在人生的战场上，幸运总是光临到能够努力奋斗并抢占待机的人身上。"凡是在世界上作出一番大事业的人，往往不是那些幸运之神的宠儿，反而是那些"没有机会"的苦孩子。

胡适在《四十自述》中回忆，1909 年，各地学生运动陆续失败，中国新公学也与中国公学合并了。他和几个朋友意气消沉，离开了学校，在外租了房子，靠索债、借债、典质衣物为生。

那是胡适生命的沉沦期。跟着那帮"浪漫的朋友"，不到两个月，什么打牌、吃花酒，胡适都学会了。他的生活一片混沌，学问没进步，只写了几首《酒醒》《纪梦》之类的诗。后来，王云五介绍胡适去华童公学教国文，不过胡适放荡的生活依然没有结束。

一天夜里，朋友们又约胡适去喝酒，酒后还一起打牌。回去的路上，拉车的见胡适大醉，就把他推下车去，拿走了他的马褂和帽子。

胡适东倒西歪地在路上走，遇到一位巡捕。他向巡捕问路，随即撒起酒疯，巡捕只好吹哨子，叫来了一部空马车，由两个马夫帮忙捉住他送到了巡捕房。

第二天早晨胡适醒时，发现身上没盖被子，只盖着一件潮湿的裘衣，急忙起来，看到铁栏和巡捕，才知道自己进了巡捕房。

胡适被送去审讯，因为是华童公学的老师，法官给留了面子，只罚款五元。

这件事给胡适触动很大，他第一次对自己几个月的放荡生活进行了反省，最终决定打起精神从头开始。

他与那些不上进的朋友断了交往，闭门读书，考上了庚款留美官费生，开始了海外求学之路。

胡适与不好的朋友结交，学坏堕落，是为可耻；然而他很快就迷途知返，并奋而向更高的目标努力，却让人敬佩。这个故事让我们看到了一个真实的、与普通人一样懦弱的胡适，也让我们看到了一个拼搏向上、不向堕落的生活妥协的胡适。

“没有机会”永远是那些失败者的托辞。当我们尝试着步入失败者的群体中对他们加以访问时，他们中的大多数人会告诉你：他们之所以失败，是因为不能得到像别人一样的机会，没有人帮助他们，没有人提拔他们。总之，他们是毫无机会了。但有骨气的人却从不会为他们的平庸与失败寻找托辞。他们从不怨天尤人。他们只知道尽自己所能迈步向前。他们更不会等待别人的援助，不等待机会，而是自己制造机会。

遇到挫折并不可怕，谁还不会遇到不如意的事情呢？强者与弱者的区别就是，弱者妥协于生活，而强者挑战生活。人生会经历许许多多的拐点，这些拐点你把握不好是挫折，把握好了就是转折。

道本连自己的名字都不会写，却在大阪的一所中学当了几十年的校工。尽管工资不多，但他已经很满足生活中的一切。

就在他快要退休时，新上任的校长以他“连字都不认识，却在校园工作，太不可思议了”为由，将他辞退了。

道本恋恋不舍地离开了校园。像往常一样，他去为自己的晚餐买半磅香肠，但快到食品店时，他想起食品店已经关门多日了。而不巧的是，附近街区竟然没有第二家卖香肠的。忽然，一个念头在他脑海里闪过：“为什么我不开一家专卖香肠的小店呢？虽然我失去了工作，但是我可以创造机会，重新拥有自己的事业。”于是，他很快拿出自己仅有的一点积蓄开了一家食品店，专门卖起香肠来。

因为道本灵活多变的经营，十年后，他成了一家熟食加工公司的总裁，他的香肠连锁店遍及了大阪的大街小巷，并且是产、供、销“一条龙”服务，颇有名气的道本香肠制作技术学校也应运而生，而这一切全凭借他当年一个偶然的念头，凭借他没有机会也要创造机会的勇气和智慧。

一天，当年辞退他的校长得知这位著名的董事长识字不多时，便十分敬佩地称赞他："道本先生，您没有受过正规的学校教育，却拥有如此成功的事业，实在是太不可思议了。"

道本诚恳地回答："真感谢您当初辞退了我，让我摔了跟头，从那之后我才认识到自己还能干更多的事情，可以为自己创造更好的机会和人生。否则，我现在肯定还是一位靠一点退休金过日子的校工。"

有人说："如果别人没有给你奇迹，你就去成为奇迹。"正是因为道本在人生的转折点没有低沉下去，而是给自己创造了机会，才赢得了日后成功的事业。试想一下，如果当时道本被辞退后，萎靡不振，就此沦落，觉得人生从此没有机会了，那么，等待他的将是什么我们不可知，至少不会是成功的事业。

事实上，没有几个人是含着金汤勺出生的，更多的成功者首先要做的事情是从困境中崛起，是创造机会而不是一味等待。困境可以锻炼一个人的品格，也可以激发一个人向上发展的勇气和潜力。在困境中，当被逼得退无可退，无路可走时，人们往往会想出办法来自救，无形之中反而促成了人生的辉煌。

有这么多人能抓住机会成功，还有更多的人没有抓住机会而啜饮人生的苦酒。我们不要在渺茫的人生中沉沦，要时刻记得奋发向上的决心。

苦海无涯，要想出头，就得奋力挣扎。世上没有渡人的舟，若是在这一片苦难的茫然中呆坐，等不来救助，只能等到灭顶的沉没。

自强是每个人都有的能力。

——俞敏洪

（毕业于北京大学英语专业，新东方学校创始人现任新东方教育科技集团董事长兼总裁）

自强才能自立

《周易》从效法自然的立场出发，提出"天行健，君子以自强不息"；《诗经》上也说"自求多福"；孔子赞赏"刚毅"的性格，他自己就是一个"发愤忘食，乐以忘忧"的人；孟子则从反面强调："自弃者，不可与有为也。"因此，我们说，无论是国家，还是个人，唯有自强，才能自立。

自强不息的精神深深熔铸在中华民族的生命力、创造力和凝聚力之中，并成为中华文明得以绵延千载、生生不息的精神动力，也是人生应有的昂扬向上的精神状态。艰苦的环境有助于磨炼一个人的品格，激励一个人的斗志，增强一个人的能力。

生活中的一切，工作中的一切，都只能靠你自己，因为你自身就是你自己的生存环境之一，你才是自己真正的主人。

人世沉浮如电光石火，盛衰起伏，变幻难测。只要你自强不息，就能改变别人对你的看法，就能开拓出一片属于自己的天地。

“天道酬勤，厚德载物”，伟大的成功和辛勤的劳动成正比，而增厚美德以容载万物应成为我们崇高不变的追求，自强不息，是一切成功的源泉！

徐悲鸿先生是我国杰出的画家。19 世纪 20 年代，徐悲鸿先生曾在北大画法研究会任导师，其正直爱国、不卑不亢的品格深深影响了几代北大人，为北大人留下了极宝贵的精神财富。下面是徐悲鸿先生年轻时的一段求学经历。

1919 年到 1927 年，徐悲鸿先生在欧洲一些国家留学。当时的中国，军阀混战，贫穷落后，在世界上没有地位，在外国的中国留学生常受到一些人的歧视。

有一次，许多留学生在一起聚会，一个浑身散发着酒气的外国学生站起来，恶毒地说：“中国人又蠢又笨，只配当亡国奴，就是把他们送到天堂里去深造，也成不了才！”

坐在一旁的徐悲鸿被激怒了，他走到这个洋学生面前，大声说：“先生，你不是说中国人不行吗？那么，我代表我的祖国，你代表你的国家，我们比一比，等学习结束时，看看到底谁是人才，谁是蠢材！”

从此，徐悲鸿学习得更勤奋了。他到巴黎各大博物馆去临摹世界名画的时候，常常是带上一块面包一壶水，一去就是一整天，不到闭馆的时间不出来。法国画家达仰非常喜欢徐悲鸿，他从这个中国青年身上，看到了中国人民的坚强毅力。他主动邀请徐悲鸿到家做客，在他画室里画画，并亲自为徐悲鸿指导。

有志者事竟成，徐悲鸿进入巴黎国立高等美术学校后，在几次竞赛和考试中获得了第一名。1924 年，他的油画在巴黎展出时，轰动了巴黎美术界。这时，那个在大家面前大骂中国人无能的洋学生，不得不承认自己不是中国人的对手。

徐悲鸿说过：“人不可有傲气，但不可无傲骨。”有了傲气的人，往往会自命不凡，认为自己能干，比别人高出一筹，从而目中无人。这就是他今后失败的先兆。但是做到了没有“傲气”，还应当有“傲骨”。什么是傲骨呢？就是应当有志气，有自信心，有顽强不屈的性格。

其实，人生的道路总是坎坷不平的，失败和挫折随时会降临，冷眼、讽刺也会随之而来。对待这些挫折和困境，不要把原因归于“自己天赋不足”，而应当挺起自己的铮铮傲骨，不自卑、不气馁、不懊丧，用行动证明自己的价值，捍卫自己的尊严。

“只有满怀自信的人，才能在任何地方都怀有自信沉浸在生活中，并实现自己的意志”。面对人生困境，不能消磨意志，丧失信心。哪怕千难万难，也要勇敢面对。自强自立，才能提升人格境界，最大限度地发挥自己的潜能和价值，大有所为，创造出精彩的人生。

第三章　逆境是人生修炼的最高学府

进步是有味的，但进步也是痛苦的。

——林语堂

（曾任北京大学教授，中国当代著名学者、文学家、语言学家）

人生需要苦难的洗礼

高尔基说过："苦难是人生最好的大学。"孟子也说过："天将降大任于斯人也，必先苦其心志，劳其筋骨，饿其体肤，空乏其身，行拂乱其所为，所以动心忍性，增益其所不能。"然而，有些人却不愿正视苦难。遇到苦难的时候，要么是怨天尤人，要么抱怨自己生而不幸。其实，之所以会抱怨苦难，是因为他们还不明白苦难是我们寻找观察世界的方式，痛苦是人的一种本质体验。

人生苦难重重，这是世界上最伟大的真理之一。它的伟大，在于我们一旦真正理解并接受它，就再也不会对人生的苦难耿耿于怀，就能实现人生的超越。的确，苦难是人生的常态，它往往伴随着我们的一生。

幼儿时，苦难是我们学习走路时的点点滴滴；少年时，苦难是我们磨炼意志时的磕磕绊绊；青年时，苦难是我们打拼未来，实现梦想的曲曲折折；中年时，苦难是我们深陷困惑泥沼中的孜孜以求……

大文豪巴尔扎克曾说："世界上的事情永远不是绝对的，结果完全因人而异。苦难对于天才是一块垫脚石，对于能干的人是一笔财富，对于弱者是一个万丈深渊。"虽然苦难有时会把我们一生的追求和信念一瞬间撕得粉碎，也可能对我们穷追不舍，一点点地蚕食着我们生命中的绿色。但是，苦难却能使人受到磨炼和考验，变得坚强起来。无论我们经历过多少苦难，走过多少坎坷，我们都不会一无所有，我们总会得到一些东西，它们能扩大我们对生活的认识范围和认识的深度，使自己更加成熟，使内心更加坚强，是我们生命里最为宝贵的财产。

人生的通道往往是穿越卑微，平凡者可以凭借考验，抓住机会，最先觉醒，最先锤炼，最先成熟，然后运用智慧的能力使自己变得伟大。

那些普通的麦子尚能昭示不普通的生物延续哲学，一个人若能经受苦难的考验，经历某些可贵的坚持，就可以孕育一些珍贵的人生积淀。因此，只要我们敢于正视人生是苦难的这一事实，并且以一种积极乐观的态度面对它，就不会再被它困扰，反而会将它看成是人生的瑰宝。

人生难免要经历种种苦难，没有苦难的人生也很难有辉煌的成就。正如孟子所说的“生于忧患，死于安乐”的道理一样。世界上大多数的伟人都经历过不少苦难。自古英雄多磨难，不拒绝生命的雕琢，才能有所作为。伟人之所以伟大，是因为他们拥有强者的心态，战胜了苦难，从苦难中走了出来。

帕格尼尼是世界超级小提琴家，他 4 岁时，一场麻疹和强直性昏厥症，差点使他进入棺材。他 7 岁时患上了严重的肺炎。46 岁牙床突然长满脓疮，拔掉了几乎所有的牙齿。又染上可怕的眼疾，几乎失明。50 岁后，关节炎、肠道炎、喉结核等多种疾病吞噬着他的肌体。后来声带也坏了，靠儿子按口型翻译他的思想。他仅仅活了 57 岁，就口吐鲜血而亡。

他的一生几乎都在苦难中度过，但是他 12 岁就举办首次音乐会，并一举成功，轰动舆论界。

之后，他的琴声遍及法、意、奥、德、英、捷等国。他的演奏使帕尔玛首席提琴家罗拉惊异得从病榻上跳下来，木然而立，无颜收他为徒。

他用独特的指法、弓法和充满魔力的旋律征服了整个欧洲和世界，几乎欧洲所有文学艺术大师，如大仲马、巴尔扎克、司汤达等都听过他演奏并为之激动不已。音乐评论家勃拉兹称他为“操琴弓的魔术师”，歌德评价他“在琴弦上展现了火一样的灵魂”，李斯特大喊：“天啊，在这四根琴弦中包含着多少苦难、痛苦和受到残害的生灵啊!”

帕格尼尼虽然经历了很多苦难，但是他的成就至今无人能敌。由此可见，强者是苦难学校的毕业生。人们在苦难中学会坚强和忍耐，性格可以变得平和而达观，进而形成一种强者心态。

在苦难这所学校毕业出来的强者都具有同样的特点，他们隐忍着自己的伤痛，而对他人充满着仁慈与关爱，拥有阳光般的强者心态，甚至对曾经伤害过自己的人也给予宽容和理解。人性中那些轻狂浮躁、狡黠虚伪、庸俗势利等天性，离他们越来越远。因为他们知道，人生无常，命运无常，我们费尽心机得到的浮华终将是过眼烟云，是你的跑也跑不掉，不是你的强留也留不住。珍惜自己所拥有的，保持一颗强者心态，走好脚下的每一步，才是根本。

苦难，作为人生的消极面，人人唯恐躲之不及。然而它在人生中的意义并不是完全消极的。苦难常常能够唤醒我们的灵魂。在通常情况下，我们的灵魂是沉睡着的，一旦我们感到幸福或遭到苦难时，它便醒来了。如果说幸福是灵魂的叹息和歌唱，那么苦难便是灵魂的呻吟和抗议，在两者中凸现的都是对生命意义的强烈体验。如果把幸福当作支付的生命体验，那么苦难便是对它的积累。

多数时候，我们总是在为生活忙忙碌碌，无暇顾及生命的本质与内在的心灵。苦难能打断我们所习惯的生活，使我们忙碌的身子停了下来，同时也提供了一个机会，迫使我们与外界事物拉开一个距离，只要我们善于利用这个机会，肯于思考，就会对人生获得一种新眼光。

苦难连接着生活与命运，是孕育灵魂和生命的土壤，苦难中蕴含着人生的珍宝。缺乏苦难的人生，便失去了光彩。人生需要苦难的洗礼，它可以让我们对生命的体验不浮于表面，而是触到了本质，体验到更深邃的人生境界。

未曾失意的人不懂人生。

——周国平

（毕业于北京大学哲学系，中国社会科学院哲学研究所研究员，当代著名学者、哲学家、散文家、作家）

逆境是人生最好的课堂

古往今来，凡立大志、成大功者，往往都饱经磨难，备尝艰辛。逆境成就了“天将降大任者”，所以有人说：“逆境是一所学校，真理在里面总是变得强有力。”生活中，我们每个人都会遇到逆境，以为逆境是人生不可承受的打击的人，若不能挺过这一关，可能会因此而颓废下去；而以为逆境只不过是人生的一个小坎儿的人，就会想尽一切办法去找到一条可迈过去的路。这种人，才能成大事。

当人们把沙子放进蚌的壳内时，蚌觉得非常不舒服，但是又无力把沙子吐出去，所以蚌面临两个选择，一是以敌视的态度憎恶这粒沙子，让自己的日子很不好过，另一个是想办法把这粒沙子同化，使它跟自己和平共处。于是蚌开始把它的精力营养分一部分去把沙子包起来。当沙子裹上蚌的外衣时，蚌就觉得它是自己的一部分，不再是异物了。沙子裹上的蚌成分越多，蚌越把它当作自己的一部分，就越能心平气和地和沙子相处。

尼采曾说："那些能将我杀死的事物，会使我变得更有力。"如果我们不想在逆境中沉沦，那么我们便应直面逆境，奋起抗争，只要我们能以坚忍不拔的意志奋力拼搏，就一定能冲出逆境。与命运抗争几个回合后，便臣服于逆境、挫折，你将输掉你的人生。因此，无论处在什么样的境遇，请不要放弃希望和信念，因为那是我们内心潜在的无穷力量。

如果明白发生在自己身上的每件事，都是上苍设计好的，我们就会永远立于不败之地。的确，要想让自己心甘情愿地面对人生的种种痛苦，并竭尽全力去克服它，就必须先改变对待痛苦的态度。

一旦我们领悟到了，我们所遭遇的每一件事，都是有助于我们心灵成长的精心设计，都是用来指导我们的生命旅程的，我们注定会成为赢家。

一群少年非常喜欢捕鱼，他们常常结伴在一泓深潭边钓鱼。但是，每次忙活大半天，都只能钓到一些小鱼。可他们却看到集市上的一位中年渔夫天天卖大鱼，于是很好奇地问："你这些大鱼是从哪里来的?"

中年人说："当然是从河里得来的!"

少年好奇地问："我们也是经常在河边钓鱼，为什么半天钓的鱼加起来还没有你的一条鱼重呢。"

渔夫神秘地说道："那是，我有门道！不是每个人都想弄到大鱼就能够弄到大鱼的!"

少年们央求中年人说："那你教教我们吧！我们只是喜欢捕鱼，保证不会在这集市上卖鱼来抢你的生意！我只是想感受一下捕到大鱼的感觉。"在少年们的再三请求下，渔夫终于答应等集市散了，到河边为少年们传授秘诀。

集市散了，渔夫收拾好自己的鱼篓，带着少年们来到了河边。

"你一般都在哪里捕鱼?"中年人问。

少年们指一指河面比较平静的那一段，说："当然是那里了，水流比较缓，鱼肯定比较多!”

渔夫哈哈大笑，说：“你知道我在哪里捕鱼?”渔夫指向潭上边不远的河段里，那是一个水流湍急的河段，雪白的浪花哗哗地翻卷着。

少年们都觉得这渔夫很可笑，在浪大又那么湍急的河段里，怎么会捕到鱼呢？那些鱼肯定会选择水流比较缓和的地方栖息!”

渔夫笑笑说：“潭里风平浪静，所以那些经不起大风大浪的小鱼就自由自在地游荡在潭里，潭水里那些微薄的氧气就足够它们呼吸了。而这些大鱼就不行了，它们需要水里有更多的氧气，没办法，它们只有拼命游到有浪花的地方。浪越大，水里的氧气就越多，大鱼也越多。”渔夫又得意地说，“许多人都以为风大浪大的地方是不适合鱼生存的，所以他们捕鱼就选择风平浪静的深潭，但他们恰恰想错了，一条没风没浪的小河里是不会有大鱼的，而大风大浪恰恰是鱼长大长肥的唯一条件。大风大浪看似是鱼儿们的苦难，但这些苦难却是鱼儿们的天然给氧器啊!”

水流平静的河流是不会有大鱼的，只有风大浪急的河流，才一样能够出大鱼。这就像一个人不经历苦难，永远成不了气候，只有经历一定的挫折和失败，才能够真正让一个人取得成功。所以每个人需要做的，就是要正视逆境，把每一次遭遇都当成是心灵成长的精彩设计。

李嘉诚说过：“艰难的生活，是我人生的最好锻炼。”因为正视了逆境对自己的作用，所以，他获得了巨大的成功。这就是比尔·盖茨选择把自己财产的大部分捐出去的原因，因为他知道，如果不让孩子吃一定的苦，那就是另一种变相的对孩子的不负责。

喜欢登山的人都有这种感受：景色平常的地方容易攀登，自然就有很多人；而险峻壮美的顶峰，因为路途艰险、危险丛生，攀登者就寥寥无几了。其实，人生也和登山一样，有那么多人前赴后继地奔向热门的地方，却不知这不过是趋之若鹜的路子罢了。有困难的路虽然曲折，甚至艰险，但也正因为有了一步步的克服我才能高唱战歌去面对困难。

美国学者马尔腾博士说：“困难是我们的恩人，有了困难，才能拦住与淘汰去一切不如我们的竞争者，而使我们得到胜利。”逆境是人生最好的课堂，它会让你逐渐由幼稚走向成熟，在不断的拼搏中获得成功。正视逆境，也就是正视我们自己的人生。如果用积极的心态去面对人生的逆境，逆境将是一笔不菲的财富。所以，在逆境中，我们不必灰心丧气，因为它可能就是我们成功的契机。

“哀莫大于心死”，世间最可怕的衰老是心态的衰老。在困境来临的时候，不被困境吓倒，而是保持积极的心态，困难就会被你击倒。没有什么可以挡得住你前进的脚步，擦亮你的眼睛，就会看到生活的希望，一切还皆有可能。面对困难时，调整心态，不要让消极的思想影响了生命的进程。积极地走好现在的每一步，我们的人生才会精彩。

人生不过如此。

——林语堂

（曾任北京大学教授，中国当代著名学者、文学家、语言学家）

别抱怨挫折，是它让你留下了脚印

奥斯特洛夫斯基说：“人的生命似洪水在奔腾，不遇着岛屿和暗礁，难以激起美丽的浪花。”只有在风雨中走过的人们，才能在泥泞中留下自己的印迹，才能证明自己的价值。任何一种本领的获得都要经由艰苦的磨炼。对于真正坚强的人来说，任何困难和逆境都会让他获得拼搏的力量。

清代金兰生在《格言联璧》中写道：“经一番挫折，长一番见识；容一番横逆，增一番气度。”很多时候，痛苦并非坏事。困难与折磨对于坚强的人来说，是一把锤子，打掉的应该是脆弱的铁屑，锻成的则是锋利的钢刀。由此可见，那些挫折和横逆的折磨对人生不但不是消极的，还是一种促进你成长的积极因素。唯有经历各种各样的折磨，才能拓展生命的厚度。

没有人一生都是完美的，人的一生总是会遇到各种各样的挫折。其实，遇到挫折并不可怕，可怕的是我们不能以正确的心态来看待它。人生路上未知的因素太多，重要的是我们以怎样的心态来对待它。一种好的心态可以让一个人走向成功，在你的不经意之间。在经历挫折的时候，很多人都习惯于抱怨。他们责怪命运，责怪机遇，责怪成长中遇到的过多的苦难。可是，他们不知道，没有任何一条通往荣耀的道路是宽阔、平坦的。相反，只有充满泥泞的道路，才能遍布或深或浅的脚印，印证努力过的痕迹。

只有泥泞的道路，方能留下深深的脚印。坦途固然很好，可是这样一路走来会平淡无奇，只有通过坎坷之路取得的成功，才能让人回味无穷。不历经风雨，难以见彩虹。面对苦难的人生，我们不要怨天尤人，只有踏踏实实地在坎坷的道路上前行，留下一个个坚实的脚印，才能证明我们生命的价值。

古今中外有许多人都在磨难的泥泞路上留下了自己的脚印。这些立大志、成大事者，都备受磨难，备尝艰辛而最终为上天所成全，得建丰功伟业。人们无法选择命运的事先安排，却可以选择自己想走的道路。如果我们选择艰苦的道路，我们的脚印就会印在上面，被人们记住。

在生活中，我们看到很多明星们总是前呼后拥、华衣锦食、风光无限，却没有细想他们是在怎样艰苦的环境中锻炼出来的。

蜚声世界的美国人沃尔特·迪士尼，年轻的时候是一位画家，贫困潦倒，无人赏识。几经求职，他终于找到一份工作，替教堂作画。

当时，他借用了一间废弃的车库作为临时办公室，可事情并没有如他期望的那样，命运没有出现一丝转机。微薄的报酬入不敷出，他的生活一如既往地窘迫。

有一段时间，他陷入了空虚与无望的黑暗中。他夜夜失眠，手中的画笔也断然搁下了，没了灵感，没了生机。

更令他心烦的是，每次熄灯后，一只老鼠就吱吱地叫个不停。他想打开灯赶走那只讨厌的家伙，但疲倦的身心让他干什么都没劲，所以他只好听之任之了。反正是失眠，他就听老鼠的叫声，他甚至能听到它在自己床边的跳跃声。他习惯了在这个无人知道的午夜有一只老鼠与自己相伴。

后来不止在夜里，白天小老鼠偶尔也会大摇大摆地从他的脚下走过，得意忘形地在不远处做着各种动作，表演着精彩的杂技。小老鼠使他的工作室有了生机。它成了他的朋友，他则成了它的观众，彼此相依为命。

不久，年轻的画家离开了堪萨斯城，被介绍到好莱坞去制作一部以动物为主的卡通片。这是他好不容易才得到的机遇，虽然前途是光明的，道路却是坎坷的，他的作品被一一否决，他再度陷入了举步维艰的地步。

那是一个与平常一样漫漫的长夜，他突然听到“吱吱”的叫声，那是老鼠的叫声。这一刻，灵光一现，他拉开灯，支起画架，画出了一只老鼠的轮廓。

美国最著名的动物卡通形象之一——米老鼠就这样诞生了。

迪士尼经历了许多挫折之后，终于在不屈不挠地坚持下获得了成功。遇到困难不退缩、勇往直前的人才能成功。

贝多芬曾说："卓越的人的一大优点是在不利和艰难的遭遇里百折不挠。"当我们决心要做一件事时，我们就应该有耐心坚持下去，而不是急功近利。一旦遇到困难就选择退缩的人往往遇到的困难会更多，因为困难是肯定会存在的，逃避永远不会让困难消失。而在克服困难的过程中，不管成功与否，我们学到的也是为下一步的成功打下坚实的基础。

如果我总是抱怨，任由灰色蒙蔽了自己的眼睛，任由风尘遮住了心灵，那么我们将永远失去对生活的希望。世界的颜色由我们自己决定，所以，智慧之人，请擦亮自己的眼睛，放下抱怨，静对风雨。只有这样，我们才能在人生路上写下我们的辉煌，留下属于我们的印记。

人生的目标不要太大，认准了一件事情，投入兴趣与热情去做，你就会成功。

——俞敏洪

（毕业于北京大学英语专业，新东方学校创始人现任新东方教育科技集团董事长兼总裁）

你不够成功，是因为你失败得还不够

爱默生说："伟大高贵人物最明显的标志，就是他坚定的意志，不管环境变化到何种地步，他的初衷与希望，仍然不会有丝毫的改变，而终至克服障碍，以达到所企望的目的。"失败是对一个人人格的考验，在一个人除了自己的生命以外，一切都已丧失的情况下，内在的力量到底还有多少？没有勇气继续奋斗的人，自认挫败的人，那么他所有的能力，便会全部消失。而那些毫无畏惧、勇往直前、永不放弃的人，则会通过失败在自己的生命里有伟大的进展。

有时候，一个人害怕失败，并不是害怕失败本身，更恐惧的恐怕是失败后那些看客的冷嘲热讽，而这些是造成一个人心理失败的根源。

失败是可怕的，但是因为惧怕失败而不败自败则是可耻的，没有人愿意品尝失败，没有人愿意让别人看自己的笑话，于是大多数人在考虑到可能失败的后果时，便选择了放弃，干脆一试也不试，这样他们就不用面对失败会给自己带来的创伤，这样他们就最大化地避免了被人嘲弄的难堪。可是这样，成功也从他们的畏惧中悄悄溜走了。因为人生求胜的秘诀，只有那些失败过的人才了如指掌。

狄更斯在他小说里讲到一个守财奴斯克鲁奇，最初是个爱财如命、一毛不拔、残酷无情的家伙，他甚至把全副的精神都钻在钱眼里。可是到了晚年，他竟然变成一个慷慨的慈善家、一个宽宏大量的人、一个真诚爱人的人。

狄更斯的这部小说并非完全虚构，世界上也真有这样的事实。人都可以由恶劣变为善良，人的事业又何尝不能由失败变为成功呢？现实生活中这样的例子也不少，许多人失败了再起来，沮丧而又不气馁，抱着不屈不挠的无畏精神，向前奋进，最终竟然获得了连自己都不敢想的成功。

爱因斯坦小的时候，有一次上手工课，他想做一只小木凳。下课铃响了，同学们争先恐后拿出自己的作品，交给女教师。爱因斯坦没有拿出自己的作品，急得满头大汗。女教师宽厚地望着这个数学、几何方面非常出色的男孩，相信他能交上一件好作品。

第二天，爱因斯坦交给女教师的是一个制作得很粗糙的小板凳，一条凳腿还钉偏了。满怀期望的女教师十分不满地说："你们有谁见过这么糟糕的凳子？"同学们纷纷摇头。老师又看了爱因斯坦一眼，生气地说："我想，世界上不会再有比这更坏的凳子了。"

教室里一阵哄笑。

爱因斯坦脸上红红的，他走到老师面前，肯定地对老师说："有，老师，还有比这更坏的凳子。"

教室里一下子静下来，大家都望着爱因斯坦。他走回自己的座位，从书桌下拿出两个更为粗糙的小板凳，说："这是我第一次和第二次制作的，刚才交给老师的是第三个小板凳。虽然它并不使人满意，可是比起前两个总要强一些。"

这就是爱因斯坦的三只板凳，他敢于在众人面前拿出的这只板凳连他自己都知道是个不成功的制作品，但是他还是在做了两个更为粗糙的板凳后进行了这失败的第三次尝试，这一次虽然也不是成功的，但在经历了前两次的失败后，这次的失败就是一种成功。

"假如你把所有的错误都犯了以后，最后的结果当然是对的。"如果爱因斯坦因为害怕犯"错误"而遭人嘲笑便放弃了继续"犯错误"，那么也许我们就失去了一个伟大的发明家，事实证明，谁害怕暗礁而留在港湾中，虽然不会有什么危险，但是他也永远不会达到他所渴望的目的。

有人或许要说，已经失败多次了，所以再试也是徒劳无益，这种想法其实是一种自暴自弃。对意志永不屈服的人，就没有所谓失败。无论成功是多么遥远，失败的次数是多么多，最后的胜利仍然在他的期待之中。世界上有无数人，已经丧失了他们所拥有的一切东西，然而还不能把他们叫做失败者，因为他们在失败中锤炼出不可屈服的意志，拥有了一种坚忍不拔的精神。

世间真正伟大的人，对于世间所谓的种种成败并不介意，所谓“不以物喜，不以己悲”。这种人无论面对多么大的失望，绝不失去镇静，这样的人终能获得最后的胜利。在狂风暴雨的袭击中，那心灵脆弱的人们唯有束手待毙，但这些人的自信精神、镇静气概却依然存在，而这种精神使得他们能够克服外在的一切境遇，去获得成功。

罗曼·罗兰曾说：“累累的创伤就是生命给你的最好的东西，因为在每个创伤上都标示着前进的一步。”所谓“知耻而后勇”，失败会激起你的斗志，失败会让你认识到现实和梦想的距离，从而让你从反省中站得更高。

成功的秘诀很简单：只要你站起来的次数比跌倒的次数多一个就够了。命运会将有用之才放在风雨里。人们只有经过风雨的洗礼，才会逐渐变得强大。所以世界上所有伟大的人物都是经历过风雨和磨炼的。

许多人要是没有遇到失败，就不会发现自己真正的才干。他们若不遇到极大的挫折，不遇到对他们生命本质的打击，就不知道怎样焕发自己内部贮藏的力量。

要测验一个人的品格，最好是看他失败以后怎样行动。失败以后，能否激发他更多的计谋与新的智慧？能否激发他潜在的力量？是增加了他的决断力，还是使他心灰意冷呢？

也许过去的一切，对一些人来说是一部极痛苦、极失望的伤心史。所以，有的人在回想过去时，会觉得自己处处失败、碌碌无为，他们竟然在衷心希望成功的事情上失败了，或许他们所至亲至爱的亲属朋友，竟然离他而去，也许他们曾经失掉了职位。然而即便有上述的种种不幸，只要你不甘永远屈服，那么你反而会从这种种的不幸中获得非凡的力量，你所迈出的步子也许会比你想象的更坚定。

每个人在他生活中都经历过不幸和痛苦。有些人在苦难中只想到自己，他就悲观、消极，发出绝望的哀号；有些人在苦难中还想到别人，想到集体，想到祖先和子孙，想到祖国和全人类，他就得到乐观和自信。

——冼星海

（曾在北京大学音乐传习所学习，著名音乐家、音乐教育家）

用另一种眼光看待不幸

人的一生，总免不了磕磕碰碰，遇到不快而生气，或遇到天灾人祸而痛不欲生等。每当这个时候，我们是怎样去处理的呢？面对不幸，我们要做的不是被动地承受，而是要坦然地寻求自己解决不幸的方法，在一番努力之后，我们会发现困扰我们的有时是多么微不足道。最重要的是我们已经学会了解决这不幸的方法和普遍意义上的良好心态，没有什么会比这更令人喜悦的了。

有一位哲人曾说："我们的痛苦不是问题的本身带来的，而是我们对这些问题的看法而产生的。"这话很有哲理，它引导我们要学会解脱，学会换一种眼光来看待痛苦与不幸。有时候，白眼、冷遇、嘲讽会让弱者低头走开，但对强者而言，这是另一种幸运和动力。

有这样一个故事：

佛印正坐在船上与苏轼把酒话禅，突然听到有人说："有人落水了！"

佛印马上跳入水中，把人救上岸来。被救的原来是一位少妇。

佛印问："你年纪轻轻，为什么寻短见呢？"

"我刚结婚三年，丈夫就抛弃了我，孩子也死了，你说我活着还有什么意思？"

佛印又问："三年前你是怎么过的？"

少妇的眼睛一亮："那时我无忧无虑、自由自在。"

"那时你有丈夫和孩子吗？"

"当然没有。"

"那你不过是被命运送回到了三年前。现在你又可以无忧无虑、自由自在了。"

少妇揉揉眼睛，恍如一梦。她想了想，向佛印道过谢便走了。以后，这位少妇再也没有寻过短见。

万物皆变，变则通，这是世界演化的不变法则。其实，缘起缘灭，得到失去，好或不好，都是生命的常态，然而这一切都将过去。所以莫把这个过程看得太重要，以心灵的常态对待生命，并在这种常态中稳扎稳打，步步向前就可以了。

换个角度看待自己，是一种突破、一种解脱、一种超越、一种高层次的淡泊宁静，从而获得自由自在的乐趣；换一种立场待人事，人事无不通畅；换一个角度看世界，世界无限宽大。一样的人生，异样的心态。如果能跳出来看自己，才能以乐观、豁达的心态来关照自己，认识自己。

有位老妈妈生养两个女儿，大女儿嫁给了一个卖伞的生意人，二女儿在染坊工作。这使这位母亲天天忧愁。

天晴了，她担心大女儿的伞卖不出去；天阴了，她又忧伤二女儿染坊里的衣服晾不干。她这样晴天也忧愁阴天也忧愁，不多久就白了头。

一天，一位远方亲友来看她，惊讶她的衰老，问其缘由，不觉好笑，那亲友说："阴天你大女儿的伞好卖，你高兴才是，晴天你二女儿染坊生意好也该高兴才是。这样你每天都有快乐的事，天天是好日，你干吗不捡高兴专拾忧愁呢?"老妈妈换个角度想："言之有理!"从此，她笑口常开，幸福每一天。

在很多时候，我们所有的苦难与烦恼，都是依靠过去的生活经验所作出的错误判断，这时，我们不妨跳出来，换个角度看自己，你就不会为战场失败、商场失手、情场失意而颓唐；也不会为名利加身、赞誉四起而得意忘形。

当人生的理想和追求不能实现时，不妨换个角度来看待人生。换个角度，便会产生另一种哲学，拥有另一种处事态度，我们存活于世间，需要一种睿智，也需要一种豁达。

1832年，美国的一位青年失业了，这显然使他很伤心，但他下决心要当政治家，当州议员。但不幸的是，他在竞选中失败了。在一年里遭受两次打击，这对他来说无疑是痛苦的。

接着，他着手自己开办企业，可一年不到，这家企业又倒闭了。在以后的17年间，他不得不为偿还企业倒闭时所欠的债务而到处奔波，历尽磨难。

1835年，他订婚了。但离结婚还差几个月的时候，未婚妻不幸去世。这对他精神上的打击实在太大了，他心力交瘁，数月卧床不起。

1836年，他得了神经衰弱症。

1838年，他觉得身体状况良好，于是决定竞选州议会议长，可他失败了。

1843年，他又参加竞选美国国会议员，但这次仍然没有成功。

他虽然一次次地尝试，却是一次次地遭受不幸：企业倒闭、情人去世、竞选败北。但这个人无比地执着，他把所有的不幸都当成是对他的磨炼，他相信一个人经历的失败和不幸越多，这个人就越坚韧和成熟。于是，他又一次参加竞选国会议员，最后终于当选了。

从这个人的人生经历来看，他无疑是非常不幸的，但他知道应该以怎样的眼光看待不幸，所以他一直没有放弃自己的追求，一直在做自己生活的主宰。终于在1860年，他当选为美国总统。

这个人就是亚伯拉罕·林肯。他是一个意志坚韧的人，他面对困难没有退却、没有逃跑，他坚持着、奋斗着、不愿放弃，所以他最终从一个又一个的坎坷中走出来，成为美国历史上最伟大的总统之一。

一个人遇到一次不幸，坚强地挺下去并不难，难的是能够以一颗坚韧的心抗争每一处逆境。

人生就像一场旅行，不必在乎目的地，应该在乎的是旅途中的风景，以及看风景的心情。有位哲人说："转一个角度看世界，世界便无限宽大；换一种立场看人生，人生便无所牵绊。"其实，能时常换个角度看待人生，这本身就是一种突破、一种解脱、一种超越、一种高层次的淡泊宁静。

我们常说，人生就是一场拼搏，没有压力，哪儿来的拼搏？

——季羡林

（曾任北京大学副校长，中国著名文学家、语言学家、翻译家、散文家）

压力也是拼搏的动力

有人说："井无压力不出油，人无压力轻飘飘。"这句话虽然语言朴实，却形象生动，哲理深刻。人正是因为有了压力，才更加有紧迫感、危机感、使命感，才更加清晰自己的目标，才更加明确自己的定位，才更加清楚自己的差距。

压力是每个人的生命中都会遇到的，你不能回避，也不能逃避。"躲进小楼成一统，管他春夏与秋冬"的心态只能是麻痹自己的自我欺骗，是自欺欺人的唯心之论。无论你承认与否，压力就在我们面前，它让你无处躲闪，无处藏身。

人的自身有无限潜力，力量之大超乎我们的想象。然而，潜力就像一堆待烧的木柴，需要火种去引燃，有的人终其一生都没能找到火种，只能碌碌无为。激发潜力，就像挤压浸过水的海绵，在我们用力挤的时候，所感到的必然是艰辛和苦楚，但付出总有回报，水一点一滴地汇集，能汇成小溪，奔赴大海；人经过千百次磨炼，潜力就会被点燃，从而成就奇迹，成就辉煌。

压力面前采取什么态度，关系到一个人的人生观与人生价值的定位。那些勇于面对压力，善于把压力化为动力的人，通常是人生异常丰满、乐观旷达、积极向上、充分体会到生命意义的人；反之，那些逃避现实与困境，不敢直面压力的人，一般是悲观厌世、行为消极、拈轻怕重、不思进取的人。这样的人生必将是黯淡的，生命也必将缺乏光彩。

美国麻省理工学院曾经进行了一次很有意思的实验。实验人员用很多铁圈将一个小南瓜整个箍住，以观察当南瓜逐渐长大时，对这个铁圈产生的压力有多大。最初他们估计南瓜最多能够承受大约 500 磅的压力。

在实验的第一个月，南瓜承受了 500 磅的压力；实验到第二个月时，这个南瓜承受了 1500 磅的压力，当它承受到 2000 磅的压力时，研究人员必须对铁圈加固，以免南瓜将铁圈撑开。

最后当研究结束时，整个南瓜承受了超过 5000 磅的压力后瓜皮才产生破裂。

他们打开南瓜并且发现它已经无法再食用，因为它的中间充满了坚韧牢固的层层纤维，试图想要突破包围它的铁圈。为了吸收充足的养分，以便于突破限制它成长的铁圈，它的根部甚至延展超过 8 万英尺，所有的根往不同的方向伸展，最后这个南瓜独自控制了整个花园的土壤与资源。

这个实验给人莫大的启示：巨大的压力常常可以转化成动力，鼓舞自己不断向前。其实，任何人的生存活动中都有压力，压力面前，没有人可以“免疫”。既然压力不可避免，我们不妨时时让自己处于压力之中，去感受生存的残酷、竞争的激烈，挺身面对压力，用自己的努力把压力转化为前进的力量。只有这样，我们才会像积压的火山一样，爆发出耀眼的辉煌。

要想真正将压力变为动力，还要求我们追求“更好”但不崇拜“最好”，有些人总喜欢拿自己与别人比较，比来比去发现自己有很多不足，即使拼命追赶，也仍然力不能及。久而久之，压力越来越大，以致到了无法承受的地步。俗话说：“天外有天，人外有人。”我们必须清楚地认识到：在各方面都没有“最好”，只有“更好”。你不能梦想自己在每一个方面都超越别人，凡事尽自己的最大努力就可以了，只有这样，才能正确面对竞争，从容而有效地化解生存压力。

有一个老人在山里打柴时，捡到一只样子怪怪的鸟，那只怪鸟和出生刚满月的小鸡一样大小，也许因为实在太小了，还不会飞，老人就把这只怪鸟带回家给小孙子玩耍。老人的孙子很调皮，他将怪鸟放在小鸡群里，充当母鸡的孩子，让母鸡养育。母鸡没有发现这个异类，全权负起一个母亲的责任。怪鸟一天天长大了，后来人们发现那只怪鸟竟是一只鹰，人们担心鹰再长大一些会吃鸡。

为了保护鸡，人们一致强烈要求：要么杀了那只鹰，要么将它放生，让它永远也别回来。因为和鹰相处的时间长了，有了感情，这一家人自然舍不得杀它，他们决定将鹰放生，让它回归大自然。

然而，他们用了许多办法都无法让鹰重返大自然。他们把鹰带到很远的地方放生，过不了几天那只鹰又回来了，他们驱赶它，不让它进家门，他们甚至将它打得遍体鳞伤……许多办法试过了都不奏效。最后他们终于明白：原来鹰是眷恋它从小长大的家园，舍不得那个温暖舒适的窝。

后来村里的一位老人说：“把鹰交给我吧，我会让它重返蓝天，永远不再回来。”老人将鹰带到附近一个最陡峭的悬崖绝壁旁，然后将鹰狠狠向悬崖下的深涧扔去。那只鹰开始也如石头般向下坠去，然而快要到涧底时它终于展开双翅托住了身体，开始缓缓滑翔，然后轻轻拍了拍翅膀，就飞向蔚蓝的天空。它越飞越自由舒展，越飞动作越漂亮。

它越飞越高，越飞越远，渐渐变成了一个小黑点，飞出了人们的视野，永远地飞走了，再也没有回来。

其实我们每个人都像那只鹰一样，对压力和困境有着难以名状的恐惧。我们总想逃脱，想找个安逸的地方躲藏起来，以为生命就可以因此安歇，养精蓄锐。其实，压力会一直存在的，它不会因为躲避而与你远离。只有正视它，让它成为刺激自己的动力，才能激发自身更多的潜能。

如世间的所有事情都因果相连，苦难的存在也是幸福的开始。在我们整个生命中，总有一段路需要坎坎坷坷地走过，我们应豁然地接纳。如果我们要活得更有价值，就不能在四平八稳中得过且过，我们可以自己去选择自己的道路，伟大和渺小之间只有一线的距离。所以，如果期待华美的生命乐章，不如勇敢地拥抱生命中的重负，给自己一个悬崖，勇敢飞跃，世界就会大为不同。

压力是坏事，也是好事，这要看从什么角度去看，去分析。面对压力的态度很重要，甚至决定一个人的人生。

感到生活与工作没有压力的人，往往是目标感欠缺、动力羸弱的人，一般是松松垮垮、毫无生活激情的人。他们得过且过，当一天和尚撞一天钟，甚至连钟都懒得撞一下，无所事事地打发着人生，白白地蹉跎了岁月。这样，生命的意义将大打折扣，这样的人生将缺乏许多神采。化压力为动力，向着更高更美的人生理想挺进，绚烂生命的光彩，放大人生的价值，这样的生命将是充满活力的，这样的生活将是动力充沛的，这样的人生将是无怨无悔的。

而我们之所以如此重视压力与挫折，更深层的含义是它们让我们的生命更有质感，更加不可战胜。这就像一条满是泥泞的路，我们轻轻地走过去，脚印还是留了下来。那路就是我们的人生，脚印就是苦难给我们的珍贵印记。

人生的旅途，前途很远，也很暗。然而不要怕，不怕的人的面前才有路。

——鲁迅

（曾任北京大学讲师，著名文学家、思想家、评论家、革命家）

勇敢地走出生命的低谷

山有峰巅，也有低谷；水有平缓，也有漩涡。人生之路也是一样，扑朔迷离，充满坎坷。英国诗人桑德伯格曾说：“生活就像洋葱，你一层一层地剥开，总有一层会让你流泪。”人生的低谷是每个人必经的一场场风雨，是每个人必走的一段段路程。低谷似荆棘，似良药，固然伤人、苦口，但能使人痛定思痛，头脑清醒，祛病除邪。

有人说：“低谷自有低谷的风景。”低谷是一种美妙的人生品味，它教会了我们我希望、忍耐和奋斗。低谷的风景忧郁而美丽，低谷可以使我们变得对生活更执着，更沉着，更热烈，更可以使我们成功后回味无穷。

其实，人生的低谷更像是一面镜子，能够教会我们审视人生、重新认识自己。人往往看不清自己，总是在处于逆境的时候才肯回过头来看看自己到底错在哪里，只有通过实践的验证才知道自己是怎么回事。当我们走了一段弯路，才会在实践的基础上深刻反省自己，为自己今后的道路制定一个比较切合实际的目标。

人生的低谷是锻炼意志的摇篮，而意志的锻炼则需要艰苦的环境。艰苦的环境能锻炼人的体魄，人生的低谷则能锻炼人的意志和素养。当我们走出低谷时，我们会变得更加成熟、坚强和理性。以前的经历则是以后的经验，只有经历了实实在在的痛，以后的人生道路上我们才能谨言慎行，正确把握自己。置身于人生的低谷有时会让我们大彻大悟，让我们在人生的低谷中学会品味人生。

如果一个人在 46 岁的时候，在一次意外事故中被烧得不成人形，4 年的一次坠机事故中使腰中部以下全部瘫痪，他会怎么办？

接下来，你能想象他变成百万富翁、受人爱戴的公共演说家、春风得意的新郎官及成功的企业家吗？你能想象他会去泛舟、玩跳伞、在政坛争得一席之地吗？这一切，米歇尔全做到了。

在经历了两次可怕的意外事故后，米歇尔的脸因植皮而变成一块彩色板，手指没有了，双腿细小，无法行动，他只能瘫痪在轮椅上。第一次意外事故把他身上六成五以上的皮肤都烧坏了，为此他动了 16 次手术。手术后，他无法拿起叉子，无法拨电话，也无法一个人上厕所，但曾是海军陆战队员的米歇尔从不认为自己被打败了。他说："我完全可以掌控自己的人生之船，那是我的浮沉，我可以选择把目前的状况看成倒退或是一个新起点。"6 个月之后，他又能开飞机了！

米歇尔为自己在科罗拉多州买了一幢维多利亚式的房子，另外也买了房地产、一架飞机及一家酒吧，后来他和两个朋友合资开了一家公司，专门生产以木材为燃料的炉子，这家公司后来变成佛蒙特州第二大私人公司。

第一次意外发生后 4 年，米歇尔所开的飞机在起飞时又摔回跑道，把他胸部的 12 块脊椎骨全压得粉碎，他永远瘫痪了。

米歇尔仍不屈不挠，努力使自己达到最大限度的自主。后来，他被选为科罗拉多州孤峰顶镇的镇长，保护小镇的环境，使之不因矿产的开采而遭受破坏。

米歇尔后来还竞选国会议员，他用一句"不只是另一张小白脸"作为口号，将自己难看的脸转化成一项有利的资产。

后来，行动不便的米歇尔开始泛舟。他坠入爱河且完成终身大事，他还拿到了公共行政硕士，并持续他的飞行活动、环保运动及公共演说。米歇尔坦然面对自己失意的态度使他赢得了人们的尊敬。

米歇尔说："我瘫痪之前可以做 1 万件事，现在我只能做 9000 件，我可以把注意力放在我无法再做的 1000 件事上，或是把目光放在我还能做的 9000 件事上。

告诉大家，我的人生曾遭受过两次重大的挫折，而我不能把挫折当成放弃努力的借口。或许你们可以用一个新的角度，看待一些一直让你们裹足不前的经历。你们可以退一步，想开一点，然后，你们就有机会说：‘或许那也没什么大不了的！’”

“人有悲欢离合，月有阴晴圆缺。”其实，生活中的低谷就像是行走在马路上遇到红灯一样，我们不妨以一种平和的心态坦然面对，不妨利用这段时间休息、放松一下，为绿灯时更好地行走打下基础。

人生处于低谷时我们不得不承受、包容来自各方面的压力，我们只有默默地承受这一切，然后告诉自己，一切都将重新开始。从低谷走到平地远比从平地攀上高山容易，只要有坚定的信念，我们就可以战胜一切暂时的不幸。有时候，我们以为很难越过的门槛，当事情过去以后，就会发现，这在你人生路上是多么不显眼的一件事情，根本不用害怕。所以，在以后的人生中，我们就应该学会扬起自信的风帆，直面眼前不平坦的路途，向着成功的彼岸前行。

拜伦告诉我们：“无论头上是怎样的天空，我准备承受任何风暴。”在漫长的人生旅途中，我们总会碰到暗无天日的境遇，就像我们无可避免地要剥到那层让我们流泪的洋葱一样，我们不能控制逆境的出现，但是我们却能够和它抗争。所以，一个人若想实现自己的梦想，就要有胆识有胆量，要勇敢地面对生命的低谷，做一个生活的攀登者，只有这样，才能攀上人生的顶峰，欣赏到无限的风景。

生活中其实没有绝境。绝境在于你自己的心没有打开。你把自己的心封闭起来，使它陷于一片黑暗，你的生活怎么可能有光明！

——俞敏洪

（毕业于北京大学英语专业，新东方学校创始人现任新东方教育科技集团董事长兼总裁）

逆风也要飞翔

《羊皮卷》的作者海菲说：“人生之路并非一帆风顺。在成就事业的过程中，无论付出多大的代价，作出多少努力，如何坚持不懈，拥有激情，失败和挫折一样会降临到他的头上。”其实，人生中的每一次失败、每一次挫折，都孕育着成功的萌芽，这似乎是上帝的特意安排，为了让人们学会如何对抗逆境，走出困境。

困境是人生中一所最好的学校，是通向真理的重要路径，困境中的一切都教会我们在下一次的表现中更为出色。不对失败耿耿于怀，不逃避现实，才能不断从以往的错误中汲取教训，汲取来自苦难的精华。生活中最可怕的事情是不断重复同样的错误，每个人都要避免发生这样的事情，并拥有逆风飞翔的勇气，迎接生命中的每一次历练。

无论何时，当我们面对逆境时，都要想方设法将逆境变成促使我们前进的力量。人生的机遇就在这一刻闪现，苦涩的根脉必将迎来满园的花绿桃红。其实，要想在逆境中获得生机，首先要有一种积极的心态，不要畏惧磨难，要学会将逆境和磨难视为人生的财富。

深山里有两块石头，第一块石头对第二块石头说："去经一经路途的艰险坎坷和世事的磕磕碰碰吧，能够搏一搏，不枉来此世一遭。"

"不，何苦呢，"第二块石头嗤之以鼻，"安坐高处一览众山小，周围花团锦簇，谁会那么愚蠢地在享乐和磨难之间选择后者，再说那路途的艰险磨难会让我粉身碎骨的!"

于是，第一块石头随山溪滚涌而下，历尽了风雨和大自然的磨难，它依然义无反顾，执着地奔波着。

第二块石头在高山上享受着安逸和幸福，享受着周围花草簇拥的畅意抒怀，享受着盘古开天辟地时留下的那些美好的景观。

许多年以后，饱经风霜、历尽尘世千锤百炼的第一块石头已经成了世间的珍品，被千万人赞美称颂，享尽了人间的富贵荣华。

第二块石头知道后，有些后悔当初，现在它想投入到世间风尘的洗礼中，然后像第一块石头那样拥有成功，可是一想到要经历那么多的坎坷和磨难，甚至疮痍满目、伤痕累累，还有粉身碎骨的危险，便又退缩了。

做人，也当有成为第一块石头的勇气和性格，不要畏惧人生的磨难和挑战，只有这样你才会被人们珍视。处在困境中不要害怕，只要调整心态，勇于迎接挑战，运用智慧积极解决问题，相信任何的困境都将成为你成功的机遇。

高尔基笔下的海燕不畏艰险，逆着风雨展翅飞翔，于是有了"让暴风雨来得更猛烈些吧"的千古绝唱。我们不是海燕，但我们应当比海燕更无畏，在生命的旅程中逆风飞翔，创造属于自己的奇迹。逆风的地方，更适合飞翔，我不怕万人阻挡，只怕自己投降；眼泪的存在，是为了证明悲伤不是一场幻觉；生活中若没有朋友，就像生活中没有阳光一样；我们缺少的不是机会，而是在机会面前将自己重新归零的勇气。

史铁生 17 岁中学未毕业就插队去了陕西一个极偏僻的小山村，一次在山沟里放牛突遇大雨，遍身被淋透后开始发高烧，后来双腿不能走路，运回北京后被诊断为“多发性硬化症”，致使双腿永久高位瘫痪。20 岁便开始了他轮椅上的人生。史铁生与各种病痛周旋了三十多年，十多年前肾病加重，转为尿毒症，必须频繁地做肾透析才能维持生命，只有中间不做透析的两天上午可以做一点事。即使这样，他也没有停止写作。他曾不无幽默地说：“我的职业是生病，业余是写作。”

母亲猝然离去之后，仿佛一记闷棍将史铁生敲醒——在他被命运击昏了头的时候，他一直以为自己是世上最不幸的一个人。当史铁生的头一篇作品发表的时候，当他的头一篇作品获奖的时候，他多么希望他的母亲还活着，看到儿子用纸笔在报刊上碰撞开了一条小路，至少她不用再为儿子担心，欣慰他找到自己生存下去的道路和希望。

当他被生活的荆棘刺得满心疼痛时，他没有沉沦，而是勇敢地抬头，他看到母亲的眼神是荆棘上开出的美丽花朵，在陪伴他一路前行。他有一次去医院做完透析，就去领奖。透析之后是很痛苦的，然而他就那么静静地、微笑着面对每个人。

人生在世，难免与苦难为伍，与挫折为伴，但正是这些苦难与挫折使我们的人生更加绚丽多姿。人生总是在波峰浪谷间航行，我们不可能总是处于浪尖，事事如意；我们也不可能一直陷入谷底，郁郁寡欢。

只要心中始终坚信：爱拼才会赢，那么我们的人生之舟必将扬帆远航，驶向成功的彼岸。或许在通往成功的道路上荆棘密布，或许在朝向梦想的阶梯上困难重重，或许在连接成功彼岸的海面上狂风袭袭，但请记住能触礁的未必不是勇士，敢失败的未必不是英雄。只要我们能够轻视困难，藐视挫折，拿起披荆斩棘的一支利剑，必能使梦想在现实间拔地而起。

遭遇挫折痛哭流涕的是懦夫，逆风飞翔停滞不前的是弱者，哭泣只能让人注意到你曾经的无能，后退只会让你失去既得的成绩，我们不想当懦夫，也不要做弱者，那就让我们擦干泪水，迎风飞翔，去体味“鹰击长空”的豪气，去感受成功的喜悦。

一个人彻悟的程度，恰等于他所受痛苦的深度。

——林语堂

（曾任北京大学教授，中国当代著名学者、文学家、语言学家）

生命的彻悟等于受苦的深度

一个人想要取得成就，是少不了苦难的洗礼的。每一个成功的人在成功来临之前，总会经历这样那样的事，这些事可能让他伤痕累累，但没有这种历练，人生就缺乏厚重感和韧性，最后取得的成绩也可能缺乏分量。

有位哲人说："一个人受的苦越多，对生活的理解可能就越发深刻，对成功的追求就更加彻底。"成功的得来不是因为苦难的累加，而是因为承受苦难积攒了相应的经验。这经验让我们成熟、坚毅，也让我们更加明白，要取得成功应该去做些什么。所以，挫折与苦难是人生不可缺少的一课。有了它，人生才更加坚定，生命才更加坚强，也更有可能冲过一道道关卡，取得最后的辉煌。

林语堂先生就是这样，他在生命的最初阶段便尝到了人生的甘苦。由于小时候家境贫困，念书的费用都要千方百计才能凑齐。后来，他因文成名后，因为与某些文坛同仁的意见相左，双方展开论战，一时间，一场没有硝烟的战争风生水起，林先生也遭遇很多波折。之后，他到美国发展，与他相交多年的朋友却在书的版税上做手脚，让他损失惨重。如此种种，林先生虽然经历很多，但他却非常豁达。他说："人是得经历点事的，没有波澜，反而显得索然寡味。"

作为普通人的我们，也应该用另一种眼光看待挫折和麻烦。我们要珍视它，因为生命缺不了它。它让我们蜕变，即使这蜕变伴有疼痛，但只有咬紧牙关挺过去，才有真人生。

人生路漫漫，充满了鲜花，也充满了荆棘；充满了幸福，也充满了痛苦。不测可能时时都存在，学业的失意、疾病的折磨、自信的受损、亲人离去的悲痛……生活中，我们能够享受欣喜与欢愉，也要有承担痛苦与失落的勇气。

每个人在踏上人生路途的时候，前方的一些坎坷已经展开，我们唯独能做的只是去经历、去感受人生的那些滋味。很多事情，只有经历了它的痛，才能迎来之后的甜。虽经历颇多坎坷与波折，但也正是这些，让他的一生更加清澄通达。有时，了悟人生就是从人生的痛处打开一个缺口，希望的阳光才会缓缓地散落进来。

生活中，当我们遭到冷遇、经受磨难时，不必失落，也不必埋怨，唯有尽全力赢得成功，才是最好的答复与反击。不因幸运而故步自封，不因厄运而一蹶不振，真正的强者，善于从顺境中找到阴影，从逆境中找到光亮，时时校准自己前进的目标，人生的冷遇也可能成为你幸运的起点，磨砺到了，幸福也就到了。

所以，请珍视生命中的波折，珍视它给我们的点点滴滴。无论是痛楚、忧伤还是暂时的彷徨，都要以更豁然的心胸去包容它，拥抱它，认识到它对我们的价值。林语堂先生说，把苦难当另一个自己，才不会彼此伤害。

正如俗话所说："不经事，难成仁。"在经历一定的苦难、挫折之后，我们才能知道哪些事应该看轻，哪些事应该看重；在理想面前怎样奋进，在现实面前怎样坚持。

因此，我们应该把生命之苦看作瑰宝，而不是一种负担。像林语堂先生说的："一个人彻悟的程度，恰等于他所受痛苦的深度。"我们正因为承受生命之苦，我们的人生才更加彻悟、更具价值。

第四章　沉住气才能成大器

有人说："凳甘坐十年冷，文章不说一句空。"今天我跟年轻人讲，我说今天这样子，下海出国我不反对，每个人有每个人的想法。可是问题是，我们的世界文化、中国文化能够传下去，还是靠几个人甘心坐冷板凳的。赶热潮那人多得很，坐冷板凳的人就少得很。

——季羡林

（曾任北京大学副校长，中国著名文学家、语言学家、翻译家、散文家）

沉淀下去，才能浮上来

《庄子》开篇的《逍遥游》中有一段话这样写道："北[illegible]有鱼，其名为鲲。鲲之大，不知其几千里也；化而为鸟，其名为鹏。鹏之背，不知其几千里也；怒而飞，其翼若垂天之云。"庄子说深海里头有条鱼，突然一变，变成天上会飞的大鹏鸟。

庄子是想告诉我们这样一个道理：人生的某个时刻，或是一个人年轻之时，或是修道还没有成功的时候，或是倒霉得没有办法的时候，必须"沉"在深水里头，动都不要动。只有修到相当的程度，摇身一变，便能升华高飞了。相反，一个人若不懂得沉潜蓄势，那么他的人生很难有真正的成就。

《三国演义》中曹操与刘备青梅煮酒，遥指天边龙挂，曾云："龙能大能小，能升能隐；大则兴云吐雾，小则隐介藏形；升则飞腾于宇宙之间，隐则潜伏于波涛之内。方今春深，龙乘时变化，犹人得志而纵横四海。龙之为物，可比世之英雄。"其实，这其中便蕴涵着鲲鹏沉潜高飞之道。

著名历史学家范文澜有句名言："坐得冷板凳，吃得冷猪肉。"在历史上，如果哪一个文人道德高、学问精、成就大，死后牌位便可入文庙，置于边廊，有资格分享供奉孔圣人的冷猪肉吃。这就是所谓“二冷”精神。“二冷”是相辅相成的，古今中外，大凡有所成就的人，无不是具有这“二冷”精神。冷板凳，对于弱者来说是绊脚石，对于强者来说却是垫脚石。只有长年累月地苦学苦研，甘于寂寞，坐得住“冷板凳”，才能出类拔萃，成果显赫。

一位年轻的画家，在他刚出道时，三年没有卖出去一幅画，这让他很苦恼。于是，他去请教一位世界闻名的老画家，他想知道为什么自己整整三年居然连一幅画都卖不出去。

位老画家微微一笑，问他：“每画一幅画，你大概用多长时间?”

他说：“一般是一两天吧，最多不过三天。”

老画家于是回答：“年轻人，那你换种方式试试吧，你用三年的时间去画一幅画，我保证你的画一两天就可以卖出去，最多不会超过三天。”

故事中的青年的经历不免让人惋惜，可是现实中，很多时候我们都是在重复着和青年一样的错误。其实，做人处世，沉潜的日子相当于长长的助跑线，能够让我们飞得更高更远。人生需要慢慢积淀，当时机成熟，风力充足，有了一定的能力才智作为本钱，定能一飞冲天。一个人想要最终获得一个圆满、成功、幸福的人生，一定需要一个成功势能积累的过程。成功绝不是一蹴而就的，只有静下心来日积月累地积蓄力量，才能够“绳锯木断，滴水穿石”，从最低处获得成功。

“只有真正沉下去，才能真正浮上来”这里的“沉”是指“沉心”，即少一些轻浮躁动，多一些沉稳[illegible]冥[illegible]“浮”是指自我价值的实现。放眼古今中外，有很多沉潜蓄势、厚积薄发的故事；很多人在经历了一次又一次的挫折之后，披荆斩棘，终于闯出了自己的一片天地。用道家的智慧来解释，就是人要先学会沉潜，才能最终腾起，明朝开国皇帝朱元璋便是深谙此道之人。

明末农民战争风起云涌，在几路起义军和较大的诸侯割据势力中，除四川明玉珍、浙东方国珍外，其余的领袖皆已称王、称帝。最早的徐寿辉，在彭莹玉等人的拥立下，于1351年称帝，国号天完。张士诚于1353年自称诚王，国号大周。刘福通因韩山童被害，韩林儿下落不明之故，起兵数年未立“天子”。1360年徐寿辉被部下陈友谅所杀，陈友谅自立为帝，国号大汉。四川明玉珍闻讯，也自立为陇蜀王。一时间，九州大地，“王”“帝”俯拾皆是。

此时只有朱元璋依然十分冷静，他明白要想最终夺得天下，目前掩藏锋芒，暂时沉潜，是最好的选择。所以，他坚定地采纳了“缓称王”的建议。朱元璋成为一路起义军的领袖，始终不为“王”“帝”所动，直到1364年朱元璋才称为吴王。至于称帝，那已是1368年的事情了。此时，天下局势已明朗，也就是说，朱元璋即便不称帝，也快是事实上的“帝”了。

与其他各路起义军迫不及待地称王的做法相比较，朱元璋的“缓称王”之战略不可谓不高明。“缓称王”的根本目的，乃在于最大限度地减少己方独立反元的政治色彩，从而最大限度地降低元朝对自己的关注程度，避免或大大减少了过早与元军主力和强劲诸侯军队决战的可能。

这样一来，朱元璋就更有利于保存实力、积蓄力量，从而求得稳步发展了。以暂时的沉潜换取最终的成功，这正是朱元璋的过人之处。

如果我们在困境中也能沉下气来，不被困难吓倒；在喧嚣中也能沉下心来，不被浮华迷惑，专心致志积聚力量，并抓住恰当的机会反弹向上，毫无疑问，我们就能成功登陆。反之，总是随波浮沉，或者怨天尤人，注定就会被命运的风浪玩弄于股掌之间，直至精疲力竭。甘于沉下去，才可浮出来，企鹅的沉潜原则，也适用于人的生存。

做人要使自己立于不败之地，就要根据外界形势的变化，灵活地保存实力，关键时刻再出手以赢得胜利。当我们面前困难重重，出头之日遥不可及时，何不学学朱元璋，暂时沉潜绝非沉沦，而是自强。作为一名尚未成功的蛰伏者，必须沉住气，耐心地做好你现在要做的事，脚踏实地前进。终有一天，成功会降临到你头上。沉住气并不是让自己始终处于低势，而是一种积累，一种沉淀；是等待时机，不断地积蓄力量。只有这样，一个人才有可能蓄势待发，有所作为。

一时的怒气，往往使人的行为失于偏急。

——老舍

（曾任北京大学教授，著名作家）

争一时，不如争一世

俗话说：“笑到最后的人，才是笑得最好的人。”在生活中，有些人面对别人的挑拨和责难时，往往选择退避，但这并不是因为懦弱，而是为了能够集中全部精力实现心中更远大的目标。人生有得意时就有失意时，不把目光放在眼前的一池一地上，这样我们才能看得更远。在不利的形势下，面对强大的敌对势力，要能委屈自己，把握大局，才是真正的智慧。

正所谓“争一时，不如争一世”，也许我们面前总会有人得意扬扬，颐指气使，但是这根本不重要。重要的是，我们要在将来取得更大的成就，胜过对方。真正聪明的人，在人际交往中会考虑得更加长远，有更远大的眼光、更宽阔的胸怀，他们懂得一时的让步，是为了赢取一世的成功，这正是大多数成功者所具备的要素。

一个人成熟的标志就在于他是否为了实现长远的目标，选择暂时的忍让和包容，保持平和、冷静的心态。一时之争，只能让局面更加恶化，而能够控制自己的言行、理智沉着的人，才能在运筹帷幄之中，决胜于千里之外。

一代文豪林语堂年轻时曾在大学任教。他为人幽默，学贯中西，深受学生们的爱戴。然而一向谦和低调的他，却怎么也没想到竟成了一个同事的眼中钉。这个同事对林语堂不仅没有什么好感，而且对其受教方式也大加弊病。原来，此人的思想非常守旧：你林语堂既然身为大学教授，就应该满脸严肃，一本正经地为学生们讲授知识，而不能一边开着玩笑，逗得人哈哈大笑，一边传道授业，太不正经了！后来，他把这种成见几乎流露给每一个教职员工，这让林语堂心里很不是滋味。

不仅如此，每当两个人在校园里偶遇时，对方都会把头高昂起来，一脸不屑地从林语堂的身边走过去。然而，尽管对方做得很过分，林语堂也从未去和他争辩什么，而是踏踏实实地工作，尽全力讲好每一堂课。

朋友们都很为林语堂打抱不平，嚷嚷着要去帮他讨一个说法，林玉堂却摆了摆手，说：“我来这是为了教出更多、更出色的学生报效国家，而不是和人吵架斗嘴的。现在去争辩有什么用？是非成败日后自见分晓。”

几年后，林语堂幽默而又蕴含智慧的教学方式得到了全校师生的认可和欢迎，而他所教出来的学生大都出类拔萃，而且思想进步，充满朝气。这让当初那个看不上林语堂的同事也不得不承认，林语堂的教学水平的确非常出色，并且自叹不如，后悔当初不该那样冒失地诋毁人家。

林语堂看似不争，其实他只是没有逞一时口舌之快，而是有着长远的打算，争的是千秋大业，为国家培育充满无限朝气的栋梁。

很多时候，我们不应该做一时的义气之争，而应该把视线放远些，胸怀大局，为了长久的成功做暂时的忍让。

智者和愚者最大的区别就在于当遇到突如其来的羞辱时，愚者会不计后果地暴跳而起，和对方针锋相对，逞一时之勇；而智者则会权衡利弊，为不影响大局而选择避其锋芒，韬光养晦。当面对他人的不屑甚至讥讽，一般人经常会血气上涌，不顾一切地和对方大吵大闹。可是，这样一来，不仅会将自己的精力白白浪费在毫无意义的事情上，还会让彼此之间的关系更加恶化，给自己添堵。

多年前，当年轻的马克·扎克伯格刚刚创办 Facebook 这个社交服务网站时，一家大型网络公司也恰好涉足这个领域。同行是冤家，对方仗着自己财大气粗，技术力量雄厚，根本就不把他放在眼里。

一次，马克·扎克伯格参加了一个 IT 人士的聚会。在聚会上，竞争对手的老总也应邀而来，并且被主持人请到了前面做即兴演讲。

在和来宾们互动的过程中，有人问那位老总："你对 IT 新秀马克·扎克伯格的网站怎么看?"

对方讽刺道："你是指那个连胡子都没长全的愣头青吗?他的网站在我眼里更像是一个大孩子玩的游戏，无论从资金还是从人员技术装备上，都不可能有什么成就。"这番毫不客气的发言立刻让现场陷入了尴尬的气氛之中，大家纷纷把目光投向了马克·扎克伯格，生怕这个年轻人被激怒之后，冲上去和对方争执起来。可是，让所有人大跌眼镜的是，马克·扎克伯格不仅没有生气，而且还微笑着举起酒杯向大家致意，优雅地将杯中的红酒缓缓喝了下去。通过这一举动，大家都被这个年轻人与众不同的气度和涵养所折服。

后来，尽管那个竞争对手也曾多次出言攻击，可是马克·扎克伯格从来不争辩什么，而是继续埋头经营自己的事业。

商场以实力论英雄，过了几年，马克·扎克伯格以极其惊人的速度建立起全美乃至全世界最受欢迎的社交网络服务网站之后，人们才吃惊地发现这个一直安安静静的小伙子早已经把竞争对手远远地抛在了身后，成了全球最年轻的亿万富豪之一，并被冠以"盖茨第二"的美誉。这时候，人们才恍然大悟：马克·扎克伯格争的根本就不是一时的口舌之快，而是一世的辉煌成就!

马克·扎克伯格的"不争一时而争千秋"，正是大智慧的表现。所以说，一个人成熟的标志并不在于他要时刻占人上风，而在于他是否能够为了实现更长远的目标而选择暂时的忍让、保持平和的心态，继而运筹帷幄之中，决胜千里之外。

人的一生中，总少不了得与失的交换。如果我们患得患失、斤斤计较，那么就可能因局部而毁大局。一池一地看似很大，但在国家面前来说，却不值得一提。人生也一样，不要总把个人的得失看得那么重要，如果只专注于眼前，那么必定失去长远。不争一时长短，给自己制造一个好的环境，全心投入长远利益，那么眼前失掉的，以后都会得到加倍的补偿。

生活中，只懂得斤斤计较的人，从表面上看也许争到了各种机会，但实际上他可能已经完全陷于已有的机会中，而失去选择的主动权。得到了一块地，反而失去了更多的地。相反，有远见的人则始终把这种主动权操在自己手中，尽管失去了一些眼前的机会，却是为了达到某一个更高的目标，是出于另一种原因的考虑，这无疑是一种更为明智的选择。

同是读书人，读同类的书，只讲数量，十八岁的不会比八十岁的读得多。这不成问题，所以刚上大学不必为不如老教授读书多而着急。应当问的是：自己究竟超过了那位八十岁的老人在十八岁的情况没有？若是超过了或大致相等，就可放心；若是还不如，那就该着急了。

——金克木

（曾任北京大学教授，著名文学家、翻译家、学者）

凡事不可急于求成

成就事业必先能忍受孤独、潜心静气，自古皆然。稳重是成大器不可或缺的必要条件，而浮躁则是走向失败的陷阱。但在现实生活中，不少人学习投机钻营的“成功哲学”，不扎扎实实努力，而是急功近利，投机取巧，这种态度势必会使工作大打折扣，久而久之，也必定会影响在事业上的进一步发展，所谓“机关算尽太聪明”，到头来，终是“聪明反被聪明误”。“千里之行，始于足下。”要促成事物的质变，必须首先做好量变的积累工作。如果不愿做脚踏实地、埋头苦干的努力，而是急于求成、拔苗助长，或者急功近利、企求“侥幸”，是不可能取得成功的。

拔苗助长的故事，大家耳熟能详。庄稼的生长是有其客观规律的，人无力强行改变这些规律，但是那个宋国人不懂得这个道理，急功近利，急于求成，一心只想让庄稼按自己的意愿长高，结果得不偿失，让自己所有的辛苦都付之东流。其实，万事万物都有其自身发展规律，我们做的所有事情也有客观的规矩或限制，做事必须循序渐进，而不能急于求成。正如一位哲人所说“违背客观规律的速成就是在绕远道”，只有尊重事物发展规律并付出踏实的努力才能获得最终的成功。

现代社会中的每个人都在为自己的梦想而奋斗，这个过程是长期且枯燥的，需要一步一步地坚实踏出，没有所谓的捷径。虽然在实现梦想的过程中，会面临很多的诱惑，出现很多所谓的捷径，但是这些并不能让你去实现梦想，只能让你距离自己的梦想越来越远。真正实现梦想的过程是一个不断沉淀、不断积累，然后厚积薄发的过程。这个过程，容不下三心二意，容不下朝秦暮楚，只有敢于“独上高楼，望尽天涯路”甘于寂寞的心，沉浸在自己的梦想实现过程中，并为之有“衣带渐宽终不悔，为伊消得人憔悴”的努力，才能够收获“那人却在灯火阑珊处”的美景。

日本近代有两位一流的剑客，一位是宫本武藏，另一位是他的徒弟柳生又寿郎。当年柳生又寿郎拜宫本武藏学艺时，一见面就问道：“师父，我努力学习的话，需要多少年才能成为一名剑客?”

“一生。”武藏答道。“不能等那么久，”柳生又寿郎解释说，“只要您肯教我，我愿意下任何苦功去达到目的。如果我当您的忠诚仆人，需多久?”

“哦，那样也许要 10 年。”宫本武藏缓和地答道。

“家父年事渐高，我不久就得服侍他了，”柳生又寿郎不甘心地继续说道，“如果我更加努力地学习，需多久?”

“嗯，也许 30 年。”宫本武藏答道。

“这怎么说啊?”柳生又寿郎问道，“你先说 10 年，现在又说 30 年。我不惜任何苦功，要在最短的时间内精通此艺!”

“嗯，”宫本武藏说道，“那样的话，你得跟我 70 年才行，像你这样急功近利的人多半是欲速不达。”

“师父教训的是，”柳生又寿郎说道，“我愿意一直跟着您学习剑术，接受您的任何训练，直到得到您的认可为止，不管多少年。”

宫本武藏收柳生又寿郎为弟子后，不但不教他剑术，而且不许他谈论剑术，连剑也不准他碰一下，只是叫他每天做饭、洗碗、铺床、打扫庭院和照顾花园。

3 年的时光就这样过去了，柳生又寿郎每天都只是做些打杂的苦役，每当他想起自己的前途，内心不免有些茫然。

有一天，柳生又寿郎在干活儿的时候，宫本武藏悄悄地跑到他身后，以木剑给了他重重的一击。第二天，正当柳生又寿郎忙着煮饭的时候，宫本藏再度出其不意地袭击了他。无论什么地点，一天 24 小时，柳生又寿郎都有可能受到师父那把大木剑出其不意的袭击。

自此以后，无论日夜，柳生又寿郎都随时随地预防突如其来的袭击。到后来，就算在睡梦中，他都能听到师父举起木剑的声音。最后，柳生又寿郎总算悟出了剑道的真谛并得到了师父的认可，成为日本一流的剑客。

练剑如此，我们生活中要做的许多事情同样如此。成长有规律，欲速则不达，遇事除了要用心用力去做，还应顺其自然，才能够成功。做事情不可以急功近利，越是急功近利，离成功就越远。要成就一件事情，就必须尊重其内在规律，随时而行，因为欲速则不达；要想让自己健康快乐，就尽可能地尊重身体和心灵的客观规律，不要让身心过于疲惫，否则身心负担过重，结果只能是慢性自杀。

世间万物自有其自然规律、内在节奏，过快和太慢都会使事物失去本来的面目。饭吃得太快，就品不到味道；路走得太快，就欣赏不到路边的风景。

一分耕耘一分收获。我们的人生经历也是从知之不多到知之较多，从知之较多到知之甚多的一个积累过程。既然事物的发展都是从量变开始的，为了推动事物的发展，我们做事情必须具有脚踏实地的精神。

人生中的每一步对于成功实现目标来说都很重要，任何事情的发展都需要一个逐步提升的阶段性过程，任何宏伟目标的实现都需要一个逐步积累的时期。一味地求急图快，结果只能是越急事情越办不好，这和人们常说的“心急吃不了热豆腐”是同一个道理。万事万物都有一定的发展规律，越是着急，就越是会把事情弄得一团糟。当过于急躁而寻求突破的时候，你往往就容易迷失了方向，跌跌撞撞，最后一事无成。

庄子说：“虚静恬淡，寂寞无为者，天地之平，而道德之至也。”持重守静乃是抑制轻率躁动的根本。浮躁太甚，会扰乱我们的心境，蒙蔽我们的理智，所谓“言轻则招扰，行轻则招辜，貌轻则招辱，好轻则招淫”，轻忽浮躁是为人之忌。

要想成就一番功业，还是该戒骄戒躁，脚踏实地，扎扎实实地积累与突破，这样才能在人生路上走得稳，并且走得远。

多少年来，我的座右铭一直是：纵浪大化中，不喜亦不惧。应尽便须尽，无复多虑。到了现在，自己已经九十多岁了。离人生的尽头，不会太远了。我在这时候，根据座右铭的精神，处之泰然，随遇而安。我认为，这是唯一正确的态度。

——季羡林

（曾任北京大学副校长，中国著名文学家、语言学家、翻译家、散文家）

临危不惧，以不变应万变

宋人罗大经《鹤林玉露·临事之智》中云：“大凡临事无大小，皆贵乎智。智者何？随机应变，足以弭患济事者是也。”从一定意义上说，智者就在于临危不惧，随机应变，借以弭患济事。然而，智者不是天生的。因而学习应变之术，掌握应变之道，就显得尤为重要。

成功的秘诀就在于懂得怎样控制痛苦与快乐这股力量，而不为这股力量所反制。如果你能做到这点，就能掌握住自己的人生，反之，你的人生就无法掌握。这就需要我们“猝然临之而不惊，无故加之而不怒”，面对困境表现从容，面对顺境表现得超然，不论得失成败，不论荣辱盛衰，不论喜怒哀乐，面对危机都能沉着冷静，以不变应万变，把事情做得更好。

“危机”之所以称为危机，是因为他会对我们正在进行的事情产生负面的影响，我们要做的就是尽量降低这种负面影响。所以，当危机降临的时候，我们必须保持冷静，否则在危机的进攻之下，我们原本正在进行的事情就会陷入一片混乱，不待危机发生作用，已经是一败涂地了。无论危机来得有多么突然、多么强烈，只要我们能够心境平和，谨守自己，那么它就不能对我们造成任何伤害。

19 世纪中叶，美国实业家菲尔德率领他的船员和工程师们，用海底电缆把“欧美两个大陆联结起来”。菲尔德因此被誉为“两个世界的统一者”，一举成为美国最光荣、最受尊敬的英雄。

但因技术故障，刚接通的电缆传送信号中断，顷刻之间，人们的赞词颂语骤然变成愤怒的狂涛，纷纷指责菲尔德是“骗子”。面对如此悬殊的宠辱反差，菲尔德泰然自若，一如既往地坚持自己的事业。

经过 6 年努力，海底的电缆最终成功地架起了欧美大陆的信息之桥。面对重大的波折，菲尔德始终不为所动，表现出一种雍容的气度。

大凡成功者，全身上下总会透露出一份坚毅的自信，即使是在最狼狈的时候，即使衣衫褴褛、形容憔悴，成功者也会临危不惧，保持一颗平和的心态。因为他们始终坚信，自己的人生一定会非常精彩。生命的玄机是找到自己的位置，绽放属于自己的光彩。要达成人生的愿望，就要像菲尔德一样，沉住气，静下心来，以平和雍容的态度面对一切。

人生的道路上，充满了艰难险阻，面对风浪，我们不能随之摇摆不定，而应该坚守自己的本心，临危不惧，以不变应万变。只有这样，我们才能气定神闲地渡过危机，越过艰险，给自己的人生画上一个完满的句号。

石苞，字仲容，东汉末至西晋时期官员，三国时曹魏和西晋重要将领，官至西晋司徒。石苞为人沉稳，战功赫赫，深得晋武帝司马炎的信任。

当时，天下还未统一，长江以南还是由吴国统治，晋武帝便派石苞带兵镇守边防，对抗吴国。

木秀于林，风必摧之。石苞深受赏识，为人正直，因此朝中有一部分人暗中嫉恨他。有一位官员叫王琛，当时在淮北一带做监军，他听到一首歌谣说："皇宫的大马变成驴，被大石压着不能出。"他认为这"马"意指司马炎，"石头"代表石苞。于是，他就密奏司马炎，说石苞意图谋反。

与此同时，迷信风水的司马炎也听一个法师预测说："东南方将有大将造反。"石苞刚好就在东南方位，晋武帝便开始怀疑石苞了。

正在石苞遭受司马炎猜忌的时候，荆州官员送来了吴国准备派大军进攻晋朝的报告。同时石苞也得到了探子的密报，立即着手战斗准备。司马炎听说石苞加固城墙准备战斗的信息后，不由得更加怀疑石苞的用意。正在这个时候，又一件事情发生了。当时石苞的儿子石乔也在朝中任职。有一天司马炎召见他，可石乔因事耽搁，没有及时入宫觐见。这彻底引起了司马炎的怀疑，于是他秘密派兵，准备讨伐石苞。在出兵之前，司马炎发布了一个罢免石苞官职的文告，认为石苞没有得到准确消息就封锁交通，修筑工事，严重扰乱了百姓的正常生活。

消息传到石苞这里，石苞并不慌乱，他冷静地想："自己一向光明磊落，忠诚为国，并未做什么违法乱纪的事情，怎么会被朝廷派兵征讨呢？这里面肯定有误会。"于是，他命令官兵放下武器，打开城门，他自己只身来到都亭住下来，等候司马炎的处理。

晋武帝司马炎听说了这些情况以后，顿时清醒过来，意识到自己差点误解了石苞，对石苞的怀疑一下子打消了。

后来，石苞被押送回朝廷以后，不但受到了司马炎的盛情款待，还愈加得到司马炎的重用和信任。

石苞之举真有大将风范。在意外的危难面前，石苞冷静地对待、低调地处理，没有因此而心惊胆战，慌了手脚，也没有因此而气愤不平作出冲动的事情。最重要的是：在“福至”的时候，石苞并没有狂妄、目中无人，而赢得了民心和皇帝的信任；在“祸来”的时候，石苞并没有慌乱，而是冷静地分析过后，选择了最佳的方式打消了皇帝的疑虑。

浮躁之人无法发挥思考的力量，当然也无法有效地克服困难，解决问题。当我们在面对生活中种种的挑战之时，一定要保持冷静沉稳的心理状态，学会勇敢地面对，并且在关键时刻显示自己的胆略、勇气和镇静的气度。临危不惧是一个人成熟的标志，以不变应万变是一个人有智慧的表现。一个人只有排除杂念，专心致志，将智慧、灵感全部集中调动起来，才能有所创造、有所成就。

做一件事，无论大小，倘无恒心，是很不好的。

——鲁迅

（曾任北京大学讲师，著名文学家、思想家、评论家、革命家）

锲而不舍，金石可镂

荀子在《劝学》中说：“不积跬步，无以至千里；不积小流，无以成江海。”这告诉我们每个人：不积累微小的脚步，就不会走到千里之远；无边的江河，也都是由一个个小溪小河汇聚而成。如果事情不从一点一滴中做起，那就不可能有所成就。苏轼有言：“古之立大事者，不唯有超世之才，亦必有坚忍不拔之志。”很多人之所以脱颖而出，就是因为他们有超人的耐心和毅力，所以水滴石穿，终成正果。

很多人在树立目标之初，也能坚定不移地向着目标迈进，但是不久之后，他们或者遇到了无法避免的挫折，或者遇到了令自己无法抵御的诱惑，于是在不知不觉中转移了注意力。此时，他们生命的航道开始偏离原来的目标，而且越走越远。莎士比亚说：“不应当急于求成，应当去熟悉自己的研究对象，锲而不舍，时间会成全一切。凡事开始最难，然而更难的是何以善终。”我们与大千世界相比，或许微不足道，不为人知。但是我们能够耐心地增长自己的学识和能力，当我们成熟的那一刻、一展所能的那一刻，将会有惊人的成就。

古代有个叫养由基的人精于射箭，能百步穿杨。有一个人很仰慕养由基的射术，决心要拜养由基为师。经几次三番的请求，养由基终于同意了。

收他为徒后，养由基交给他一根绣花针，要他放在离眼睛几尺远的地方，集中注意力看针眼。

看了两三天，这个学生有点疑惑，问养由基：“我是来学射箭的，什么时候教我学射术呀?”

养由基说：“这就是在学射术，你继续看吧。”

没几天的工夫，这个学生便有些烦了。他心想，我是来学射术的，看针眼能看出什么来呢？这个老师不会是敷衍我吧？

养由基教他练臂力的办法，让他一天到晚在掌上平端一块石头，伸直手臂。这样做很苦，那个徒弟又想不通了。他想，我只学他的射术，他让我端这石头做什么？于是他很不服气，不愿再练。

养由基看他不行，就由他去了。

后来，这个人又跟别的老师学艺，最终没有学到一门技术。

如果这个人多一点耐心和毅力，愿意从基础一点一点学起，他一定会有所收获的。俗话说：“欲速则不达。”做人做事还需忍耐，步步为营。凡是成大事者，都力戒“浮躁”二字。只有踏踏实实行动才可开创成功的人生局面。柏拉图说过：“成功的唯一秘诀，就是坚持到最后一分钟。”在很多时候，许多看似强大的人却脆弱得不堪一击，而那些似乎注定要失败的人反而创造了奇迹。这差别的关键就在于，成功者能够坚持目标，埋头去做，不言放弃，一直到最后一分钟。

要想实现梦想必须要行动，而行动必须要有恒心。只有既有行动又有恒心的人，才能成就伟业，才能完成目标。半途而废，浅尝辄止，你的成功永远只能是梦。这个世界上，有一种人，寂寂无声，却恒心不变，只是默默辛劳地努力着，坚持到底，从不轻言放弃。耐性与恒心是实现梦想的过程中不可缺少的条件。

恒心与追求结合之后，便形成了百折不挠的巨大力量。事业如此，德业亦如是。每个人的成长都是一个漫长而坚毅的过程。

汤姆是一位来自美国俄亥俄州的拳击冠军，他曾经有这样一段经历。

18 岁那年，汤姆的身高只有 159 厘米。那一年，他参加了一场非常激烈的比赛，他的对手是一位身材魁梧的黑人拳击选手，身高 179 厘米，最擅长的是左勾拳，而且是连续三年蝉联俄亥俄州的拳击冠军。当时在人们看来，这位非常有实力的黑人选手必然会毫无悬念地赢得这场比赛。但是谁也没有想到，汤姆竟然赢了这场看似实力对比悬殊的比赛，获得了冠军。

其实，比赛一开始，情形的确与人们预想的丝毫不差，年轻的汤姆在高大的黑人选手面前毫无还手之力，被打得浑身是血。在中场休息的时候，汤姆跟自己的教练吉比说："这场比赛对我来说，无疑是鸡蛋碰石头，我想退出比赛。"可是，吉比教练不赞成他这样做。吉比教练说："不，汤姆，你能行。什么都不要想，只要你能够坚持到最后，你就一定会是胜利者。"

在接下来的比赛中，汤姆还是任由对方有力的拳头打落在自己身上，发出空洞的响声。汤姆感觉到，他的灵魂似乎已经脱离了自己的身体。然而，汤姆仍然牢牢记住吉米教练的话："只要能够坚持到最后!"

很快，那位黑人对手在不停地进攻下消耗了太多体力，而汤姆的顽强坚持也使黑人对手产生了畏惧心理，此时汤姆抓住机会，开始真正地反击。凭借着坚强的意志，汤姆一拳又一拳地击向对手，汗水和血水模糊了汤姆的双眼，他只有一个念头："一定要坚持到最后!"

终于，裁判举起了汤姆的手，吉比教练也跑过来抱着他又唱又跳。此时，汤姆才发现，自己胜利了，对手已倒在了赛场上。

在这场比赛中，汤姆看上去不具备成功的天资、机智和才能，但是他凭借着惊人的毅力，顽强坚持，终于使自己的愿望变成了现实。人们眼中的天才之所以卓越非凡，并非天资超人一等，而是付出了持续不断的努力。只要锲而不舍拥有恒心，任何人都能从平凡变成超凡。在成功的道路上，你没有耐心去等待成功的到来，那么，你只好用一生的耐心去面对失败。

走向成功的人要有"铁杵磨成针"的耐性，已经成功者更要坚持，只有坚持才能取得更辉煌的成就。拳击运动员为了赢得比赛都受过长时期的严酷训练，不少职业拳击家都赚过几十万美金的报酬，而他们中大多数人的目标也被局限在此。当他们取得战场上血泪的辉煌之后，就过上了糜烂的生活，而终于陷于贫困之中。法国作家拉罗什夫科曾说："取得成就时坚持不懈，要比遭到失败时顽强不屈更重要。"

生活中，每一个渴求成功的人都应该做到：无论在何种情况下，都不要轻言放弃，一定要沉住气，坚持到最后一分钟。毅力是世界上最强大的力量，拥有毅力的人，无疑是伟大的，它会让人具备无穷的智慧和克服困难的能力，使人拥有一股百折不挠的强大力量，最终找到通向成功的道路。

人生的奋斗目标不要太大，认准了一件事情，投入兴趣与热情坚持去做，你就会成功。

——俞敏洪

（毕业于北京大学英语专业，新东方学校创始人现任新东方教育科技集团董事长兼总裁）

专注于脚下的路

大诗人歌德曾说："无论从事什么样的工作，只要你具备了一颗专注的心，一定会有所成就。"人不必为天生的才智如何过多烦恼，能否成功在于自身的努力和拼搏，当然，这其中少不了专注。不是焦点的聚光，是不能起到燃烧作用的。俞敏洪这样描述过自己的奋斗历程："任何一项事业都是由琐碎的事构成的。一个没有理想的人，每天只忙于琐碎的事，那么他成就的只能是一堆琐碎的事；而一个拥有伟大理想的人，虽然每天也是忙于琐碎的事，可他堆积起来的事业是伟大的。"

林毅夫先生是世界银行有史以来第一位来自发展中国家的副行长兼首席经济学家；他是中国离诺贝尔经济学奖最近的学者；他曾不顾环境和世俗的压力，抛弃在中国台湾舒适的生活，离开妻儿，只身游过台湾海峡来到北京大学求学；他也曾在公派留学后，不受国外优越的学术研究和物质条件的诱惑，毅然决然地回到北京大学任教；他在教授学业的同时，更加注重对学生如何做人的指引；他的同事和学生们无不带着崇敬的心情称赞他是一个正直、真诚的人……这一切无不是林先生对祖国的热爱，对坚守振兴祖国经济的理想以及崇高的个人品德的体现。林先生用他的实际行动告诉我们这样做事和做人：坚守你的心，专注于脚下的路。

很多时候，环境好了，人受到的诱惑多了，就不能专注脚下的路，不能专心做好一件事，所以无法成功。可是在艰苦的环境里，人可以一心一意，摒除干扰，反而能够取得一定的成就。

熊十力是治学之外一切都不顾的人，所以住所求安静，常常是一个院子只他一个人住。20 世纪 30 年代初期，他住在沙滩银闸路西一个小院子里，门总是关着，门上贴一张大白纸，上写：近来常常有人来此找某某人，某某人以前确实在此院住，现在确实不在此院住。我确实不知道某某人在何处住，请不要再敲此门。

看到的人都不禁失笑。

50 年代初期他住在银锭桥，夫人在上海，想到北京来住一段时间，顺便逛逛，他不答应。他的学生知道此事，婉转地说，师母来也好，这里可以有人照应，他毫不思索地说："别说了，我说不成就是不成。"

后来他移居上海，仍然是孤身住在外边。

一个人的精力和时间都是有限的，不可能成为无所不知、无所不能的超人。如果大多数人集中精力专注于一件事情，他们都能把这件事情做得很好。当你的内在心灵将焦点集中在特定目标上，你会不由自主地朝此目标前进，然后以比较宽容的想法去看待其他事情。你会看淡一些不相干的事情，在不必要的事情上减少注意力。你看待事情时总是会想想这与你的目标是否一致。

爱默生在晚年时反思自己一生的成就时说："让我步入失败深渊的人不是别人，是我自己。我一生中最大的敌人不是别人，是我自己。我是给自己制造不幸的建筑师，我一生希望自己成就的事业太多了，以至于一事无成。"以爱默生的成就，他还这样反省自己，认为自己一事无成，足见他是多么的谦虚。不过我们能从他说的话中得到一个启示：做事必须将所有精力投入到一点上，三心二意，只能一事无成。正如俗话所说的："你要想把天下的麻雀捉尽，结果会一只也捉不到。"

欲成就大事的人，往往会专注于所从事的事情，紧紧抓住事情的关键，攻其难点和重点，实现质的飞跃，成就一番事业。天下的麻雀是捉不尽的，一只手也抓不住两只鳖。自古以来，人不能在同一时间内，既能抬头望天又可以俯首看地，左手画方，右手画圆。所以说，不能专心便一事无成。在纷繁芜杂的环境中，我们更需要坚守自己的心，少一些浮躁，多几分耐心。

万科集团的王石作为业余的登山爱好者曾成功登顶珠峰，被传为佳话。后来有人问他成功的秘诀，他的回答只有两个字"专注"。

是的，他在登顶过程中没有留恋沿途那奇幻的景观，宿营时也没有和同伴去闲聊，他要节约每一丝力气，以最充沛的体力去走好脚下的每一步。原来成功的秘诀是如此的简单，可这简单之中却蕴含着深刻的哲理。

第四篇

选择比努力更重要

第一章 学会舍得，才能获得

与其守成法，毋宁尚自然；与其求划一，毋宁展个性。

——蔡元培

（曾任北京大学校长，著名教育家、革命家、政治家）

人生就是一场权衡和取舍

人生的高度是一份知足的恬然，生命的高度，是能取能舍，当取则取，当舍则舍，善取善舍的那份安然。《圣经》中有这样一句话："人降临世界的时候，手是合拢的，似乎在说：'世界是我的。'他离开世界时手是张开的，仿佛在说：'瞧啊，我什么都没有带走。'"是的，其实人生就是一连串取舍的过程，有取就有舍，有舍才有得。

人生其实就是由无数的取舍构成的，今天选择了舍得，明天才会有得到的可能性。我们所做的就是在取舍之间作出正确的选择，不同的取舍成就的是不同的人生。很多时候，人们向往去取得，并且认为多多益善。然而，"取"的前提必定是先"舍"，只有"舍"，才能"得"。成功的人之所以成功，是因为他们知道该做什么，不该做什么；什么应该去坚持，而什么又该去舍弃。

王昭君，中国历史上一位伟大的女性，千百年来一直被后人所赞颂着。但是，王昭君的命运并非是上天注定的，而是她自己走出来的，或者更准确地说是她自己选择的。

王昭君出生在湖北省的一个山村。她自幼天生丽质，聪慧异常，琴棋书画，无所不精，"娥眉绝世不可寻，能使花羞在上林"。公元前 36 年，汉元帝昭示天下遍选秀女。集智慧与美貌于一体的王昭君自然成为南郡首选。虽然她和她的父亲都不愿意自己进宫，但是圣命难违，王昭君只得进京。

进京后的王昭君自恃貌美，不肯贿赂画师毛延寿，毛延寿便在她的画像上点上丧夫落泪痣，因此无缘面圣，过着大多数宫女的落寞生活。这段故事在正史中并无记载，应是后人杜撰。虽然此故事为后人杜撰，但是王昭君无缘面圣却是事实。按照王昭君的美貌和智慧，如果想得到皇上的召见应该并非难事，但是三年中，王昭君却宁愿过着孤独、冷清的生活却不肯想方设法得到皇上的召见，应是王昭君自己选择的结果。她宁愿一个人孤独终老，也不愿去和后宫的佳丽三千争宠夺爱。

如果没有后来的事情，王昭君可能就和中国历史上千千万万的宫女一样消失在历史长河中。公元前 33 年，呼韩邪单于向汉元帝提出了和亲的建议。汉元帝因不忍汉室公主远嫁塞外，便决定在后宫的宫女中挑选一宫女前往塞外和亲。

当这个消息传到后宫后，所有的宫女一个个躲得远远的，生怕轮到自己。因为她们不愿去遥远的塞外，不愿去一个完全陌生的地方。

在汉元帝非常为难之际，王昭君主动请命，自愿去塞外和亲。就是这一个决定改变了王昭君的一生。

王昭君不同于其他的宫女，聪慧的她知道，如果自己留在汉宫，结局就是一辈子被拘禁在这后宫里，永远没有自由。而去塞外和亲，自己就是令人尊敬的皇妃，就可以重新获得自由。在人生的重要关头，王昭君作出了塞外和亲的选择。

王昭君到塞外后，一生致力于汉朝和匈奴的和平事业，边塞的烽烟熄灭了 50 年。她不仅得到了一生的幸福，还得到了汉族和匈奴老百姓的尊敬。千百年来，王昭君一直被人们歌颂着、赞扬着。

王昭君之所以能流传千古，载入史册，正是因为她在人生的重要关头作出了正确的选择。她舍弃了后宫的安逸生活，选择了塞外的未知生活。她是有所失，但是她得到的更多。

其实，人生就是一场权衡和取舍，不同的取舍造就不同的人生。美国总统林肯曾经说过："那些所谓成功了的人，就在于他懂得作出正确的选择。"如果你想有所作为，就一定要懂得有舍才有得，有失有得才是真正的人生。

生活中，我们在进行取舍的时候，一定不要过于关注眼前的利益，而要从长远考虑。暂时的"舍"未必真的是"舍"，暂时的"得"也未必就是"得"。比尔·盖茨考上了千万人梦想中的哈佛大学，但是为了充分发挥自己的能力，他选择了退学，自己创业。比尔·盖茨舍掉了无数人梦寐以求的大学生活，才成就了后来的微软与世界首富。

怀着一颗平常的心态去看待“舍”与“得”，认识到“舍”与“得”是人生的一个常态。“舍”也不必心灰意冷，“得”也不必骄傲自满。怀着平常的心去看待“舍”与“得”，并不是要你无所作为，随遇而安。当面临“舍”与“得”的选择的时候，一定要认真、全面地分析“舍”与“得”的利弊，从长远出发，从大局出发，作出正确的选择，因为不同的选择给你带来的就是不同的人生。

献身于科学研究就没有权利再像普通人那样生活，必然会失掉常人所能享受到的不少乐趣，但也会得到常人享受不到的乐趣。

——王选

（曾任北京大学教授，著名科学家）

有舍有得，不舍不得

“鱼，我所欲也，熊掌，亦我所欲也；二者不可得兼，舍鱼而取熊掌者也。生，我所欲也；义，亦我所欲也。二者不可得兼，舍生而取义者也”。它告诉我们，生活就是一场场选择鱼与熊掌的过程，如果你选择了鱼，就得舍掉熊掌；如果你选择了熊掌，就得舍掉鱼。

要想体味“采菊东篱下，悠然见南山”的境界，就得放下名利场的诱惑；要想领略“停车坐爱枫林晚，霜叶红于二月花”的美景，就得放下手中的工作；要想拥有“长风破浪会有时，直挂云帆济沧海”的豪情，就得放下对安逸生活的留恋；要想得到“身无彩凤双飞翼，心有灵犀一点通”的默契，你就得放下三千弱水的吸引力。

当年蔡元培先生毅然辞去国民政府教育部长的职务，担任国立北京大学校长。蔡元培先生舍掉的是高官厚禄，得到的却是中国教育界的一座丰碑。

因此，明白了有舍才有得的道理，就要勇敢地舍得。许多人不是不明白这个道理，只是对已经拥有的东西很难放下。

成功人士之所以成功就在于，他们能狠下心来舍掉“鱼”来换取熊掌。

18世纪，美国的西迁运动和淘金热潮正在如火如荼地展开。两个墨西哥人沿密西西比河淘金，到了一个河口分了手，因为一个人认为阿肯色河可以掏到更多的金子，一个人认为去俄亥俄河发财的机会更大。

10年后，选择俄亥俄河的人果然发了财，在那儿他不仅找到了大量的金沙，而且建了码头，修了公路，还使他落脚的地方成了一个大集镇。因为他为这个集镇所作出的贡献，他理所当然地被大家选为镇长。

但是，当初选择进入阿肯色河的人却毫无音讯，大家猜测他可能没淘到金子重新返回墨西哥了，还有人猜测他可能已经遇难。直到50年后，一个重2.7公斤的自然金块在匹兹堡引起轰动，人们才知道他的一些情况。

当时，匹兹堡《新闻周刊》的一位记者曾对这块金子进行跟踪，他写道："这颗全美最大的金块来源于阿肯色，是一位年轻人在他屋后的鱼塘里见捡到的，从他祖父留下的日记看，这块金子是他的祖父扔进去的。"

由此人们知道，当年去阿肯色州的人同样淘到了金子，而且还淘到了如此大块的金子，并且在那里扎了根，安家落户。可是在那个疯狂追求淘金的年代，他为什么选择把金子扔到河里呢？许多人都百思不得其解，于是那位记者便亲自翻看了那篇日记。

日记是这样的："昨天，我在溪水里又发现了一块金子，比去年淘到的那块更大，进城卖掉它吗？那样就会有成百上千的人拥向这儿，我和妻子亲手用一根根圆木搭建的棚屋，挥洒汗水开垦的菜园和屋后的池塘，还有傍晚的火堆，忠诚的猎狗，美味的炖肉山雀，树木，天空，草原，大自然赠给我们的珍贵的静逸和自由都将不复存在。我宁愿看到它被扔进鱼塘时荡起的水花，也不愿眼睁睁地望着这一切从我眼前消失。"

一句经典的谚语这样写道："紧握东西的双手，你就什么也拿不了：当你想要获得更多更好的东西时，你就要先把自己手中的东西扔掉。"阿肯色州的牛仔扔掉了一定会得到的富贵生活，得到了一个恬静而幸福的人生。

但是，并非每个人都能做到像那个牛仔一样舍得。那些不舍得放下的人，将什么也得不到。

梅花放下了温暖的季节，才能得到笑傲霜雪的艳丽；大地放下了绚丽斑斓的黄昏，才会迎来旭日东升的曙光；船舶放下了安全的港湾，才能在深海中收获满船鱼虾；天空放下了阳光灿烂，才能成就美丽的七彩之桥。

人生也是一样，有舍才有得，懂得放下一些东西，才能拥有一些另外的东西。

心存取舍，则有邪见与妄行。

成就大事的人之所以能成功，是因为他们明白该做什么，不该做什么。

上帝是公平的，他在让你失去之前，已经想好了安慰你的方法。所以，有时候，不论我们失去了什么都不要伤心失望，因为失去的同时我们也正在获得。

其实，我们的人生就像一个杯子，想要杯子装满酒，你就得把杯子里的水全部倒掉。人生苦短，要想获得更多，就要懂得用舍弃来换取。

要知道，那些什么都不舍得的人，是不可能有什么大收获的。其最终结果是对自己生命的丢弃，让自己的一生庸庸碌碌，毫无所得。相反，懂得有所舍、有所得的人，才能拥有更广阔的人生。

放弃意味着重生。

——俞敏洪

（毕业于北京大学英语专业，新东方学校创始人现任新东方教育科技集团董事长兼总裁）

失之东隅，收之桑榆

“塞翁失马，焉知非福。”意思是说，任何事情都有好与坏、福与祸，坏事可以引出好结果，好事也可以引出坏结果。对于个人来说，我们整个人生就是一个不断得而复失的过程，只有丢失了，才能够给得到腾出位置。换一个角度看得失，我们就会豁然开朗，看淡得失。

其实，很多时候，失去并不是一件坏事，得到也不一定是件好事。人生是际遇，也是尝试，很多事都不是可以用好与坏来衡量的。

东汉刘秀即位为光武帝后，派大将冯异率军西征，镇压赤眉军。大军在回溪被赤眉军打得大败，冯异只与很少几个部下逃回营寨。逃回营寨后，他并没有因此认输，而是开始招回逃散的士兵，重整旗鼓。

决战时刻到了，冯异派壮士混入赤眉军，然后内外夹攻，终于打败了赤眉军，俘虏了好多将领。

事后，刘秀下诏慰劳冯异，说他虽然先在回溪失利了，但最后又在渑池获胜了，可以说是“失之东隅，收之桑榆”。

东隅是指东方日出处，指早晨；桑榆，西方日落处，日落时太阳余晖照在桑榆树梢上，指傍晚。后来人们常用此语比喻在某一面有所失败，但在另一面会有所成就。这也就是我们常说的“东方不亮西方亮，阴了南方有北方”，道理是相通的。

得失之心需要锤炼，能破局者，定然当有博大的胸怀，不为一城一池一时一地之得失所动，而乱了全局的分寸；唯有最后结局的胜利，才是破局者所坚定追求的目标。其实，不仅仅在古代，在现代社会中也有许多“失之东隅，收之桑榆”的故事。

巴菲特说他 19 岁时被哈佛商学院拒绝录取，是他一生中一次关键的经历。现在他想起来，觉得哈佛不适合他。

当时，当时他在芝加哥面试之后，被拒绝录取。

巴菲特认为，尽管被梦寐以求的学校拒绝令人沮丧，却为他打开了另一扇门，使他遇到了改变自己一生的良师益友。

在寻找其他大学的过程中，巴菲特了解到格雷厄姆和多德这两位他所钦佩的投资专家当时正在哥伦比亚大学的商学院教书，他匆忙向哥伦比亚大学寄出了一份时间上有些晚的申请。巴菲特运气很好，多德教授回复并接受了他的申请。没读成哈佛对年轻的巴菲特来说肯定是一次很大的失败，但也正是因为这次失败，他却因此遇到了影响他一生的人，并因此成为世界上最成功的投资家之一。

失去是一种痛苦，同时也是一种幸福，因为失去的同时你也在得到别的。失败只是证明你在某一方面暂时有些许缺憾而已，并不是说你的整个人生因此而失败了。有时候一次失败反而会给你的人生带来别样的风景。

其实，人生没有永远的得，也没有永远的失，得在失中，失在得里。人生的美好就在于你失去了很多，同时又得到了很多。一件事情终止处恰是另一件事情的开始，人生就在这样开始—结束—开始中延续下去。

国王有七个女儿，这七位美丽的公主是国王的骄傲。她们那一头乌黑亮丽的长发远近皆知。所以国王送给她们每人 100 个漂亮的发夹。

有一天早上，大公主醒来，一如往常地用发夹整理她的秀发，却发现少了一个发夹，于是她偷偷地到了二公主的房里拿走了一个发夹。二公主发现少了一个发夹，便到三公主房里拿走一个发夹；三公主发现少了一个发夹，也偷偷地拿走四公主的一个发夹；四公主如法炮制拿走了五公主的发夹；五公主一样拿走六公主的发夹；六公主只好拿走七公主的发夹。于是，七公主的发夹只剩下 99 个。

隔天，邻国英俊的王子忽然来到皇宫，他对国王说："昨天我养的百灵鸟叼回了一个发夹，我想这一定是属于公主们的，而这也真是一种奇妙的缘分。不晓得是哪位公主掉了发夹呢?"

公主们听到了这件事，都在心里想说："是我掉的，是我掉的。"可是她们头上明明完整地戴着一百个发夹，所以都懊恼得很，却说不出。只有七公主走出来说："我掉了一个发夹。"话才说完，一头漂亮的长发因为少了一个发夹，全部披散了下来，王子不由得看呆了。故事的结局，当然是王子与公主从此一起过着幸福快乐的日子。

不是每一次失败带来的都是不幸与痛苦，一百个发夹，就像是七个公主完美圆满的人生，七公主少了一个发夹，因此大家都以为她的人生是失败的；但正因为有了这份失败，未来才有了无限的转机、无限的可能性，从这个角度看，这是一件非常值得高兴的事。

英国的伟大诗人弥尔顿，最杰出的诗作是在双眼失明之后完成的；德国的伟大音乐家贝多芬，最杰出的乐章是在他的听力丧失以后创作的；德国最著名的作家之一歌德，他的成名作《少年维特之烦恼》是在两次失恋之后写成的。

任何人的人生都不可能一帆风顺，万里无云。每个人都会遇到失败和挫折，关键是如何应对这些失败和挫折。如果一味地悲伤或怨天尤人，只能让我们的心情更加郁闷，而不能解决任何问题。当遇到挫折和失败时，我们应该以一种平和的心态来看它，我们要积极地在别的地方重新努力，重新寻找机会。只要你不放弃自己，你一定会发现上天已经为我们开启了另一扇更明亮的窗。

人一生中可以完成的事情是有限的，只有专注才能让自己变得优秀。所以说"有所不为，才能有所为"。

——李彦宏

（毕业于北京大学信息管理专业，百度公司创始人，董事长兼首席执行官）

有所为，有所不为

孟子说："人有不为也，而后可以有为。"意思是告诫我们，人要审时度势，决定取舍，选择重要的事情去做，而不做或暂时不做某些事情。每个人的精力都是有限的，只有放弃一些事情不做，才能在别的一些事情上做出成绩。任何成功的获得都不可能简简单单、一蹴而就，所以，一个人要想作出一定的成就，就要做到有所为，有所不为。

李彦宏曾说："在人生选择道路上，每个人都时时刻刻面临着一些选择，我是一个非常专注的人，一旦认定方向就不会改变，直到把它做好，我相信搜索将对网络世界和我们的生活产生巨大影响。我的理想是'为人类提供更便捷的信息获取方'，至今未变。"李彦宏在起家的时候，做的就是搜索引擎，十多年过去了，他做的仍然是搜索引擎。他说"搜索是我的本行，也是百度的专长之所在。做自己最擅长的事是我的人生格言"。

的确，只有做自己最擅长的事，自己才能成功。如果你总是拿着自己的缺点和别人的优点比，你永远都是失败者，你只有拿着自己最擅长的事和别人比才有胜算的可能。但是要做自己擅长的事情，就必须要舍掉那些自己不擅长的事情。我们不是超人，只有一心一意地从事自己最擅长的事情，才能把那件事情做好、做精。

李安是中国著名的导演，2006 年他凭借电影《断背山》荣获第 78 届奥斯卡金像奖最佳导演奖。李安之所以能在电影界取得高的成就，最主要的原因是因为他对于电影行业的执着。

李安自小就对电影感兴趣，高一时李安插班，父亲拿了一张测兴趣的表让他填，和我们的文理分科类似，上面几百个科目，李安没一个喜欢的。父亲问："你喜欢做什么？"李安说："我想做电影导演。"所有人都笑，没人以为这是可能的事。

大学填报志愿的时候，他填的是戏剧学院，可是两年他都落榜了。但是，他仍然不放弃，他就是想念戏剧。在第三年的时候，他终于考上了台湾大学艺术学院。大学毕业后，他又去美国留学接着读戏剧专业。

硕士毕业后，李安却没能找到一份跟电影有关的工作。为此他在家整整待了 6 年，这 6 年里他每天在家里大量阅读、大量看片、埋头写剧本。因为他没有工作，所有的支出都靠他的妻子一个人，家里的经济情况非常糟糕。他的二儿子出生的时候，他的卡里只有 43 美元。为了帮助妻子分担，他在家做菜、做饭、带孩子，变成了一个家庭主男。

日后回忆起这段难熬的生活，李安至今仍然十分痛苦："我想我如果有日本丈夫的气节的话，早该切腹自杀了。"

物质贫乏、精神痛苦，别的同学都无法忍受这样的日子，纷纷转了行。可是他没有，记者曾经问他，难道从来就没想过改行吗？他说："不能，改变不了，改变不了可能是心理上不愿意改。因为我知道，我做电影是很有天分的，我自己晓得，不做电影什么东西也不是。所以如果我要选择的话，我当然是做电影，如果我不去做电影，真的是改行，那样我一辈子都会后悔。其实就那么简单，我就耗耗耗，等等等。"

就这样，李安在拍第一部电影之前，在家整整待了6年。6年的等待与煎熬换来了他的一鸣惊人。他的第一部电影《推手》获了优秀剧作奖，台湾金马奖八个奖项的提名，亚太影展最佳影片奖。

从此之后，李安就再也没有停止过拍摄电影，终于成为一名世界著名的导演。

有所不为，才能有所为。李安在家赋闲多年，在经济方面毫无作为。但是他的不为，却是为了自己的电影梦，多年的时间，他阅读了大量的书籍、看了大量的电影。李安和我们每个人的精力是一样的，他也没有分身术。如果在这漫长的6年里，他选择了挣钱养家糊口，那就不会有现在的李安了。两者只能选其一，他为了在电影上有所作为，不得不舍掉那些可以挣钱的工作，不得不舍掉他的自尊心，在家做一个家庭主男。

"三百六十行，行行出状元"。如今的社会，职业恐怕不只三百六十行。即使世界上有这么多的职业，但是对我们个人来说，我们只能从事一项。人的精力是有限的，我们只能在众多的行业中，选择一项"为之"，而其他的"不为"，只有这样我们才能在为的那一项里取得成功。有所不为，为的是有所为。

有所为，有所不为，也要求我们要清楚自己在哪些领域可以有所为，知道自己的目标和长处，只有对自己有了清晰的了解，才能作出下一步的决定。而且，我们必须要果断作出决定，放弃那些自己不擅长的、不喜欢的工作与生活，坚持目标，不达目的，誓不罢休。

没有什么人可以随随便便成功，也没有什么事情可以简简单单就能做成。想要在一个专业领域里取得被别人认可的成绩，需要不懈努力和长久坚持。有所为就得有所不为，有所不为是为了有所为。为或者不为，都必须由你自己来决定，只要无愧于自己的心、无愧于自己的梦想就可以了。

幸福和快乐是一种相对的感受。如果为失去一件事物而懊悔苦恼，那么失去的就不仅是那件事物，还有心情、时间和健康。

——徐光宪

（曾任北京大学化学系教授、博士生导师，著名物理化学家、无机化学家、教育家）

放弃会让我们拥有更多的美好

当你紧握双手，里面什么也没有；当你打开双手，世界就在你手中。人生一世，紧握拳头而来，平摊双手而去，有多少东西永远也不可能属于你，生活中鱼和熊掌都能兼得的时候很少。紧握双手，肯定是什么也没有，打开双手，至少还有希望，每一次放弃是为了下一次得到更多的回报。

放弃是一种智慧，只有学会放弃，才能使自己更宽容、更睿智。有所放弃，才能有所追求。什么也不愿放弃的人，反而会失去最珍贵的东西。

范蠡放弃了高官厚禄换来了一生的逍遥；冯骥才放弃了绘画换来了一个伟大的作家。没有果断的放弃，就没有辉煌的选择。

做人有时候要学着放弃。放弃不是退缩，也不意味着失败。其实，放弃是另一种形式的选择，白云放弃蓝天，化作雨水洒落大地是为了哺育生灵；落叶放弃大树，融入泥土是为了滋养万物。放弃是为了获得，不懂得放弃的人生，就无法达到生命的制高点，放弃有时也是一种重生。

这是关于一个登山者的故事。

他参加一支登山队去登山。为了第一个到达目的地，独享第一的荣耀，他趁着其他人睡觉时，独自去登山。

山高夜沉，漆黑一片，伸手不见五指，显然，在晚上登山是愚蠢的决定。但他凭借着技术和勇气，还是继续攀登着。

就在他快要到达峰顶时，脚下一滑，疾速地往下跌去。在那极度恐怖的瞬间，他生命中所有美好和痛苦的记忆片段一起涌入他的脑海。

他正想着离死亡还有多近的时候，感觉到系在腰间的绳索一下紧紧地拉住了他。他的身体被悬吊在半空中。

黑夜里，只有一根绳索维系着他。沉寂中，他大声惊呼：“救命啊，上帝！”

突然之间，一个低沉的声音从天籁传来：“割断你系腰的绳子。”

“什么？”风呼呼地吹着，他有些听不清楚。

那个声音再一次响起："割断你系腰的绳子。"

可是四周漆黑不见五指，他看不到自己所处的环境。他决定握紧手中那唯一的希望，紧紧抓住绳索不放手。

第二天，其他的登山队员找到了他时，他已经被冻死了，双手紧紧地握着绳索。可是，他离一块平地仅仅只有十英尺！

如果这个登山者割断绳索跳下去，或许可以到达一个相对安全的地方，可以生一堆火，等待救援人员的到来，也就能得救了。你对自己的绳索有多少依赖呢？如果换了是你，你会有勇气把它放开吗？有时候，放弃也是一种重生，懂得适时地放弃，会让我们拥有更多的美好。

"鸟在森林筑巢，所栖不过一枝。"放弃是一种超脱，是一种气度。人生在世，犹如过眼云烟，诸如钱财名利之类的身外之物，生不带来，死不带去，要那么多又有什么用呢？为人处世，潇洒人生，无处无地，无时无刻都需要学会放弃。面对成功与喜悦，需要学会放弃；面对困难与挫折，也需要学会放弃；面对物欲与名利，更需要学会放弃。只有放弃了脆弱、负重、虚荣、奢望，才能够风和日丽，海阔天空，一生过得快乐而充实，过得不平凡而有价值。

日本钟表企业精工社成立于1881年，是世界闻名的钟表企业。它生产的石英表、"精工·拉萨尔"金表远销世界各地，其手表的销售量长期位于世界第一的位置。它能取得这样的成功，全取决于其第三任总经理服部正次的放弃战略。

1945年，服部正次就任精工社第三任总经理。当时的日本还处在战争破坏后的满目疮痍中，精工社征程未洗。而这时，有"钟表王国"之称的瑞士，由于没有受到战争的破坏，其手表一下子占据了钟表行业的主要市场。精工社面临着巨大的生存危机。服部正次并不为困难所吓倒，他沉着冷静，制定了"不着急，不停步"的战略，着重从质量上下手，开始了赶超钟表王国的步伐。

十多年过去了，服部正次带领的精工社取得了长足的进展，但仍然无法与瑞士表分庭抗礼。整个20世纪60年代，瑞士年产各类钟表一亿只左右，行销世界150多个国家和地区，世界市场的占有额也达到了50%～80%。有"表中之王"美誉的劳力士、浪琴、欧米茄和天俊等瑞士名贵手表，依然是各国达官贵人、富商巨贾等人财富地位的象征。无论精工社在质量上怎样下功夫，都无法赶上瑞士表的质量标准。

是继续寻求质量上的突破，还是另走他途？服部正次思量着。他看到，要想在质量上超过有深厚制表传统的瑞士，那简直是不可能的。服部正次认为精工社该换个活法了，他要带领精工社另走新路。

经过慎重的思考，服部正次决定放弃在机械表制造上和瑞士表的较劲，转而在新产品的开发上做文章。

经过几年的努力，服部正次带领他的科研人员成功地研制出了一种新产品——石英电子表。

与机械表相比，石英表的最大优势就是走时准确。表中之王的劳力士月误差在100秒左右，而石英表的误差却不超过15秒。

1970年，石英电子表开始投放市场，立即引起了钟表界和整个世界的轰动。到70年代后期，精工社的手表销售量就跃居到了世界首位。

在电子表市场牢牢站稳了脚跟后，1980年，精工社收购了瑞士以制作高级钟表著称的“珍妮·拉萨尔”公司，转而向机械表王国发起了进攻。

不久，以钻石、黄金为主要材料的高级“精工·拉萨尔”表开始投放市场，马上得到了消费者的认可，成为人们心中高质量高品质的象征。

其实，我们每个人都有自己的执着，或许是信念，或许是一份感情，合理的执着可以成为我们生活的原动力，可是有时候过分的执着却会变成一份盲目的坚持。

因此，执着追求和果敢放弃是走向成功的双翼。不执着容易半途而废；不放弃，便容易一条道走到黑。作出正确的判断，选择属于你的正确方向，才能让你一步步踏上成功之道。

放弃是一种升华，是一种境界。倘若蝌蚪总是炫耀自己的尾巴而舍不得放弃，那它将始终长不成自由跳跃的青蛙。

因而，我们要在人生旅程上时刻保持一颗简单平和的心，就应该学会放弃。放弃失落带来的痛楚，放弃屈辱留下的仇恨，放弃没完没了的解释，放弃烦恼，摆脱纠缠。

只有果断舍弃自己不特别需要、对人生益处不大的东西，才能使整个身心沉浸到轻松、宁静中去，在静心中拥有一份成熟，使自己活得更加充实、坦然和轻松，活得更容易。

假使做事要面面俱到，那就什么事都不能做了。

——鲁迅

（曾任北京大学讲师，著名文学家、思想家、评论家、革命家）

患得患失，难得生命的圆满

《渔樵闲话》中说："为利图名如燕雀营巢，争长争短如虎狼竞食。"意思是，人常常被得失所左右，一时的成败得失、争短论长，常常让人陷入欲望的陷阱。得失的欲望对于每一个人都是情感宣泄和精神的需求，是消解生活乐趣的方式。得可以是荣耀，失可以是尺度，只要正确对待二者，"欲"也就不是罪过了。古来智者皆可看淡得失，愚者才去斤斤计较。

古希腊伊索说："许多人想得到更多的东西，结果却把原来所拥有的也丢失了。"的确，人生的沮丧很多都是因为得不到的东西，我们每天都在奔波劳碌，每天都在幻想填平心里的欲望，但是那些欲望却像是反方向的沟壑，你越是想填平，它就向下凹得越深。

有句话说得好："不要说你得到的太少，不要说你失去的太多，多的还会化成少，少的还会化成多。"欲求在此时就成了大负担。然而，许多人仍看不透这其中的本质，仍然在得与失的计较里烦恼不堪。

人生是一场舍得的过程，但是作出了舍与得的决定只是第一步。我们能否坚持自己所作出的决定，是否能舍掉应该舍掉的，是否能获得我们想要获得的，关键是要看我们的行动。如果我们在行动的时候患得患失，那么即使我们作出了正确的决定，也不会取得好的结果。要知道，患得患失的人，会被自己紧紧束缚，不能后退，也无法前行，这样的人生是可悲的。

经过痛苦的挣扎作出舍与得的决定后，就要坚持自己的决定。不管路途多坎坷，过程多曲折，你都要坚持下去。如果你在向目标迈进的过程中，因为艰难而患得患失，轻易更改自己的决定和目标，你将永远都不可能获得成功。成功本来就是一件非常艰难的事情，不仅仅需要正确的目标，更需要毅力和勇气。

刘伟，无臂钢琴师，中国达人秀第一季总冠军，2012 年感动中国人物。

第一次梦想的破灭：

刘伟出生于 1987 年，上小学的时候，正是中国足球职业化的肇始，成为职业球员是他的第一个理想。这个理想的起步看上去十分漂亮。上小学三年级的时候，10 岁的他已经是绿茵俱乐部二线队的队长，司职中场。

一切美好都在 10 岁的一天终止，他已无法完整地回忆那天到底发生了什么。他只是听别人说的：刘伟家附近有一个简陋的配电室，墙是用土砌的，很矮，一翻就能进去，里面的电线裸露在外。

3 个孩子玩捉迷藏，刘伟往墙上爬的时候，触到了高压线。当他醒来的时候，他已经躺在了医院的病床上。脱离生命危险之后，10 岁的他被告知永远失去了双臂。

在医院做康复的那段时间，他遇到了一位同样失去双手的病人。“他能自己吃饭、刷牙、写字，而且事业上也非常成功，他教了我很多。”这个人叫刘京生，北京市残联副主席。失去双手半年后，他就学会了用脚刷牙、吃饭、写字。

治疗康复时间是漫长的。两年的时间里，他没有再进学校。在用了一个暑假的时间补习后，他又回到原来的班里。到了期末考试，他仍然是全班前三名。“从那个时候起，我开始努力学习了。任何事情我只要想学，都能学得很快，做得比别人好。”没有双臂的刘伟开始面对别人的议论。

第二次梦想的破灭：

没有了双臂，足球的梦想破灭。他开始了第二个梦想之旅。他在 12 岁时开始学游泳，进入了北京市残疾人游泳队。仅仅两年之后，他就在全国残疾人游泳锦标赛上获得了两金一银。这已是 2002 年的事情了，北京已经获得了举办奥运会的资格。刘伟对母亲许下承诺：在 2008 年的残奥会上拿一枚金牌回来。

命运似乎对刘伟特别残酷，就在他为奥运会努力做准备时，高强度的体能消耗导致了免疫力的下降，患上了过敏性紫癜。医生告诉过他母亲，高压电对于刘伟身体细胞有过严重的伤害，不排除以后患上红斑狼疮或白血病的可能，他必须放弃训练，否则将危及生命。“只能放弃，不能为了比赛，命都不要了吧？”

涅槃后的重生：

上天对刘伟如此残酷，但是刘伟并没有因此而放弃对生活的希望。足球和游泳之梦都被无情的摧毁以后，他有自己的第三个梦想——音乐。为了音乐，他放弃了上大学。家人起初也是反对的，但是这一切都不能阻挡他追求音乐的脚步。

他首先想到的是去一家私立音乐学院学习音乐，校长给他们的回应是：刘伟进我们学校学音乐只能是影响校容。刘伟对校长的回应是：“谢谢你这么歧视我，我会让你看看我是怎么做的。”

用脚弹琴是艰难的，这需要勇气和想象力，许多人用手弹都需要很多年才有起色，何况是脚。刘伟每天练琴时间超过 7 小时。“我是三点一线的生活：练琴、学音乐、回家。我家在五道口，练琴的地方在沙河，学音乐的地方在四中，那时真是精神和体力的双重考验。”

学了 3 年钢琴的他，便达到了用手弹钢琴的 7 级专业水平。

23 岁他登上了维也纳金色大厅舞台，让世界见证了中国男孩的奇迹。此外，22 岁的他挑战吉尼斯世界纪录，一分钟打出了 231 个字母，成为世界上用脚打字最快的人。

这就是刘伟的人生经历，当他失去他的翅膀时，当他的足球梦想破灭时，他并没有任何抱怨，他立即确定了他新的梦想——游泳。他确定了目标，就一心朝着奥运冠军的路出发，他从来没想过自己没有手臂怎么游，他从来没想过全国冠军、奥运冠军是一件多么难的事情。他想的唯一的事就是如何训练，如何最快地达到自己的目标。

当上天残酷地摧毁他的第二个梦想之后，他为自己定了一个更高难度的目标：钢琴。身体健全的人都未必能弹好钢琴，可是他却要弹钢琴。当他决定了以后，他就没再退缩过，即使父母反对，即使专业人士嘲笑他。他只想着一件事，如何用脚弹好钢琴。他没有时间想他的目标是可能还是不可能，因为他说：“我的人生中只有两条路，要么赶紧死，要么精彩地活着。”

人生只有短短的几十年，如果我们每做一件事情都瞻前顾后、患得患失，那我们什么也得不到。如果刘伟在游泳之前、弹钢琴之前都仔细地思考一下做这件事情有多大的困难，成功的概率有多大，那现在的刘伟恐怕只是一个抱怨命运不公的残疾人而已。一个残疾人，在经历过那么多身体和精神上的打击之后，仍然能那么果断地舍弃不适合自己的东西，仍然能那么果断地坚持为自己的梦想而努力。那我们还有什么可考虑，还有什么可顾虑。

如果已经作出了决定，那就勇敢地朝着自己的目标努力。胆量决定成败，坚持成就人生。这个世界上，没有一种成功是一蹴而就的。

漫长的人生路上，要想取得成功，就必然要经历无数次的失败和挫折，经历无数次的磨难与考验。我们没有时间去患得患失，瞻前顾后，我们唯一能做的就是想方设法克服这些苦难，经历这些考验。只要坚持下去，我们终会听见梦想开花的声音，我们的生活也会绽放出耀眼的光彩。

第二章 适合自己的就是最好的

我要成为宇宙的孩子、世纪的孩子，挥霍我自己的青春，然后放弃爱情的王位，去做铁石心肠的船长。

——海子

（1983 年毕业于北京大学，著名诗人）

不同的选择造就不一样的结果

比尔·盖茨在谈到他的成功经验时说：“我的成功在于我的选择。如果说有什么秘密的话，那么还是两个字——选择。”其实人的一生就是一个选择的过程，只有自己的出身不能选择。其他的一切命运都是自己选择的结果。

选择，简单点来说，就是给自己定位，为自己寻找努力的目标和方向。上天给了我们千万条路，但是我们同一时间只能选择一条路来走。如果我们选择了走一条轻松的路，就不要想着功成名就；如果我们选择像雄鹰一样在高空飞翔，就不要羡慕安逸的生活；如果我们选择了去看沙漠的壮观，就不要留恋大海的清凉。

上天对于每个人都是公平的，都给予了每个人选择的机会。面对着同样的十字路，不同的人选择了不同的方向，也必将到达不同的终点。

一位著名的音乐家，在经过一个银行门口时，看见一个黑人在拉琴，便走过去同他打起了招呼，聊起了天。他朋友非常诧异地问：“你认识这个人吗?”

每个人一生中不管是学习、生活、工作还是感情，都会遇到许许多多的十字路口。一个个的十字路口，就决定了人一生的命运。有的人选择了随大流，跟着大家走；有的人选择了跟随着自己的心走，走上了一条人烟稀少的道路。走人多的那条路，走起来肯定不会太难，因为前方有人为你开路；走起来也不会太过寂寞，因为有很多人陪着你一起走；但是走上这条路你也很难作出成就，因为在你前方的人很多，和你同时走的人也很多。走人烟稀少的那条路，走起来应该会很难，因为你需要自己披荆斩棘地开路；走起来应该会非常寂寞，因为你几乎找不到同路的人；但是，经过身体和心理的双重考验，你迎来的却是独属于你的光荣与成就，因为这条路只有你走而且走出来了。

选择不同的路，可以造就不同的人生。而同一条路，选择不同的人生态度，也可以造就不同的人生。面对同样的苦难，有人选择坚强面对，有人选择怨天尤人；面对同样的困难，有人选择迎难而上，有人选择轻言放弃；面对同样的工作，有人选择尽职尽责，有人选择敷衍对待。选择积极、乐观、勇敢的生活态度，人生也会变得丰富多彩；选择消极、悲观、懦弱的生活态度，人生只会是一片黑暗。

选择看起来只是一念之差，似乎无足轻重，然而选择后的结果却是沉重的。因为在一念之间，就可以化生出“生与死”“善与恶”“爱与恨”。因此，我们要慎重对待生活中的每一个选择，好好地把握每一次选择。不同的选择决定不同的人生，不同的人生决定不同的命运，最终的选择权就在我们自己手中掌握。

我很赞赏北大博士生的一句话：“‘在大学、研究生期间，不要致力于满口袋，而要致力于满脑袋。’满脑袋的人最终也会满口袋，我是相信这点的。”

——王选

（曾任北京大学教授，著名科学家）

正确的选择胜于盲目的努力

人生是一个不断选择的过程，作出了正确的选择，就等于有了灯塔的指引；而作出了错误的选择，可能要花费数倍的努力。作出正确的选择，就可以减少许多不必要的时间和精力，而作出错误的选择就要走许多冤枉路。作出正确的选择，可以最大限度地发挥自己的能力和价值。而作出错误的选择，即使费再大的力气也不可能得到自己想要的。

春秋战国的时候，有一个人赶着马车往北走。

魏国的季梁就问他："要去哪里?"

车夫说："要去楚国。"

因为楚国是在南方，所以季梁就问他说："既然你要到楚国，为什么要往北走呢?"

车夫说："因为我的马车好。"

季梁说："即使你的马车再好，但这不是去楚国的路啊!"

车夫又说："我的路费也很多。"

季梁回答："即使你的路费再多，但这不是去楚国的路啊!"

车夫又说："我的车技也很好。"

季梁告诉他："这几个条件越好，那么离楚国就越远了。"

这就是南辕北辙的故事，如果方向都选错了，又如何能到达终点呢? 在大海上都有灯塔，因为如果没有灯塔的指引，轮船就失去了方向。我们的人生其实就像在大海上航行，有了灯塔的指引，我们就能以最快的速度到达终点。如果没有灯塔的指引，我们可能要在海上漂流很久才能到达目的地，也有可能在海上迷失了方向，永远无法到达目的地。

生活中很多人没有成功并不是努力不够，而是作出了错误的选择。

象、狮子、骆驼决定一起进沙漠寻找其生存的空间。在进入沙漠前，天使告诉它们说，进入沙漠后，只要一直向北走，就能找到水和食物。进入沙漠以后，它们却发现沙漠比它们想象的大多了，也复杂多了。最为要命的是，它们不久就失去了方向。它们不知道哪个方向是北。

它们三个在不知道方向的情况下，作出了不同的选择。

大象是最强壮的，因此它认为即使失去方向也没什么恐怖的。因为它认为只要它朝着一个方向走下去，凭着它的强壮，肯定会找到水和食物。于是，它选定了它认为是北的方向，然后就不停地前进。可是走了三天以后，大象却惊呆了，因为它发现它又回到了原来出发的地方。

三天的时间和力气就这样白费了，大象气得要死。但是食物和水还得找，它想："我还是很强壮，换一个方向，这一次我一定能找到。"这一次它告诉自己不要转弯，要向正前方走。三天过后，它发现，它竟然又重复了上一次的错误。大象简直要发疯了，它不知道为什么会这样。

此时，它又饿又渴，它决定休息后，再度出发。它就这样一次次地出发，一次次地返回。不久，大象就精疲力竭而死。

狮子是跑得最快的，它想凭他的速度，穿越整个沙漠都不成问题，肯定能找到水和食物。它选了一个自以为是北的方向，飞一样地向前跑去。可是，它跑了几天后却惊讶地发现，它越向前，草木越稀少，最后，它已经看不到任何的绿色植物了。它害怕了，决定原路返回。

可是，当它原路返回的时候，又一次迷失了方向。它越是向前，越是不毛之地。它左突右奔，但是都没找到目的地，最后它绝望而死。

骆驼没有大象强壮，也没有狮子跑得快。骆驼一直走得很慢，它想，要找到水和食物，必须首先确定方向。只要找到了北斗星，就不会迷路，这样用不了三天，一定会找到水和食物的。

于是，它白天不急于赶路，而是休息。晚上，天空中挂满了亮晶晶的星星，骆驼很容易地找到了那颗耀眼的北斗星。每天夜里，骆驼向北斗星的方向慢慢地行走。白天，当它看不清北斗星的时候，它就停下来休息。

三个夜晚过去了。

一天早上，骆驼猛然发现，它已经来到了水草丰美的绿洲旁。从此，骆驼就在这里安了家，过上了丰衣足食的生活。

骆驼、狮子花费的时间和努力不知要比骆驼多多少，但最终只有骆驼找着了绿洲。那是因为，骆驼和狮子在一开始就作出了一个错误的选择。而骆驼作出了正确的选择，那就是先找到北斗星。

正确的选择是做任何事情的前提，有了正确的选择，才会有正确的目标和方向。有了正确的选择，才会让自己的优势得到充分的发挥。有了正确的选择，才有可能取得事半功倍的效果。如果作出了错误的选择，任凭你有多么意气风发，任凭你是多么足智多谋，任凭你花费了多大的心血，都不会到达你想去的终点，甚至会离你的终点越来越远。你的梦想、你的才华、你的聪明才智将会全部付之东水。

人生就像是一场奥运比赛，每个人可以报名参见一项比赛。但是如果你的特长是游泳，而你却报名参加了跑步比赛。那么任凭你怎么努力，怎么跑都不可能在跑步比赛中获得冠军。而如果你参加的是游泳比赛，你可能经过一定的努力就能获得冠军。得到冠军需要努力的训练，但是前提是要选择适合自己的比赛。

每个人都有自己的特长和优势，要根据自己的特长和优势作出正确的选择。

如果你擅长写作，就不要埋头苦算了；如果你爱好音乐，就不要在美术上做无谓的努力；如果你擅长运动，就不要把自己锁在高楼大厦里。

人的精力是有限的，应当把有限的精力放在最适合、最值得做的事情上，而不是花费在没有任何希望的事情上。错误的选择只会耽误你的聪明才智、延误你的青春年华。磨刀不误砍柴工，在努力之前，应先花费一定的时间进行调查和研究，以便于自己作出最正确的选择。

没有知识上的门户开放，就不可能有真正的心灵扩展，而没有真正的心灵扩展，也就不可能有进步。

——辜鸿铭

（曾在北京大学任教，学者、翻译家）

择其善者而从之

孔子曰：“三人行，必有我师，择其善者而从之，其不善者而改之。”孔子告诉我们应该虚心地向别人学习，但是在学习的时候要注意选择和甄别，选择那些有利于我们的，摒弃那些有害于我们的。

世界上没有十全十美的人，也没有无所不知无所不晓的超人，再优秀的人也有自己不懂的知识。真正的智者从来都是虚心向任何人请教，因为他们懂得只有不断虚心地向别人学习，才能使自己的能力不断进步，才能使自己的知识更加丰富，才能使自己受到别人的尊敬。

傲慢的人之所以得不到长远的发展和大家的尊敬，就是因为他们放弃了学习的机会。

学习并非不加思考地模仿，学习需要甄别与选择。蔡元培先生在北大当校长期间，为学校聘请了一批新文化运动的健将，例如鲁迅、胡适、刘半农等人。但同时，他还聘请了一批反对新文化运动的人，例如辜鸿铭、刘师培等人。两拨人在学术上针锋相对，甚至有剑拔弩张之势。面对着如此多的名家名师，北大的学子们择其善之而学之，学习鲁迅等人的文学改革，学习辜鸿铭和刘师培深厚的国学功底。在这种兼容并包的氛围中，北大培育出了一批又一批的国之栋梁。

澳大利亚有兄弟两人，守着一间很小的杂货店。因为父母的突然离世，他们兄弟两人只好学着经营这家杂货店。但是两人没经营多久，杂货店就面临着倒闭的风险。一方面是因为杂货店本身就小，没有多少利润可言。另一方面是因为兄弟两人此前从未管理过杂货店，没有什么经验。

面临着即将倒闭的杂货店，兄弟两人决定要把杂货店的生意做好做大。但是应该如何做好做大呢？兄弟两人一致认为应该向别人学习。于是他们开始一家一家地观察镇上的杂货店。经过他们的观察，他们发现生意最好的是一家叫“消费商店”的小超市。

他们观察了好久，思考了好久，终于知道了这家商店生意兴隆的秘诀。原来，这家商店的门前贴着一张醒目的告示，告示上的内容是：“凡来本店购物的顾客，请保存发票，年底可以凭发票额的3%免费购物。”原来大家都是冲着这3%的返利而来的。

他们发现这个秘密后，非常高兴，以为自己找到了做生意的法宝，于是回到自己的店里以后，写了一张一模一样的告示。告示是一模一样的，到年底的效果却不一样。到年底的时候，顾客都拿着发票过来要求返利。

但是，因为他们的杂货店本来就小，出售的商品大多是薄利多销的产品。这样返利以后，他们发现他们不仅没有赚钱，反而赔钱了。

经过这一次挫折以后，兄弟两人终于明白了，别人的优点不一定适合自己，学习的时候一定要学习精髓而不是学习表面的东西。兄弟两人根据自己店小、薄利多销的特点，制定了最低价策略，承诺如果发现价格比自己家便宜的商品则免费赠送。虽然没有3%的返利，但是最低价仍然吸引了很多顾客。

除此之外，两人又设置了许多符合自身店铺的措施，使得杂货店的生意越做越好，越做越大。

所有的成功人士都非常擅长借鉴和学习别人的优点。而学习别人优点的前提是要善于发现别人的优点和长处。

世界上从来不缺少美，而缺少发现美的眼睛。同理，世界上的人和事从不缺少优点，缺少的只是发现他们的眼睛。只要我们细心观察，即使看起来再不起眼的人也会有他的闪光之处，或许他善良，或许他胸怀宽广，或许他有着常人所没有的执着。

生活处处充满学问，人人都有优点。只有不断学习，才能使我们的知识更全面、胸怀更宽广。我们要善于取人之长，补己之短，不懂、不会要不耻下问，切忌不懂装懂，掩耳盗铃，自欺欺人。闭门造车只会使我们变成井底之蛙，使我们逐渐落后于其他人。

学习时一定要学习他人的精华和实质，而不是照葫芦画瓢，照葫芦画瓢只能落得东施效颦和邯郸学步的结果。学习的时候，必须要有持之以恒的精神。向他人学习，必须从不自满开始，无论取得多好的成绩，也不能停顿。学贵在用，向他人学习归根结底是为了提高自己。学习他人的经验，学习他人的教训，学习他人的态度，学习他人的方法，学习他人一切可以借鉴的东西。向成功者学习，向失败者学习，向名人学习，向普通人学习，向一切可以学习到知识的人学习。向他人学习不分时间和地点，在学校需要学习，在单位更需要学习。

“活到老，学到老；走到哪，学到哪”。人的一生就是不断学习的一生，我们要善于学习别人的优势，择其善者而从之，其不善者而改之，借鉴别人的优点和经验，改正自己的缺点，使自己不断进步、不断成长。

上帝制造人类的时候就把我们制造成不完美的人，我们一辈子努力的过程就是使自己变得更加完美的过程，我们的一切美德都来自于克服自身缺点的奋斗。

——俞敏洪

（毕业于北京大学英语专业，新东方学校创始人现任新东方教育科技集团董事长兼总裁）

适合自己的就是最好的

人生在世，要做的事千种万种，很多人总想要那个最好的结果。以为只有最好的，才能证明自己是最优秀的。

其实事实并非如此。

很多成功的人之所以成功，并不是因为他取得了最好的结果，恰恰是因为他得到了最适合自己的。

德国哲学家莱布尼茨说：“世界上没有两片相同的叶子。”那么，世界上更没有两个相同的人生，谁都无法将自己的人生轨迹与他人重叠，上帝造人自有他的妥善之处，关键看你如何领悟上帝的用意，想要拥有独特的人生就必须找到适合自己的位置。

常言道：因地制宜而量体裁衣。其实这都在告诉我们一个简单而明了的哲理，那就是只有适合自己的，才是最好的。

倘若你是一个很高大的人，却非要去选择一件小衣，岂不让人感觉有些可笑？如果你是平凡之人，为何非要故作所谓的高雅而体现虚假的品位？适合自己的，就是最好的！那是一种自然而协调之中体现的一种真实美。

他弃医从文，向全世界证明笔比手术刀更尖锐，他用手中的笔揭露了黑暗社会吃人的本质，刺激了中国人民的麻木神经。他是适合文学的，几欲呐喊，几欲彷徨，连野草都变得永生！于是，他成为一代文学大师，成为历史最值得铭记的人。一句“横眉冷对千夫指，俯首甘为孺子牛”更是让人震撼。

鲁迅选择了适合自己的位置，他的人生因此独特。

不同的人注定有不同的思想，不同的思想注定支配不一样的言行，而不一样的言行也就构筑着不同人生的风景。

适合的标准不在形式而在于是否让自己感觉充实快乐而有意义。

一种生活只要适合自己，只要有自己喜欢的内容，就是最好的生活，何必踏破铁鞋去寻找那些遥不可及的目标呢？

人们常说：“只买对的，不买贵的！”我们做人做事也应如此。只有做适合我们的事，走适合我们的路，我们才能找到乐趣，找到成功。

有些人可能会问什么才是最好的呢？其实，这世界上根本就没有“最好”，只要合适，你就找到了最好的。生活中很多人一直在追逐某种东西，却从不考虑自己追求的是不是适合自己的。最适合的，才是最合乎生命节奏的，只有这样的生命组合才是最完美的、没有遗憾的。

世界多姿多彩，每个人都有属于自己的位置，有自己的生活方式，有自己的幸福。适合他的，不一定适合自己，适合自己的，也不一定适合他。

所以我们说，适合自己的才是最好的，选择适合自己的位置和方向对任何人来说都至关重要。

生活就是一块调色板，选择了自己喜欢的色彩，那么其色就更加美丽；人生就似一碗汤，选择了适合自己的味道，才会感觉有滋有味。

人生的目标在于发展自己的生命，可是也有为发展必须牺牲生命的时候。

——李大钊

（在北京大学组织中国第一个马克思学说研究会，无产阶级革命家、中国共产党的主要创始人之一、著名学者）

你的人生就是你的选择

林肯说："所谓聪明的人，就在于他知道什么是选择。"其实，人生就是一个选择的过程，当鸟儿选择在两翼上系上黄金，就意味着它放弃展翅高飞；选择云天搏击，就意味着放弃身外的负累。所以，智者说："两弊相衡取其轻，两利相权取其重。"关键就在于我们看重什么，选择什么。

选择不同的态度就会经历不同的人生风景。选择只在一念之间，似乎无足轻重，然而却是很沉重的话题。因为在一念之间，就可以化生出"生与死""善与恶"和"爱与恨"——在两种不同的选择之间，往往只是"一念之差"，然而在一念之差之下，所得的结果却是截然不同的，甚至是产生天壤之别的差距。

一天，在一座监狱门前，站着三个人。他们将一起在这里度过三年的时光。监狱长允许他们三个人一人提一个要求。

那个美国人爱抽雪茄，要了三箱雪茄。

那个法国人非常浪漫，要了一个美女为伴。

而那位犹太人却提出，他要一部能够和外界沟通的电话。

三年很快就过去了。

第一个冲出来的是美国人，嘴巴和鼻孔里都塞满了雪茄，一边跑，一边大声地嚷嚷："给我火，给我火！"原来他进来的时候忘了跟监狱长要火了。

接着，那个法国人也和他的美人出来了。他左手抱着一个小孩，右手和那位美女共同牵着一个小孩。美女挺着个大肚子，还怀着一个小孩。

最后出来的是那位犹太人，他快步走到监狱长面前，紧紧地握住监狱长的手说："太感谢您了！在这里我学到了更多的、更新的经商理念。这三年来，我能够时刻与外界保持联系，生意不但没有受到损失，反而增长了两倍。"

这位犹太人挺了挺胸膛，说道："为了表示感谢，我送你一辆奔驰！"

决定一个人生活的最关键的要素不是上帝的安排，而是自己的选择。每个人的一生都会面临种种选择，因为谁都明白鱼与熊掌不可兼得。在作出自己的决定前一定要慎重，以免一失足成千古恨。

很多时候，只要我们敢于选择向命运抗争，就一定能够摆脱缺陷带来的困扰，拥有属于自己的精彩人生。

人生在世，最重要的是做好自己的选择，踏实过好每一天，做自己要做的和应该做的事，这样的人生才不会被虚度。虽然我们不能让自己的人生尽善尽美，虽然我们的人生中还有些许的遗憾，但是努力过，这就够了。

40岁的浩明经营着一家大型的IT企业，为了扩大公司的业务，他不得不经常出差，由于无暇照顾家庭，初恋结婚、感情深厚的爱人与他渐行渐远，只有18岁的儿子刚刚考上大学，让他稍许安慰。然而在一次单位例行的体检当中，医师告诉他，他患了绝症，最多只能再活三年时间。他蒙了。

从惊恐中回过神来后，他开始审视自己的生活。这么多年来，他忙工作，以为自己在背负家庭的责任，养育孩子，为家人创造更好的经济条件，可是，他忽略了感情，忽略了家人的感受。

妻子生产的时候，他在出差；儿子到底上的哪所小学、中学，他都不知道；他早出晚归，与妻儿的见面次数越来越少；儿子高考的时候，他还是在外出差，从小到大，儿子的衣服、文具都是妻子给买的他对儿子一点都不熟悉。

望着医院给出的诊断书，浩明忽然迷茫了。他不知道，自己奋斗了快半辈子，到底意义何在。

浩明给自己放一个长长的假期。他开始为儿子整理行装，为妻子买花，和他们一起购物、逛商场、买菜、逛公园、旅游……

两年多后，他发现，自己的生活那么充实快乐，没有工作，他的生活并没有因此垮掉，没有出差，他的公司也并没有倒闭。

因为懂得了人生的真正含义，浩明重新选择了他的人生，他抛弃了刚开始的忧虑，变得积极乐观，心态也变得越来越平和，许多以前斤斤计较的事，现在都能一笑置之。更幸运的是，三年后当他准备住院治疗的时候，医生发现，他的病居然好了。

人生的许多关键性选择都是在不经意间完成的，不见得多么惊天动地的决定却是一个人人生观的反映。世界著名的科学家霍金在回答记者的提问时曾经这样说："我的手指还能活动；我的大脑还能思维；我有终生追求的理想；我有爱我和我爱着的亲人与朋友；对了，我还有一颗感恩的心……"

当花选择当花的时候，它就要面对凋落的归宿；当鱼选择海的时候，它注定要以海为家。选择什么，就意味着要承受什么，不论枯燥和艰辛，每个人都责无旁贷，义无反顾，只要能继续前行，生命就能展示其精彩的华章。

一个人只要是上帝没有完全剥夺他所有的能力，那么他就依然有能力掌握自己的人生，去选择自己想要的人生。

智者有言："并不是付出就能有回报，关键在于你选择了什么。选择什么，你就会得到什么，但是如果你什么都想选择，那么什么都不会选择你。"人生就像一条曲线，起点和终点是无法选择的，而起点和终点之间充满着无数个选择的机会。为了拥有自己想要的人生、获得生活的幸福，我们必须拥有智慧的判断，学会选择，才能驾驭自己的人生。

当你是地平线上一棵草的时候，不要指望别人会在远处看到你，即使他们从你身边走过甚至从你身上踩过，也没有办法，因为你只是一棵草；而如果你变成了一棵树，即使在很远的地方，别人也会看到你，并且欣赏你，因为你是一棵树！

——俞敏洪

（毕业于北京大学英语专业，新东方学校创始人现任新东方教育科技集团董事长兼总裁）

命运掌握在自己手中

挪威著名戏剧家易卜生对于人所作出的一个断言："在这个世界上最坚强的人是孤独地、只靠自己站着的人。"穿越世纪的风尘，这句话依然掷地有声，因为它揭示了一个亘古不变的真理："你的命运只藏在你自己的胸里，你就是主宰一切的上帝。"的确，一个人的命运是由人自己造成的，正如莎士比亚所说："人们可以支配自己的命运，若我们受制于人，那错处不在我们的命运，而在我们自己。"

然而，在人生的风浪中，却总是有那么多人将自己的人生之舟交给"借口"。于是，他们四处碰壁，被外力挟持着行进，等到人生的最后一刻，感慨一句"我的命运总在与我作对"，"来也匆匆，去也匆匆"，这就是用借口来为自己编织理由的人的一生，他们走过这个世界，却没有留下任何痕迹。

亨利曾经说过："我是命运的主人，我主宰我的心灵。"做人应该做自己的主人，应该主宰自己的命运，而不能把自己交付给别人。一个不想改变自己命运的人是可悲的；一个不能靠自己的能力改变命运的人是不幸的。很多人之所以不能成就大事，关键就在于无法激发挑战命运的信心与勇气。

每个人的命运都掌握在自己手里，而不是命中注定的。这个世界，命运是由我们的行为而定，是由我们的品行而定。人生不可能重来，每个人只有一次生命，生命的轨迹也不是用橡皮擦就能擦去的，所以认真地过当下的生活，不骄不躁地向着自己的目标前行，那么，有一天，我们会不经意间转过身来，发现自己就是那个走得最远的人。人生是一条没有尽头的路，不要留恋逝去的梦，把命运掌握在自己手中，艰难前行的人生途中，就会充满希望和成功。

一个人的成功要经过无数的考验，而一个经受不住考验的人是绝对不会干出一番大事的。然而，生活中许多人却不能主宰自己，有的人把自己交付给了金钱，成为金钱的奴隶；有的人为了权力，成了权力的俘虏；有的人经不住生活中各种挫折与困难的考验，把自己交给了上帝；有的人经历一次失败后便迷失了自己，向命运低头，从此一蹶不振。

一个诗人听说一个年轻人想跳桥自杀，而他手里拿着的是诗人的诗集《命运扼住了我的喉咙》。诗人听说后，拿了另一本诗集，赶紧冲到桥上。

诗人来到桥上，走到年轻人面前。年轻人见有人上前，便作出欲跳的姿态说道："你不要过来！你不用劝我，我是不会下来的，命运对我太不公平了。"

诗人冷冷地说："我不是来劝你的，我是来取回我那本诗集的。"年轻人很疑惑。

诗人接着说："我要将这本诗集撕碎，不再让它毒害别人的思想，我可以用我手中的这本诗集和你手中的那本交换。"

年轻人犹豫了一会儿，答应了诗人的请求。年轻人接过诗人手上的那本诗集，有点吃惊，因为诗人手上的那本诗集的名字和原来那本如此的相似，但又是如此的不同——《我扼住了命运的喉咙》。

诗人接过年轻人手中的那本诗集，对着它凝望了一会儿，便将它撕得粉碎，撕完后，诗人又说道："当我四肢健全时，我曾多次站在你那里，但当我经历了那场车祸变成残疾后，我便再也没站在那儿过。"

诗人说完，用深切的目光望着年轻人。年轻人迎着诗人的目光沉思了一会儿，终于从桥上下来了。

迷失于命运的人生，就会被命运控制；掌握自己命运的人，就能用双手创造奇迹。很多时候，我们和上面这个年轻人一样，总是被身边的人和事牵绊着、主宰着，把自己的人生交给命运去处理，而忘了自己其实是自己人生的主人，我们的命运和心灵应该由自己做主。

“命运就是上帝发给你的一手牌，而打牌的权利在自己。不在于得到一手好牌，关键是怎样打好坏牌。”如果我们一时无法改变环境，但我们可以改变自己的心态，只要我们不断努力充实自己、提高自己、超越自己，厚积薄发，最终会有破土而出的一天。人生的运势握在自己的手心，创造人生，才能把握命运。

李彦宏在他的博客中写道：“命运是一个人一生所走完的路，是一个人用一辈子所完成的作业。有的人认为，命运是天注定的，是不可改变的。但在我看来，命运不过是人生的方向盘，驶往哪个方向它掌握在每个人自己的手中。”命运的转轮始终都在转动，我们的幸运就在作出勇敢选择的那一刻。

一位哲人说：“人生就是一连串的抉择，每个人的前途与命运，完全掌握在自己手中，只要努力，终会有成。”一个人的命运若被别人设定，并且照着别人的设定去做的人，他的生命注定只能平淡无奇、碌碌无为。只有对自己的生命充满激情和幻想的人，才会不断地超越自己，达到一个又一个高峰，人生也因此而绚丽多彩，跌宕多姿。

我可能正在做，做没做好我不知道。我不知道什么叫好，不知道走到什么样的地步，能够知道它好。

——刘震云

（曾就读于北京大学中文系，著名作家）

一切都是最好的安排

人生在世，一切都是大自然最好的安排。我们所经历的事绝不可能以其他的方式发生，即便是最不重要的细节也不会是偶然的。偶然势必暗含着必然的因素，并不存在“要是我当时做法不一样，那么结果就会不一样”。无论发生什么事，那都是唯一会发生的，而且一定要那样发生，才能让我们学到经验以便继续前进。生命中，我们经历的每一种情境都是绝对完美的，即便它不符我们的理解与自尊。

孔子说过：“至诚无息，不息则久，久则征，征则悠远，悠远则博厚，博厚则高明。”提倡最真诚的德行是永不停息的，永不停息就能长久，长久就会通达，通达就可悠远，悠远就可广博深厚。也就是说，人不但需要真诚的品格，而且做事一定要坚持，永不停息。

其实，世间万物，凭你如何算计努力，实在有太多说不清道不明的事物出现或者发生而逆转了你原定的设想。于是“后悔”也成了人们常有的情绪，总是“悔不当初”，总是“追悔莫及”，但是，当你具备了做人首要的真诚和努力之后，挫折和失败之后不如随遇而安。今天的失败，也许是命运替你解除了可能出现的更大的危机，也或许，前面有个更好的风景在等待你。

当然，不能因为“一切都是最好的安排”，我们就没有了努力的方向，人生需要坚持，也需要“去留无意，闲看庭前花开花落；宠辱不惊，漫随天外云卷云舒”的意境，唯有入世才能出世，坚持自己的本性，不中庸，够努力，那么一切都将是最好的安排。

从前有一个国王，除了打猎以外，最喜欢与宰相微服私访。宰相除了处理公务以外，就是陪着国王下乡巡视，他最常挂在嘴边的一句话就是“一切都是最好的安排”。

有一次，国王兴高采烈地到大草原打猎，他射伤了一只花豹。国王一时失去戒心，居然在随从尚未赶到时，就下马检视花豹。谁想到，花豹突然跳起来，将国王的小手指咬掉小半截。

回宫以后，国王越想越不痛快，就找宰相来饮酒解愁。宰相知道了这事后，一边举酒敬国王，一边微笑着说：“大王啊！少了一小块肉总比少了一条命来得好吧！想开一点，一切都是最好的安排！”

国王听了很是生气：“你真是大胆！你真的认为一切都是最好的安排吗?”“是的，大王，一切都是最好的安排。”国王说：“如果我把你关进监狱，难道这也是最好的安排?”宰相微笑说：“如果是这样，我也深信这是最好的安排。”国王大手一挥，两名侍卫就架着宰相走出去了。

过了一个月，国王养好伤，又找了一个近臣出游了。谁知路上碰到一群野蛮人，他们把国王抓住用来祭神。就在最后关键时刻，大祭司发现国王的左手小指头少了小半截，他忍痛下令说：“把这个废物赶走，另外再找一个!”因为祭神要用“完美”的祭品，大祭司就把陪伴国王一起出游的近臣抓来代替。

脱困的国王大喜若狂，飞奔回宫，立刻叫人将宰相释放了，在御花园设宴，为自己保住一命，也为宰相重获自由而庆祝。

国王向宰相敬酒说："宰相，你说的真是一点也不错，如果不是被花豹咬一口，今天连命都没了。可我不明白，你被关进监狱一个月，难道也是最好的安排吗?"

宰相慢慢地说："大王您想想看，如果我不是在监狱里，那么陪伴您微服私巡的人，不是我还会有谁呢？等到蛮人发现国王不适合拿来祭祀时，谁会被丢进大锅中烹煮呢？不是我还有谁呢？所以，我要为大王将我关进监狱而向您敬酒，您也救了我一命啊!"

看了这个故事，我们会明白，一切都是最好的安排，往左想，可能是最好的，往右想，可能又是最坏的，看你怎么想而已。宰相是一个明智的人，他能从事物的不利中看到有利的一面，并始终认为一切都是最好的安排，这无疑是一种积极的人生态度。正是因为有些人不能正确地看待自己的利与不利，没有正确认清自己的价值，没有好好地活在这个世界里，才会自己给自己找麻烦。人生中难免遭遇一些利害得失，学会辩证地看待事物的两面性，就会少一些挫折感，你的人生才能轻松愉快。

"天堂在你心中，当然地狱也在。"一切都是最好的安排，决定生活航向的是我们自己的心灵，而不是环境。在漫长的人生旅途中，有时要苦苦撑持暗无天日的境遇；有时却风光绝顶，无人能比，但能掌控我们命运的，绝不是我们所处的境遇，而是我们的心灵。

历史上最有名的死亡，除了受难的耶稣外，就是苏格拉底。雅典市内的一小撮人——羡慕与忌妒苏格拉底的人——控告苏格拉底，他受审并被判了死刑，当和善的狱卒把毒酒交给苏格拉底时，他说："请轻饮这必饮的一杯吧!"

苏格拉底果然如此，他平静柔顺地面对死亡，显示了他人性中最为高贵的一面。有的时候，逆来顺受并不是一种懦弱，而是内心最为和谐的声音，是一种人世间包容一切的伟大心态。在今天这个纷扰的世界中，在我们将不得已置身各种处境中时，记住这句话："请轻饮这必饮的一杯吧!"然后，卸下你沉重的行囊，奔赴远方陌生的前途。

人的一生中所遭遇的困难挫折，在当下或许是如此难以接受，但在过后突然某一时刻中会觉得——这是最好的安排。不完美，也正是一种完美。我们每个人上了年纪，总要隔一阵子就去看医生来修补我们衰老的身躯。我们又何必要求自己拥有的人、事、物都完美无瑕没有缺点呢？看得惯一切的常态是一种历练，是一种豁达，也是一种人生境界。

第三章　人生不必太执着

我们对于人生可以抱着比较轻快随便的态度：我们不是这个尘世的永久房客，而是过路的旅客。

——林语堂

（曾任北京大学教授，中国当代著名学者、文学家、语言学家）

没有什么东西是放不下的

有这样一首小诗：“不舍弃鲜花的绚丽，就得不到果实的香甜；不舍弃黑夜的温馨，就得不到朝日的明艳。”自然界是这样，人生也是这样。在漫漫旅途中，有舍弃“绚丽”和“温馨”的烦恼，也有获得“香甜”和“明艳”的喜悦。人生就是在放下和获得的交替中得到升华，从而到达高层次的大境界。

很多时候，我们愤懑、抑郁、抱憾、怨恨，原因只是三个字：放不下。放不下远离的人，放不下曾经的事，放不下失去的物；放不下一段时光，放不下一段回忆；放不下成败，放不下荣辱，放不下不属于自己的一切。有一副对联写道：“得失得失何必患得患失，舍得舍得不妨不舍不得。”其实，人生的过程就是一个不断放弃，又不断得到的过程。关键是要学会放弃，因为放弃，也是人生的一种选择。

一个苦者找到一个和尚倾诉他的心事。他说：“我放不下一些事，放不下一些人。”

和尚说：“没有什么东西是放不下的。”

他说：“这些事和人我就偏偏放不下。”

和尚让他拿着一个茶杯，然后就往里面倒热水，一直倒到水溢出来。苦者被烫到，马上松开了手。

和尚说："这个世界上没有什么事是放不下的，痛了，你自然就会放下。"

的确，痛了自然会放下。很多人之所以举步维艰，是因为背负太重，之所以背负太重，是因为他们总以为自己放不下。选择需要智慧，放下亦如是。既然生活已经褪去了曾有的颜色，那么就不要继续沉沦。虽然放下有时很残忍，但这个决定却足够正确。

有位哲人说："人生有两苦，一是得不到之苦；二是钟情之苦。"所以，人们若能放下这两苦，便可身心轻松。很多时候，如果我们想获得从容、轻松、自由和解脱，就必须学会放下那些没有意义的东西。

可惜，大千世界，充满诱惑；芸芸众生，六根不净。尘世之中，又有多少人能悟出"放下"这种大境界呢？有很多事，既然在劫难逃，那么就需要你去勇敢面对，更多时候，放下也是一种选择，失去也是一种获得。

有一个流浪汉在看不见尽头的路上长途跋涉，他背着一大袋沉重的沙子，一根装满水的粗管子缠在他身上，两只手分别拿着两块大石头，脖子上用一根旧绳子吊着一块大磨盘，脚腕上系着一条生锈的铁链，铁链上拴着大铁球，头上还顶着一个已腐烂发臭的大南瓜。这个流浪汉吃力地走着，每走一步，脚上的铁链就发出哗哗的响声。他呻吟着，抱怨他的命运如此不幸，他抱怨疲倦在不停地折磨着他。

正当他头顶烈日艰难前行时，迎面走过来一位农夫。农夫问："喂，疲倦的流浪人，为什么你不将手里的石头扔掉呢？"

"我真蠢，"流浪汉明白了，"我以前怎么没想到呢？"他扔掉了石头，觉得轻松了许多。不久，他在路上又遇到一位少年。

少年问他："告诉我，疲倦的流浪汉，你为什么不把头上的烂南瓜扔了呢？为什么要拖着那么重的铁链子呢？"

流浪汉答道："我很高兴你能给我指出来。我没意识到我在做什么事。"他解开脚上的铁链子，把头上的烂南瓜扔到路边摔得稀烂，他又觉得轻了许多。但当他继续往前走时，又感到了步履的艰难。

后来，有一位老人从田里走来，见到流浪汉十分惊异："啊，我的孩子，你扛了一口袋沙子，可一路上有的是沙子；你带了一根大水管，可你瞧，路旁就有一条清澈的小溪，它已伴随着你走了很长一段了。"

听到这些话，流浪汉又解下了大水管，倒掉了里面已经变了味的水，然后把口袋里的沙子倒进一个洞里。突然，他看到了脖子上挂着的磨盘，意识到正是这东西使他不能直起腰来走路。于是他解下磨盘，把它远远地扔进河里。

他卸掉了所有负担，在傍晚凉爽的微风中，寻找住所。此时，他觉得自己的脚步轻松而愉悦，比原来快乐许多。

人生的路上我们每个人都背负着各种各样的行李在艰难前行。这些行李也许是我们的工作，也许是我们的过去，也许是我们的感情。它们构成了我们在这个世界上存在着的理由和价值。但是，过于沉重的行李，就会变成你人生的十字架。

俄国伟大诗人普希金在一首诗中写道："一切都是暂时，一切都会消逝；让失去的变为可爱的。"学会习惯于失去，往往能从失去中获得。生活中，有很多的无奈。放弃一些，我们才能去把握和珍惜真正属于自己的美好。放弃烦琐，轻便前行；放弃怅惘，轻快歌唱。

1976年，迈克莱恩随英国探险队成功登上珠穆朗玛峰，而在下山的路上，却遇上了狂风大雪，每行一步都极其艰难。最让他们害怕的是，风雪根本就没有停下的迹象。他们的食品已为数不多，如果停下来扎营休息，他们很可能在没有下山之前，就会被饿死；如果继续前行，大部分路标早已被大雪覆盖，而且，每个队员身上所带的增氧设备及行李等物会压得他们喘不过气来，他们不饿死，也会因疲劳而倒下。

在整个探险队陷入迷茫的时候，迈克莱恩率先丢弃所有的随身装备，只留下不多的食品，轻装前行。他这一举动几乎遭到所有队员的反对，迈克莱恩很坚定地告诉他们："我们必须而且只能这样做，这样的雪山天气十天半个月都可能不会好转，再拖延下去，路标也会被全部掩埋。丢掉重物，就不允许我们再有任何幻想和杂念，只要我们坚定信心，徒手而行，就可以提高行走速度，也许这样我们还有生的希望!"

最终队员们采纳了他的意见，一路上相互鼓励，忍受疲劳和寒冷，不分昼夜前行，结果只用了8天时间就到达了安全地带。而恶劣的天气，正像他所预料的那样，那段时间一直未曾好转过。

若干年后，伦敦英国国家军事博物馆的工作人员找到迈克莱恩，请求他赠送任何一件与英国探险队当年登上珠穆朗玛峰有关的物品，不料收到的却是莱恩因冻坏而被截下的10个脚趾和5个右手指尖。

当年的一次正确选择，挽救了所有队员的生命；也是由于这个选择，他们的登山装备无一保存下来，而冻坏的指尖和脚趾却在医院截掉后，留在了身边。

探险队员失去了冻坏的脚趾，才能留下宝贵的生命。其实失去和获得互为依存。失去青春获得成熟和人生经验，失去玩的时间获得辛勤工作的报酬，失去高薪职位却获得渴望过的休闲时刻。失去了某种东西，必然会在其他地方有所获得。要舍得放下，要用平衡的心态对待失去，人生这枚硬币，其反面正是那悖论的另一要旨：我们必须接受“失去”，学会放下。对善于享受简单和快乐的人来说，人生的好心态只在于取舍得当。

成大事者不会计较一时的得失，他们都会不停地思索如何放下，放下些什么。许多事情总是在经历过后才会懂得。今天我们选择了放下，明天才会有收获的惊喜。其实，生活并不需要这么些无所谓的执着，没有什么不能割舍。

人生在世，不如意的事情占十之八九，获得和放下的矛盾时刻困扰着我们。明白了“没有什么东西是放不下的”，并运用于生活，我们就能从无尽的苦难中解脱出来，在人生的道路上进退自如，豁达大度。有放下才有获得。

如果你以为消灭秋天就能消灭哀愁，那么你就得到了双重的失望。

——西川

（曾就读于北京大学英文系，著名诗人、散文家、随笔作家）

顺其自然不强求

有一种心情，叫喜怒哀乐；有一种味道，叫酸甜苦辣；有一种心境，叫顺其自然。在生活中，凡事顺其自然，不去强求，是一种简单而又高深的智慧。顺其自然，用岳飞的话说就是：“不可躐等、不可争遽。”过和不及都不是顺其自然，躐等和争遽就是迟缓和冒进，应当按照正常的努力步子走，功到自然成。所以，顺其自然不是无作为，顺水行舟，走到哪算哪，遇到什么接受什么。也不是不积极努力，退出竞争舞台等着天上掉馅饼，而是不做过分的努力，不做非分之想。

为求一份尽善尽美，人们往往绞尽脑汁，殚精竭虑。而每遇关系重大、情形复杂的状况，更是为之寝食难安。其实，就算我们遇上难以跨越的坎儿，与其百般思量，不如顺其自然，反倒能够坦然面对生活中的不如意。如果生活是一杯水，那么痛苦就是掉落杯中的灰尘。没有谁的生活始终充满幸福快乐，总有一些痛苦会折磨我们的心灵。但是，我们可以选择让心静下来，慢慢沉淀那些过往。

古时有两个读书人，争论起为人处世的学问，由于观点不一，争执不下，于是便到寺庙中向一高僧求教。

一个人说："做人应该超脱旷达，清心寡欲。这世上的烦恼莫不是因欲望而生。有欲望，而又未达目的，便产生了烦恼。正如佛家所说：'身在荆棘中，不动则无痛。''寡欲无求"才能虽身在凡尘，心却超然物外，不受诱惑，不生痛苦。清淡为人，踏实做事，不计功名，不争利禄，无得之喜，也无失之忧，无防人之心，更无害人之意。淡泊以明志，宁静而致远。'"

另一个人则反驳说："生活多姿多彩，内涵更是纷繁复杂，一个人用一生的精力去经历，尚不能得一二，用全部的感情去体验，尚不能得万一，怎么能再虚掷光阴，拿超脱来躲避人生的酸甜苦辣？且人多有欲望，所谓"清心寡欲"只是心与本性违背罢了。又何苦让心与本性时时刻刻困扰在这种斗争之中？"

老僧听完笑了，开口道："天生万物各具常性，顺其自然莫要强求。"二人听罢，都释然地笑了。

世间万物各具常性，阴阳转化有道，四时轮回有律。人心亦是各有不同，超脱旷达者有之，锐意进取者有之，二者皆无错。

痛苦来自于束缚，让超脱旷达者染指名利，锐意进取者虚度光阴，无不是对人本性的束缚。只有让二者各得其所，生活在自己的框架之内，才会感到不被束缚，痛苦和烦恼也才会消失。

"凡事顺其自然；遇事处之泰然；得意之时淡然；失意之时坦然；艰辛曲折必然；历尽沧桑悟然。"这"六然"的句子凝集了人生的处世智慧，能把这六句话理解透彻、思索明白、贯彻落实到生活中的一点一滴之中，那人生就完美了。

世上从没有被命运抛弃的人，只有被命运捆住手脚的人。任何人的一生都不可能一帆风顺，难免会有坎坷和失意，关键是我们怎样去面对。如果把坎坷看成是一种调味品，你就会感到坎坷的生活也有滋味；如果把失意看作是一笔宝贵的财富，你就会感到失意的人生也有价值。学会笑对生活，顺其自然，才能让生活照亮自己的人生之路。

有一个美国旅行者在苏格兰北部过节。

这个人问一位坐在墙边的老人："明天天气怎么样？"

老人看也没看天空就回答说："是我喜欢的天气。"

旅行者又问："会出太阳吗？"

"我不知道。"他回答道。

"那么，会下雨吗？"

"我不想知道。"

这时旅行者已经完全被搞糊涂了。

"好吧，"他说，"如果是你喜欢的那种天气，那会是什么天气呢？"

老人看着美国人，说："很久以前我就知道我没法控制天气了，所以不管天气怎样，我都会喜欢。"

没有人能告诉我们生活中将会发生什么，杞人忧天的结果是我们只能将自己困扰，让我们的生活变得混乱不堪。其实，我们倒不如学学那位老人，选择接受明天的天气，不论晴雨。

生活就像天气，我们无法预知明天是怎样的天气，但是我们可以选择无论晴雨，都去喜欢它，接受它。面对生活，能够顺其自然，始终保持一种平静的心去接受明天，即使在困境中依然保持着泰然心境的人，无疑是一个在厄运面前不会绝望的人，这人注定永远不会被生活击垮。

禅院的草地上一片枯黄，小和尚看在眼里，对师父说："师父，快撒点草籽吧！这草地太难看了。"

师父说："不着急，什么时候有空了，我去买一些草籽。至于什么时候都能撒，急什么呢！随时！"

中秋的时候，师父把草籽买回来，交给小和尚，对他说："去吧，把草籽撒在地上。"起风了，小和尚一边撒，草籽一边飘。

"不好，许多草籽都被吹走了！"

师父说："没关系，吹走的多半是空的，撒下去也发不了芽。担什么心呢？随性！"

草籽撒上了，许多麻雀飞来，在地上专挑饱满的草籽吃。小和尚看见了，惊慌地说："不好，草籽都被小鸟吃了！这下完了，明年这片地就没有小草了。"

师父说："没关系，草籽多，小鸟是吃不完的，你就放心吧，明年这里一定会有小草的！"

夜里下起了大雨，小和尚一直不能入睡，他心里暗暗担心草籽被冲走。第二天早上，他早早跑出了禅房，果然地上的草籽都不见了。于是他马上跑进师父的禅房说："师父，昨晚一场大雨把地上的草籽都冲走了，怎么办呀?"

师父不慌不忙地说："不用着急，草籽被冲到哪里就在哪里发芽。随缘!"

不久，许多青翠的草苗果然破土而出，原来没有撒到的一些角落里居然也长出了许多青翠的小苗。

小和尚高兴地对师父说："师父，太好了，我种的草长出来了!"

师父点点头说："随喜!"

人生，简而言之，就是人的生活，而不是其他物种的生活。这位师父真是位懂得人生乐趣之人。凡事顺其自然，不必刻意强求，反倒能有一番收获。

总有起风的清晨，总有温暖的午后，总有绚烂的黄昏，总有流星的夜晚，人生中的成败得失，全凭把握。纵使历经所有的艰辛苦难，始终要保持一种顺其自然的心境，把握每一个瞬间，面对每一个昨天、今天和明天。

风雨坎坷人生路，不经历风雨不能见彩虹，成功也好，失败也罢，所有的事情都很自然，有失败就会有成功，有完美就会有缺陷。且让一切顺其自然，保持达观的心境面对生活，面对人生记忆里或者正在发生的新鲜的事和物。当岁月在悠悠然然的钟声里消失，一切将幻化成空气中的那份宁静、淡然。所以，人应该顺其自然，满足常乐。

人生就算是做梦，也要做一个像样子的梦。

——胡适

（曾任北京大学教授，现代著名学者、诗人、历史学家、文学家、哲学家）

看开点，实际点

俗话说："管事容易管人难，管人容易管心难。"有时候，我们责怪别人不肯听自己的话，其实，最不听话的是我们的心，今天要求这样，明天希望那样，总是患得患失，拿不起、放不下，这就是看不开的结果。西方人说："同一件事，想开了就是天堂，想不开就是地狱。"人的烦恼多半来自自私、贪婪，来自于妒忌、攀比，来自自己对自己的苛求。

荷兰阿姆斯特丹有一座 15 世纪的教堂遗迹，里面有这样一句让人过目不忘的题词："事必如此，别无选择。"看透了，看穿了，人的生命就获得了自由和解脱，从斤斤计较的小圈子里走出来，不在小事情上浪费自己，而能务其大者、远者，创造人生的远景宏图。人生旷达了，心智自然也就不会劳累，就不会活得那么拘谨和痛苦。

据说古时有个很有钱的人请到了全天下最有学问的人给儿子当老师，并请他们把几千年来人类的智慧和经验总结成一句话。这句话就是："一切都会过去的。"的确，世事不能尽如人意，只要无愧于心便可以安然、淡然，关键在于我们以怎样的心态看待生活。

白云守端禅师在方会禅师门下参禅，几年来都无法开悟，方会禅师怜念他迟迟找不到入手处。

一天，方会禅师借着机会，在禅寺前的广场上和白云守端禅师闲谈。方会禅师问："你还记得你的师父是怎么开悟的吗？"白云守端回答："我的师父是因为有一天跌了一跤才开悟的，悟道以后，他说了一首偈语：'我有明珠一颗，久被尘劳封锁，今朝尘尽光生，照破山河万朵。'"

方会禅师听完以后，大笑几声，径直而去。留下白云守端愣在当场，心想："难道我说错了吗？为什么老师嘲笑我呢？"

白云守端始终放不下方会禅师的笑声，几日来，饭也无心吃，睡梦中也经常会无端惊醒。他实在忍受不住，就前往请求老师明示。

方会禅师听他诉说了几日来的苦恼，意味深长地说："你看过庙前那些表演猴戏的小丑吗？小丑使出浑身解数，只是为了博取观众一笑。我那天对你一笑，你不但不喜欢，反而不思茶饭，梦寐难安。像你对外境这么认真的人，比一个表演猴把戏的小丑都不如，如何参透无心无相的禅呢？"

正如禅师所说，对外境过于认真，如何能参透无心无相的禅呢？对于普通人来说，只要你不自扰，不要做个庸人，就不会被诸多烦恼所缠绕。生活中，不尽如人意的事情很多，关键在于你怎样看待。有烦恼的人生才是最真实的，同样，认真对待纷扰的人生才是最舒坦的人生。

"境由心造"。一个人是否快乐，不在于他拥有什么，而在于他怎样看待自己的拥有，而非自寻烦恼。可事实上，很多人都看不清、想不开。如果一个人在面对世事变幻的时候，能够始终保持自己的本心，不自寻烦恼，能够想开、看开，就能获得一个快乐圆满的人生。

1945 年 3 月，罗勒·摩尔和其他 87 位军人在贝雅 S·S318 号潜艇上。当时雷达发现有一艘驱逐舰队正往他们的方向开来，于是他们就向其中的一艘驱逐舰发射了三枚鱼雷，但都没有击中。这艘舰也没有发现他们。但当他们准备攻击另一艘布雷舰的时候，它突然掉头向潜艇开来，可能是一架日本飞机看见这艘60英尺深的潜艇，用无线电告诉这艘布雷舰。

他们立刻潜到150英尺地方，以免被日方探测到，同时也准备应付深水炸弹。他们在所有的船盖上多加了几层栓子。3分钟之后，突然天崩地裂。6枚深水炸弹在他们的四周爆炸，他们直往水底——深达276半的地方，他们都被吓坏了。

一般情况下，如果潜水艇在不到500英尺的地方受到攻击，深水炸弹在离它17英尺之内爆炸的话，差不多是在劫难逃。

罗勒·摩尔吓得不敢呼吸，他在想："这回完蛋了。"把电扇和空调系统关闭之后，潜艇的温度升到近40度，但摩尔却全身发冷，牙齿咬得咯咯响，身冒冷汗。15小时之后，攻击停止了，显然那艘布雷舰的炸弹用光以后就离开了。

这15小时的攻击，对摩尔来说，就像有1500年。他过去所有的生活都一一浮现在眼前，他想到了以前所干的坏事，所有他曾担心过的一些很无聊的小事。

摩尔说："多年以来，那些令人发愁的事看来都是大事，可是在深水炸弹威胁着要把他送上西天的时候，这些事情又是多么的荒唐、渺小。"就在那时候，他向自己发誓，如果他还有机会见到太阳和星星的话，就永远不会再忧虑。

摩尔在危难之际才发现，从前令自己发愁的大事是那么渺小。不同的心态，对所发生事件的评价是如此的不同，它必然会对处理问题的态度发生影响，也会对今后的人生之路产生影响。以乐观、豁达、体谅的心态看问题，就会看出事物美好的一面；以悲观、狭隘、苛刻的心态去看问题，你会觉得世界一片灰暗。就像两个被关在同一间牢房里的人，透过铁窗看外面的世界，一个看到的是美丽神秘的星空，一个看到的是地上的垃圾和烂泥，这就是心态不同的区别。

生于尘世，每个人都不可避免地要经历苦雨凄风，面对艰难困苦，保持一种什么样的心态，将直接决定你的人生轨迹。如果我们的一颗心总是被灰暗的风尘所覆盖，干涸了心泉、暗淡了目光，失去了生机，丧失了斗志，我们的人生轨迹就会一直被负面情绪的墙堵住。而如果我们能保持一种"想开点、实际点"的心态，即使我们身处逆境、四面楚歌，也一定会等到"山重水复疑无路，柳暗花明又一村"的一天。

许多人企求着生活的完美结局，殊不知美根本不在结局，而在于追求的过程。

——海子

（1983年毕业于北京大学，著名诗人）

得不到的并非总是好的

当人们一直渴望并追求着一个人或是一件东西，可是又可望而不可即的时候，一定觉得，那是世界上唯一的、最好的。就像悲剧总是比喜剧更容易让人记住，得不到的东西，远比到手的，让人们牵肠挂肚。就像爬山那样，到过的地方就说不美，攀不上的高峰，就越想努力往上爬。

人就是这样，不管是对待感情还是对待事物，当得不到的时候，因为不能深入了解，总是满怀希望、心存幻想，不断在心里憧憬得到后如何如何，即使身边有很不错的人或事物，也认为不如想得到的人或事物那么完美，视而不见，甚至发誓非得到不可。这样的心情相信很多人都有过，这就是所谓的得不到的就是最好的。

但是，一旦你真正得到了，而且相处一段时间后，经过长时间的了解，你会慢慢发现，原来得到以后也只是那样，没什么特别，甚至觉得当初的那些憧憬和幻想统统被击破，被打碎，更有甚者会后悔自己的得到。

有两个男人都病得很重，他们住在同一病房内。有一个男人只被允许在每个下午坐一个小时，在他的床边有一扇病房里仅有的窗。另一个男人必须长期躺在病床上。他们总是聊很多，聊他们的妻子和家庭，聊工作，聊他们的事业，聊他们曾去哪儿度假。每个下午，靠窗的男人有机会坐着时就花很多时间来叙述窗外的样子给他的室友听。

另外的那个男人因为这一个小时而活了起来，窗外多姿多彩的生活让他的小小世界也因此变大且有朝气起来。

窗外有个公园及一个可爱的湖，当孩子们划船过湖面时，水鸭和天鹅也在湖里玩耍。年轻的情侣们手挽着手走在缤纷灿烂的花丛中。巨大的树木们使得景色更显优美，远远地，还能看到映在蓝天下的城市。

当靠窗的男人很用心地叙述风景时，另一个男人闭上眼睛去想象这美丽的景象。一个温暖的午后，靠窗的男人在叙述经过的游行队伍，虽然另一个男人听不到乐队的声音，他仍能用他的心去感受，感受在窗边的室友所描述的。想不到，一个坏的念头浮现在他的脑海里：为什么只有那个男人可以体验这些令人愉快的事？为什么我就不能看到这些呢？这并不公平。刚开始他还会觉得可耻，自己怎么会有这样的想法。几天过去了，他想要看更多的景象。他开始沉思并注意到自己已无法入睡，他应该要靠窗的——这个想法且唯一的想法控制着他。

一天晚上，他躺在床上并盯着天花板。靠窗的男人开始咳嗽，他无法呼吸因为水积在肺里。过了五分钟，咳嗽及喘气声停止，只听得到一个人的呼吸声，只剩一片死寂。

隔天早上，护士发现靠窗的男人死了。他觉得机会来了，问护士是否可以搬到窗边，护士将他的位子换过来。他喜出望外，靠着一边的手肘撑起身体，想要看看外面的世界，但他看到的只有一面墙。

处心积虑地换到了窗口的床位，目的达到了，却没有原本想象的景色。可见，得不到的东西不见得就是好的。

人之所以痛苦，在于追求错误的东西；人之所以烦恼，在于对生活舍本逐末。得不到的是最好的，其实只是我们自己编造出来的一个美丽期许，安慰我们失落的情绪，安抚我们悲伤的心情。人生是由缘分编织而成的罗网，无论是散落或纠结，总是不可强求的，感情尤其如此。

从前有个书生，和未婚妻约好在某年某月某日结婚。到那一天，未婚妻却嫁给了别人。书生受此打击，一病不起。家人用尽各种办法都无能为力，眼看他已奄奄一息，马上没命了。这时，路过一游方僧人，得知情况，决定点化他一下。

僧人到他床前，从怀里摸出一面镜子叫书生看，书生看到茫茫大海，一名遇害的女子一丝不挂地躺在海滩上。

这时路过一人，看一眼，摇摇头，走了。又路过一人，将衣服脱下，给女尸盖上，走了。再路过一人，过去挖个坑，小心翼翼把尸体掩埋了。

书生正疑惑间，镜子里的画面换了，书生看到自己的未婚妻，洞房花烛，被掀起盖头的瞬间，她的丈夫容貌酷似那个掩埋女尸的人。

书生不明所以，僧人解释道："那具海滩上的女尸，就是你未婚妻的前世。你是第二个路过的人，曾给过她一件衣服，她今生和你相恋，是为还你一个情。但是她最终要报答一生一世的人，是最后那个把她掩埋的人，那人就是他现在的丈夫。"书生大悟，立时从床上坐起，病已痊愈。

前世五百次的回眸才换来今生的擦肩而过，人生是一段美丽的缘，也是一个痛苦涅槃的过程。南怀瑾先生很推崇一位高僧的对联："得一日粮斋，且过一日；有几天缘分，便住几天。"人生有如此解脱的心境，对自己一辈子的因缘遭遇便能处理得非常美满了。

人生旅途，且行且珍惜，把握生命中的缘：遇到你爱的人时，要努力争取和他相伴一生的机会，因为当他离去时，一切都来不及了；遇到可相信的朋友时，要好好和他相处下去，因为在人的一生中，可遇到知己真不易；遇到人生中的伯乐时，要记得好好感激，因为他是你人生的转折点；遇到曾经爱过的人时，记得微笑向他感激，因为他是让你更懂爱的人；遇到曾经恨过的人时，要微笑向他打招呼，因为他让你更加坚强；遇到曾经背叛你的人时，要跟他好好聊一聊，因为若不是他今天你不会懂这世界；遇到曾经偷偷喜欢的人时，要祝他幸福，因为你喜欢他就是希望他幸福快乐；遇到匆匆离开你人生的人时，要谢谢他走过你的人生，因为他是你精彩回忆的一部分；遇到曾经和你有误会的人时，要趁现在解清误会，因为你可能只有这一次机会解释清楚；遇到现在和相伴一生的人，要百分百感谢他爱你。

命运中总是充满了不可捉摸的变数，如果它给我们带来了快乐，当然是很好的，我们也很容易接受。

事情却往往并非如此，有时，它带走了我们最想要的，这时如果我们不能学会接受它，反而让"得不到"主宰了我们的心灵，那生活就会永远地失去阳光。得不到的并非总是好的，这才是人生的真谛。

也许有些人很可恶，有些人很卑鄙。而当我设身为他想象的时候，我才知道：他比我还可怜。所以请原谅所有你见过的人，好人或者坏人。

——海子

（1983年毕业于北京大学，著名诗人）

换个角度看世界，跳出世界看自己

有位哲人说："我们的痛苦不是问题的本身带来的，而是我们对这些问题的看法而产生的。"同样的一件事情，如果我们换个角度去观察和思考，就会有不同的看法。其实，生活本就是如鱼饮水，冷暖自知。很多东西根本无法用一个标准来衡量。所以，我们要换个角度看自己，还要跳出自己看世界。

大文豪苏轼曾说过：“横看成岭侧成峰，远近高低各不同。”的确，任何事物都具有多面性，从不同角度看问题，往往会引发不同的看法。正如诗中所说：两个犯人望向窗外，一个看见满天繁星，一个看见冰冷的泥沼。不同的角度，不同的风景，而决定我们眼前画面的，就是我们的心境。

有一句名言说：“如果我们只会站在自己的角度看问题，那么我们永远不知道别人在想什么。”这个世界上，有很多问题，站在自己的角度去思考可能永远不能了解或解决，而换个角度去思考就会发现你会有一个全新的答案。所以，当我们说话办事时，不妨选择一个好的角度。有一个好的角度，就有了成功的一半；但若选择了一个坏的角度，你就得到了失败的全部。

人生在世，总难免有烦恼和不安，别为你无法控制的事情烦恼，你有能力决定自己对事情的态度。如果你不控制它们，它们就会控制你。发生的已经发生了，无论好坏，你都要勇敢地去面对。

要知道，上帝关上一扇窗的同时，又会打开另一扇窗，问题是我们有没有用心地去发现那扇窗。面对诅咒、谩骂，生闷气无济于事，反而会给疲惫的身躯增加新的负担，让自己生活得更累。不妨换个角度看世界，跳出世界看自己，把好心情迎进你的心里来。

对于一个本质相同的问题，用两种不同的问法，会得到截然相反的答案。这就是一个世界的两面性，如果拒绝换位思考，眼前的世界就永远是单一的。如果拒绝换位思考，将会丧失与人们交流的乐趣。任何人都很难说服别人做任何自己想做的事，学会换位思考，我们将获得另一半的世界。

一样的人生，异样的心态，看待事情的角度截然不同。要能跳出来看自己，以乐观、豁达、体谅的心态来观照自己，认识自己；不苛求自己，更重要的是超越自己，突破自己，因为好好生活才有希望。康德曾说：“生气，是用别人的错误惩罚自己。”你不妨换个角度审视自己，你就会认识到生活很苦、很累，但也有乐趣和激动，它所呈现给我们的面目，取决于我们的心境，牵涉到我们对生活的态度，对事物的感受。

“至今思项羽，不肯过江东”，一曲霸王别姬让古往今来多少人洒下泪水。在乌江之畔，楚霸王的“无颜见江东父老”令人敬佩，却也令人惋惜。倘若他能从失败中跳出来，正视自己的不足，定能重整旗鼓，东山再起，也不至于落得个身首异处的下场。项羽的悲剧源自他的短浅目光，不懂得变换角度，改造眼前的风景。读诗尚有起承转合，放歌也需宫商角徵羽，不同角度，不同音调，不同情感。多彩人生，决不止一个角度，少一些固执，便多一些释然；少一分狭隘，便多一分广阔，时常移位，时常变换，换个角度看世界，其实，事情往往会变得很简单。

《乱世佳人》中的斯嘉丽说：“太阳每天都是新的。”的确，无论我们面对怎样的遭遇，它都会一如既往地升起来，并且带给世界新的希望与光明。而如果我们的内心布满阴云，就会把心头的阳光遮蔽。驱散心灵的阴云，让阳光穿行，那么黑暗将与你绝缘，你会永远生活在快乐舒心的氛围当中。

换个角度看世界，跳出世界看自己，我们就会从容坦然地面对生活。当痛苦袭来时，我们可以勇敢地应对，也让我们的心灵在布满荆棘的旅途中，作出勇敢的抉择，去寻找不一样的人生。

人总是珍惜未得到的，而遗忘了所拥有的。

——海子

（1983年毕业于北京大学，著名诗人）

学会放下，轻装前行

人往往拥有的越多，烦恼就越多。因为万事万物本来就随着因缘变化而变化，我们却试图牢牢把握让它不变，结果自然没有人能做得到。人生的道路上，很多人都有贪得无厌的心态，俗话说得好：“欲壑难填。”忧虑来自内心，一切的烦恼都来源于自身。人生路上会遭遇到许多不幸、挫折、失败、打击、痛苦、孤独等，当你放下这一切时，心灵就会得到解脱，该放不放，必是大患。同时放下不等于放弃，只有懂得衡量事物间的利弊得失，不过于强求自己，不过于委屈自己，一味地追求不属于自己的东西，不但会迷失自我，也会徒增烦恼。可见放下是为了更好地选择。

佛教中所说的“放下”，不是说什么都不要，而是说究竟要什么，要多少，这才是最重要的。正如利奥·罗斯顿说过：“你的身躯很庞大，但是你的生命需要的仅仅是一颗心脏。多余的脂肪会压迫人的心脏，多余的财富会拖累人的心灵，多余的追逐、多余的幻想只会增加一个人生命的负担。”而人生苦短，必须学会放下，才能享受真正的人生快乐。在人生路途上，我们要放弃沉重的欲望，放下过度的需求，舍弃不必要的执着，还自己一片纯净的天空。修习佛道的人如果不能放下七情六欲，就无法修习到博大精深的境界。只有懂得放下自我，才能体会到人生的真谛。

人的一生，要历经千万门槛，打开的大门并不完全适合我们的躯体，有时甚至还有人为的障碍，我们会经常碰壁，或不得不伏地而行。因此，要学会低头，不逞匹夫之勇，胳膊拧不过大腿，该低头时就低头，巧妙地穿过人生荆棘，这既是人生进步的一种策略和智慧，也是人生立身处世中不可缺少的风度，同时，这更是一种修养。

其实，人世纷繁，法事俗务，名利地位，私心欲念，声色犬马，该放下的就得放下，什么都抓在手里，其实是累赘。不少功成名就之人，或捐资济世，或甘于淡泊，既能入世，又能出世，勇于并舍得“放下”；他们在“放下”的同时，其实已获得了意外的幸福，这种幸福或许是无形的，却是隽永的，更高层次的。

佛陀在世的时候，有一位婆罗门两手各拿了一大朵花前来献佛，佛陀大声地对婆罗门说：“放下！”

婆罗门听从指教，将左手拿的那个花朵放下。

佛陀又说：“放下！”

婆罗门将右手的花朵也放下了。

佛陀又说：“放下！”

这个婆罗门无奈地回答：“我已经两手空空，没有什么东西可以再放下了，为何还要我放下？”

佛陀听了他的话说：“我的本意并不是让你放下手中的花朵，而是让你放下六根、六尘和六识。只有当你将这些都放下时，才能解脱。”

我们应该保留生命中最纯粹、最有价值的部分，放弃累赘，调整心态，这样才是最好的选择。

在当今社会，想要找一个理想的职位并不容易，除了与整个客观环境有关外，也与许多求职者心态不稳有关，即好高骛远、自命清高，大事做不好，小事不愿做，满腹牢骚，虚度了许多好时光。人生短短数十年，转眼即逝，一旦选准了目标就要追求。

但是，当目标不适合自己时，应果断豁达地放弃，懂得以理性来面对一切，这样才能够柳暗花明。懂得放下执着，才能获得新生力量，才会赢得更多的回报。放下是另一种方式的拥有，学会了放下，就是成全了自己的幸福。曾有人说："世事愚人，追逐功名迷本性。云山忘我，抛开得失现天真。"

初生的婴儿如同一张白纸，他的心灵还没有被这个世界染上色彩，对世上的一切都是未知。随着年龄的增长，他懂得的越来越多，也越来越无法像最初那样敞开心扉，毫无负担地拥抱这个世界。岁月让我们成熟，岁月也不断编织细细的丝线，缠绕住了我们的双脚；知识让我们睿智，知识也像负重一般不断压迫我们的心灵。我们应该试着斩断这些丝线、卸下这些负重，还生命以本真，轻松面对生活。

在一次关于生活艺术的演讲中，教授拿起一个装着水的杯子，问在座的听众："猜猜看，这个杯子有多重？"

"50 克。""100 克。""125 克。"大家纷纷回答。

"我也不知道有多重，但可以肯定人拿着它一点都不会觉得累，"教授说，"现在，我的问题是：如果我这样拿着几分钟，结果会怎样？"

"不会有什么。"大家回答。

"那好。如果像这样拿着，持续一个小时。那又会怎样？"教授再次发问。

"胳膊会有点酸痛。"一名听众回答。

"说得对。如果我这样拿着一整天呢？"

"那胳膊肯定变得麻木，说不定肌肉会痉挛，到时免不了要到医院一趟。"另一名听众大胆说道。

"很好。在我手拿杯子期间，不论时间长短，杯子的重量会发生变化吗？"

"没有。"

"那么拿杯子的胳膊为什么会酸痛呢？肌肉为什么可能痉挛呢？"教授顿了顿又问道，"我不想让胳膊发酸，肌肉痉挛，那该怎么做？"

"很简单啊。您应该把杯子放下。"一名听众回答。

"正是，"教授说道，"其实，生活中的问题有时就像我手里的杯子。我们埋在心里几分钟没有关系，如果长时间地想着它不放，它就可能侵蚀你的心力。日积月累，你的精神可能会濒于崩溃，那时你就什么事也干不了了。

"生活中的问题固然要重视它，不能忽视，但不能老是拿在手上，不要总惦记着它，要适时地放手，让自己放松放松。不然，不知不觉间它会把你压垮。

"朋友，拿起杯子的时候，要记得把它放下啊。"

的确如此，生命之舟需要轻载，拿得起，就要放得下。生活本身就是一份责任和承担，是绝不轻松的，如果再加上额外的不必要的心理负担，压力就会更大了。每一天的生活都是一个新的开始，所以每一天我们都应该学会轻装上阵，这样，我们才能感受到生活中简单的快乐和无限的惬意。

人生的一切烦恼，归根到底就是在生活中没有学会放下，使身心背负着沉重的包袱，因而生活也变得越来越累，越来越辛苦。“智者无为，愚人自缚”，人通常喜欢给自己的心灵套上枷锁，精神添加压力。所以说“放下”，不仅是一种解脱的心态，更是一种清醒的智慧。不管境遇如何，请放下昨日的辉煌，放下昔日的苦难，放下所有束缚你的包袱。放下了，你就会有顿悟之后的豁然开朗、重负顿释的轻松、云开雾散后的阳光灿烂。

纠缠如毒蛇，执着如冤鬼。激烈得快的，也平和得快，甚至于也颓废得快。

——鲁迅

（曾任北京大学讲师，著名文学家、思想家、评论家、革命家）

凡事不必过于执着

人们常常执着于某种念头，却往往忽视了生命的有限性。如果我们心心念念在某一种东西上，或在某一种习气上，始终不能解脱，就很难认清自己，更无法与这世界形成和谐的关系。

要认识内心的世界，首先要认识我们的心。由识心而找心，由找心而明心，由明心而安心。

南怀瑾先生说，宇宙生命的来源，本来是清虚的。“本来无一物，何处惹尘埃?”既然一切皆为虚清，又何必对什么事都紧紧地抓着，执着而不肯放手呢?

人，若能悟到这一层次，就算是修行到了真正的境界。照佛理所言，一切凡夫都有我相、人相、众生相、寿者相，打破这些执念，自然能推开迷雾见青天，认识一个全然超新的自己。在这一过程中，我们要随时观察自己，要使此心无所住。

因此，一个看清自己、看透外界的人，必须学会不要将自己的心执着于任何观念和习气上。

有两个不如意的年轻人，一起去拜望一位禅师并问道：“师父，我们在办公室被人欺负，太痛苦了，求您开示，我们是不是该辞掉工作?”禅师闭着眼睛，隔了半天，吐出五个字：“不过一碗饭。”就挥挥手，示意年轻人退下。

回到公司，一个人递上辞呈，回家种田，另一个人却没动。日子转眼过去十年，回家种田的人，以现代方法经营，加上品种改良，居然成了农业专家；另一个留在公司里的人，也不差，他忍着气、努力学，渐渐受到器重，后来成为经理。

有一天两个人相遇了。

农业专家问道：“奇怪！师父给我们同样‘不过一碗饭’这五个字，我一听就懂了，不过一碗饭嘛！日子有什么难过？何必一定要在公司？所以辞职。你当时为什么没听师父的话呢?”

“我听了啊!”那经理笑道，“师父说‘不过一碗饭’，受气、受累时，我只要想‘不过为了混碗饭吃’，老板说什么是什么，少赌气、少计较，就成了！师父不是这个意思吗?”

两个人又去拜望禅师，禅师已经很老了，仍然闭着眼睛，隔半天，答了五个字：“不过一念间。”然后，挥挥手……

对于人来说，没有一样东西是可以完完全全、真真正正抓住的，无论是物，还是人，因此不必斤斤计较，刻意追逐。对于不生不灭的生命本源，要把握得住，认识得透彻，才能够善始善终。“不知常，妄作凶”，醉生梦死，碌碌无为，终将痛苦离去。想要抓住一切，往往什么都抓不住。

人类较之物类更是固执。有些人总喜欢给自己加上负荷，轻易不肯放下，自谓为“执着”。

执着于名与利，执着于一份痛苦的爱，执着于幻美的梦，执着于空想的追求，数年光华逝去，才嗟叹人生的无为与空虚。我们总是固执地由“我想做什么”到“我一定要做到什么”，理想与追求反而成为一种负担。

很多时候，我们舍不得放弃一个没有前途的工作，舍不得放弃已经过去很久的种种往事，舍不得放弃对权力与金钱的角逐……于是，只能用生命作为代价，透支着健康与年华。但谁能算得出，在得到这些自己认为珍贵的东西时，有多少和生命休戚相关的美丽像沙子一样在指掌间溜走?

要知道，掌中所握的沙子数量是有限的，一旦失去，便再也拿不回来。自在的快乐便是佛家所说的“要眠即眠，要坐即坐”的境界，如果一个人茶饭不宁，百种需求，千般计较，自然谈不上是真正的放下，又如何去感受快乐？

古人云：“无欲则刚。”这其实是一种境界，一种修养。没有太多的欲望，就会活得简单、洒脱、自由。于是，在滚滚红尘中，不如怀一颗平和心，抵挡各种诱惑；做一件平常事，学会放弃不必执着之事；当一个平凡人，简单生活，做最真实的自己。

第五篇

培养美好的品性

第一章 以宽容之心面对生活

大智慧者必谦和，大善者必宽容，大骄傲者往往谦逊平和。有巨大成就感的人，必定也有包容万物、宽待众生的胸怀。

——周国平

（毕业于北京大学哲学系，中国社会科学院哲学研究所研究员，当代著名学者、哲学家、散文家、作家）

宽容是莫大的美德

“大肚能容，容天容地，于己何所不容；启齿便笑，笑古笑今，凡事一笑置之。”这是一种非凡的气度。有了宽容的襟怀，才有容天容地、容江海的高尚和广博，才有来自心底的真诚笑脸，大千世界，日月轮回，时势境迁，人心思变。所以，于己要多责，责本人蒙昧无知；对别人，要多赏识，赏别人有高有低。人生有了这种宽容的气宇，才能安然走过四时，才能闲庭信步笑看花落花开。

人与人之间的你来我往中，免不了会有摩擦和误会，心不存愤恨恶念，语不带尖酸刻薄，不伤害、诽谤他人，而是坚守善美的心念、清静的语言，可在他的心里栽种一株株慈悲的草、宽容的花，一朝人生的大原野就能处处绿意，白云游天，驰骋其间就是“只要自觉心安，东西南北都好”潇洒自在。

所以，宽容是一种莫大的美德，是一种豁达；宽容能够容纳万物，能够包含太虚。心胸坦荡，不以世俗荣辱为念，不为世俗荣辱所累，不为凡尘琐事所扰，不为痛苦烦闷所惊，就会活得轻松、潇洒、磊落、舒心。

这个故事发生在澳大利亚的一个度假村，一个满脸歉意的工作人员正在安慰一个四岁左右的小男孩，小男孩已经哭得筋疲力尽了！问清原因后，才知道，原来那天小朋友特别多，这位工作人员一时疏忽，在儿童网球课结束后少点了一个人，于是，这个小朋友就被留在了网球场里。

等这个工作人员发现人数不对时，赶快跑到网球场将孩子带回来。那个小朋友因为一个人被留在偏远的网球场而受到了惊吓，哭得非常伤心，这一幕被匆匆赶来的孩子的妈妈看见了。

管理人员本以为这位妈妈会痛骂自己一顿，或者向主管部门投诉，或是很生气地要求退费，再也不参加这类儿童俱乐部了！

可是出乎他意料，这位妈妈是这样做的：她蹲下来安慰自己的小孩，并且告诉他："现在已经没事了，那个哥哥因为找不到你，也非常紧张而且非常难过。他不是故意的，现在，你必须亲亲哥哥的脸颊安慰他一下。"

那个四岁的小孩踮起了脚尖，轻轻地亲了亲蹲在他旁边的工作人员的脸，告诉他："不要怕了，已经没事了！"

这个母亲用宽容的方式培养出了宽容、体贴的孩子。宽容是一种美德，是最能让人感动的一种品质，很多人因为宽容而改变了他的一生。可见，宽容他人，信任他人，是对人性的肯定，也是对人的帮助在于心理上道义的重建。要做到胸襟开阔，就要意识到"人无完人"，做到"得理让人"，"宽容别人"。

能宽容别人的人是可敬的，生命的意义在于彼此接纳的和谐之中，饶恕是一种极高的美德，一个饶恕别人的人自己的内心也会得到释放。平时打交道的时候，多用理解、同情和爱心去影响别人，不计较小事，不苛求别人，多注意别人的好处，尊重每个人的思维、工作、学习和生活习惯。大海因为能够容纳百川，所以可以成为浩瀚的海洋。处处宽容别人，绝不是代表软弱，绝不是面对现实的无可奈何。在短暂的生命里程中，学会宽容，可谓成就了人的最高修养。

林肯对竞争对手以宽容著称，后来终于引起了议员们极大的不满。

有一位议员说："你不应该和那些人交朋友，而应该消灭他们。"

林肯微笑着回答："当他们变成我的朋友，难道不是正在消灭我的敌人吗?"

这位议员听后，不得不点头称赞总统的智慧和过人之处。

林肯总统的话可谓一语中的，生活中如果我们能够多一些宽容，多一些谅解，公开的对手或许就是我们潜在的朋友。

在竞争激烈的现代社会，磕磕碰碰的事情在所难免。我们在社会交往中，吃亏、被误解、受委屈一类的事也经常发生。我们当然希望不要遇到这些事情，但一旦发生了，最明智的选择就是宽容。宽容不仅仅包含着理解和原谅，更显示出气度和胸襟、坚强和力量。宽容的是别人，给自己的却是快乐。

一般说来，当一个社会形成了一种宽容的气氛时，就会变得充满生机。在这样一个竞争日益激烈的社会中，最要紧的是宽容，是用善心待人，原谅人家偶然的过失，即使是犯有大错的人，也要温和规劝，给他改正的机会。

《论语·阳货篇》中说："宽则得众。"的确如此，如果我们的社会不培养人们宽以待人的心态，不允许人们出错，一旦出错又一味严厉追究责任，那么，这个社会的动力和美德就会丧失。

人的一生不如意事十之八九，面对挫折、责备、无礼和刁难，若都记在心上，反复折磨自己的心灵，人岂非要折寿甚或气死。

或许"不以物喜，不以己悲"这种境界很难做到，但是敞开胸襟，对任何事都淡然应对，心灵将永远不会生出芥蒂，人生中再大的难处也变得不难了。

对于每一个人来说，宽容才会赢得声望，无论任何天才或幸运儿，只有和普通人一样失败、辛苦过来的人才会知道，对于那些正在努力争取改变命运的人们来说，无论出现何种错误或失败都有值得宽容的理由。

将来世界自当近于孔子所谓天下一家。今试预度其时，个人与群之间，或个人与个人之间，一切皆臻于至善，余恐未易言也。余确信致良知，是立德之本，此不容忽视。

——熊十力

（曾在北京大学任教，著名哲学家）

做人有德，做事能容

泰山不拒抔土，故能成其高；江海不拒细流，故能成其大。与人交而无怨，是我们在做人中应有的宽容，而这也是一个人成熟的表现。

一个宽容的人保持着一种恬淡、安静的心态，做着自己应该做的事情。宽容的人就像一杯清茶一般沁人心脾，一个善意的微笑、一句幽默的话语也许就能化解人与人之间的怨恨和矛盾，弥合感情的裂痕。

生活中，人人都会犯错误，倘若犯了错误之后不给改过自新的机会，就会激化矛盾，造成不良后果。如果我们能不计较他人的过失，设身处地地为他人着想，或许在宽容的背后，还能收敛一颗顽劣的心。没有多少人会得寸进尺，人们在得到他人的原谅后，多半会真心悔悟。

宽容是上天赐予我们的最美丽的生活原则，它使人类在面对宇宙的浩瀚时不再感到渺小，它使我们从此过上一种涵盖一切和关照一切的有深度的生活，“只有理解一切，才能成为一切”，宽容最终能把地狱变为美丽生活的天堂。

古人说：“大度集群朋。”一个人若能有宽宏的度量，他的身边便会集结起大群知心朋友。大度，表现为对人、对事能“求同存异”，不以自己的特殊个性或癖好对待他人。大度，也表现为能听得进各种不同意见，尤其能认真听取相反的意见；大度，还要能容忍他人的过失，尤其是当他人对自己犯有过失时，能不计前嫌，一如既往；大度，更应表现为能够虚心接受批评，发现自己的过失，便立即改正，和他人发生矛盾时，能够主动检查自己，而不文过饰非、推诿责任。大度者，能够关心人，帮助人，体贴人，责己严，责人宽。

著名京剧表演艺术家梅兰芳先生是一位通情达理、善解人意的人，因此他受到许多人的尊敬，得到了白玉无瑕的美名。

抗战胜利后，在上海一家小报的广告中，出现了一条“艺人梅兰芳卖画”的字样，显然是有人在冒梅兰芳之名赚钱。

对这种恶劣行为，梅兰芳的朋友们都十分气愤，纷纷准备去那家小报兴师问罪，并准备找出那个冒名者，狠狠教训他一通。

梅兰芳却劝阻了他们，他对朋友们说，这个冒名者想赚钱不假，但通过卖画来赚钱，想必也是有点本事的，估计也是个读书人，只不过命运不济罢了。

朋友们从侧面了解了一下冒名者的来历，果然同梅兰芳所预料的一样。

西班牙著名画家毕加索也经历过这样的事情。毕加索对冒充他作品的假画毫不在乎，从不追究，最多只是把伪造的签名除掉。有人不解地问他为什么这样，毕加索说：“作假画的人不是穷画家就是老朋友，我是西班牙人，不能和老朋友为难，穷画家朋友们的日子也不好过。再说，那些鉴定真迹的专家们也要吃饭，那些假画使许多人有饭吃，而我也没有吃亏，为什么要追究呢?”

梅兰芳和毕加索都是宽容的人，因为他们的一点理解，几分慈悲，那几位穷苦的伪造画者才不至于走投无路。理解和宽容，使他们得到了人们更多的敬重。生活中处处需要宽容的调剂。即使是好友之间也难免出现摩擦，需要宽容和理解弥合友情的裂痕。

用一颗宽容和容纳的心去感受人生中的人和事，由于宽容之于喜欢，正如和风之于春日，阳光之于冬天，它是人类灵魂中的美丽景色。有了广博的襟怀和宽容一切的心灵，就有了可以包容万物的心，这样的人生才能拥有幸福和快乐，才能看到更美的人生风景。

人要有三平心态：平和、平稳、平衡。对自己要从容，对朋友要宽容，对很多事情要包容，这样才能活得比较开心。

——海子

(1983年毕业于北京大学，著名诗人)

宽容他人也是善待自己

乔治·赫伯特说："不能宽容的人，损坏了他自己必须过去的桥。"这句话的智慧在于，宽容使给予者和接受者都受益。当真正的宽容产生时，没有疮疤留下，没有伤害，没有复仇的念头，只有愈合。

宽容是一种医治的力量。宽容不仅能医治被宽容者的缺陷，还可以挖掘出宽容者身上的伟大之处，正如美国作家哈伯德所说："宽容和受宽容的难以言喻的快乐，是连神明都会为之羡慕的极大乐事。"

与人交往，多一些宽容与体谅，既能避免无意义的争端，又能拉近心与心之间的距离。但是，我们很少有人能做到对他人宽容，我们更习惯于把对方封锁于心的牢狱中，冷漠相对。其实，当你注视着铁窗中的人时，自己面对的又何尝不是一扇铁窗？包容他人，宽恕对方，既是对对方的谅解，也是对自己心灵的洗礼。包容，使人高贵；从容，使人充满风度。包容一颗有过错的心，同时也是放飞了自己的心灵。

人与人之间常常因为一些彼此无法释怀的坚持，而造成永远的伤害。如果我们都能从自己做起，开始宽容地看待他人，就能让自己活得更自在、更轻松。别忘了，帮别人开启一扇窗，也就是让自己看到更完整的天空。

亚历山大大帝骑马旅行到俄国西部。一天，他来到一家乡镇小客栈，为进一步了解民情，他决定徒步旅行。当他穿着没有任何军衔标志的平纹布衣走到了一个三岔路口时，记不清回客栈的路了。

亚历山大无意中看见有个军人站在一家旅馆门口，于是他走上去问道："朋友，你能告诉我去客栈的路吗?"

那军人叼着一只大烟斗，头一扭，高傲地把这身着平纹布衣的旅行者上下打量一番，傲慢地答道："朝右走!"

"谢谢!"大帝又问道，"请问离客栈还有多远!"

"一英里。"那军人生硬地说，并瞥了陌生人一眼。

亚历山大大帝转身道别，刚走出几步又停住了，回来微笑着说："请原谅，我可以再问你一个问题吗？如果你允许我问的话，请问你的军衔是什么?"

军人猛吸了一口烟说："猜嘛。"

亚历山大大帝风趣地说："中尉?"

那烟鬼的嘴唇动了下，意思是说不止中尉。

"上尉?"

烟鬼摆出一副很了不起的样子说："还要高些。"

"那么，你是少校?"

"是的!"他高傲地回答。于是，亚历山大大帝敬佩地向他敬了礼。

少校转过身来摆出对下级说话的高贵神气，问道："假如你不介意，请问你是什么官?"

亚历山大大帝乐呵呵地回答："你猜!"

"中尉?"

亚历山大大帝摇头说："不是。"

"上尉?"

"也不是!"

少校走近仔细看了看说："那么你也是少校?"

亚历山大大帝镇静地说："继续猜!"

少校取下烟斗，那副高贵的神气一下子消失了。他用十分尊敬地语气低声说："那么，你是部长或将军?"

"快猜着了。"

"殿……殿下是陆军元帅吗?"少校结结巴巴地说。

"我的少校，再猜一次吧!"

“国王陛下!”少校的烟斗从手中一下掉到了地上，猛地跪在亚历山大大帝面前，忙不迭地喊道：“陛下，饶恕我！陛下，饶恕我!”

“朋友，”亚历山大大帝笑着说，“你没伤害我，我向你问路，你告诉了我，我还应该谢谢你呢!”

亚历山大大帝用他宽广的心胸宽恕了少校对他的不敬，不仅让少校感到温暖，也赢得了他对自己的尊重。由此可见，能够宽容接纳别人的人，同时也善待了自己。而不懂得宽容的人，就会拆掉他自己也要通过的桥梁。

宽恕也是一个放弃的过程。放弃那些本来是虚假的，而我们却以为是真实的东西。它可以用积极的力量去取代那些不够积极的东西。我们做到了宽恕他人的冒犯，放弃对某个人、某件事的评判，然后，我们就努力忘掉它。

其实，最大的伤害莫过于我们对曾经有过的伤害牢记不忘。当我们再一次记起曾经遇到过的伤害或磨难，这等于我们又受到了一次伤害。倘若我们用积极的记忆去替代那些消极的记忆，这样的伤害就会逐渐得到治愈。

所以，智者尽其所能地采取一些步骤，会努力让那些消极的往事从记忆中消失，去改变这种被伤害的状况。要知道，一个攥紧的拳头是什么也不会得到的。只有松开拳头，我们才显示出接受的态度，才会有所收获。

一位画家在集市上卖画，不远处，前呼后拥地走来一位大臣的孩子，这位大臣在年轻时曾经把画家的父亲欺诈得心碎而死。大臣的孩子在画家的作品前流连忘返，并且选中了一幅，画家却匆匆用一块布把它遮盖住，并声称这幅画不卖。

从此以后，这孩子因为心病而变得憔悴，最后，他父亲出面了，表示愿意出一笔高价买这幅画。

可是，画家宁愿把这幅画挂在自己画室的墙上，也不愿意出售。他阴沉着脸坐在画前，自言自语地说：“这就是我的报复。”

每天早晨，画家都要画一幅他信奉的神像，这是他表示信仰的唯一方式。

可是现在，他觉得这些神像与他以前画的神像日渐相异。这使他苦恼不已，他不停地找原因。忽然有一天，他惊恐地丢下手中的画，跳了起来：他刚画好的神像的眼睛，竟然是那大臣的眼睛，而嘴唇也是那么的酷似。

他把画撕碎，并且高喊：“我的报复已经回报到我的头上来了!”

如果一直憎恨下去，那么不仅负面生活事件越来越多，而且承受能力也越来越差，就如同在自己的心灵深处种下了一粒苦种，不断伤害着自己的身心健康。而宽容别人就会让自己忘记别人对自己的伤害，也让自己的心灵得到释放。

宽容是心与心的交融，无语胜有声；宽容是仁人的虔诚，是智者的宁静。正因为深邃的天空容忍了雷电风暴一时的肆虐，才有风和日丽；辽阔的大海容纳了惊涛骇浪一时的猖獗，才有浩渺无垠。

在生活中，也许我们每个人都曾因别人的恶意诽谤或其他打击而深受伤害，这些伤痛一直在我们的心底，从来没有被治愈过，我们可能至今还在怨恨那些伤害过我们的人。但是，懂得宽容别人，其实是善待自己。随着时间的推移，我们就会发现，只要我们内心的宽容多了，我们心里的平安和喜悦也会多起来。

要让自己快快乐乐地生活在充满爱的世界里，自己首先要做一个宽宏大量的人。无论我们一生中碰到多么不顺的事情，遭遇到如何凄凉的境地，我们仍然可以在举止之间，显示出包容、仁爱的心态，这样，我们一生都将受用无穷。

我对任何出众的才华无法不持欣赏的态度，哪怕它是在我的敌人身上。

——周国平

（毕业于北京大学哲学系，中国社会科学院哲学研究所研究员，当代著名学者、哲学家、散文家、作家）

心胸豁达，不吝宽容

雨果曾说：“世界上最宽阔的是海洋，比海洋更宽阔的是天空，比天空更宽阔的是人的心胸。”人与人之间最可贵的是站在对方的角度，换位思考。人生在世，每个人都有弱点与缺点，都可能犯下这样那样的错误，我们应该心胸豁达，彼此宽容，善待别人就是善待自己。

胸襟广阔，能容人容物是现代人追求的境界。俗话说“宰相肚里能撑船”，这说的是一种心胸宽广的处世方式，一个真正的智者能够原谅别人的过错，记住他的善；而一个小肚鸡肠、斤斤计较的人只会从别人身上寻找原因，记住他的坏。曾国藩也说：“一个人要胸怀浩大，才是真正的受用。”生活在社会中，孤独的人是不会开心的，也无法前进。要想获得真正的幸福，需要虚怀若谷。

因此，生活中我们不能总是以自己为中心，要把自己的心放宽，给别人一个了解自己的空间，也给自己一个认识他人的机会。

唐太宗李世民当上皇帝后，认为只有虚心听取别人的意见，才能把国家治理好。在他的鼓励下，臣子们纷纷向皇帝进谏。其中最著名的是魏徵。

魏徵原本是李世民的政敌，李世民不计前嫌，任命他做了很重要的官职。魏徵每看到李世民的错误，就毫不客气地指出，有时候弄得李世民很没面子。

有一天，李世民又被魏徵顶撞了，回到宫里大发脾气，说："魏徵这个乡巴佬，我总有一天要杀了他！"

长孙皇后听了，就给李世民行礼，说道："我听说天子有了直言敢谏的臣子，是件可喜可贺的事情，所以我要给皇上道贺。"

李世民听了，这才消了火气，从此对魏徵的意见更加虚心接受了。

由于李世民的胸怀宽广，臣子们纷纷进谏，因此唐朝初年政治清明，老百姓生活得很好，奠定了后来盛唐的基业。

这就是虚怀若谷的力量。一个人若能心胸豁达，有宽宏的度量，他的身边便会集结一大群知心朋友。生活中，冲突和争执在所难免，人们要学会用虚怀若谷的平和之心去处理生活中的冲突和争执。一位哲人曾经说过，错误在所难免，宽恕就是神圣。一个人经历过一次忍让，心胸就会宽广一分。你多一分宽容，就能多一个朋友，少一个敌人，大度容下天下事，也就自然没有烦恼和忧愁了。

一日之始就要对自己说："我将遇见好管闲事的人、忘恩负义的人、傲慢的人、欺诈的人、忌妒的人和孤僻的人。他们染有这些品性是因为他们不知道什么是善，什么是恶。"可是如果我们能够分清楚什么是善、什么是恶，就应该对那些无知的人表现出宽容和谅解。因为不管他们是什么人，都是我的同伴，即使眼前还没有合作的机会，但是不知道哪一天，我们终究会相遇。

小提琴演奏家艾德蒙先生曾经历了这样一件事。有一天，当他走进家门的时候，突然听到楼上卧室里传来了小提琴的声音。

"有小偷！"艾德蒙先生马上反应过来，急忙冲上楼。果然，一个大约 13 岁的陌生少年正在那里摆弄小提琴。他头发蓬乱，脸庞瘦削，不合身的外套里面好像塞了某些东西。他被艾德蒙先生抓了个正着。

那少年见了艾德蒙先生，眼里充满了惶恐、胆怯和绝望，那是一种非常熟悉的眼神。刹那间，艾德蒙先生的心柔软了下来，愤怒的表情顿时被微笑所代替，他问道："你是丹尼斯先生的外甥琼吗？我是他的管家。前两天，丹尼斯先生说你要来，没想到来得这么快！"

那个少年先是一愣，但很快就回应说："我舅舅出门了吗？我想先出去转转，待会儿再回来。"

艾德蒙先生点点头，然后问那位正准备将小提琴放下的少年："你也喜欢拉小提琴吗?"

"是的，但拉得不好。"少年回答。

"那为什么不拿着琴去练习一下？我想丹尼斯先生一定很高兴听到你的琴声。"他语气平缓地说。少年疑惑地望了他一眼，还是拿起了小提琴。

临出客厅时，少年突然看见墙上挂着一张艾德蒙先生在歌德大剧院演出的巨幅彩照，身体猛然抖了一下，然后头也不回地跑远了。

艾德蒙先生确信那位少年已经明白是怎么回事，因为没有哪一位主人会用管家的照片来装饰客厅。

那天黄昏，回到家的艾德蒙太太察觉到异常，忍不住问道："亲爱的，你心爱的小提琴坏了吗?"

"哦，没有，我把它送人了。"艾德蒙先生缓缓地说道。

"送人？怎么可能！你把它当成了你生命中不可缺少的一部分。"艾德蒙太太有些不相信。

"亲爱的，你说得没错。但如果它能够拯救一个迷途的灵魂，我情愿这样做。"见妻子并不明白他说的话，他就将经过告诉了她，然后问道，"你觉得这么做有什么不对吗?"

"你是对的，希望你的行为真的能对这个孩子有所帮助。"妻子说。

三年后，在一次音乐大赛中，艾德蒙先生应邀担任决赛评委。最后，一位叫里奇的小提琴选手凭借雄厚的实力夺得了第一名。颁奖大会结束后，里奇拿着一只小提琴匣子跑到艾德蒙先生的面前，脸色绯红地问："艾德蒙先生，您还认识我吗?"

艾德蒙先生摇摇头。

"您曾经送过我一把小提琴，我珍藏着，一直到了今天!"里奇热泪盈眶地说，"那时候，几乎每一个人都把我当成垃圾，我也以为自己彻底完了，但是您让我在贫穷和苦难中重新拾起了自尊，心中再次燃起了改变逆境的熊熊烈火！今天，我可以无愧地将这把小提琴还给您了……"

里奇含泪打开琴匣，艾德蒙先生一眼瞥见自己那把心爱的小提琴正静静地躺在里面。他走上前紧紧地搂住了里奇，三年前的那一幕顿时重现在艾德蒙先生的眼前，原来他就是"丹尼斯先生的外甥琼"！艾德蒙先生眼睛湿润了，少年没有让他失望。

因为宽容，艾德蒙先生成就了一个音乐奇才。可是，生活中，甚至很少有人能够谅解自己的朋友，他们会嫌弃，会斤斤计较，会猜忌，所以不管是怎样的人在他们的身边，他们都会觉得很痛苦。抛开挑剔与苛责的想法吧，对别人宽容一些，你就能放下心中的包袱，感受到与人和平相处的快乐。

宽容是一笔巨额的财富，是至善人性达到的一种境界，是人性之花历经沧桑之后依然盛开的那份通透与恬然。生活的洒脱、奔放不能仅仅建立在物质的基础上，更为重要的是拥有宽容之心，以博大的胸怀宽容别人的过失，才能在精神上丰裕富足，才能以自由、奔放的心态任意驰骋，而不是以狭隘、自私的心态来对待周围的人和事，沉溺于蝇营狗苟、鸡毛蒜皮的琐事上。

著名的科学家爱因斯坦曾这样说过："对于我来说，生命的意义在于设身处地替人着想，忧他人之忧，乐他人之乐。"这是一种宽容的气度，不掺杂任何的私念，当你给别人一个微笑的时候，你也便赢得了他人的尊重，如此，爱便开始传递开来。宽容是一种力量，是一种善，更是一种大爱。

宽容才是自由主义的第一要义。

——胡适

（曾任北京大学教授，现代著名学者、诗人、历史学家、文学家、哲学家）

宽容可以让心灵获得自由

"人非圣贤、孰能无过。"有时，别人或者出于粗心大意，或者是经验不足等原因犯下了错误。可是，他人错误造成的结果却是我们来承担。于是，我们非常无辜地要为别人的失误而承受负面影响。这时，我们很可能对对方恨得咬牙切齿，内心充满了怨恨。在恨别人的同时，我们自己的生活其实也不是心平气和的。如果换种思维方式来看待此类事件，也许你的心灵会获得自由。

当然，不是人人都能够做到以宽广的心胸谅解他人，能做到这些的人也不是他们天生有这种能力，这要有生活的积淀和豁达的精神境界才能达到。即使由于别人的失误，为自己带来了很大的损失，也不要让内心世界充满仇恨和愤怒。因为愤恨常常会使我们变得面容扭曲、行为乖张。

一旦他人犯了错误，即使对我们产生了负面的影响，也要学会宽容，给他人弥补自己的过失留下机会。同时，也让自己摆脱精神的枷锁，轻松面对生活。

有一位好莱坞的女演员，失恋后，怨恨和报复心使她的面孔变得僵硬而多皱，她去找一位最有名的化妆师为她美容。

这位化妆师深知她的心理状态，中肯地告诉她，“你如果不消除心中的怨和恨，我敢说全世界任何美容师也无法美化你的容貌”。

后来，这位女演员懂得了宽恕他人，消除心中的怨恨，给予他人以真诚的微笑。虽然，她脸上的皱纹依然存在，但是她心里的皱纹却消失了。而且她感觉自己的脸变得不那么僵硬，内心也柔软起来。更重要的是，她感觉到自己比以前快乐很多、轻松很多。

爱默生说：“宽容了别人就等于宽容了自己，宽容的同时，也创造生命的美丽。”心灵有它自己的地盘，在那里可以把地狱变成天堂，也可以把天堂变成地狱。报复会把一个好端端的人驱向疯狂的边缘，使我们的心灵不能得到片刻安静。选择了宽容，就是选择了心灵的天堂；选择了怨恨，就会将自己的心推入万劫不复的深渊中。

宽容地对待我们的敌人、仇家、对手，在非原则的问题上，以大局为重，我们就会得到退一步海阔天空的喜悦、化干戈为玉帛的喜悦、人与人之间相互理解的喜悦。在这个世界里，每个人都不是独立存在，我们各自走着自己的生命之路的同时，难免有碰撞，所以即使心地最和善的人也难免要伤别人的心，如果冤冤相报，非但抚平不了心中的创伤，而且只能将你的心捆绑在无休止的争吵战车上。因此，唯有宽容，才能抚慰我们暴躁的心绪，弥补不幸对我们的伤害，让我们的心灵不再被牵绊，从而获得一种轻松的自在。

一个人20多岁时被人陷害，在牢房里待了10年。后来冤案告破，他终于走出了监狱。出狱后，他开始了几年如一日的反复控诉、咒骂：“我真不幸，在最年轻有为的时候遭受冤屈，在监狱度过本应最美好的一段时光。那样的监狱简直不是人居住的地方，狭窄得连转身都困难。唯一的细小窗口里几乎看不到阳光，冬天寒冷难忍，夏天蚊虫叮咬……真不明白，上帝为什么不惩罚那个陷害我的家伙，即使将他千刀万剐，也难以解我心头之恨啊！”

75岁那年，在贫病交加中，他终于卧床不起。弥留之际，牧师来到他的床边：“可怜的孩子，去天堂之前，忏悔你在人世间的一切罪恶吧……”

牧师的话音刚落，病床上的他声嘶力竭地叫喊起来：“我没有什么需要忏悔，我需要的是诅咒，诅咒那些施予我不幸命运的人……”

牧师问：“你因受冤屈在监狱待了多少年？离开监狱后又生活了多少年？”他恶狠狠地将数字告诉了牧师。

牧师长叹了一口气：“可怜的人，你真是世上最不幸的人，对你的不幸，我真的感到万分同情和悲痛！他人囚禁了你区区10年，而当你走出监牢本应获取自由的时候，你却用心底里的仇恨、抱怨、诅咒囚禁了自己整整50年！”

宽容意味着我们不会再为他人的错误而惩罚自己，意味着我们不再捆绑自己的心灵。气愤、诅咒和悲伤都是追随心胸狭窄者的影子，只有宽容才能让心灵面向阳光。因为不可挽回的10年，让自己的内心50年都处于阴暗的诅咒中，显然是不值得的。

我们在茫茫人世间，难免与别人产生误会、摩擦。如果不注意，在我们拨动仇恨之时，仇恨便会悄悄成长，我们的心灵就会背负沉重的包袱而无法获得自由。记住别人对我们的恩惠，洗去我们对别人的怨恨，才不会被复仇的火焰灼伤，才能获得精神上的自由。

把怨恨写在沙滩上，而不要留在我们的心里，让所有的不满、牢骚、怨言都随着波浪的一次次冲刷而流走，不留一丝痕迹，留给我们的是，冲刷浑圆的鹅卵石，圆润光滑。宽容的人容易获取快乐的情绪，涤荡掉烦恼，留下了开心与愉悦。

宽容他人，可以让我们的心灵获得自由。在原谅他人的过错后，我们的内心会少了一份沉重的负担，多了一份惬意的愉悦。

伟大的心胸，应该表现出这样的气概——用笑脸来迎接悲惨的厄运，用百倍的勇气来应付一切的不幸。

——鲁迅

（曾任北京大学讲师，著名文学家、思想家、评论家、革命家）

气度决定格局，格局决定结局

多一个朋友，就少一个敌人。一个人的胸怀能容得下多少人，就能够赢得多少人。小肚鸡肠的人，眼中的生活是灰色的，他们无时无刻不在算计着、不在担忧着；反之，心胸宽广的人，眼中的生活是彩色的，失去对他们来说是微不足道的，凡事不会时时刻刻抓在手中，他们懂得放下。身临其境地想一下，当把一切得失荣辱都视作浮云一朵的时候，生活不就变得轻松自如了吗？如果这只要大一点的气度就可以办到，那何乐而不为呢？

兼容并包在北大精神中不只代表一种学术思想，更上升为一种人格智慧，主张做人要心胸宽广，在观点上求同存异，在为人处世上多为他人考虑，甚至以德报怨。

北大一学者曾经讲过这样一个故事：

在一家贸易市场里，某水果摊位生意十分兴隆，却有一位顾客非常挑剔。

“这水果这么烂，一斤也要卖50元吗？”顾客拿着水果左看右看。

“我这水果是很不错的，不然你去别家比较比较。”小贩不慌不忙地说。

顾客说：“一斤40元，不然我不买。”

小贩还是微笑地说：“先生，一斤卖你40元，那我对刚刚向我买的人怎么交代呢？”

“可是，你的水果这么烂。”

“不会的，如果是很完美的，可能一斤就要卖100元了。”小贩依然微笑着。

不论顾客的态度如何，小贩依然面带微笑，而且始终笑得像第一次那样亲切。

客人虽然嫌东嫌西，最后还是以一斤50元买了。

有人问小贩何以能始终面带笑容，小贩笑着说：“只有想买货的人才会指出货如何不好。如果我不接受他的意见，用几句话把他顶撞回去，他就不会成为我的顾客。”

讲完这个故事后，这位学者接着对学生说：“小贩完全不在乎别人批评他的水果，并且一点儿也不生气，不让狭隘来扰乱方寸，这不只是修养好而已，也是对自己的水果大有信心的缘故。我们在生活中却真的不如这个小贩，平常有人说我们两句，我们就已经气在心里口难开，更不用说微笑以对了。而且生活中批评指责我们的，往往是我们最亲近的人和最好的朋友。正所谓：‘良药苦口利于病，忠言逆耳利于行。’良药虽苦，却是治病的根本；如果没有‘苦口’之‘良药’，我们这种狭隘之病如何会好起来呢？这里有一剂‘良方’，正是对‘症’所下之‘药’。”

嫌货才是买货人。故事中的小贩用自己的一脸微笑为我们上了极其宝贵的一课。北大不仅在学术上倡导兼容并包，而且在为人处世上也将包容视为学生人生修养的重要一课。一个善于包容的人才是一个真正有学问、有作为的人。

我们不论与谁交往，都不可能要求对方事事都能做到让我们满意。多一分谅解，多一分气量，你的人际关系才不至于太紧张。私欲往往是德行的敌人，心底无私，才能天下为公。要成大事，就要有海洋一样宽阔的胸襟，宽容是一种雅量，也是一种风度。它是人与人交往的缓冲，它可以化解许多不必要的冲突；宽容又是人与人交往的润滑剂，它可以减轻摩擦，缓和紧张的关系。

气度小的人，往往不能容忍别人比自己优秀的人，也容忍不了和自己存在分歧的人。时间长了，交往的圈子就非常狭小，自己的人生境界自然就难以提升。

其实，细细品味人生哲理，则会明白看似为难的事情也很容易解决，那就是要有宽以待人的气度。

在黄飞鸿系列电影里面，有句话叫做：“拳脚小功夫，容人大丈夫。”我们通常会被这种恢宏的气度所折服，这也正好印证了法国作家拉封丹的寓言《南风和北风》中的一句话：“温和与友善比暴力要强大。”

当你与家人、同学争吵或者发生冲突的时候，不妨在心中想一想这句话，用宽容来对待矛盾，化解争执，这样你将获得意想不到的结果。

度尽劫波兄弟在，相逢一笑泯恩仇。

——鲁迅

（曾任北京大学讲师，著名文学家、思想家、评论家、革命家）

海纳百川，有容乃大

宽容是一种胸怀，林则徐说过：“海纳百川，有容乃大；壁立千仞，无欲则刚。”俗话说：“忍一时风平浪静，退一步海阔天空。”不管是做人还是做事，就要有博大的胸怀，有海纳百川的度量，让宽容撑起一片蔚蓝的天。

宽容是人生的深度，一个人胸怀宽广，就会站得高、看得远，就会宽待他人、善待他人。有了这样的雅量，对于别人对自己的误解、偏见，乃至讽刺、挖苦、谩骂等就会统统不放在心里，更不会为此愁肠百结、郁愤难平、伺机报复，这样的人就会使人感到可亲、可敬、可佩。

其实，宽待敌人并不会让自己损失很多，最重要的是超越自己。化解曾经剑拔弩张的矛盾、冲突，将暴风骤雨化作春风细雨。你如果能够有宽广的胸怀，包容他人，哪怕是这个人曾经使自己伤痕累累，你也能将怨恨、愤怒转化为融洽、和谐，换来的是对方的忏悔和尊重。

纷纭的世界，我们无法拒绝被伤害。有时，甚至眼睁睁看着智慧被夺走，成就被贬低，爱情被摧折……屡屡遭遇锱铢必较的烦腻，争奇斗巧的排斥，以及阴险的谋算，我们的努力与真诚换回的可能仅是一地破碎。

人活在世上，不能不在乎某些东西。于是，伤害过我们的人，你就用甚至几倍的伤害伎俩重创他们。心理得以平衡之后，有一天你又被伤害，你又在报复。周而复始，我们终日被报复充斥，成了报复的囚徒，苍白了信仰，空虚了精神，丢掉了理想，可惜了美德，得到的只是伤害。

宽容是一种境界。当然对伤害自己的人宽容不是一件容易做到的事，要把怨气甚至仇恨从心里驱赶出去，需要极大的勇气和胸襟，只要能使自己心中的爱越来越多，仇恨就会被挤出去。人不需要刻意地去消除仇恨，而是应该不断以爱充满内心、以关怀滋润胸襟，这样，仇恨自然没有容身之处。

你能把虚空宇宙都包容在心中，那么你的心胸自然就能如同天空一样宽广。无论荣辱悲喜、成败冷暖，只要心胸开阔，自然就能做到风雨不惊。

真正的宽容不是摆设与表演，也不是退却与懦弱，它是生命中的大海，即使沉默着，也有涵盖一切和关照一切的深度。由宽大平和之中认识这世界的可爱和可颂赞之处，才不辜负这难得的一生。

你要包容那些意见跟你不同的人，这样子日子比较好过。你要是一直想改变他，那样子你会很痛苦。要学学怎样忍受他才是。你要学学怎样包容他才是。

——海子

（1983年毕业于北京大学，著名诗人）

容人之长，也能容人之短

歌德说：“世间万物无一不是隐喻。你所与之为敌的人就是你的一面镜子，从中可以窥探你自己的胸襟与气魄。”人的胸襟有多大，成就就有多大，争一时不如争千秋。

气量和容人，犹如器之容水，器量大则容水多，器量小则容水少，器漏则上注而下逝，无器者则有水而不容。为人处世，首先应当提倡“豁达大度”的胸怀。豁达，即性格开朗；大度，即气量宏大。合起来就是说，我们在处理人际关系时，要气量宽宏，能够容人。

“心包太虚，量周沙界。”一个人如果能够把宇宙都包容在心中，那么他的心量自然就能如同虚空一样的广大。无论生命的遭遇如何，只要心量放大，自然能做到风雨无惊。甘地说得好，如果我们对任何事情都采取“以牙还牙”的方式来解决，那么整个世界将会失去色彩。

面对生活中难以相处的人，我们需要宽容，也需要妥协。因为一味地吹毛求疵，指责对方，只能让事情变得更加糟糕。

蔡元培先生就是一个有着大胸襟的人。在他担任北京大学校长时，曾有这么两个“另类”的教授。一个是“持复辟论者”和“主张一夫多妻制”的辜鸿铭。辜鸿铭当时应蔡元培先生之请来讲授英国文学。辜鸿铭的学问十分宽广而驳杂，他上课时，竟带一童仆为之装烟、倒茶，他自己则是“一会儿吸烟，一会儿喝茶”，学生焦急地等着他上课，他也不管，“摆架子，玩臭格”成了当时一些北大学生对辜鸿铭的印象。很快，就有人把这事反映到蔡元培那儿。

然而，蔡元培并不生气，他对前来反映情况的人解释说：“辜鸿铭是通晓中西学问和多种外国语言的难得人才，他上课时展现的陋习固然不好，但这并不会给他的教学工作带来实质性的损害，所以他生活中的这些习惯我们应该宽容。”

经过一段时间后，再也没有人来告状了，因为辜鸿铭的课堂里挤满了北大的学子。很多学生为他渊博的知识、学贯中西的见解而折服。辜鸿铭讲课从来不拘一格，天马行空的方式更是大受学生欢迎。

另一个人则是受蔡元培先生的聘请，教《中国古代文学》的刘师培。根据冯友兰、周作人等人回忆，刘师培给学生上课时，“既不带书，也不带卡片，随便谈起来”，且他的“字写得实在可怕，几乎像小孩描红相似，而且不讲笔顺”，“所以简直不成字样”，这种情况很快也被一些学生、老师反映到蔡元培那儿。

然而，蔡元培却微微一笑，说：“刘师培讲课带不带书都一样啊，书都在他脑袋里装着，至于写字不好也没什么大碍啊。”

后来，学生们发现刘师培讲课时“头头是道，援引资料，都是随口背诵”，而且文章没有做不好的。

从蔡元培对辜鸿铭和刘师培两位教授的处理方法，我们可见蔡元培用人才的胸怀是何等求实、豁达而又准确。他把对师生个性尊重与宽容发挥到了一种极高明的地步。为了实现改革北大的办学理想，迅速壮大北大实力，他极善于抓住主要矛盾和解决问题的关键，把尊重人才个性选择与用人所长理智地结合起来。他曾精辟地解释道："对于教员，以学诣为主。在校讲授，以无悖于第一种之主张（循思想自由原则，取兼容并包主义）为界限。其在校外之言动，悉听自由，本校从不过问，亦不能代负责任。夫人才至为难得，若求全责备，则学校难成立。"

正是这种博大的胸襟，才使蔡元培能够发现真正的人才，也才使当时的北京大学有了长足的发展。凡是成大事者，都有广阔的胸襟。他们在与别人相处的时候，不会计较别人的短处，而是以一颗平常心看待别人的长处，从中看到别人的优点，弥补自己的不足。如果眼睛只能看到别人的短处，那么这个人的眼里就只有不好和缺陷，而看不到别人美好的一面。每个人都可能跟别人发生矛盾，如果一味地跟别人计较，就可能浪费自己很多精力。与其把自己的时间浪费在一些鸡毛蒜皮的小事上，不如就放开胸怀，给别人一次机会，也可以让自己有更多的精力去做更多有意义的事情，收获成功。

一位在山中茅屋修行的禅师，有一天趁夜色到林中散步，在皎洁的月光下，突然开悟。他喜悦地走回住处，眼见到自己的茅屋遭小偷光顾。找不到任何财物的小偷要离开的时候在门口遇见了禅师。

原来，禅师怕惊动小偷，一直站在门口等待。他知道小偷一定找不到任何值钱的东西，就把自己的外衣脱掉拿在手上。

小偷遇见禅师，正感到惊愕的时候，禅师说："你走那么远的山路来探望我，总不能让你空手而回呀！夜凉了，你带着这件衣服走吧！"说着，就把衣服披在小偷身上，小偷不知所措，低着头溜走了。

禅师看着小偷的背影穿过明亮的月光消失在山林之中，不禁感慨地说："可怜的人呀！但愿我能送一轮明月给他。"

禅师目送小偷走了以后，回到茅屋赤身打坐，他看着窗外的明月，进入空境。

第二天，他睁开眼睛，看到他披在小偷身上的外衣被整齐地叠好，放在了门口。禅师非常高兴，喃喃地说："我终于送了他一轮明月！"

面对盗贼，禅师既没有责骂，也没有告官，而是以宽容的心原谅了他，禅师的宽容和原谅终于换得了小偷的醒悟。可见，宽容比强硬的反抗更具有感召力。可是，我们与别人发生矛盾时，总想着与别人争出高低来，但是往往因为说话的态度不好，使得两个人吵起来，甚至大打出手。其实，很多事情忍耐一下，也就过去了。有些矛盾的产生，别人也不一定就是故意的，我们给予他包容，他可能会主动认识到错误，也给自己减少了很多麻烦。

在现实生活里，我们就应该学会以一种大胸襟来对待别人的缺点和过错。学会“容人之长”，因为人各有所长，取人之长补己之短，才能相互促进，学习才能进步；学会“容人之短”，因为金无足赤，人无完人。人的短处是客观存在的，容不得别人的短处就只会成为“孤家寡人”；学会“容人之过”，因为“人非圣贤，孰能无过”。历史上凡是有所作为的伟人，都能容人之过。

第二章 谦让不代表懦弱

谦以待人，虚以接物。

——鲁迅

（曾任北京大学讲师，著名文学家、思想家、评论家、革命家）

君子谦逊不谦卑

君子谦逊温文，但是骨子里有武者的真和贞，所以，很多人可被人盛赞温柔、好脾气或是有教养，但是很少有人被称作君子。

一味强调自己不如人的人，并不是谦虚，而是一种懦弱。人背负着尊严行走在世间高低不同、起伏不定的道路上，会遇到不同的人，他们各有各的长处，各有各的特点，值得我们去学习、去借鉴。

要想学到别人的长处，我们必须谦逊，谦逊是使人与人友好相处的法宝，没有人会对一个骄傲自大、飞扬跋扈的人说出自己的经验或宝贵的人生收获。这个时候，我们是躬着腰的，也许会觉得很累——因为我们的背上，还背负着尊严。这种疲劳感时刻提醒着我们，要尊重别人，但同时不能贬低自己。

一位闻名遐迩的画家每逢有青年画家登门求教，总是很耐心地给人看画指点；对于有潜力的青年才俊，更是尽心尽力，不惜耗费自己作画的时间。一次，一位后辈画家对于前辈的关爱有加感激涕零，老画家微笑着讲了一个故事：

40 年前，一个青年拿了自己的画作到京都，想请一位自己敬仰的前辈画家指点一下。

那画家看这青年是个无名小卒，连画轴都没让青年打开，便推托事务缠身，下了逐客令。

青年走到门口，转过身说了一句话："大师，您现在站在山顶，往下俯视我辈无名小卒，的确十分渺小；但您也应该知道，我从山下往上看您，您同样也十分渺小！"说完转身扬长而去。

青年后来发愤学艺，终于在艺术界有所成就。他时刻记得那一次冷遇，也时刻提醒自己，一个人是否形象高大，并不在于他所处的位置，而在于他的人格、胸襟和修养。

你如果是故事中年轻画家，你会怎么做？保持所谓的谦逊，唯唯诺诺，任由所谓的"前辈"轻视侮辱？年轻画家没有那么做。他是谦逊的，但是谦逊不代表他就没有高傲的人格，他在这位"前辈"面前保留了自己的人格，高傲地离去，并用一生的时间来为自己的高傲积蓄资本，终于成为一位有名的画家。

徐悲鸿说："人不可有傲气，但不可无傲骨。"换另一个角度讲，人可以谦逊，但绝不能过于谦卑，即使自己处处不如人，也要练就一身傲骨，努力提升自己，积蓄资本，这才不失为君子，不失为顶天立地的大丈夫。

一个伟人多具有谦虚谨慎的品格，不喜欢装模作样，摆架子，盛气凌人，能够虚心向群众学习，了解群众的情况。

美国第三届总统托马斯·杰斐逊说："每个人都是你的老师。"

杰斐逊出身贵族，他的父亲曾经是军中的上将，母亲是名门之后。当时的贵族除了发号施令以外，很少与平民百姓交往，他们看不起平民百姓。

然而，杰斐逊没有秉承贵族阶层的恶习，主动与各阶层人士交往。他的朋友中当然不乏社会名流，但更多的是普通的园丁、仆人、农民或者是贫穷的工人。他善于向各种人学习，懂得每个人都有自己的长处。

有一次，他和法国伟人拉法叶特说："你必须像我一样到民众家去走一走，看一看他们的菜碗，尝一尝他们吃的面包，只要你这样做了，你就会了解到民众不满的原因，并会懂得正在酝酿的法国革命的意义了。"

由于他作风扎实，深入实际，他虽高居总统宝座，却很清楚民众究竟在想什么，他们到底需要什么。这样，他就在密切群众关系的基础上，进而造就他成为一代伟人。

俄国作家契诃夫曾说："人应该谦虚，不要让自己的名字像水塘上的气泡那样一闪就过去了。"如果我们认为自己拥有广博的知识、高超的技能、卓越的智慧，但如果没有谦虚镶边，我们就不可能取得灿烂夺目的成就。

所以，要永远记住："伟人多谦逊，小人多骄傲，太阳穿一件朴素的光衣，白云却披了灿烂的裙裾。"

谦虚谨慎的品格，能使一个人面对成功、荣誉时不骄傲，把它视为一种激励自己继续前进的力量，而不会陷在荣誉和成功的喜悦中不能自拔，把荣誉当成包袱背起来，沾沾自喜于一得之功，不再进取。

居里夫人以她谦虚谨慎的品格和卓越的成就获得了世人的称赞，她对荣誉的特殊见解，使很多喜欢居功自傲、浅尝辄止的人汗颜不已。也正因为她的高尚品格的影响，以后她的女儿和女婿也踏上了科学研究之路，并再次获得了诺贝尔奖，成为令人敬仰的两代人三次获诺贝尔奖的家庭。

谦逊永远是一个人建功立业的前提和基础。不论你从事何种职业，担任什么职务，只有谦虚谨慎，才能保持不断进取的精神，才能增长更多的知识和才干。因为谦虚谨慎的品格能够帮助你看到自己的差距。永不自满，不断前进可以使人能冷静地倾听他人的意见和批评，谨慎从事。否则，骄傲自大，满足现状，停步不前，主观武断，轻者使工作受到损失，重者会使事业半途而废。

大智慧者必谦和，大善者必宽容，大骄傲者往往谦逊平和。有巨大成就感的人，必定也有包容万物、宽待众生的胸怀。

——周国平

（毕业于北京大学哲学系，中国社会科学院哲学研究所研究员，当代著名学者、哲学家、散文家、作家）

饱满的谷穗总是低着头

蒙田说过这样一句话："真正有学问的人，就像麦穗一样，只要它们是空的，它们就茁壮挺立，昂首睨视。但当它们趋于成熟、饱含鼓胀的麦粒时，它们便谦虚地低垂着头，不露锋芒。"著名的哲学家苏格拉底说："我之所以被认为是最有智慧的人，是因为我知道自己一无所知。"

知识匮乏使人骄傲，知识丰富则使人谦逊，所以空心的禾穗、高傲地举头向天，而充实的禾穗则低头向着大地，向着它们的母亲。

谦逊不仅是一种美德，还是你无往不胜的要诀，因为谦和、温恭的态度常常会使别人难以拒绝你的要求，这也是巨大收获的开头，正如亚里士多德所说："对上级谦恭是本分，对平辈谦逊是和善，对下级谦逊是高贵，对所有的人谦逊是安全。"

学问广博的人，表现得好像还不充实；学识浅显的人，却急于让人知道自己。有大智慧，又懂得如何去光而不耀，想来，这便是苏格拉底最值得人们尊敬的地方。我们人生中所拥有的一切，不过如沧海一粟，是那样的渺小。我们若能以一颗谦卑的心、包容的心去面对眼前的一切，才达到一种做人的至高境界。

爱因斯坦是个名满天下的科学家。有一次他的学生问他："老师的知识那么渊博，为何还能做到学而不厌呢?"

爱因斯坦很幽默地解释道："假如把人的已知部分比作一个圆的话，圆外便是人的未知部分，圆越大，其周长就越长，他所接触的未知部分就越多。现在，我这个圆比你的圆大，所以，我发现自己尚未掌握的知识自然是比你多，这样的话，我怎么还敢懈怠下来呢?"

一个人不管自己有多丰富的知识，取得多大的成绩，或是有了何等显赫的地位，都要谦虚谨慎，不能自视过高。应心胸宽广，博采众长，不断地丰富自己的知识，增强自己的本领，进而更深刻地认识自己，获得更大的成功。

《周易》有云："人道恶盈而好谦。"一个人可以豪气万千，但绝不能傲气半分，纵然有超人的才识，也要虚怀若谷。一个人最大的缺点，就是茫然不知自己还有缺点。因为人们只知道自我陶醉，一副自以为是、唯我独尊的态度，殊不知这种态度会遭到多数人的排斥，使自己处于不利地位。

罗马政治家和哲学家西塞罗会认为："没有什么能比谦虚和容忍，更适合一位伟人。"一颗谦逊的心是自觉成长的开始，就是说，在我们承认自己并不知道一切之前，不会学到新东西。许多年轻人都有这种通病，他们只学到一点点，却自以为已经学到一切。他们的心关闭起来，再没有东西进得去，他们自以为是万事通，这就会成为我们所会犯的最严重的错误。

清晨的未名湖总荡漾着氤氲的雾气。一学子捧书于石上。晨风中，过来一位老者，他说："你在看什么书?"

答："朱光潜的《美学》。"

老者说："这书不值得看。他的东西都是从国外的美学理论那儿来的。你直接看几本西方美学史就行了。"

学生不由得有些愤怒：从哪儿来的一个老头，竟敢如此贬低朱先生？他猛然站起来，合上书就走。

走不了几步，忽听见耳边有人招呼道："朱先生您好！"

回头一看，是几个挂红牌的研究生正恭恭敬敬地向刚才那老头行礼。

学生冲上去问道："您就是朱先生？"

老者含笑颔首："我告诉你，不要看他的书嘛！当年外国的美学还没有进来，大家看它很稀奇，现在，那些书都介绍进来了，你可以直接看原著，最好是英语原著。翻译得有偏差。"

学生面对朱先生，一时激动得说不出话来。朱先生中等身材，小四方脸，一双眼睛笑盈盈地看着学生。

后来学生才知道，朱先生患有极重的眼疾，近乎失明，可是那天学生记忆里的他分明双目炯炯有神。

朱光潜先生不愧是大师，他这种谦逊、和蔼、朴素的精神足以令我们感动。意大利的达·芬奇在《笔记》中感叹道："微少的知识使人骄傲，丰富的知识则使人谦逊，所以空心的谷穗高傲地举头向天，而充实的谷穗低头向着大地，向着它们的母亲。"其实，越有学识、越有成就的人越懂得谦虚，也正是这种谦虚的精神促成了他们学术和事业上的成功。

俄国的列夫·托尔斯泰也做了一个很有意义的比方："一个人就好像一个分数，他的实际才能好比分子，而他对自己的估价好比分母，分母越大，则分数的值越小。"真正的谦虚，是自己毫无成见，思想完全解放，不受任何束缚，对一切事物都能做到具体问题具体分析，采取实事求是的态度，正确对待；对于来自任何方面的意见，都能听得进去，并加以考虑。这样的人能做到在成绩面前不居功，不重名利；在困难面前敢于迎难而上，主动进取。他们的谦虚并不是卑己尊人，而是对自己的一种尊重。

其实，人们不应为自己已有的知识和成绩感到骄傲，容器的容量是有限的，假如人能够保持谦虚的心态，则人的心胸可以扩展到无限。人们如能谦虚处世，无疑可以掌握更多的知识，取得更大的成绩。谦虚使人高尚，谦虚促人进步，一个人只有低着头，才能积蓄向上攀登的力量。

要知道，饱满的稻穗总是低着头的，只有空瘪的稻穗才高昂着头。我们固然要表现生命的率真，但同时也应保持一颗谦逊的心。因而谦虚能够指引人们走向成功，那些在事业上卓有成就的人无一不拥有谦虚的美德。

人生实在是一本大书，内容复杂，分量沉重，值得翻到个人所能翻到的最后一页，而且必须慢慢地翻。

——沈从文

（曾在北京大学任教，现代著名作家、历史文物研究家）

人浮于众，众必毁之

在生活中，常常有这样的现象：一些人看到自己身边的人在某些方面超过自己，便情不自禁地产生一种难受的感觉，并随之出现一些消极行为。比如，别人中奖了，买股票致富了，自己没有得到这种“意外之财”，忍不住大发牢骚，甚至对别人肆意造谣、恶意诽谤。这种“见不得别人好”的行为是人类妒忌情感的一种表现，也是一种较普遍的社会现象。

中国有句古话“花要半开酒要半醉”，它指人活在这个世上，不要锋芒太露，才能防范别人，保存自己。“木秀于林，风必摧之；堆出于岸，流必湍之，行高于人，众必非之”。在职场中同样如此，要善于隐藏自己的锋芒，才不至于让上司感到威胁，同事产生忌妒。

“兵强则灭，木强则折”，做人若能明白此理，就会在繁盛的外表下以一颗平静的心低调对待生活，其实明白此理的人不在少数，只是能按此理行为的人不多。也有人认为这些道理做起来很难，其实不然，这些道理做与说一样的简单。而且只要我们为之，其效果十分明显。

在工作中，我们应当虚怀若谷，团结同事，用自己的行动，带动大家的能动性和创造性。这样，你才能在社会上有一席之地，物竞天择，适者生存。

只有保持谦逊，我们才可能有相互学习的机会，因为，谦逊使我们相互之间敞开心扉，并使我们能够从他人的角度看待事物；只有保持谦逊，我们才可能坦诚地与他人交换意见；只有保持谦逊，我们才可能避免犯下傲慢与褊狭的罪恶。

一个人的优秀之处，也是你的锋芒所在，它可以为你解开工作上的结，也可能致使你受伤。所以，我们对待工作要锋芒毕露，对待朋友和同事要藏起自己的锋芒，以谦和礼让的姿态去相处，只有懂得适时藏起自己的锋芒，事业才能成功，人生才能成功。

要纠正别人之前，先反省自己有没有犯错。

——海子

（1983 年毕业于北京大学，著名诗人）

满招损，谦受益

骄傲是一种不良的心理状态，一个骄傲的人，总会在骄傲里毁灭了自己。印度诗人泰戈尔说过："当我们大为谦卑的时候，便是我们接近伟大的时候。"的确如此，谦虚是做人的必要条件，也是一种优秀的精神品质。"水满则溢"，一个容器若装满了水，稍一晃动，水便溢了出来。一个人若心里装满了自己过去的所谓"丰功伟绩"，便再也容纳不了新知识、新经验和别人的忠言了。长此以往，事业或者止步不前，或者猝然受挫，故古人云："满招损、谦受益。"

季羡林曾在一篇文章中写道："做学问要真谦虚，假虚伪，做人亦是如此。"季羡林说，一个学者，无论年轻或者年老，如果觉得自己学问够大，没必要再学习了，他就不会进步。如果保持谦虚的心态继续学习，不仅表示他道德高尚，秉性良好，而且还会受到更多人的尊敬。说到自己时，季羡林说他从没自满过，别人对他的赞誉，他非常感激，但常常觉得受之有愧。

季羡林曾多次提到自己的资质，他说他也是普通人，只是勤奋刻苦一点，才有了今天的小小成绩，但任何人都知道，这是大师的谦逊之道。他也从侧面告诫我们，做人处世要谦虚，只有谦虚才有成大事的可能。

要知道，不自以为是的人，才能够对事情判断分明；不自夸的人，他的功劳才会被肯定；不骄傲的人，才能够成就大事。人一旦有了自满高傲的心，就会阻碍自己德行的提升。自满之后，便无法再增加；自夸之后，便无法再提高。只有谦逊能让我们始终感到自己的不足，进而努力地在德行上有所提升。

一天，孔子乘着马车周游列国，半路被两个孩子拦住了。孔子问："你们看见马车为什么不躲开呀？"

"听说您是个有学问的人，我们想请您替我们评个理。我比他聪明，学的知识比他多，他就应该听我的，您说对不对？"

另一个孩子反驳说："我承认，您的知识是比我多，但即使知识很多，也应该谦虚点才对呀！怎么能在别人面前趾高气扬呢？"

孔子笑笑，从车上拿出一只椭圆形的容器。这容器口很小，底也不大，说：

“我用它做个实验，你们就会明白了。”

说罢，孔子将容器往地上一放，立即就倒了，他将容器支起来，一松手，又倒了。“我有办法叫它站起来。”

他舀了一瓢水，扶着容器往里倒，当水灌到一半时，松开手，容器果然稳稳当当地站住了。

“信吗？它马上还会倒下来。”孔子说着又继续向容器里倒水，容器渐渐地满了，突然倒下了，水也流了出来。

孔子这才语重心长地说：“‘自满’就好比这满水，容器太满了就会倾倒，里面的水就流出来了，这就是损失，也就是所谓的‘满招损’；如果是空的或者不满的容器，就好比谦虚，能往里面注水，水就能得到增加，这就是‘谦受益’。”

“这真是至理哲言呀！”两个孩子心悦诚服。

“自满者败，自矜者愚”，这是因为自满就会盛气凌人，就会不求上进。因为骄傲让我们再也看不到自己身上的问题，而把别人看得一无是处；听不进别人的善意批评，总是处于盲目的优越感之中，逐渐放松对自己的要求，自然便没有进步了。真正成功的人都是极力做到虚怀若谷，谦恭自守。

骄傲自大的人心里装满了自己过去的所谓“丰功伟绩”，再也容纳不了新知识、新经验和别人的忠言了。长此以往，事业或者止步不前，或者猝然受挫。

德国诗人歌德曾说：“感到自己渺小的时候，才是巨大收获的开头。”而一旦你感到了自己的伟大，那你就准备去迎接失败吧，一个自负的人，最终只会让自己的名字像水塘上的气泡那样一闪就过去了。

一个人成功的时候，还能保持清醒的头脑，而不趾高气扬，他往往会取得更大的成功。要衡量一个人是否真正能有所成就，就要看他能否有这种能力。所以，福特说：“那些自以为做了很多事的人，便不会再有什么奋斗的决心。”

有许多人之所以失败，不是因为他的能力不够，而是因为他觉得自己已经非常成功了。他们努力过奋斗过，战胜过不知多少的艰难困苦，凭着自己的意志和努力，使许多看起来不可能的事情都成了现实；然后他们取得了一点小小的成功，便经受不住考验了。他们被荣誉和奖赏冲昏了头脑，而从此懈怠懒散下去，放松了对自己的要求，终至一无所成。

因此，一个人不管自己有多丰富的知识，取得了多大的成绩，或是有了何等显赫的地位，都要谦虚谨慎，不能自视过高。应心胸宽广、博采众长，不断地丰富自己的知识，增强自己的本领，进而获取更大的业绩。如能这样，则于己、于人、于社会都有益处。谦虚永远是成大事者所具备的一种品质，而只有弱者才会为自己的成功自鸣得意。

每个人都有自己某方面的特长和优势，一方面的优势只不过限定在一个很小的范围内，放在一个更大范围就会失去这种优势，我们应该客观地看待自己的优势，同时认识到优势往往是和不足并存的，无论对谁，我们都应该保持谦虚的态度，在发挥自己优势的同时，学习他人的优点，努力弥补自己的不足，才能不断取得进步。时刻记住要有一颗谦虚的心，我们才会收获更多。

真正的悟者能够从看破红尘获得一种眼光和智慧，使他身在红尘却不被红尘所惑，入世仍保持着超脱的心境。

——周国平

（毕业于北京大学哲学系，中国社会科学院哲学研究所研究员，当代著名学者、哲学家、散文家、作家）

天下大智莫若不争

老子曾用“水”来叙述处事的哲学：“上善若水，水善利万物而不争。”意思是说，上善的人，就好比水一样，水总是利万物的，而且水最不善争。

水总是往下流，处在众人最厌恶的地方，注入最卑微之处，站在卑下的地方去支持一切。它与天道一样恩泽万物，所以水没有形状，在圆形的器皿中，它是圆形；放入方形的容器，则是方形。它可以是液体，也可以是气体、固体，这正是我们可以从水中学到的“大智慧”。

林语堂先生也说：“正因为不争，天下才没人能与他争，他的不争就是他的强大和力量之源，世上便无人能与他相比。”在林语堂先生看来，天下最接近“道”、最有智慧的人，便是不争的人。因为不争，内心才无比沉静。这样的人交友真诚，言语诚实可信，做事的时候必能尽其全力，因为他们不争，所以，才没有过失。

曹操很注重自己皇位继承人的选择，虽然已选立长子曹丕为太子，但次子曹植更有才华，文名满天下，很受曹操器重。于是，曹操想重新选立太子，只是一时间难以定夺。

曹丕闻言，极不甘心自己的太子之位被弟弟夺走，他想与弟弟一争高下，却又明知自己的才华远在曹植之下，胜数极微。曹丕就向他的贴身大臣贾诩讨教。

贾诩说："您有德行和度量，像个寒士一样做事，兢兢业业，不要违背做儿子的礼数，这样就可以了。"

一次曹操亲征，曹植又在高声朗诵自己做的歌功颂德的文章来讨父亲欢心，并显示自己的才能。而曹丕却伏地而泣，跪拜不起，一句话也说不出。

曹操问曹丕什么原因，曹丕便哽咽着说："父王年事已高，还要挂帅亲征，作为儿子心里又担忧又难过，所以说不出话来。"

一言既出，满朝肃然，都为太子如此仁孝而感动。相反，大家倒觉得曹植只知道为自己扬名，未免华而不实，作为一国之君恐怕难以胜任。结果还是"按既定方针办"，太子还是原来的太子。

曹操死后，曹丕顺理成章地登上魏国皇帝的宝位。最后，这场兄弟夺嫡之争，以不争者胜而告终。

曹丕的选择显然是明智的，与其争不赢，不如不争。只须恪守太子的本分，反而显露出自己的优势，达到自己想要的结果。毕竟利益有限，争得头破血流也最多能抢到有限的一部分，而且不免会招人厌恶；冷静达观，显出礼让的态度，却往往能比争抢者得到得更多。因而，不争之争，才是上等的策略。

"只有无争，才能无忧。"利人就会得人，利物就会得物，利天下就能得天下。因而，善利万民的人，如同水滋润万物而与万物无争，不求所得。因为与人无争者，心境坦然，得与不得的结果无异，这种心态之下，反而所获甚多。

西汉末年，冯异全力辅佐刘秀打天下。一次，刘秀被河北王郎围困时，不少人背离他去，而冯异却更加恭维刘秀，宁肯自己饿肚子，也要把找来的豆粥、麦饭进献给饥困之中的刘秀。

河北之乱平定后，刘秀对部下论功行赏，众将纷纷邀功请赏，冯异却独自坐在大树底下，只字不提饥中进贡食物之事，也不报请杀敌军功。人们见他谦逊礼让，就给他起了个"大树将军"的绰号。

之后，冯异又屡立赫赫战功，但凡议功论赏，他都退居廷外，不让刘秀为难。

公元二十六年，冯异大败赤眉军，歼敌八万，使对方主力丧失殆尽，刘秀要论功行赏，"以答大勋"，冯异没有因此居功自傲，反而马不停蹄地进军关中，讨平陈仓、箕谷等地乱事。

忌妒他的人诬告他，刘秀不为所惑，反而将他提升为征西大将军，领北地太守，封阳夏侯，并在冯异班师回朝时，当着公卿大臣的面赐他以珠宝钱财，又讲述当年豆粥、麦饭之恩，令那些为与冯异争功而进谗言者羞愧得无地自容。

争与不争乃两种处世的态度：争者摩拳擦掌；不争者平淡处之。与人无争，与世无争，看似一种消极的避世思想和无奈的做法，但实际上恰到好处的“与人无争”，是一种恬然冷静的心态，也是一种知晓进退规则之后的智慧。

不争的人，不自我表扬，反而能显现其优势；不自以为是，反而能彰显其实力；不自我夸耀，反而能够见功；不自我矜持，反而能够长久。这都是不争显现出来的结果。“夫唯不争，故天下莫能与之争。”正因为不与人相争，所以遍天下没人能与他相争，这也是一个充满大智慧的人生艺术。

世间的许多忧虑都是因为某种利益的你争我夺得来的，不争，便可以少去许多烦恼。

放弃争的念头，生活也许就会悠闲快乐许多。不争，才能争来生活的智慧和快乐，天下大智莫若不争，铭记此话，便是拥有了做人处世的一大智慧。

一个喜欢张扬自己的人，终究是不会有大成就的。

——张岱年

（曾任北京大学哲学系教授，著名哲学家）

敢于低头是魄力，更是能力

低头是一种能力，它不是自卑，也不是怯弱，它是清醒中的善变。懂得低头，才能出头，一个人活在世上，就必须保持低调，时常低下自己的头。记住：不论你的资力、能力如何，在茫茫人海里，你只是一个小分子，无疑是渺小的。

敢于低头是一种魄力、一种能力，也是一种智慧和勇气。要知道，敢于碰硬，被视为有“骨气”。若一味地有“骨气”，到头来，不但会被拒之门外，而且还会被“门框”撞得头破血流，元气大伤，有些人会因此而一败涂地。正如我们去旅游时穿过山洞时该低头就低头，该弯腰就弯腰。

一位博士生用博士文凭找工作，却一无所获，深思之后决定以本科生的身份试着去寻求，结果很快被一家公司录用。

在工作中，他以博士的水准去完成本科生的工作，得到了领导的赏识，连连提拔，最后才亮出自己的底牌，领导得知后，不仅对其工作能力更加肯定，也对其谦虚低调的为人大为赞叹。

博士生隐藏了自己的真实学历，却获得了更好的赏识，这是一种智慧，能低头看脚下的路，也是对自己能力的自信。我们相信，是金子总有发光的那一天，但这种谦卑的姿态却不是每个人都放得下，这也富含了深刻的哲理。

人生，其实也是如此。怀着一颗谦卑的心，在喧闹浮躁的社会，默默地向着宁静的地方前进，要保持着一颗向上却不浮华的心，这样的人，他谦卑，结果他得到认可和提拔，有了自己的一片天。

富兰克林年轻时曾去拜访一位德高望重的老前辈。那时他年轻气盛，挺胸抬头迈着大步，一进门，他的头就狠狠地撞在了门框上，疼得他一边不住地用手揉搓，一边看着比他的身子矮去一大截的门。

出来迎接他的前辈看到他这副样子，笑笑说："很痛吧！可是，这将是你今天来访问我的最大收获。一个人要想平安无事地活在世上，就必须时刻记住：该低头时就低头。这也是我要教你的。"

富兰克林把这次拜访得到的教导看成是一生最大的收获，并把它列为一生的生活准则之一。富兰克林从这一准则中受益终生，后来，他功勋卓越，成为一代伟人，他在他的一次谈话中说："这一启发帮了我的大忙。"

列夫·托尔斯泰曾说："一个人就好像是[illegible]数，他的实际才能好比分子，而他对自己的估价好比分母，分母越大，则分数的值越小。"

该低头时就低头，并不是为了达到目的而屈尊求辱的卑贱，而是一种智慧和历经风尘洗练后的积淀。

有一种石头，它隐于山林，没于草间，不为人知，它长得普普通通，并不像周围的同伴般棱角分明。经过千百年的风吹雨打日晒，它仍保持着秉性，谦卑地隐藏于草莽。后来它被精心地雕刻成一座石像，立于万人之前，受人膜拜敬仰。有一条小溪，它流过小村地头，流过顽石水草。它知道在它的前面，还有大江大河，还有大海。它知道它的渺小，于是它谦卑地流着，流向大河，又让大河载着它奔向大海。于是，它清澈的小水滴，也成了凝聚大海广阔胸怀的一部分。小溪的水，也由此得到永恒的价值。

夸耀自己和自我表扬并不会为我们赢得好的机会，只会断送我们的前程。一个喜欢标榜自己的人，往往会失去朋友，失去别人的信任，因为没有人喜欢和一个自我表扬的人在一起，别人不但对你的能力产生怀疑，更严重的是你的品德和灵魂也会遭人批评。无疑，一个没有好人缘、不可信的人永远也不会与成功邂逅。

“谦虚使人进步，骄傲使人落后”，只有低下头来，我们才能看清自己的优点和不足，从而不断地改进自己。有时候，只是稍微低一下头，放下架子，或许我们的人生之路就会更加精彩，我们的能力也会有所长进。

一个人做事失败，虽不必由于有自满心，但有自满心的人，做事一定要失败。

——冯友兰

（曾任北京大学哲学系教授，著名哲学家、教育家）

人外有人，学会看轻自己

有位哲人说：“谦逊是通往进步之门的钥匙，要学会看清自己。”谦逊，是我们对人类文明的未来以及我们在其中所处的地位表示关注的应有的心态，也是那些对世间一切事物不肯放任自流，希冀以奋斗不息的努力，实现在地球上建成上帝的王国的人们应有的心态。

诗人鲁藜曾说：“还是把自己当作泥土吧，老是把自己当作珍珠，就时时有被埋没的痛苦。”如果在一个群体里，老把自己当作主角，别人不仅不会接受，反而会得到别人的嘲笑。要知道，看轻自己，以平和的心态面对人生的种种，才能更好地度过自己的人生。

没有谦逊，我们就会太过自满，以致不敢去面对今后的挑战；没有谦逊，我们就不会睁大两眼满怀好奇地去探索新的领域。一个自我感觉良好的人常常“一叶障目，不见泰山”，往往看不到别人的长处与优点，自视高大，不知不觉把自己带进死胡同。

如果我们不能看轻自己，保持谦逊的态度，就不会意识到自己的错误，找出解决问题的方法。所以，我们说，人外有人，每个人都不能太过于自高自大，要知道看清自己，才能追求自身的不断进步。

古希腊哲学家芝诺曾讲过这样一个故事：

一次，一个学生问芝诺："老师，您的知识已经非常渊博，且对我们的疑惑解答得也十分正确，但您为什么总是对自己存有疑问呢?"

芝诺随手在桌子上画了一大一小两个圆圈，他指着这两个圆圈说："大圆圈的面积是我的知识，小圆圈的面积是你们的知识。我的知识比你们多。这两个圆圈的外面就是你们和我无知的部分。大圆圈的周长比小圆圈长，因此，我接触的无知的范围也比你们多。这就是我为什么常常怀疑自己的原因。"

这就是芝诺著名的"知识圆圈说"：人的知识就好比一个圆圈，圆圈里面是已知的，圆圈外面是未知的。你知道得越多，圆圈也就越大，你不知道的也就越多。正所谓"生有涯，而知无涯"，在浩瀚无际的知识海洋中，唯有意识到未知面的广泛，才可能在知的领域有所进步。一旦存有自满之心，便再无进取之可能了。

冯友兰说："人往往如醉汉，'扶得东来又倒西'，人必须要有自尊心及自信心，但不可有自满心。"尤其对做学问而言，自满无疑是最大的障碍，就连唐代著名的书法家、"柳体"的创立者柳公权，也差点因自满而停滞不前。

柳公权自幼聪明好学，特别喜欢写字，到十四五岁便已写得一手好字，所见之人皆对他称赞不已。日子久了，他不觉地有些飘飘然起来。

一天，他和几个伙伴玩耍，比赛谁的字写得好。柳公权写了一篇，心想：我肯定是第一了。脸上不自觉地露出了得意的神情。这时，来了一位卖豆腐的老汉，看出柳公权的傲气，决定给他泼点儿冷水。

他挨个看了一遍众人写的，说："你们的字都不怎么样。"柳公权听了很诧异，问道："那我的字怎么样?"

"你的字就像我担子里的豆腐，没筋没骨的。"老汉说。柳公权一听老汉的评价，不服气地说："我的字不好，那么请你写几个让我瞧瞧!"老汉笑道："我一个卖豆腐的，你跟我比有什么出息。城里有一个用脚写字的人，比你用手写的强几倍呢，如果不服气，你去瞧瞧吧。"

第二天，柳公权带着满肚子委屈和狐疑进城了，一打听就找到了老汉说的那个人：确实是一位已失去双臂的老人，正坐在地上用脚写字呢。只见地上铺着纸，他用左脚压着一边，用右脚的大拇指和二拇指夹住毛笔，运转脚腕，一行遒劲的大字便出现在人们的眼前。众人一阵喝彩："好，好!"

柳公权看呆了，真是天外有天，人外有人啊！自己有完整的手臂，还赶不上人家用脚写的，自以为天下第一了，实在惭愧。想到这里，柳公权来到老人面前，双膝跪倒，说道："先生，请受徒儿一拜，请您教我写字吧。"

无臂老人见他言辞恳切，心里一动，说道："你要实在想学，那么你就照着这首诗练下去吧。"说罢，老人又用脚铺开一张纸，挥毫写下一首诗："写尽八缸水，墨染涝池黑。博取众家长，始得龙凤飞。"

这首诗，是无臂老人一生练字的真实写照。意思是说练字的辛苦，练字的工夫，用尽了八缸水，染黑了涝池水，博取众家之长，虚心学习，才有今天这苍劲有力的龙飞凤舞。

柳公权是个聪明人，早已领略了这诗中的寓意，他不但懂得了写字必须勤写勤练，虚心学习，更懂得了做人亦不能恃才傲物，否则将一事无成。

他怀着不可名状的感激之情，接过了老人的诗，急切又羞愧地回到家。打这以后，他从不在人前炫耀自己，每日里挥毫泼墨，练笔不止，悉心研究揣摩名人字帖，最后终于练成流传千古的"柳体"。

柳公权的故事告诉我们：人一旦开始自傲，不懂得看轻自己，就像戴上了有色眼镜，他们的世界就处在一片昏暗中，对任何事都失去了正确的判断。要知道，我们了解的只是汪洋中的一滴，而别人在某一方面肯定有值得你学习的东西。有一句话说得好：把杯子放低，才能吸纳别人的智慧和经验。

每个人或多或少都有值得骄傲的地方，但我们不能因此而无限地拔高自己，进而陷入盲目自大的状态。看轻自己，是让自己的心态平和一些，凡事看淡一些。看轻自己是一种哲学，是一种智慧，也是人生的一份苦心经营。只有把自己看轻了，才能明白自己是需要学习、需要进步的人，这样才能拥有一个不一般、不被看轻的人生。

然而，在生活中，我们总能够看到一些高昂头颅、自以为是的人，他们盛气凌人，总以为只有自己满腹经纶、博学多才，其实这样的人是很可悲的。其实，无论何时，自满都是一个极危险的信号，它就像墨镜一样，使我们看不到别人的闪光点，自以为是，止步不前，它就像是一块绊脚石，挡在我们前进的路上，令我们无法接近真知。

俗话说："人外有人，天外有天。"只有撇开那颗"高高在上"的心，学会看轻自己，将自己放低，才会时刻自我否定，不断历练自己，才有利于自身的进步，才能轻装上阵，与身边的人和睦相处，从而没有负担地踏上人生的光辉征途。

人类之足引以自傲者总是极为稀少，而这个世界上所能予人生以满足者亦属罕有。

——林语堂

（曾任北京大学教授，中国当代著名学者、文学家、语言学家）

以谦卑的心对待一切

谦卑基于力量，高傲基于无能。谦卑是一种态度，但是，谦卑不等于自卑，自卑是一种逃避，而谦卑是一种聪明的退让。自卑的人首先要学着去昂首自信，而自信的人要学着心如静水。要心静就要心阔，而心阔的人必然有颗能容万物的包容心。

著名作家林清玄说过："我要谦虚卑微一如山上的一株野草。谦卑的野草是自在地生活于大地，但野草也有高贵的自尊，顺着野草的方向看去，俯视这红尘大地，会看见名贵高级的人住在拥挤的大楼，只有一个小的窗口。我不要人人都看见我，但我要有自己的尊严。"这就是一种谦卑。

有一天，苏格拉底的弟子聚在一起聊天。一位出身富有的学生当着所有同学的面，夸耀他家在雅典附近拥有一片广阔的田地。

当他在吹嘘的时候，一直在旁边不动声色的苏格拉底，拿出一张地图说："麻烦你指给我看，亚细亚在哪里？"

"这一大片全是。"学生指着地图扬扬得意地说。

"很好！那么，希腊在哪里？"苏格拉底又问。

学生好不容易在地图上找出一小块来，但和亚细亚相比，实在是太微小了。

"雅典在哪儿？"苏格拉底又问。

"雅典，这就更小了，好像在这儿。"学生指着一个小点说着。

最后，苏格拉底看着他说："现在，请你指给我看，你那块广阔的田地在哪里呢？"学生满头大汗地找也找不到，他的田地在地图上连一丝影子也没有。他尴尬地回答道："对不起，老师，我错了！"

在生活中类似的现象很多，有的人往往把他所拥有的看得很大。其实不管我们拥有什么，拥有多少，和整体比起来都是极渺小的，不值得夸耀。无论对待什么，都要持一颗谦卑的心。

谦卑不仅仅是一种美德和修养，它还是一种社会意识、一种政治智慧、一种人生感悟、一种哲学思考。

谦卑是一种智慧，是为人处世的黄金法则，懂得谦卑的人，必将得到人们的尊重，受到世人的敬仰。都说“骄傲能使人落后，谦虚能使人进步”，总是锋芒毕露的人，未免给人太过于张狂的感觉，难与人亲近。禅语说“默默地关怀与祝福别人，那是一种无形的布施”。沉下心，默默不是一种失语，而是对人的一种大爱。

在美国第16任总统林肯的故居里，挂着他的两张画像，一张有胡子，一张没有胡子。在画像旁边的墙上贴着一张发黄的信纸，上面歪歪扭扭地写着：“亲爱的先生，我是一个11岁的小女孩，非常希望您能当选美国总统，因此请您不要见怪我给您这样一位伟人写这封信。如果您有一个和我一样的女儿，就请您代我向她问好。要是您不能给我回信，就请她给我写吧。我有四个哥哥，他们中有两人已决定投您的票。如果您能把胡子留起来，我就能让另外两个哥哥也选您。您的脸太瘦了，如果留起胡子就会更好看。所有女人都喜欢胡子，那时她们也会让她们的丈夫投您的票。这样，您一定会当选总统。”

在收到小格雷西的信后，林肯立即回了一封信：“我亲爱的小妹妹：收到你的来信，非常高兴。我很难过，因为我没有女儿。我有三个儿子，一个17岁，一个9岁，一个7岁。我的家庭就是由他们和他们的妈妈组成的。关于胡子，我从来没有留过，如果我从现在起留胡子，你认为人们会不会觉得有点可笑？忠实地祝愿你。”

第二年，当选的林肯在前往白宫就职途中，特地在小女孩所住的城市韦斯特菲尔德车站停了下来。他对欢迎的人群说：“这里有我的一个小朋友。我的胡子就是为她留的。如果她在这儿，我要和她谈谈。她叫格雷西。”

这时，小格雷西跑到林肯面前，林肯把她抱了起来，亲吻她的面颊。小格雷西高兴地抚摸林肯又浓又密的胡子。

林肯对她笑着说：“你看，我让它为你长出来了。”

曾有位伟人说：“一个人真正伟大与否，要看他对待小人物的态度。”于这样小小的细微之处，便能看见伟人的光辉。

当整个欧洲大陆都在赞美牛顿的时候，他谦卑地说：“我之所以比别人看得远，是因为我站在巨人的肩膀上。”“世界水稻之父”袁隆平的伟大之处，不仅在于他在世界粮食科学研究上的巨大贡献，而且在于他表里如一和自始至终的谦卑。虽然贵为中国科学院院士，但他毫不掩饰地说：“我就是一个农民的儿子，没什么了不起。"

伟大而谦卑的人物，并非出于纯粹的谦虚谨慎和常规的礼节礼貌。他们的智慧与胆略超越了常人。他们的思想与品德超越了平凡。他们因谦卑而伟大；又因伟大而谦卑。谦虚谨慎，似乎人人皆可做到；但谦卑却非常人所及。

谦卑出于博大的胸怀、伟大的理想、深邃的远见、高尚的情操和科学的理性。没有谦卑，也许我们照样可以活得挺好；没有谦卑，太阳依旧东升西落；地球照样旋转；江河依旧奔腾。但终将有一天，自高自大、自以为是和自我陶醉的我们，会被历史的车轮压得粉身碎骨，会因当初的自大悔恨不已。

谦卑让我们的双脚真正立于坚实的大地上；谦卑让我们的眼界真正放在广袤的宇宙间；谦卑让我们懂得了天有多高、地有多厚。大凡懂得谦卑的人，必有一种大智慧、大境界，这种谦卑契合于内心，也契合于自然。所以，当我们以谦卑的心面对一切，世界就会变得广阔无边，我们的内心也会更加丰富，更加充盈。

只有竹子那样的虚心，牛皮筋那样的坚韧，烈火那样的热情，才能产生出真正不朽的艺术。

——茅盾

（毕业于北京大学，著名作家、社会活动家）

人因自谦而成长，因自满而堕落

老子在《道德经》中说："生而不有，为而不恃，功成而不居。"又说，"功成名遂，身退，天之道。"如果成功之后，只知自我陶醉，迷失于成果之中停滞不前，那就是为自己的成就画上句号。人因自谦而成长，因自满而堕落。成功固然值得自豪，然而自傲就是自暴，自满就是自弃。成功常在辛苦日，败事多因得意时。

"低调的人不会骄傲，骄傲的人也做不到低调。"骄傲自满是我们前进路上的绊脚石，它就像有色眼镜一样，会让我们看不到别人身上的优点，自以为是、止步不前。骄傲自大的人会在自己与外界之间树起一道无形的"城墙"，让人与外界产生隔膜，这使人变得狭隘、自私、目中无人，如井底之蛙，看不到更广阔的世界。

幻象总是比较显著地出现在一个人生命中最自卑的地方，以便身体的平衡系统帮他从自卑的郁结中解放出来。

有一位哲学家说："一个人若种植信心，他会收获品德。"一个人若种下骄傲的种子，他必收获众叛亲离的果子，甚至带来不可预知的危险，就像那只自夸自大、自我膨胀的狐狸一样。

骄傲是对自己缺乏信心的表现。自信与自傲，有时只有一线之隔。高傲并不是自尊或自信，而是过度的自我意识使然。人因自满而堕落，一个人不要老想着出风头。任何一个人的成绩都是在他谦虚好学、伏下身子扎实肯干的时候取得的，一旦骄气上升、自满自足，那么他必然会停止前进的脚步。

肖恩是一个刚刚毕业的大学生，不但面貌英俊，而且热情开朗。他决定找一份与人交往的工作，以发挥自己的长处。很快，他就得到一个好机会——一家五星级宾馆正在招聘前台工作人员。

肖恩决定去试试，于是第二天清早就去了那家宾馆。主持面试的经理接待了他。看得出来，经理对肖恩俊朗的外表和富有感染力的热情相当满意。他拿定主意，只要肖恩符合这项工作的几个关键指标的要求，他就留下这个小伙子。

他让肖恩坐在自己对面，并且开门见山地说："我们宾馆经常接待外宾，所有前台人员必须会说四国语言，这一指标你能达到吗?"

"我大学学的是外语，精通法语、德语、日语和阿拉伯语。我的外语成绩是相当优秀的，有时我提出的问题，教授们都支支吾吾答不上来。"肖恩回答说。事实上，肖恩的外语成绩并不突出，他是为了获取经理的信赖，自己标榜自己。但显然，他低估了经理的智商。事实上，在肖恩提交自己的求职简历时，公司已经收集了有关的详细信息，其中包括肖恩的大学成绩单。

听了肖恩的回答，经理笑了一下，但显然不是赏识的笑容。接着他又问道："做一名合格的前台人员，需要多方面的知识和能力，你……"经理的话还没说完，肖恩就抢先说："我想我是不成问题的。我的接受能力和反应能力在我所认识的人中是最快的，做前台绝对会很出色的。"

听完他的回答，经理站了起来，并且严肃地对他说："对于你今天的表现，我感到很遗憾，因为你没能实事求是地说明自己的能力。你的外语成绩并不优秀，平均成绩只有 70 分，而且法语还连续两个学期不及格；你的反应能力也很平庸，几次班上的活动你都险些出丑。年轻人，在你想要夸夸其谈时，最好给自己一个警告。因为每夸夸其谈一次，诚实和谦逊都要被减去 10 分。"

在我们的生活中，像肖恩这样的人并不少见。很多人只知吹嘘自己曾经取得的辉煌，夸耀自己的能力学识，以为这样可以博得别人的好感和赞扬，赢得别人的信任，但事实上，他们越吹嘘自己，越会被人讨厌；越夸耀自己的能力，越受人怀疑。

有人会说，大凡骄傲者都有点本事、有点资本。《三国演义》中“失荆州”和“失街亭”的关羽和马谡不是都熟读兵书、立过大功吗？这种说法其实是只看到了事情的表面，而没看到事情的本质。关羽之所以“大意失荆州”，马谡之所以“失街亭”，正是因为他们自以为“有资本”而铸成大错。

每个人都有自身缺乏的东西，不要以为自己有点墨水就自满自足。有句俗语称：“一瓶子不满，半瓶子乱晃。”杯子里如果有了水，就尽快把它倒了，保持空杯的状态，千万不要有半杯水就推来搡去，很容易洒得到处都是。人们只有每天补充自己所没有的学问，日积月累，持之以恒，“温故而知新”，如此方能受益匪浅。

第三章 与人为善，以诚相交

对待一切善良的人，不管是家属，还是朋友，都应该有一个两字箴言：一曰真，二曰忍。真者，以真情实意相待，不允许弄虚作假；对待坏人，则另当别论。忍者，相互容忍也。

——季羡林

（曾任北京大学副校长，中国著名文学家、语言学家、翻译家、散文家）

善良是一缕最美的人性光辉

“人之初，性本善。”善良是人性光辉中最温暖、最美丽、最让人感动的一缕。人生不一定人人都成功，不一定人人都能成为英雄豪杰，但一定要善良仁慈。善良是和谐、美好之道，心中充满善良、慈悲，才能感动、温暖人间。没有善良就不可能有内心的平和，就不可能有世界的祥和与美好。

善良也是一种温馨的力量，它总是很容易地聚集人气，使你成为最受欢迎的一个。日本哲学家西田几多郎说过：“善行为就是一切以人格为目的的行为。人格是一切价值的根本，宇宙间只有人格具有绝对的价值。”

一个人的生命，除非有助于他人，除非充满了喜悦与快乐，除非养成对人人怀着善意的习惯，对人人抱着亲爱友善的态度，并从中得到喜悦与快乐，否则他就不能称得上成功，也不能称得上幸福。

人生在世，短短几十年而已，未存善念的心就如同一口干枯的井。善良很小，譬如一个鼓励的微笑、一声亲切的问候，举手之劳，便能丰盈我们的生活，滋养我们的灵魂。记住，善良永远是人性中最美的那缕光芒。

一天，一个中年妇女见自己家门口站着三位老人，便上前对老人们说：“你们一定饿了，请进屋吃点东西吧！”

“我们不能一起进屋。”老人们说。

“为什么？”中年妇女不解。

一位老人指着同伴说：“他叫成功，他叫财富，我叫善良。你现在进屋和家人商量一下，看看需要我们当中哪一位？”

中年妇女进屋和家人商量后决定把善良请进屋。她出来对老人们说：“善良老人，请到我家来做客吧。”

善良老人起身向屋里走去，另两位叫成功和财富的老人也跟进来了。

中年妇女感到奇怪，问成功和财富：“你们怎么也进来了？”

“哪里有善良，哪里就有成功和财富。”老人们回答说。

也许你会说：“善良真的如此重要吗？”善良的品格的确很重要。品格是伦理道德范畴中最基本的概念，这一概念的具体体现就是善行，就是善举，就是对社会、对他人做一些符合道德要求的、具有有益后果的事情。

不过，要真正学会行善不是一件容易的事，因为善与恶是相对立的伦理道德。那些真正的行善者都是真诚的、道德品质高尚的人。这些行善者的心是宽容的，他们待人厚道，心灵质朴，因此，常能获得人们真正的友爱。

做人，从小就要讲求有一颗善良的心。有了善良的心，你就会受到生活的眷顾；有了善良的心，你的思想也就纯洁无污，就不会作出奸诈险恶的事情，因而你也不会受到外界的诱惑。在这个社会上，爱人就会被爱，恨人就会被恨，给予就会被给予，剥夺就会被剥夺。你如果对自己、对他人、对一切美好的事物都充满爱心，怀有善意，你的生活就会充满激情，会使你的人生发生伟大的转变。

一家餐馆里，一位老太太买了一碗汤。她在餐桌前坐下后，突然想起忘记取面包。

她起身取回面包，重返餐桌。然而令她惊讶的是，自己的座位上坐着一位黑皮肤的男子，正在喝着自己的那碗汤。

“这个无赖，他为什么喝我的汤？”老太太气呼呼地寻思，“可是，也许他太穷了，太饿了，还是一声不吭算了，不过，也不能让他一人把汤全喝了。”

于是，老太太装着若无其事的样子，与黑人同桌，面对面地坐下，拿起汤匙，不声不响地喝起了汤。就这样，一碗汤被两个人共同喝着，你喝一口，我喝一口。两个人互相看看，都默默无语。

这时，黑人突然站起身，端来一大盘面条，放在老太太面前，面条上插着两把叉子。

两个人继续吃着，吃完后，各自直起身，准备离去。

“再见!”老太太友好地说。

“再见!”黑人热情地回答。他显得特别愉快，感到非常欣慰。因为他自认为今天做了一件好事——帮助了一位穷困的老人。

黑人走后，老太太才发现，旁边的一张饭桌上放着一碗没人喝过的汤，正是她自己的那一碗。

在老太太弄清了事情的始末之后，尴尬之余她一定感受到了一种莫名的感动，这种温暖的力量来自善良品质的感染。

善良就像是内心一道源源不断的泉水，它所带来的感动将会比生命本身更长久。休谟说：“人类生活的最幸福的心灵气质是品德善良。”一个心地善良的人必是一个心灵丰足的人，同时，善良的举动也会带给他人内心的感动和震撼。拥有善良的人，既赠予他人幸福，又让自己的生命从容而无悔。古人说，朝闻道，夕死可矣。同样，爱与善何时回忆，对一个人而言，都不算太晚。多一份付出，就多了一盏大灯照耀自己前行的灯，它能使你更深层次地感悟什么是人生。

一灯大师说过：“世人无数，可分三品，时常损人利己者，心灵落满灰尘，眼中多有丑恶，此乃人中下品；偶尔损人利己，心灵稍有微尘，恰似白璧微瑕，不掩其辉，此乃人中中品；终生不损人利己者，心如明镜，纯净洁白，为世人所敬，此乃人中上品。人心本是水晶之体，容不得半点尘埃。”人世间最宝贵的不是金银财宝，而是一颗宽厚无私、品行高尚的心灵，那是纵有千金也不能买到的稀世珍品。

善良是一缕最美的人性光辉。多份付出，它能使我们确信，我们正在做正确而且有益的事情，它能使我们更能对自己的良知负责，并且给我们当下的生活增加信心。多份付出，还在于它能使我们强化自己的能力，并且追求更高质量的生活。因为，此时我们拥有着最佳的心态，并借着有规律的自律行动，愈来愈了解多付出一点点的整个过程和意义。

不一定把所有的话都说出来，但说出来的话一定是真话。

——季羡林

（曾任北京大学副校长，中国著名文学家、语言学家、翻译家、散文家）

与人相处，贵在真诚

英国诗人乔叟曾说过："真诚才是人生最高的美德。"很多人总觉得周围的人难以信任，对一切都抱有一颗戒备的心，然后感叹世事难料，人心不古。其实，在抱怨别人没有真诚对待自己的时候，你是否问过自己，你以一颗真诚的心对待这个世界了吗？如果你对他人失去了真诚，又有什么资格获得真诚呢？

以学术为毕生事业的冯友兰，更习惯以学术的方式阐述人生的哲理。对于真诚，他用一些学术，甚至是文艺作品为例进行分析，他说："以文艺作品为例，为什么有些作品，能令人百看不厌呢？即因其中有作者的'一段真至精神'在内。"不管是什么样的作品，真正打动人心的，是那份真诚的精神与情感，而不是那些华丽的文字。冯友兰还借用《周易》中的内容来说明真诚的重要：《周易》乾卦的《文言》说："修辞立其诚。"我们说话、写文章都要表达自己真实的见解，这叫"立其诚"。做人也是如此，唯有用一颗真诚的心，才能换得别人的真诚相待。

在一个名叫纽萨拉姆的小镇上，有一幢孤零破旧的小木屋，这就是当地的邮政局。邮政局太小了，只有邮政局长一个人，那是一个高个子的小伙子。干这行工资少得可怜，是个苦差事，除了这小伙子外，几乎没人愿意做这份工作。然而，他却十分认真地履行着邮政局长的职责。

难怪镇上的人都骄傲地说："纽萨拉姆镇邮局是世上最好的邮局，纽萨拉姆镇邮政局长是世上最好的邮政局长。"

因为这个邮政局的营业量不足以支付各项费用，所以上级邮政局决定将它关闭。当通知下达后，小伙子便将账目整理得清清楚楚，最后共余 3 美元 5 美分。

不知为什么，上级邮政局却一直没有派人来结账，也许早已把这个小邮政局忘记了吧。这个小伙子就一直保管着这 3 美元 5 美分，即使在最困难的时候也没有动用过它。在整整一年多的时间里，他依旧履行着一个邮政局长的职责，依旧将小木屋打扫得干干净净，尽管他已有了一份新的工作。

终于有一天，他在小镇上碰到了上级邮政局的一位官员，便郑重地交出了 3

美元5美分和账本，并将小木屋锁好，把钥匙给了那位官员。

这时候，他如释重负地笑了。这个小伙子就是后来成为美国第十六任总统的亚伯拉罕·林肯。

后来，林肯刻苦攻读考得了律师执照。有一次，有一位被告邀请他出庭担任辩护律师。林肯在全面详细地了解了情况之后恳切地说："我不能为你辩护，因为在法庭辩护时，我的良心会不停地提醒我：'林肯，你在说谎！'到时候，我很可能会情不自禁地高声叫起来。"

林肯在就任美国总统之前，已经是一个因诚实而有些名气的人，人们亲切地称他为"诚实的林肯"。

林肯用他的真诚告诉我们，至诚如神，巧伪不如拙诚。在生活中，懂得与人真诚相处的人，才能获得他人的尊重和敬仰。

明末清初大思想家王夫之在其《庄子通》一书中强调，个人身处世间，不可"挟心而与天下游"，否则就会像"韩非知说之难，而以说诛。扬雄知白之不可守，而以玄死"。既然一个人不可"挟心而与天下游"，那就说明人生在世，要学会"以真示人"。

但是，很多人都自认为聪明，可以骗得了天下人，其实，人的智慧相差无几，一个人的那点小小伎俩怎么可能瞒得了其他人呢？捷克作家米兰·昆德拉说："人类一思考，上帝就发笑。"因此，一个人在这个社会上生存，不要总希冀自己能够"瞒天过海"，还是应以真示人，但求无违自己的心。

有这样一个商人，他从事的是绳索贩卖业务。由于资金有限，经营规模非常小。但他是一个非常聪明的人，想出了一个办法来改善经营状况。他先从一家生产麻绳的厂家进麻绳，每根麻绳的进价是5毛，照理说加上运输费、保管费、搬运费，每根麻绳卖出去的价格肯定要高于5毛钱。

可是他却又以每根麻绳5毛钱的价格卖给了其他的工厂和零售商，自己不但1分钱没赚，还赔了一大笔钱。

后来，人们都知道有一个"做赔本买卖"的商人，于是订货单像雪片一样飞到他的手中，他的名字也像长了翅膀一样飞到人们的耳朵里。

他找到生产麻绳的厂家，说："过去的一年里，我从你们厂购买了大量的麻绳，而且销路一直不错。可我都是按进价卖出去的，赔了不少钱，如果我继续这样做的话，没几天我就要破产了。"

厂商看到他给客户开的收据和发票，大吃一惊，头一次遇到这种甘愿不赚钱的生意人。厂商感动不已，于是一口答应以后每条绳索以 4 角 5 分的价格供应给他。

他又来到他的客户那里，很诚实地说："我以前为了扩大自己的影响，原价出售麻绳，到现在为止，我是 1 分钱也没赚你们的。但若长此下去，我只有破产这一条路了。"他的诚实感动了客户，客户心甘情愿地把货价提高到了 5 角 5 分钱。

这样两头一交涉，一条绳索就赚了 1 角钱。他当时一年有 1000 份订货单，利润就相当可观，几年后他从一个穷光蛋摇身一变，成为有名的绳索大王。

古往今来，商人成功的秘诀只有一个字，那就是"诚"。真诚是一种品格，同时是我们立身的根本，它往往能够在不经意间为我们带来更多的利益。

敞开心扉，真诚地对待他人，或许也会有一时被误解之时，但那段"真至精神"，终将落入世人的眼中和心中。

在这个世界上，我们每一个人都是独一无二的。每个人都有自己的独特个性和特色，我们不必去寻求这样那样的机心，应以自我的真心对待万事万物。事实上，只要我们在遵守团体规则的前提下能够保持自我本色，不人云亦云，不亦步亦趋，就能创造出属于自己的美好人生。

诚，是从内心外发的，是内心的真实无妄，也是主观性原则。

——牟宗三

（毕业于北京大学哲学系，中国现代学者、哲学家）

对人诚实就是善待自己

俗话说："人无信不立。"诚信是做人之本，与狡诈、欺骗、虚伪是天生的冤家，人最根本的修养便在于"以诚为本，以信为用"。诚实的人不管在任何时候，都是以真实的一面示人，也容易赢得人们的信任。

人为什么要活得踏实、认真和实事求是，其实道理很简单。人活着，无论遇到多大的磨难和挫折都不可怕，最怕的是良心受到谴责。做了错事、坏事，或许可以逃过别人的眼睛，甚至逃过法律的制裁，但是逃不过良心的谴责。

在平时的生活中，要想活得舒心快乐、毫无负担，或许有很多方法，但不管用哪种，最重要的就是不要让良心背上负担，不要昧着良心做事。坦诚、公正不但令自己心安理得，也是赢得他人尊重的方法。

巴金说："良心的责备比什么都痛苦。"背负着心债过日子，其中滋味可想而知。仰不愧于天，俯不怍于地，能获得真正的洒脱与幸福。我们不应昧着良心一味地否认身边的事物，自以为是，如此一来，不但对自己的学业、事业无益，对自身的人品更是一种毁灭性的破坏。有这样一则故事：

古希腊有一个叫皮西厄斯的年轻人冒犯了国王，被投进了监狱，即将被处死。皮西厄斯说："我只有一个请求，让我回家乡一趟，向我热爱的人告别。"

国王听完，笑了起来："我怎么知道你是否会遵守诺言呢？你只是想逃命而已。"

这时，一个名叫达芒的年轻人说："噢，国王！把我关进监狱，代替我的朋友皮西厄斯，让他回家乡看看，料理一下事情，向朋友们告别。我知道他一定会回来的，因为他是一个从不失信的人。假如他在您规定的那天没有回来，我情愿替他去死。"

国王很惊讶，竟然有人这样自告奋勇。最后国王同意让皮西厄斯回家，并下令把达芒关进监牢。

不久，处死皮西厄斯的日期临近了，他却没有回来。国王命令狱吏严密看管达芒，别让他逃掉了。但是达芒并没有打算逃跑，他始终相信他的朋友是诚实而守信用的。

他说："如果皮西厄斯不准时回来，那也不是他的错。那一定是因为他身不由己，受了阻碍不能回来。"

这一天终于到了，达芒做好了死的准备。他对朋友的信赖依然坚定不移。他说，为自己最好的朋友去死，他不悲伤。就在他被带到刑场时，皮西厄斯出现在门口，暴风雨使他耽搁了一些时间，他一直担心自己回来得太晚。他亲热地向达芒致意，达芒很高兴，因为他的朋友准时回来了。

国王认为，像达芒和皮西厄斯这样互相信赖的人不应该受不公正的惩罚。于是，就把他俩释放了。

"我愿意用我的全部财产，换取这样一位朋友。"国王说。

这个故事告诉我们：诚实是守信的基础，守信则是诚实的外现。诚实守信，不论在哪个年代，哪个国度，都是一种最受重视和最值得珍视的品德。一个抛弃了诚信，靠撒谎和欺骗他人生活的人为社会所不齿，也不可能在事业上取得真正的成功。只有诚实守信才能有善良、正直、勇敢和谦逊的心，才能信守诺言，履行约定；只有心中有大爱，懂得互敬互爱的人才能赢得别人的信任，做人做事都是如此。

著名翻译家傅雷曾说："一个人只要真诚，总能打动人，即使人家一时不了解，日后便会了解的。我一生做事，总是第一坦白，第二坦白，第三还是坦白，绕圈子，躲躲闪闪，反易叫人疑心。你要手段，倒不如光明正大，实话实说，只要态度诚恳、谦卑恭敬，无论如何人家不会对你怎么样的。"

有一次，詹姆斯太太在美国旅游，逛到百货公司的皮鞋部，见进口处有一堆鞋子，标着"超级特价，只付一折即可穿回"。

她瞥见一双漂亮的大红鞋子，拿起来一看，简直不敢相信，原价 70 美元的鞋子，现在只要 7 美元。

她试了试，觉得皮软质轻，实在是完美无瑕，她真是乐不可支。而她身上的红外套，倒像是为这双鞋定做的。她把鞋捧在胸前，然后招手呼唤服务员。

工作人员笑眯眯地走了过来："您好！这双鞋很配您的红外套！"工作人员伸出手说："能不能再让我看一下？"詹姆斯太太把鞋子交给她，不禁担心起来，问："有什么问题吗？价钱对吗？"

那位服务员赶紧安慰说："不！不！别担心，我只是要确认一下是不是那两只鞋。嗯！的确是！"

"什么叫两只鞋？明明是一双啊！"

那位小姐说："既然您这么中意，而且打算买了，我一定要跟您说明一下，把真实情况告诉您，请到旁边坐。"

说完，她领着詹姆斯太太避开拥挤的人群，走到僻静的角落坐下。

她开始解释："非常抱歉！我必须让您明白，这双鞋是相同皮质、尺寸一样、款式也一样的两只鞋。您仔细比较一下，虽然颜色几乎一样，但还是有一些色差，我们也不知道是否以前卖鞋时，销售员或者顾客弄错了，各拿一只，所以剩下的左、右两只正好又能凑成一双。我们不能欺骗顾客，免得您回去发现真相以后后悔而责怪我们。如果您现在知道了而放弃，您可以再选别的鞋子。"这真诚的一席话，哪有不让人心动的！何况，这两只鞋的差别不仔细看根本不会发现，詹姆斯太太心里愈想愈得意，除决定买那"两只鞋"以外，不知不觉又买了两双鞋。

时过几年，那双鞋仍是她的最爱。每当朋友夸赞那双鞋颜色漂亮时，詹姆斯太太总会不厌其烦地讲述那个动人的故事。

与人交往，真诚才是根本。生活中，我们要学会以真示人。真诚待人是赢得人心、产生吸引力的必要前提。

当遇到与你在生活背景、生活方式、个性、价值观等方面有差异的人时，更要保持“求同存异”的心态，做到“尊重”有耐心地包涵。

通常情况下，人生的大智慧都是很简单的，并不是一般人所想的那么高深。在人的一生中，我们对他人、对事情、对信仰，只需要让心充满真诚即可，这就是智慧的所在，也是真诚的魅力所在。

所以，我们要感谢真诚，因为真诚我们可以活得轻松，活得真切，可以在真情的天堂里，拥有人生最大的幸福。

良心是每一个人最公正的审判官，你骗得了别人，却永远骗不了你自己的良心。

——海子

（1983年毕业于北京大学，著名诗人）

对自己真实，才不会对别人欺诈

庄子在《庄子·养生主》曾提到：“是以十九年而刀刃若新发于硎。”意在盛赞庖丁是屠夫中的高手，一把刀用了19年还像刚刚出炉的刀一样新。做人也是如此，在尘世中行走多年，有多少人能保持一颗纯净真实的心呢?

每一个人刚走上社会时，都是满怀希望与抱负，然而一些人遭受多次挫折，经历艰难困苦之后，一颗原本质朴的心变了：原本爽直的人变得吞吞吐吐，心灵歪曲了，抱负丧失了，最后变得窝囊了。

社会与环境并不足以影响一个人，每一个人要有独立的修养，不受外界环境影响，永远保持一颗光明磊落、纯洁质朴的心，对自己真实，这才是做人的最高修养。

人生如戏，戏如人生。在社会中，人们早已自觉或不自觉地将自己置于演员的角色之中，就像席慕容的《戏子》中所说：“在涂满油彩的面容之下，我有的是一颗戏子的心。”为了获得别人的接纳与认可、为了能有升职加薪的机会、为了讨得心上人的欢心，甚至是为了让自己像个完人，人们在成长的过程中，不断地为自己涂上油彩，以掩饰真实的自己。有时甚至需要如戏剧中的“变脸”一般，根据不同的场合随时更换面具。时间长了，人们便忘记了最初的样子，即便想要回到曾经表里如一的时候也回不去了。

一群印第安人围住一家新开的店铺，只看不买。酋长来了，他对店主说：“我要买一条毯子，给我妻子买一块印花布……我的毯子需要付 3 块貂皮，印花布需要付 1 块貂皮。这样吧，我明天给你貂皮。”

第二天，酋长带着貂皮来到店里。他拿出 4 块貂皮，稍稍犹豫了一会儿，他又抽出第 5 块貂皮一起放在柜台上。最后 1 块貂皮特别珍贵，特别稀有。

“已经够了，”店主把它推回去，“你只欠我 4 块貂皮，我只能收下我应得的。”他们为 4 块还是 5 块的事推让了半天，然后酋长的脸上露出了满意的神色。

酋长把第 5 块貂皮收了回去，看了看店主，然后跨出门去，朝他的族人喊道：“跟他做买卖吧，他不会欺骗我们印第安人的，他不是个贪心的人！”

酋长又转身对店主说：“如果你刚才收下最后 1 块貂皮，我就会叫他们不要跟你打交道，我们还会赶走其他的顾客。但是现在，你已经是印第安人的朋友了。”

天黑之前，这家店铺里就堆满了毛皮，店主的抽屉里也塞满了现金。

对自己真实的人，任何时候都值得我们去信赖。因为他总是把“诚”放在首位，绝不会为个人利益而放弃自己的原则，所以人人也都会真诚接纳他，愿意和他交往。因此，我们应该明白诚信是我们获取众人支持的基石，拥有一颗诚实的心，再加上言出必行的作风，所有的人都会为你敞开信任的大门。

我们常说“自欺欺人”，就是不诚。所谓“不妄语”，即是不欺人；所谓“脚踏实地”，即是不自欺。要做到既不自欺也不欺人，其实并不容易，尤其是在面对一些选择的时候。

从前有一个非常不善于长跑的士兵，在一次部队的越野赛中，很快就被队伍甩在后面，成了队伍的尾巴。他一个人孤独地跑着，转了几个弯之后，遇到了一个岔路口。

其中一条路的路标上标明是军官跑的，另一条路标明是士兵跑的小路。他停顿了一下，有些迟疑。虽然他对军官的这种优先权感到不公平，但是仍然往士兵跑的小路上跑去。

半个小时之后，他到达了终点。居然是第一名！他无法置信，觉得太不可思议。参加过的比赛中，自己从来没有取得过名次，甚至每一次都在 50 名之外。

但是，主持赛跑的军官却笑着恭喜他，为他的胜利祝贺。

又过了几个小时，跑得筋疲力尽的大批人马陆续到了。他们看见这个士兵取得了胜利，觉得非常奇怪。但是突然大家醒悟过来，在岔路口坚持诚实，是多么不足道却又多么重要的事。

在岔路口上选择看似占便宜的跑道，是自欺，也是欺人。众人皆选择了自欺欺人，唯独那个不善于长跑的士兵做到了诚，即言行一致、表里如一。对此冯友兰特别强调说："所谓真正言行一致、表里相应者，即不但人以为他是言行一致、表里相应，而且他自己亦确知他自己是言行一致、表里相应。一个人的言，是否与他的行完全一致，一个人的'里'，是否与他的'表'完全相应，只有他自己能完全知之。"

在任何时候，都不能为了个人利益而放弃真诚。那些常为一己之利表现不诚实的人不会获得真正的成功。而一个自欺欺人的人，可能会获得暂时的回报，但你不可能终生活在自己纺织的谎言中。

很多时候我们的行为并不为人们所关注，更多的时候我们只需向自己交代。或许外人看来并非真的表里如一，但自己心知是便已足够。对自己真实，能带给人尊重和信任，它本身有一种近乎本能的、不可抗拒的吸引力，同时才能对别人真实，拥有让人生充满宁静与幸福的魅力。

在这个尘世上，虽然有不少寒冷，不少黑暗，但只要人与人之间多些信任，多些关爱，那么，就会增加许多阳光。

——海子

（1983年毕业于北京大学，著名诗人）

用爱点亮世界，也照亮自己

"月有阴晴圆缺，人有旦夕祸福。"每个生命不可能是一帆风顺，种种不幸总是不期而至，并且几近残忍和窒息。

清初思想家魏源在他的《古微塘内集·治篇》中说："草木不霜雪则生意不固，人不忧患则智慧不成。"在人的一生中，每个人都希望风调雨顺，事事顺心，可是缺少了危机的世界对于生命来说，又未必不是潜在的危机。

其实，每个人都是宇宙之中一颗闪亮的星星，都是黑夜里一个小小的灯塔，只要每个人都点亮自己，整个世界就会一片光明。

而且，对于每一个个体而言，用爱点亮世界，自己也会被爱的光芒所照耀。于是，世界上的每一个生命都是发光的。

《论语》中说："仁者，爱人。"何谓仁，即关爱他人。仁爱思想讲究付出、不计回报，提倡扶危济困、尊老爱幼。

用爱点亮世界，照亮的不仅是世界，还有我们自己。我们常说："只要人人都献出一点爱，世界将变成美好的人间。"行走在生活中，每个人都需要得到爱，也需要付出爱。如果每个人都付出自己的爱，相信这个世界一定会变成爱的海洋。这样，对于任何一个生命而言，在有爱的世间存在，都将是莫大的幸福。

他是一个民营企业家，他的事业非常成功，然而，上天却接二连三地跟他开玩笑。他曾经有一个可爱的女儿，他爱女儿胜过爱自己的生命，但女儿6岁那年的一天，妻子因事耽误了到学校接女儿的时间，结果，一个自称是他朋友的人从学校将女儿接走了，女儿这一走就再也没有回家。

他动用了一切可以动用的力量寻找女儿，最终一无所获。

那种丧女的切肤之痛险些让他丧失了生活下去的勇气。但他明白，妻子的悲伤更甚于他，何况还有深深的自责在折磨着妻子，那是深入骨髓的锥心般的痛苦啊！所以他只能将悲伤埋在心里，强打精神去抚慰妻子。

他从失女之痛中挺了过来，妻子也挺了过来。

后来妻子又为他生了个儿子，夫妻俩将对女儿的思念和爱都倾注在儿子身上，视儿子为掌上珠、心头肉。

他发誓，要给儿子世界上最美好最安全的幸福。

失女之痛也随着儿子的成长渐渐淡去，最后结成心底的一块伤疤，平时，夫妻俩都不轻易地去碰触它。

家庭幸福美满，事业却出现了危机，他的公司遭遇几次濒临破产的危机。危机降临的时候，他十分清醒，一旦自己破产，给妻儿以幸福的诺言将成为泡影。所以，他以百倍的坚强与韧性，应对接踵而至的危机，结果，他化险为夷。

但是，在儿子满7岁的那一年，一次错误的投资决定，让他的公司陷入了瘫痪。他夜以继日，施展浑身解数应对危险，一连10多天未曾归家。他的妻子心疼他，于是开着车载着儿子到公司里看他，然而，在赶往公司的途中，一起车祸让妻子、儿子与他阴阳永隔了。

这对他来说，是无法承受的打击，公司危在旦夕，而他仅有的两个亲人又撒手人寰，一时间，他的精神崩溃了！在极度的悲伤与绝望中，他吞服了30多粒安眠药，想了结自己的生命。

幸好人们及时发现了，将他送到医院进行抢救。他重新活了过来，但活着又有什么意义呢？他抱着必死的念头再一次从医院的四楼跳了下来。但这一次的跳楼只摔折了他的一条腿，他的生命仍奇迹般地延续着。

不久，一个朋友领来了一个14岁的女孩。女孩走进病房，怯生生地叫了他一声“爸爸”。朋友告诉他，这是他失踪8年的女儿，公安人员刚刚从人贩子手中把她解救出来。

女儿长高了，但儿时的影子还依稀可辨。刹那间，他的眼睛湿润了，他挣扎着下床，紧紧地搂住了女儿。

女儿趴在他的怀里，向他哭诉她这8年来所受的苦难和煎熬，他听得心里阵阵战栗和酸楚，生存的意识在渐渐复苏。他又重新找到了活下去的勇气和责任，他必须给女儿最好的补偿，帮助她健康成长。

他的心中再一次有了坚强的信念，他挺起胸膛，信心百倍地投入到工作中。公司从危难中走了过来。

然而这时候，他的女儿告诉了他事情的真相：她并不是他的女儿，她只是一个长得有点儿像他女儿的中学生，是他的朋友找到了她。她的出现只是要给他一种战胜厄运的力量，给他一个生活下去的理由。

他猛然醒悟，对朋友充满了感激。他静下心来，开始审视生命的意义。

生命之所以美好，就是有人需要你的帮助，成为你的牵挂，那么，从这个层面上来说，生命的意义不在于你得到了什么，而在于你给予了什么，在于你给了别人多少帮助、多少关爱。

他不再在意自己的孤独，而是开始格外珍视自己的生命，决心一定要坚强地活着，认真地打理公司的事务，生意也越做越大。他将赚来的钱捐赠出来，兴建希望小学，成立困难帮助基金，成千上万的人从他那里获得了帮助，而他也感到了生命的意义和自己的价值。

这是一则面对人生坎坷困境的故事，哲人告诉我们：“太阳今天下山了，明天依然会再一次升起来。”清晨我们放飞的白鸽，到了黄昏就会飞回来。无爱的天空，便笼罩在一片愁云惨雾里。

然而，爱可以点亮整个世界，也可以拯救我们的灵魂。我们要用行动证明，我们能用心灵发现温暖，我们亦能付出温暖。

我们坚信，小小的力量亦能汇成爱的澎湃的暖洋，而唯有爱，能让生命与生命更加亲近。没有什么可以轻易把人打败，只要内心充满爱；没有什么可以轻易把人打败，只要坚持前进的步伐。

懂得爱别人，才能得到别人的爱；懂得爱世界，也会得到世界的关照。诗人说："爱是最动人的色彩，爱是最美的光芒。"无爱的人生，只是一潭死水，泛不起美丽的微波，而懂得爱、学会爱则是一个人感受幸福、享受人生的前提。所以，我们应带着一颗博大的爱心，行走在漫长的人生之旅，在用爱照亮他人的同时，我们也得到爱之光芒的照耀。

偶尔真诚一下，进入了真诚角色的人，最容易被自己的真诚感动。

——周国平

（毕业于北京大学哲学系，中国社会科学院哲学研究所研究员，当代著名学者、哲学家、散文家、作家）

保持本色，以真示人

每个人刚走上社会时，都是怀着一颗真诚之心，然而经历艰难困苦之后，一颗原本真诚的心变了。生活在世事纷扰的世界里，尔虞我诈让我们多了一些虚伪，钩心斗角让我们多了一些狡诈，世态炎凉让我们多了一些冷漠。长久漂泊在生活的大洋中，有多少人能远离虚伪、保持一颗纯净质朴的心呢？这是对一个人本真生命的考验，每个人都需给出自己的答案。

每一个人在世俗社会中熏染得久了，就会越来越世故。心灵的泉水就会越来越少，甚至干涸，而那些能够保持自己本真天性，真诚地对待他人的人，往往会拥有别人想象不到的幸福，也会得到更多人的尊重和认可。

在美国南北战争期间，有位年轻人找到林肯，要求他开一张去南方的通行证。

林肯说："战争正在进行，你去南方干什么呢？"

年轻人说："去探亲。"

"那你一定是个北方派，你去劝说一下你的亲友们，让他们放下武器。"林肯高兴地说。

那年轻人说："不！我是个南方派，我要去鼓励他们，要他们坚持到底。"

林肯很不高兴："你来找我干什么？你以为我能给你通行证吗？"

年轻人沉着地说："总统先生，我在学校读书时，老师就给我们讲诚实的林肯的故事，从此，我便下定决心要学习林肯，一辈子不说谎。我不能为了一张通行证而改变自己说话做事都要诚实的习惯。"

林肯被年轻人真诚的话语打动了："好吧，我给你开一张。"

说着，他在一张卡片上写下了这样一行字："请让这位年轻人通行，因为他是一位信得过的人。"

年轻人用他的真诚打动了林肯，获得了在当时的情况下几乎不可能获得的探亲机会，这就是真诚的力量。

面对失败不敷衍、不做作、不逃避，能真实可爱地袒露自己内心的人，自然会得到别人的谅解，获得别人的认可。质朴是这个世界的原始本色，没有一点功利色彩。就像花儿的绽放、树枝的摇曳、风儿的低鸣、蟋蟀的轻唱，它们全听凭内心的召唤，是本性使然，没有特别的理由。

有一位公共汽车驾驶员的女儿，她想当歌星，但不幸的是她长得不好看，嘴巴太大，还长着龅牙。

她第一次在新泽西的一家夜总会里公开演唱时，直想用上唇遮住牙齿，她企图让自己看来显得高雅，结果却把自己弄得四不像，这样下去她就注定要失败了。

幸好当晚在座的一位男士认为她很有歌唱的天分，他很直率地对她说："我看了你的表演，看得出来你想掩饰什么。你觉得你的牙齿很难看?"那女孩听了觉得很难堪，不过那个人还是继续说下去，"龅牙又怎么样？那又不犯罪！不要试图去掩饰它，张开嘴就唱，你越不以为然，听众就会越爱你。再说，这些你现在引以为耻的龅牙，将来可能会带给你财富呢!"

女孩接受了那个人的建议，把龅牙的事抛诸脑后，从那次以后，她只把注意力集中在观众身上。

她开怀尽情地演唱，后来成为电影及电台中走红的顶尖歌星，现在，别的歌星倒想来模仿她了。这个女孩就是凯丝·达莱。

其实有很多人都是因为坚持本色的自己而成名的，如卓别林开始拍电影的时候，那些电影导演都坚持要卓别林去学当时非常有名的一个德国喜剧演员，但是对卓别林来说，那是违背自己内心的。

事实证明，那样的道路也是走不通的，卓别林是在坚持自己的表演风格之后，才走向成功，为大众所熟知的。

卓别林的成功告诉我们一个事实，我们每个人都是独一无二的，我们的心灵不需要任何修饰，只要活出本色，每个人都可以优秀，都可以成功。

爱默生在《论自信》这篇散文里说："在每一个人的教育过程之中，他一定会在某个时期发现，羡慕就是无知，模仿就是自杀。不论好坏，他必须保持本色。虽然广大的宇宙之间充满了好的东西，可是除非他耕作那一块给他耕作的土地，否则他绝得不到好的收成。他所有的能力是自然界的一种新能力，除了他之外，没有人知道他能做些什么，他能结什么，而这都是他必须去尝试求取的。"

的确，上天把不同的土地放在不同的人心中，这注定会让他们结出不同的果实，问题的关键就看各自怎样耕耘。

其实，人走过的岁月愈多，累积的足印愈深，就会愈想抓住回眸的无邪。于是，人们从心底渴望回归，回归到生活的原始本色。

当人性自然的清净面即所谓本性、本来面目呈现的时候，就会感到无比的欢喜。因此，人一旦本性显露，无须拘泥于语言文字，心性清净，没有污染，便可以回归生命的幸福与圆满。

人格和尊严是不容侵犯的。

——鲁迅

（曾任北京大学讲师，著名文学家、思想家、评论家、革命家）

尊重别人，才能获得尊重

尊重，是一种品德。它反映的是一个人的文化素养、道德修养。尊重是一个说起来容易做起来很难的事情。但对一个综合素养很高的人，他会在无时无刻中表现出尊重。因为尊重折射的是人的内在素养的外在表现。

笛卡尔说过："尊重别人，才能让人尊敬。"尊重他人是文明的起点，人活在世上必然要和别人交往，而对人的尊重是最起码的礼貌，任何不尊重他人的言行都会引起别人的反感，更不会赢得别人的尊重，要想得到他人的尊重，得先尊重别人。

现实生活中，我们都希望得到别人的尊重。从某种意义上说，尊重别人其实就是尊重自己。一个不懂得尊重别人的人自己也永远获得不了别人的尊重。尊重是相互的。你只要首先尊重了别人，你就会在无形中感动对方，从而也会赢得他对你的尊重。所以，要想获得别人的尊重，就要首先学会尊重别人。

有这样一则震撼心灵的故事：

1921年，路易斯·劳斯出任星星监狱的监狱长，那是当时最难管理的监狱。可是20年后劳斯退休时，该监狱却成为一所提倡人道主义的机构。研究报告将功劳归于劳斯，当他被问及该监狱改观的原因时，他说："这些都源于我已去世的妻子——凯瑟琳，她就埋葬在监狱外面。"

凯瑟琳是一位慈祥的母亲，她有3个孩子。劳斯成为监狱长时，第一次举办监狱篮球赛，她就带着3个可爱的孩子走进体育馆，与服刑人员坐在一起。

她心中的想法是："我要与丈夫一道关照这些人，我相信他们也会关照我，我不必担心什么！"

当凯瑟琳得知一名被判定有谋杀罪的犯人瞎了双眼时，她立刻前去看望。

她握住犯人的手问："你学过点字阅读法吗？"

"什么是'点字阅读法'？"犯人问。

于是她教他阅读。多年以后，这个人每次想起她还会流泪。

凯瑟琳在狱中曾经遇到一个聋哑人，结果她自己到学校去学习手语。

后来，她在一场交通事故中逝世。第二天，劳斯没有上班，代理监狱长管理监狱的工作。这个消息立刻传遍了监狱，大家都知道出事了。

接下来的一天，凯瑟琳的遗体被放在棺材里运回家，她家距离监狱不是很远。代理监狱长早晨散步时惊愕地发现，一大群看上去最凶悍、最冷酷的囚犯，竟齐集在监狱大门口。

他走上前去，见有很多人正在流泪。他知道这些人爱着凯瑟琳，思索再三后，他转身对他们说："好了，各位，你们可以去，只要今晚记得回来报到！"然后他打开监狱大门，让一大队囚犯走出去，在没有守卫的情形之下，走路去见凯瑟琳最后一面。

结果，当晚回来报到的囚犯，一个都没少。

人们都说凯瑟琳是耶稣的化身，因为在她的身上能看到一种品德，是人最起码的品德，那就是尊重别人，不以别人的身份高低而有任何差别。真正懂得尊重别人的人，无论他的钱财多寡，无论是否接受过文化教育，他都不会傲慢对人，也不会让自己成为这样的人。尊重一切值得尊重的人，不会觉得自己比任何人优越许多，不会假惺惺地俯就，总是既绅士又随和。

每一个生命都是值得尊重的，而一个不懂得尊重的人，在人们的眼里，他所有的一切都归于零。这就是尊重的力量。一个人无论平凡还是卓越，只有懂得尊重别人，才能够赢得别人的尊重。每个人都是独立的个体，都应该做天地间大写的人。每一个人都很在意自己的尊严，给别人以尊重胜过给别人以黄金。

尊重能换来情感，情感却不是黄金能买到的。黄金能使人弯下自己的腰，尊重却能使人付出自己的心。一个懂得尊重别人的人，才是真正能虏获别人心灵的人。因此，从现在开始，学会尊重每一件事物，尊重每一朵花的恣意开放，尊重每一个生命的独立与自由，这样，你的生命也会在他人的尊重中肆意绽放。

在这个尘世上，虽然有不少寒冷，不少黑暗，但只要人与人之间多些信任，多些关爱，那么，就会增加许多阳光。

——海子

（1983年毕业于北京大学，著名诗人）

保持一颗同情心

《贾谊集》中记载了这样一则故事：

楚惠王吃酸菜时，突然发现菜中有一条蚂蟥，他没有声张，不动声色地吞了下去。结果肚子痛得不能吃饭。

令尹前来问候，关心地问道："大王怎么得了这种病？"

楚惠王说："我吃酸菜时见到一条蚂蟥，心想，如果把这事张扬出去，只是斥责庖厨等人，而不治他们的罪，就违反了法度，那样，今后自己的威信就无法树立；如果追究他们的责任，就应该诛杀他们，这样，太宰、监食的人，按法律都将处死，我于心不忍啊。所以，我只好把蚂蟥悄无声息地吞咽下去。"

令尹深深地施了一礼，祝贺道："我听说上天是铁面无私、六亲不认的，只是辅佐有德行的人。大王您大仁大德，正是上天保佑的人啊，这点小病是不会伤害您的。”

当晚，楚惠王胃里的蚂蟥真的出来了，他也不用再忍受疼痛之苦。

身为一国之君，楚惠王以恻隐之心待部下，自然能获得百姓的支持与拥戴。然而，仁爱并不仅限于对同伴和朋友而言，真正的恻隐之心是不分对象的，即便面对的是敌人，也同样也要能做到平等视之。

曾经有一位哲学家说过：对于一切有生命之物的同情，是对品行端正的最牢固和最可靠的保证。谁满怀这种同情，谁就肯定不会伤害人、损害人、使人痛苦，如果能宽容地对待他人、宽恕他人、帮助他人，那么他的行动将会带有公正和博爱的印证。这种充满爱的恻隐之心，乃是人的心灵中汩汩流淌的善良的甘泉，它滋润着人的心灵，使人具有仁爱之心和悲悯情怀，构成无数善行纯洁而又高尚的动机。

1944 年冬天，德国纳粹终于被苏军赶出了苏联国土，数以百万计的德国兵成了俘虏。在莫斯科的大街上，每天都有一队队的德国战俘面容憔悴地走过。这时，所有的马路都挤满了人。

苏军士兵和警察站在战俘和围观者之间。围观者大部分是妇女。她们当中的每一个人都是战争的受害者，或者是父亲，或者是兄弟，或者是儿子，都死在了战争中，她们每一个人，都和德国人有着一笔血债。

因此，当俘虏们出现时，她们的双手都攥成了拳头，眼中充满仇恨。士兵和警察们竭力地阻挡着她们，害怕她们控制不住自己的冲动。

这时，令人意想不到的事情发生了。

一位满脸皱纹的妇女穿着一双战争年代破旧的长筒靴，走到一个警察身边，希望警察能让她接近俘虏。警察同意了这个老妇人的请求。

她走到俘虏身边，从怀里掏出一个用印花方巾包裹的东西。里面是一块黑面包，她不好意思地把这块黑面包塞到了一个疲惫不堪的、眼神中透着绝望的俘虏的衣袋里。然后她转向身后那些充满仇恨的同胞们，平和而慈祥地说：“当这些人手持武器出现在战场上时，他们是敌人。可当被解除了武装出现在街道上时，他们就和我们一样，具有共同外形和共同人性的人。”

老妇人说完这些，就静静地离开了。但空气在那一瞬间似乎凝住了，不一会儿，很多妇女便拥向俘虏，把面包、香烟等各种东西塞给他们。

仁爱之心不分国界，它如一盏明灯，可以照亮我们的人生。德国著名的哲学家海德格尔说过：“人只有诗意地栖居在大地上，你才是作为人而存在的。”因此，播种爱心，关怀任何一个与我们息息相关的生命，实际上也是在关怀我们自身，同时还能够得到内心的安静祥和，收获最纯粹的幸福感。

帮助他人就是帮助自己，要时刻保持一颗同情心。我们不能对身处困境的人熟视无睹，那种丧失了同情心的人同时也会把自己推进冷漠的世界。海伦·凯勒曾说："任何人出于他的善良的心，说一句有益的话，发出一次愉快的笑，或者为别人铲平粗糙不平的路，这样的人就会感到欢欣是他自身极其亲密的一部分，以致使他终身去追求这种欢欣。"的确，在生活中，从一个表情、一句问候、一个眼神、一件小事开始，学会付出，善意地看待这个世界，快乐会时时与我们相伴。

最好的朋友是你们静坐在游廊上，一句话也不说，当你们各自走开的时候，仍感到你们经历了一场十分精彩的对话。

——海子

（1983 年毕业于北京大学，著名诗人）

君子之交淡如水

孔子曾经说："晏平仲善与人交，久而敬之。"意思是说晏子是个了不起的人，很善于和人交往人，他和老朋友交往，相处得越久，就越是互相尊敬。这句话也正如我们常说的"君子之交淡如水"。水，清澈、透明、纯洁、公平、随和、宽容；君子，如兰、淡泊、宁静、致远。二者似远实近，身上所具备的品质大抵相同。古人追求如水般恬淡的君子之交，不求相交轰轰烈烈，只求信义和真诚。

君子之交，相亲相知，这种交往是高尚、有益之交，它形淡如水，情浓如血，味轻如雾，义重如山。正如薄伽丘所说："友谊真是一样最神圣的东西，不光值得特别推崇，而且值得永远赞扬。它是慷慨和荣誉的最贤惠的母亲，是感激和仁慈的姊妹，是憎恨和贪婪的死敌。它时时刻刻都准备舍己为人，而且完全出于自愿，不用他人恳求。"

其实，人们之所以如此看重友情在自己生命中的分量，是因为朋友就是另一个自己，他们的存在让我们的生命焕发光彩，关键时刻甚至还能震撼我们的心灵。

实际上，真正的朋友，彼此之间不存在什么礼遇，哪怕只是一碗清水、一根鹅毛，也一样能代表情意的深厚。

无论古今，人行走于世都会常常喟叹："相识满天下，知心能几人?"因此每当遇到知心之人，必然有"为知己者死"的情怀。

为何有人不惜自己的性命也要守住知己？这是因为每当心境彷徨，知己会与自己共同承担苦闷；每当怒气冲天，知己会以宽容的胸怀接纳；每当欣喜若狂，知己会乐于分享；每当乐不思蜀，知己会及时给予忠告；每当走向歪路，知己会及时地拉自己一把；面对知己，无须言语的解释，举手投足、一个眼神、一个微笑，他便能体会到你此刻的心意。然而，知己必须要朝朝暮暮彼此相对么？实则不然。

蕨菜和离它不远的一朵无名小花是好朋友。每天天一亮，蕨菜和无名小花就扯着嗓子互相问候。日子久了，它们都把对方当成自己最知心的朋友。同时，它们发现，由于相距较远，每天扯着嗓子说话很不方便，便决定互相向对方靠拢，它们认为彼此之间距离越近，就越容易交流，感情也越深。

于是，蕨菜拼命地扩散自己的枝叶，它蓬勃地生长，舒展的枝叶像一把大伞。无名小花则尽量向蕨菜的方向倾斜自己的茎枝，它俩的距离越来越近了。

出乎意料的是：由于蕨菜的枝叶像一柄张开的大伞，它不仅遮住了无名小花的阳光，也挡住了它的雨露。

失去阳光和雨露滋润的无名小花日渐枯萎，它在伤心之余，不再与蕨菜共叙友情，相反，它认为是蕨菜动机不良，故意谋害自己，在心里痛恨起蕨菜来。

而蕨菜，由于其枝叶过于茂盛，一次狂风暴雨后，它的枝叶被折断了许多，身子光秃秃的。看着遍体鳞伤的自己，蕨菜把这一切都归咎于无名小花，如果没有无名小花，它也绝不会恣意让自己的枝叶疯长。

于是，一对好朋友便反目成仇了。

这是一则充满睿智的寓言。人与人的相处就像故事中的蕨菜和无名小花一样，也是需要距离的。亲密的朋友之间，确实存在着共同的目标、爱好，乃至心灵的沟通，但这并不代表两个人可以毫无间隙、融为一体。过于亲近，有时候反而会被刺伤；过于疏远，又感受不到友情的温暖，只有把握好相处的距离，才能让友谊之树常青。

"朋友"两个字，有时显得这样简单，有时却有显得那么伟大。古希腊哲学家德谟克利特说："连一个高尚朋友都没有的人，是不值得活着的。"现代人越来越难以理解这句话中涵盖的交友艺术，一来朋友越来越少，二来人越来越忙碌，已无暇去细细品味。有的人因为和老朋友交情深厚，相处起来无所顾忌，时间长了，曾经很好的朋友也可能会形同陌路。

每个人都想拥有真正的朋友，纯洁的友谊，但是正因为难得，反而显得珍贵。其实，很多人意识不到，真正的君子之交是恬淡如水的，很多时候我们所能做到的，只是对朋友多一些敬爱和真诚，在相互交往的时候，适当地拉开一些距离，留出一些空间。即使这空间可能会隔着千山万水，隔着几十年的光阴，只要我们用心经营，适当地维系彼此间的关系，友情依然会长久顺畅地发展下去，美好友谊的圣洁之光会在彼此的生命中闪耀。

充满了爱去对待一切。

——沈从文

（曾在北京大学任教，现代著名作家、历史文物研究家）

心甘情愿给予，是爱的真谛

世界上到处有给那些爱人者、助人者建立的纪念碑，这些纪念碑是用大理石或古铜建成的，它们同时建立在他人的心中，尤其是被受助者和被感动者的心中。一个人如果失去了爱的能力，他的人生也会异常黯淡。

给别人以帮助和鼓励，自己不但不会有损失，反而会有所收获。并且，通常一个人给别人的帮助和鼓励越多，从别人那儿得到的收获也越多。给别人一颗善心，就能将对方感染，回馈回来的便是两颗爱心的跳动。

不管是亲情、友情还是爱情，心甘情愿给予，才是爱的真谛。爱的反面不是恨，而是漠然。只有心甘情愿、主动给予的爱，才能使我们的人生更有意义。

有位孤独的老人，无儿无女，又体弱多病，他决定搬到养老院去。老人宣布出售他漂亮的住宅。

因为这是一所有名的住宅，所以购买者闻讯蜂拥而至。住宅的底价是200万人民币，但人们很快就将它炒到250万，而且价钱还在不断攀升。老人深陷在沙发里，满目忧郁。是的，要不是健康状况不好的话，他是不会卖掉这栋陪他度过大半生的住宅的。

一个青年来到老人面前，弯下腰低声说：“先生，我也想买这栋住宅，可我只有 100 万。”

“但是，它的底价是 200 万，”老人淡淡地说，“而且现在它已经升到 250 万了。”

青年诚恳地说：“如果您把住宅卖给我。我保证会让您依旧生活在这里，和我一起喝茶、读报、散步。相信我，我会用整颗心来照顾您!”

老人站了起来，挥手示意人们安静下来。“朋友们，这栋住宅的新主人已经产生了，就是这位小伙子。”

心甘情愿给予，使青年得到了老人的青睐而成为住宅的主人。善良就如天使的翅膀，可以带来绚烂和美丽。善良的付出是一种精力，不但帮助了他人，还为付出的人创造了更多。

车尔尼雪夫斯基曾经说过：“要是一个人的全部人格、全部生活都奉献给一种道德追求，要是他拥有这样的力量，一切其他的人在这方面和这个人相比起来都显得渺小的时候，那我们在这个人的身上就看到崇高的善。”

生活就是这样，当你为别人付出的时候，你的人生也会因你的付出而快乐、升华，你得到的是生命的延长和增值。

有一年的圣诞节，保罗的哥哥送给他一辆新车作为圣诞礼物。圣诞节的前一天，保罗从他的办公室出来时，看到街上一个小男孩在他闪亮的新车旁走来走去，并不时触摸它，满脸羡慕的神情。

保罗饶有兴趣地看着这个小男孩。从他的衣着来看，他的家庭显然不属于自己这个阶层。就在这时，小男孩抬起头，问道：“先生，这是你的车吗?”

“是啊，”保罗说，“这是我哥哥送给我的圣诞礼物。”

小男孩睁大了眼睛：“你是说，这是你哥哥给你的，而你不用花一分钱?”

保罗点点头。小男孩说：“哇！我希望……”

保罗原以为小男孩希望的是也能有一个这样的哥哥，但小男孩说出的却是：“我希望自己也能当这样的哥哥。”

保罗深受感动地看着这个男孩，然后问他：“要不要坐我的新车去兜风?”

小男孩惊喜万分地答应了。

逛了一会儿之后，小男孩转身向保罗说：“先生，能不能麻烦你把车开到我家门前?

保罗微微一笑，他想他理解小男孩的想法：坐一辆大而漂亮的车子回家，在小朋友的面前是很神气的事。但他又想错了。

"麻烦你停在两个台阶那里，等我一下好吗?"

小男孩跳下车，三步并作两步地跑上台阶，进入屋内。不一会儿他出来了，并带着一个显然是他弟弟的小孩。

这个小孩因患小儿麻痹症而跛着一只脚。他把弟弟安置在下边的台阶上，紧靠着坐下，然后指着保罗的车子说："看见了吗？就像我在楼上跟你讲的一样，很漂亮对不对？这是他哥哥送给他的圣诞礼物，他不用花一分钱！将来有一天我也要送你一部和这一样的车子，这样你就可以看到我一直跟你讲的橱窗里那些好看的圣诞礼物了。"

保罗的眼睛湿润了，他走下车子，将小弟弟抱到车子前排座位上。他的哥哥眼睛里闪着喜悦的光芒，也爬了上来。于是三个人开始了一次令人难忘的假日之旅。

在这个圣诞节，保罗明白了一个道理：给予真的比接受更令人快乐。

保持一颗给予的善良之心，你会发现你可以给予别人的有很多。为别人牺牲时间，是一种给予；为别人的成功喝彩，是一种给予；耐心倾听别人的倾诉，是一种给予；分担别人的悲痛，是一种给予。总之，只要我们保持一颗仁爱之心，就会领悟给予的真谛，把你的爱无私地献给周围的人。

有位名人说："人活着应该让别人因为你活着而得到益处。"学会付出是人类光辉灿烂人性的体现。即使你拥有金钱、爱情、荣誉、成功和刺激，也许你还不会有快乐。快乐是人生的至高追求，只有给予和付出，你才能实现这一追求。

向人索求的越少，给予的越多，就越是接近于成功者的品质。

——林语堂

（曾任北京大学教授，中国当代著名学者、文学家、语言学家）

赠人玫瑰，手有余香

学会付出是美好人性的体现，同时也是一种处世智慧和快乐之道。在生活中，超越狭隘、帮助他人、撒播美丽、善意地看待这个世界，快乐、幸福和丰收会时时与我们相伴。对此，罗曼·罗兰说得很精彩："快乐和幸福不能靠外来的物质和虚荣，而要靠自己内心的高贵和正直。”

灵魂最美的音乐是善良，行善是一种美德。善行既可以帮助身处困境中的人，又可以使自己的心灵得到安慰，使自己的修养得到提升。如果我们想要用爱或其他有价值的事物充实人生，也是同样的道理。付出和回报是一体的两面，如果我们想要更多的爱、乐趣、尊重、成功或任何东西，方法很简单：付出。不要担心任何事情，我们所付出的一切最终都会回报给我们。

海明威因小说《老人与海》获得诺贝尔文学奖的时候，他把钱捐赠给了古巴的圣母像。他说：“当你把一件东西拿出去的时候，你才拥有它。”给予就是除了与他人分享我们自己的幸福以外没有其他的动机。

许多人都听过：“付出是给自己的回报。”学会分享、给予和付出，你会感受到舍己为人、不求任何回报的快乐和满足。幸福犹如香水，你不可能泼向别人而自己却不沾染几滴。

贝尔太太是美国一位有钱的贵妇，她在亚特兰大城外修了一座花园。花园又大又美，吸引了许多游客，他们毫无顾忌地跑到贝尔太太的花园里游玩。

年轻人在绿草如茵的草坪上跳起了欢快的舞蹈；小孩子扎进花丛中捕捉蝴蝶；老人蹲在池塘边垂钓；有人甚至在花园当中支起了帐篷，打算在此过他们浪漫的盛夏之夜。贝尔太太站在窗前，看着这群快乐得忘乎所以的人们，看着他们在属于她的园子里尽情地唱歌、跳舞、欢笑。她越看越生气，就叫仆人在园门外挂了一块牌子，上面写着：“私人花园，未经允许，请勿入内。”

可是这一点也不管用，那些人还是成群结队地走进花园游玩。贝尔太太只好让她的仆人前去阻拦，结果发生了争执，有人竟拆走了花园的篱笆墙。

后来贝尔太太想出了一个绝妙的主意，她让仆人把园门外的那块牌子取下来，换上了一块新牌子，上面写着：欢迎你们来此游玩，为了安全起见，本园的主人特别提醒大家，花园的草丛中有一种毒蛇。如果哪位不慎被蛇咬伤，请在半小时内采取紧急救治措施，否则性命难保。最后告诉大家，离此地最近的一家医院在威尔镇，驱车大约 50 分钟即到。

这真是一个绝妙的主意，那些贪玩的游客看了这块牌子后，对这座美丽的花园望而却步了。可是几年后，有人再往贝尔太太的花园去，却发现那里因为园子太大，走动的人太少而真的杂草丛生，毒蛇横行，几乎荒芜了。

孤独、寂寞的贝尔太太守着她的大花园，她非常怀念那些曾经来她的园子里玩的快乐的游客。

篱笆墙是农家用来把房子四周的空地围起来的类似栅栏的东西，有的上面还有荆棘。篱笆墙的存在是向别人表示这是属于自己的“领地”，要进入必须征得自己的同意。贝尔太太用一块牌子为自己筑了一道特别的“篱笆墙”，随时防范别人的靠近。这道看不见的篱笆墙只是一种自私的表象，而它隔开的不只是人的脚步，更是心与心的距离，当所有朋友都远离，当所有脚步都绕路而行，那么再美的花又有什么用，无人分享，就永远实现它们本身的价值。

俗话说，“投之以桃，报之以李”，今天你帮助他人，给予他人方便，他可能不会马上报答你，但他会记住你的好，也许会在你不如意时给你以回报。退一万步来说，你帮助别人，他即使不会报答你，但可以肯定的是，他日后至少不会作出对你不利的事情。如果大家都不做不利于我们的事情，这不也是一种极大的帮助吗?

生活的意义是善良，是付出，是给予，这是我们的灵魂所固有的一种感情。而且，付出善意是不求回报的，当你做善事而心存回报的企图时，善良已然变味。然而，当你用一颗无私的心去付出时，你收获到的也将是累累的硕果。

第六篇

给心灵留一片自由的空间

第一章 保持一颗敬畏之心

一个健康的人格，首先要学习敬畏天命。

——牟宗三

（毕业于北京大学哲学系，中国现代学者、哲学家）

一切生命都值得敬畏

孔子说："君子有三畏——畏天命，畏大人，畏圣人之言。"这句话是说，君子所敬畏的有三样：敬畏天的旨意，敬畏大人，敬畏圣人的圣言。所谓畏就是敬，人生无所畏，实在很危险。一个"畏"字，把人的恭敬之心、顺从之意与知命而行的喜乐之情描写得淋漓尽致。这其中有知的敬畏、顺的平安和行的喜乐。而敬畏生命，就是尊敬生命，是在实际上和精神上两个方面，都保持真实的敬畏之心。根据同样的理由，尽我所能，挽救和保护生命达到它的高度发展，就是尽善尽美。

阿尔贝特·史怀泽曾说过这样一句话："敬畏生命，生命的休戚与共，是世界上的大事。"这位被爱因斯坦称为20世纪最伟大的人物之一的史怀泽，创立了"敬畏生命"的伦理学。他认为，"善是保存和促进生命，恶是阻碍和毁灭生命"。如果我们摆脱自己的偏见，抛弃我们对其他生命的疏远性，与我们周围的生命休戚与共，敬畏所有存在的生命，那么我们就是道德的。只有这样，我们才是真正的人。

珍惜生命，最根本的是敬畏生命，由此才能认识生命、热爱生命、善待生命。每个生命，对于生命个体来说，都是唯一的。

生命是神圣的，又是平等的，值得我们去珍视、善待。我们应该体认生命的尊严与可贵，关注并珍视生命，在生命之前保持谦恭与敬畏，应该将“生的意志”当作是神圣的东西，予以肯定、尊重，并且具有对生命的破坏与压迫。

地球上的生命都是同质平等的，凡是生命都值得敬畏。不能以亲疏远近、贵贱高低来区分生命维度，将生命等级化，也不能以富有价值、缺少价值来划分生命。生命应该是一切道德伦理的基础，无论为己为人，都不能构成伤害和毁灭生命的理由。

弘一法师是现代著名的高僧，一次，他到弟子丰子恺家，丰子恺请他坐藤椅。他把藤椅轻轻摇动，然后慢慢地坐下去，起先丰子恺不敢问，后来看他每次都如此，丰子恺就问他为何这样谨小慎微。

弘一法师温和而自然地回答说：“这椅子里头，两根藤之间，也许有小虫伏着。突然坐下去，会把它们压死，所以先摇动一下，慢慢地坐下去，好让它们走避。”

正如故事中所讲，即使是一只毫不起眼的小蚂蚁，在佛家眼中那也是一条生命，它与我们人类的生命是一样的，本质上并没有什么区别，也应该享有生命的权利和尊严。真正的慈悲是平等地关怀一切众生。无论是亲朋好友，还是路人甲乙丙，甚至是敌人，都要随时准备给予对方帮助，要随时以一颗众生平等的心去与人相处，与这个世界融合。生命无论多么卑微，在这个世界上都应该有自己的一席之地。

一个人只有敬畏生命才会衍生出智慧，才能活得真切而亲近本真。因为我们都是一个有思维的生命，因而也必须以同等的敬畏之情来尊敬其他生命，而不仅仅限于自我的小圈子。每一个生命都深深地渴望圆满和发展的意愿，跟人类是一模一样的。所以，任何毁灭、妨碍、阻止生命自我意愿的行为都是极其恶劣的。

有这样一则故事：

滴水和尚19岁时就在曹源寺出家，拜在仪山禅师门下。刚刚入寺修习时，他终日里被派去打杂，给寺中僧人们烧洗澡水，时间久了，他渐渐不满于师父的安排。

有一次，师父洗澡嫌水太热，就让他去提一桶冷水过来调和一下。滴水和尚便去提了凉水过来，他先将一部分热水泼在了地上，又把多余的冷水也泼在了地上，然后将水调凉了。师父严厉地斥责他说：“你怎么如此冒冒失失的！地上有多少蝼蚁、草根，这么烫的水泼下去，会烫死多少生命？而剩下的那些冷水，如果用来浇花育园，又能活多少草木？你若心无慈悲，出家又为了什么呢？”

滴水和尚顿悟，他既明白了原来烧水做饭之中也可以悟到禅机，更清楚了慈悲心在修禅过程中的意义所在，自此，他以“滴水”为号，成为一代禅师。

这个故事的道理很简单，它告诉我们关怀生命并不仅仅指关怀人类自身，而是关怀世间一切具有生命的生物，甚至蝼蚁、草根，都是慈悲的对象。

“佛观一杯水，八万四千虫”，在众生眼中，这只是普普通通的一杯清水，而在佛的眼里，水中却有无数需要救助的生命。传说佛祖曾要求弟子在饮水之前先将水过滤一遍，所以佛教至今仍保留着滤水的传统。

世间的生命原本是没有任何所谓的“高、低、贵、贱”之分的，每一个生命都有着它所存在的意义与价值。不论在什么情况下，毁灭和伤害生命都如同恶魔一样有罪。在实践中，我们真的被迫选择。我们经常必须武断地决定何种形式的生命，甚至何种特殊的人，我们应该挽救，何种我们应该毁灭。尽管如此，敬畏生命的原则仍然是完整的和毋庸置疑的。

康德说过：“头上的星空和内在的道德律，于我心中充满着常新的、益增的敬仰与畏惧，我们越常思考，便越坚定它。”敬畏生命，其实是一种自重自警状态下的自觉把握，心存敬畏，就有了如履薄冰的谨慎态度，就有了战战兢兢的体察心情，就有了小心翼翼的戒惧意念，就有了虚怀若谷的君子风度，敬畏生命，也就有了如负泰山的神圣责任。

敬畏生命，也是热爱生活，热爱我们自己的人生。我们在关爱其他生命的同时，其实也是对我们自身生命的关怀与尊重。因此，任何一个生命都与我们息息相关、血肉相连，都是值得我们去关怀的。拥有这样慈悲心肠的人，能够给别人带来很多的温暖和关爱，也让自己的生活明亮而充满色彩。

信仰是对人生根本目标的确信。

——周国平

（毕业于北京大学哲学系，中国社会科学院哲学研究所研究员，当代著名学者、哲学家、散文家、作家）

遵从信仰的力量

法国有位名人曾经讲过：“能够激发一颗灵魂的高贵、伟大的，只有信仰。在最危险的情形下，是虔诚的信仰支撑着我们；在困难面前，也是信仰帮助我们获得胜利。”

信仰是什么？有人说是明灯，照耀人前行的方向；有人说是理念，一种由抽象到具体，由具体到抽象的精神遐想。不管怎样，有信仰是好的。林语堂先生说："有了信仰，就有了在这个浮躁、抽象、茫然不觉的世界立足的精神资本，有了可以慰藉自己的精神食粮。"所以，他选择基督，选择在上帝的庇护下经营自己的人生。他说基督教给人的是至善的理念，即伊甸园里人的境界。那里面都是真诚、善良、美好的理念，讲求真善美，生命才不会惶恐不安。

在一座孤岛上，一个灯塔守护人生活了将近40年。当他还是一个毛头小伙子时，就随着父亲来到了这个孤岛。

白天父子两人出海捕鱼；晚上就燃起篝火，为过往的轮船引航。20年后，父亲死了，他就一个人在孤岛上守护着这座灯塔。

一个狂风暴雨的夜里，一艘客轮在灯塔的指引下，安全地停泊在孤岛避风处的港湾。

船长上岸后，万分感激地对守塔人说："如果没有这座灯塔的指引，我这艘客船，还有满船的乘客，早就葬身海底了。作为感谢，我要带你离开这个地方，并且每月至少给你2500美元的薪水。"

守塔人笑着摇摇头。

船长大惑不解："难道你不想过安逸的生活吗?"守塔人平静地说："想！但是这里就是我的岗位。10年前有一个遭遇风暴的船长和你一样，答应给我3000美元的薪水。可是假如我当时真的答应他离开了这里，后来的那些船只，包括你的这艘，今天还能获救吗?"

船长如梦方醒，激动而又惭愧地抱住了守塔人。

这个故事告诉我们，人们一旦选择了信仰，就意味着要为了神圣的理想必须笃定前行，无怨无悔。正如诗人纪伯伦所说的那样：信仰是我们心中的绿洲。这片绿洲灌溉着自然，滋养着人类，净化着心灵。

人的一生做什么也许并不重要，重要的是能否造福于更多的人。这种造福就是将自己的善良和爱传播给更多的人，让更多的人受益。信仰即是教人行善的方式，温暖别人，自己也不会寒冷。这就是信仰的最高境界。

然而，要始终如一的坚守信仰谈何容易，"路漫漫其修远兮"，坚守信仰，也需要顿悟。

在一个寒冷的冬夜，有一个乞丐来找荣西禅师，哭诉道："禅师，我的妻儿已多日粒米未进。我想尽我的一切努力给他们温饱，可是始终无法办到。连日来的霜雪使我旧病复发，我现在实在是精疲力竭了，如果再这样下去，我妻儿都会饿死。禅师，请您帮帮我们吧！”

荣西禅师听后颇为同情，但是身边既无钱财，又无食物，如何帮他呢？不得已，只好拿出准备装饰佛像的金箔说道：“把这些金箔拿去换钱应急吧！”

听到荣西禅师的这个决定，弟子们都很惊讶，纷纷表示抗议：“老师！那些金箔是准备装饰佛像用的，您怎么能轻易送给别人？”

荣西禅师非常平和地对弟子说：“也许你们无法理解，可是我实在是为尊敬佛陀才这样做的。”

弟子们一时无法领悟老师的深意，愤愤地说道：“老师！您说是为了尊敬佛陀才这么做的，那么我们将佛陀圣像变卖以后用来布施，这种不重信仰的行为也是尊敬佛陀吗？”

荣西禅师不再辩解，只是说：“我重视信仰，我尊敬佛陀，即使下地狱，我也要为佛陀这么做！”

弟子们仍然不服，还是嘀咕个没完。荣西禅师于是大声斥责道：“佛陀修道，割肉喂鹰、舍身饲虎，在所不惜，佛陀是怎么对待众生的？你们真的了解佛陀吗？”

真正的信仰不是仅仅挂在嘴上，更要用善行去实践，甚至舍生取义也在所不惜。而生活中的我们不管有没有遵循某种宗教，只要信仰美，信仰善，信仰生活，信仰一切能给人带来美好向往的事物，我们的内心就是强大的，力量就是充足的，目光就是坚定的。只是不要忘记，最崇高的信仰并非高高在上，而是俯身低行，与最普通也是最善良的人们靠在一起的。

对最普通的付出爱，就是将信仰根植于每个人的心中，施爱的人也因此成为别人的信仰。它永远与我们的内心通行，是一颗根植于心灵深处的种子，让我们勇敢地前行，毫无顾忌地向理想奔去。

信仰的力量能够跨越时空，无论时光流逝，无论沧海桑田。信仰是一股巨大的力量，它能够铸造信念，可以让一种精神的光芒薪火相传，生生不息。

“靖康耻、犹未雪，臣子恨，何时灭，驾长车，踏破荷兰山阙”表现的是精忠报国、收复故土、统一祖国的坚定信仰；“我自横刀向天笑、去留肝胆两昆仑”表现的是赤胆忠心、胸怀天下、济世救民的无私信仰；“幽燕烽火几时收，闻道中洋战未休；膝室空怀忧国恨，谁将巾帼易兜鍪”表现的是忧国忧民、以身奉国的崇高信仰。

每一次生命的绽放，都需要遵循内心的指引。

——卞之琳

（曾任北京大学教授，著名诗人）

听从灵魂的指引

生与死并非外力撒在我们身上的网，而是我们的自我选择。肉体的生命源于我们精神的活力；当我们认识到我们内在的目标后，其他一切也就相继出现了。对外界威胁的应对之策，就是返回我们精神深处自我认识的河流，智慧就栖息于此。

然而，有很多人却陷于未知，长时间地在灵魂之外找寻心灵的回音。在找寻的过程中，也并没有充分考虑来自于内心深处的导引，所以，很多时候都是徒劳无功的。其实，真正的答案就在我们的内心深处，而我们却找错了地方，向外界的权威寻求解决自己内心问题的方法。

生命的灵魂坚强而又脆弱，有时候，看破徒有其表的假象，我们会觉得比以前更加空虚。我们会失望地发现它们根本不能满足我们的内心需要。富足舒适而没有内涵的生活对我们又有什么意义呢？作为精神动物，我们真正的食粮是灵魂的欢乐。当我们能自内而外地滋养自己的内心时，外部世界也会变得丰富而精彩。

这是一个手无缚鸡之力的人，他原本是懦弱的、不勇敢的、不懂得任何武功的，但他是一个非常有才华的茶艺师。主人离不开他，去京师办事也带着他，主人让他打扮成武士，于是他战战兢兢跟着主人到了京城。

有一天，茶师出去碰到一个浪人，浪人要比剑，茶师说不懂武艺，浪人说："不是武士却穿着这身衣服就是侮辱了武士，我要杀死你。"茶师说自己有很多事还没有办完，办完事下午再去找他。

然后，茶师直奔京城的大武馆，说自己只是一个茶师，却受到了武士的挑衅，求武馆主人教他一样死得最体面的方法。主人请他泡杯茶，他想可能是人生最后一次泡茶，做得极其沉静从容，做好奉给武馆主人。

武馆主人说："这是我人生中喝到的最好的茶。我可以告诉你不必死了，你去吧，你就用现在泡茶的心去面对浪人，听着你灵魂里的声音。我只告诉你这一句话。"茶师去了，到的时候发现浪人已经等着了，浪人气焰嚣张地说："我们开始比武。”

他笑笑看看对方，说不用着急，摘下帽子整整齐齐放在旁边，把外衣脱下来整整齐齐叠好压在帽子下面，把袖口、裤腿、腰带系好，始终面带微笑、气定神闲。浪人的表情越来越害怕，心里越来越没底，不知道对手有多强。气焰微妙地此消彼长，到最后一刻，茶师把身上仅有的佩剑抽出来暴喝一声停在那儿，对面的浪人给他跪下了，说：“你是我一生遇到的最强大的对手。”

这个故事告诉我们在今天这样一个时代，真正的勇敢和成功有时候并不表现在外在的力量，而在于内心表现出的信念和灵魂里带出的气息。

听从灵魂指引的人才是坦荡的、执着的，而恰恰是这种坦荡和执着让一个人获得真正意义上的自信和成功。鹰击长空，鱼翔浅底，象驰平原，驼走大漠，这都是听从灵魂指引、坚守自我美丽的精彩演绎。听从灵魂就是听从内心，从而才会拥有自己独特的敏锐视角、去奋斗拼搏，一如既往。

宫崎骏说：“我不是导演，故事本身才是导演。”他的意思是说，每个故事都有一个内在的逻辑，他只是听从，并沉浸其中；巴菲特说，他爸爸从小就告诫他，要听从自己灵魂的指引，听从自己内心的感觉。大凡成功的人，都会忠实于自己的内心，自己的灵魂，因为只有自己的灵魂才能提供真正的快乐感与安全感。

苏武出使匈奴的第二年，汉武帝派李广利带兵三万，攻打匈奴，打了个大败仗，几乎全军覆没，李广利逃了回来。李广的孙子李陵当时担任骑都尉，带着五千名步兵跟匈奴作战。单于亲自率领三万骑兵把李陵的步兵团团围困住。

尽管李陵的箭技十分好，兵士也十分勇敢，五千步兵杀了五六千名匈奴骑兵，但是匈奴兵越来越多，汉军寡不敌众，后面又没救兵，最后只剩了四百多汉兵突围出来。李陵被匈奴逮住，投降了。

司马迁说：“李陵带去的步兵不满五千，他深入到敌人的腹地，打击了几万敌人。他虽然打了败仗，可是杀了这么多的敌人，也可以向天下人交代了。李陵不肯马上去死，准有他的主意。他一定还想将功赎罪来报答皇上。”

汉武帝听了，认为司马迁这样为李陵辩护，是有意贬低李广利（李广利是汉武帝宠妃的哥哥），勃然大怒，说：“你这样替投降敌人的人强辩，不是存心反对朝廷吗？”他吆喝一声，就把司马迁下了监狱，交给廷尉审问。

审问下来，把司马迁定了罪，应该受腐刑。司马迁拿不出钱赎罪，只好受了刑罚，关在监狱里。司马迁认为受腐刑是一件很丢脸的事，他几乎想自杀。但他想到自己有一件极重要的工作没有完成，不应该死。因为当时他正在用全部精力写一部书——《史记》。原来，司马迁的祖上好几辈都担任史官，父亲司马谈也是汉朝的太史令。司马迁 10 岁的时候，就跟随父亲到了长安，从小就读了不少书籍。

为了搜集史料，开阔眼界，司马迁从 20 岁开始，就游历祖国各地。他到过浙江会稽，看了传说中大禹召集部落首领开会的地方；到过长沙，在汨罗江边凭吊屈原；他到过曲阜，考察孔子讲学的遗址；他到过汉高祖的故乡，听取沛县父老讲述刘邦起兵的情况……这种游览和考察，使司马迁获得了大量的知识，又从民间语言中汲取了丰富的养料，给司马迁的写作打下了重要的基础。

司马谈死后，司马迁继承父亲的职务，做了太史令，他阅读和搜集的史料就更多了。在他正准备着手写作的时候，就为了替李陵辩护得罪武帝，下了监狱，受了刑。他痛苦地想：这是我自己的过错呀。现在受了刑，身子毁了，没有用了。

但是他又想：从前周文王被关在羑里，写了一部《周易》；孔子周游列国的路上被困在陈蔡，后来编了一部《春秋》；屈原遭到放逐，写了《离骚》；左丘明眼睛瞎了，写了《国语》；孙膑被剜掉膝盖骨，写了《兵法》。还有《诗经》三百篇，大都是古人在心情忧愤的情况下写的。这些著名的著作，都是作者心里有郁闷，或者理想行不通的时候，才写出来的。我为什么不利用这个时候把这部史书写好呢？

司马迁，忍受着生理和心理双重剧痛执着于《史记》，正是听从自己灵魂召唤、内心所求的典型例子。死是懦夫行为，而活着却需要比死更大的勇气，他坚持着、隐忍着，只因灵魂里有一个声音指引他去完成此生最大的所想所愿。他听从了，于是成就了自己“史家之绝唱，无韵之离骚。”

贝多芬是一个“世界不给他欢乐，他却创造了欢乐来给予世界”的人，他的一生极其坎坷，耳朵的失聪、内脏的疼痛让他遭受着世人难以理解的痛苦，但他仍然听从着自己的灵魂指引，即便在肉体与心灵的双重痛苦的重压下，仍然保持着一颗坚忍不屈的心，用来扼住命运的咽喉。在他最困难的时候，以坚忍的毅力投入写作，即使用牙齿咬住棍棒也要感受音乐的美妙，创作了《英雄交响乐》《第九交响曲》《第五交响曲》等一系列不朽的作品。

听从灵魂的指引，就是坚守自我的美丽，坚守自我个性的光辉点，以一颗平静的心聆听自己的心灵之声，看花开花落、云卷云舒，于祥和欢乐中品读勇于接受磨炼的吟唱。

听从灵魂的指引，你会有一种领悟：坚守自我的美丽，不必刻意去掩饰、去招摇，自然而然地做自己，做有个性的自己，人生会因为自己而精彩。

只要能培一朵花，就不妨做做会朽的腐草。

——鲁迅

（曾任北京大学讲师，著名文学家、思想家、评论家、革命家）

一花一世界，一沙一天国

中国有这样一句话："一花一世界，一沙一天国。"这本来是佛教中的一个故事。传说佛在灵山，众人问法，佛不说话，只拿起一朵花示之，众弟子不解，唯迦叶尊者破颜微笑。只有他悟出道来了，宇宙间的奥秘，不过在一朵寻常的花中。

从研究微观世界入手，照样能够得知宇宙的大道理，即我们所说的最一般的本质和最一般的规律。一朵花虽小，却包含了所有物质、所有生命、所有植物都有的东西。从现代科学的眼光看，无论动物还是植物，都是由细胞构成的，花也是如此；地球上的生物都会受到气候、地理环境的影响，花也是如此。

正所谓"麻雀虽小，但五脏俱全"，不要自以为人很高贵，很特别，这个世界是如此的不同，但万事万物又是如此相同，可谓是"一花一世界"。

所以，这就启发我们去思考：如何以有限的时间去研究那无限的时间和空间。或许我们没有必要也没有可能穷尽对一切事物的认识，但只需要我们深入研究某一种具体物质就可以了。因为所有的物质都有共通的东西。

比如说人和水、地球和太阳，从表面形象上看，没有直接的关联。但现代科学就告诉我们，实质上人、水、太阳都是"一丘之貉"。因为它们包含的化学元素都是一样的，都是这些基本的化学元素通过不同的组合演变而成的。老子也说："道生一，一生二，二生三，三生万物。"可见万物都是从"一"这种最基本的物质生化出来的，当然也可以"还原"为"一"，包含"一"的物质。

每一个生命都值得我们尊重，每一个事物都有其存在的价值。一株草、一朵花都足以感动我们的心灵。一束阳光、一句温存的话语都可以温暖我们尘封已久的心。心与心的交流和共鸣奏响和谐的旋律，心灵也习得温情的通透。就像海子说的："给每一条河每一座山起一个温暖的名字。"其实，每一个生命都值得我们祝福。

有时候我们会有这样的疑问："这世界是什么?"这是不安分的心在叩问灵魂。那么世界是什么？数千年前，尼罗河畔，那些长髯飘飘的学者们便在争论这个难题。有的说，世界是火，有火才有生命；有的说，世界是水，海是我们最初的家园；还有的说，世界是空气、是泥……其实，他们都对，世界是如此多元，唯其多元才丰富；唯有丰富，才有思想迥异的人。

当我们信手翻着宋人话本《碾玉观音》，不由得会想，人与人是如此的不同。

话本的开头是这样的疑问："春已归去，不知哪儿是春住处?"

王观说春到江南去了："若到江南赶上春，千万和春住。"

苏小妹说春被带走了："燕子衔将春色去，纱窗几阵黄梅雨"。

还有苏轼说、秦观说、黄庭坚说……王安石倒是承认，二十四番花信风罢了，春自然也走了。春归何处？引得这些诗人话语纷纷。

其实他们都对，诗人有诗人的天地，对万物莫不有自己的理解。大千世界，芸芸众生，不同的人对世界自然有不同的理解、丰富的答案。

或许人们的理解不同，是因为角度不同，"横看成岭侧成峰，远近高低各不同"。一个人只能占一位置，一位置就只能见一方风景。不同的只是，有的人站得高些，看得远些；有的人站得低些，看得片面些。一张白纸上有一黑点，有的人认为这是一张白纸，有的则认为那是一团黑点，他们从不同角度看，答案便多样。

世界是什么？真的很难回答，因为可以有如此多的答案。人生如何选择？真的很难挑选，可以快走追赶，直指成功；可以慢走领略，欣赏夹岸平沙、落英缤纷。既然有那么多答案，何不在多元的世界里，以包容的心态看万事万物？容许在前提正确的情况下作出各异的价值取向，让世界更精彩。如是想，不安分的心慢慢归于平静。因为开始明白，自己不过是多元天地中小小的一元。一花一世界，世界开满各异的繁花。

面对我们的人生，我们可以有多彩的选择。永恒和瞬间是归于一处的，追求生命的意义，就是把握好当下的自己。我们可以扬鞭大漠，可以隅居江南，可以坐拥书城，可以铁马金戈，人生的答案尽可以丰富多样。多样的理解，多样的方法，多样的答案。总之，每一个角度都是"一花一世界，一沙一天国"。

只有快乐的哲学，才是真正深湛的哲学；西方那些严肃的哲学理论，我想还不曾开始了解人生的真义。在我看来，哲学的唯一效用是叫我们对人生抱一种比一般商人较轻松较快乐的态度。

——林语堂

（曾任北京大学教授，中国当代著名学者、文学家、语言学家）

生命短暂，好好地生活

感慨生命的短暂，不是学曹孟德“譬如朝露，去日苦多”的叹息，也不是苏轼“人生如梦”的无奈，更不是看破红尘的消极避世，而是想生命易逝，我们今天能健康、自在、安乐地活着，就没有什么理由不去珍惜生命，热爱生活，过好生命中的每一天。

法国作家巴尔扎克把时间比作资本；德国诗人歌德把时间看成是自己的财产；鲁迅先生对时间的认识更深刻，他说：“时间就是生命。无端地空耗别人的时间，其实无异于谋财害命。”时间会从指缝间稍纵即逝，生命也就短短的数十载，所以更应该珍惜光阴，好好生活。

人生于世，追求名利也好，追求高尚也罢，这一生忙忙碌碌，无非是为了拥有属于自己的那一片风景。多少年来，我们总是习惯于让一些无谓的事情占据我们的心胸，遮蔽着模糊的眼睛。

然而，也许在我们忙碌的时候，眼前的风景已经与我们失之交臂了，等醒悟回头时，也许只剩下落英一片，甚至什么都没有，只留下满腹的伤感。所以，懂得生活的人会给予我们这样的告诫：生命短暂，好好生活，勿要错过。

有个叫阿巴格的人生活在内蒙古草原上。有一次，年少的阿巴格和他父亲在草原上迷了路，阿巴格又累又怕，到最后快走不动了。

父亲就从兜里掏出 5 枚硬币，把一枚硬币埋在草地里，把其余 4 枚放在阿巴格的手上，说：“人生有 5 枚金币，童年、少年、青年、中年、老年各有一枚。你现在才用了一枚，就是埋在草地里的那一枚。你不能把 5 枚都扔在草原里，你要一点点地用，每一次都用出不同来，这样才不枉人生一世。今天我们一定要走出草原，你将来也一定要走出草原。世界很大，人活着，就要多走些地方，多看看，不要让你的金币没有用就扔掉。”在父亲的鼓励下，那天阿巴格走出了草原。

阿巴格始终牢记父亲的话，保持积极的心态，在有限的生命中好好地活着。

长大以后，阿巴格想到世界上更多的地方看一看，他离开了家乡，成了一名优秀的船长。

这则故事告诉我们：珍惜自己的生命，珍惜光阴，无论在什么困境下都要保持一颗不放弃坚持的心。这样才能走出沼泽，好好生活。只要信念在，希望就在，即便此刻身陷泥沼也会守得云开见月明。

生命是一篇小说，不在长，而在好。一定要在有限的时间里演绎无限多姿多彩的故事，才不枉费人活一世。

当初上帝造人的时候，每个人身上都背了一个大包袱。人类常向上帝抱怨，怨自己的包袱太重，别人的太轻。

有一天，上帝叫这些人交换包袱，可是把别人的包袱背过来以后，反而觉得更沉重，觉得不如以前轻松。

每个人的生命都是有限的，少一份抱怨，就多一份幸福。不要总认为自己比别人不幸，每个人都需要一种知足的态度去对待生活，珍惜现在所拥有的才不会错过，才有可能得到更多的收获。

同一件事情，可以有不同的评价，但是悲观的人只会对不幸听之任之。而乐观的人则会在不幸中看到更大的机会，从而得到自己想要的。生命短暂，乐观的人才会在有限的时间里获得更多，享受美好的日子。

在宇宙大家庭里，有众多兄弟。他们分别叫浮云、雷霆和闪电等。浮云每日在天空中游荡，飘来飘去，经久不散；而雷霆和闪电却分秒必争，来去匆匆，瞬间不见。为此，浮云取笑闪电："瞧，我的生命多么长久，你的生命多么短暂。"

闪电无暇反驳，它只是静静地聚集着所有的力量，等待划破天空的那一刻。不久之后，闪电将整个身体越过天空，迸发出震惊世界的电光，浮云瞬间也被照亮了。

雷霆在一旁听了，忍不住吼叫起来，对浮云说："亲爱的兄弟，请别忘了，同样的生命，有的留给大地的都是阴影，而有的带给世界的是光明。"

生活的快乐在于打开心门，心门打开了才会感受到阳光。一切的喜怒哀乐都源于内心，要想好好生活，就要给自己一颗阳光温暖的心去感受生活中的点滴。内心有爱，得到的是欢乐；内心有恨，得到的只是痛苦。

生命短暂，如果没有一双发现美的眼睛，就不会得到快乐幸福。好好生活的前提是去发现生活中的美好而不是带着怨恨去活着。而不是通过外在物化的手段去试图改变，心快乐，生活就快乐，生命短暂，好好生活。

实在的生活就是寒来暑往，重复着一条固定的路线，但是，路边的一花一草、一树一木，却悄悄地发生着变化，都在努力地向这个世界展示着它的美丽，都在等待着我们的欣赏与感动。

其实很多时候，风景不在你刻意去寻求的远方，却在你无意路过的途中。而我们却让自己变得忙碌，变得烦躁。到头来，我们又得到了什么，失去了多少？错过了旭日东升的壮观，夕阳西下的悠然；错过了繁花雨露、花前月下；错过了多少最真实的快乐。所以，在路上，请留心沿途的风景吧，让它触动你的眼睛，让它燃烧你的心灵，温暖你人生旅程的每一个寒冬。不要让风雨模糊了视线，不要让行色匆匆成为我们的理由。

人生是一趟单程的旅行，我们只有前行，没有回返的可能。我们不知道明天的生命列车要开往何处，明天的阳光是否依旧灿烂，重要的是我们要从容面对，不要错过生命沿途的风景与快乐。

风景在沿途，快乐在心中，生命是虚无而又短暂的，它如流水般消逝，永远不复回。一个人只有真正认清了生命的意义、生命的方向，善于好好地活着，才能将生命演绎得无比灿烂、无比美丽。

于自然中，感悟生命最初惬意，生命另一种形式的表现，即人与自然的契合。

——沈从文

（曾在北京大学任教，现代著名作家、历史文物研究家）

亲近自然，享受自然

林语堂曾说：“当一个人的感官被充分唤醒，不是因为美食和醇酒，也不是因为烟草的佳味，而是因为自然本身。”对于林先生来说，自然之于他也有某种难以割舍的情感诉求。那些凝聚了花开花落、云起云飞的瞬间，都是自然界最美最真的展现，久居城市的人怎能真切感知？

所以，到自然中去，哪怕是在不甚茂密的树林漫步几分钟，也会被满眼的绿色感染。那时候，一片悄然飘落的枫叶也会勾起生命最初的感动。

西方采取的是强硬的手段，要“征服自然”，而东方则主张采用和平友好的手段，也就是天人合一。要先与自然做朋友，然后再伸手向自然索取人类生存所需要的一切。亲近自然，就是亲近人类本身，远离它则是远离最灿烂的生命光华。当我们忧伤、彷徨的时候，不要忘了走进那片森林或者原野，融入它，就是融入了最美的风景。

在我国历史上，唐代著名诗人杜甫就是热爱大自然的人，并特意为此作诗：“清江一曲抱村流，长夏江村事事幽。自去自来梁上燕，相亲相近水中鸥。老妻画纸为棋局，稚子敲针作钓钩。多病所需唯药物，微躯此外更何求。”诗的大意是：人有了病之后，不要对生活失去信心，自寻烦恼。要多去环境幽静的地方舒缓心情，看一看自由自在的飞燕相亲相爱的鸥鸟，寻找生活中的乐趣，这样便可心悦而减少疾病。

陶渊明的“采菊东篱下，悠然见南山”也是一种极致：漫步于充满诗意的大自然中，呼吸森林吐出的清新气息，静听溪水的细语呢喃，尽享山风的轻柔抚摸，碧绿的草丛、波涛的云海、雀跃的鸟儿、绚烂的野花，一览无余。这就是亲近自然、享受自然，此刻，俗世的纷扰顿时消退，急行的脚步不由得放慢，喧嚣的心境渐归宁静与平和，被尘世覆盖的心灵得到洗涤。这样我们得到的将是内心的安静祥和，收获的将是生命中最纯粹的幸福感。

有一个人被烦恼缠身，于是四处寻找解脱的秘诀。

有一天，他来到一个山脚下，看见在一片绿草丛中有一位牧童骑在牛背上，吹着横笛，逍遥自在。

他走上前去问道：“你看起来很快活，能教给我解脱烦恼的方法吗？”

牧童说：“骑在牛背上，笛子一吹，什么烦恼也没有了。”他试了试，却无济于事。于是，他继续寻找。

不久，他来到一个山洞里，看见有一个老人独坐在洞中，面带满足的微笑。他深深鞠了一躬，向老人说明来意。

老人问道：“这么说你是来寻求解脱的？”

他说：“是的！恳请不吝赐教。”

老人笑着问：“有谁捆住你了吗？”

他说：“没有。”

老人微笑道：“既然没有人捆住你，何谈解脱呢？人心本自然，经常亲近自然，学会享受自然，你就会快乐，就不会这么烦恼了。”

他突然幡然醒悟，也明白了牧童之所以悠然快乐的原因。

我们的心灵就像一轮秋月挂于高空，清辉弥漫，皎洁晶莹。如果我们总是牵绊于世俗的声色名利，心灵就会充满浓厚的乌云，那轮心灵的明月就会越来越暗淡，直至无光。因此，一个现代人如果能多接近自然，就能清除心灵的乌云，那轮心灵的明月就会焕发出本属于它的明丽，生命也会在心月的清辉中常驻常新。

远离自然的心太柔弱，太不堪经受风雨，只有心怀一轮暖阳，回归到自然的怀抱，怡情于山水之间，才可能会让心境淡然，无论经历多少浮华背后的喧嚣和冷寂，都会坦然地去面对。因为只有宁静才是一方净土，才能让我们抵御无穷无尽的诱惑，为我们带来心灵的慰藉，从而让我们享受到生活的安宁。

如果我们把自己融入大自然，大自然就会敞开心胸，把日月星辰、山山水水、花草树木、飞禽走兽、空气海洋无私地赐予你，你也会在与它的融合中达到和谐。人一旦融入自然，就融入了由它构造的宏伟戏剧：丰富、强烈、色彩斑斓。原本脆弱的呼吸也可在瞬间乘着自然的气息穿过田野，抵达更宽阔的彼岸。而徜徉在自然中的人，则可与“日月同戏，随风云共嬉”。那时候的生命，既简单又深刻，既微妙又复杂，一切的欢乐与欣喜尽在其中。

自然可以开启人的心灵、陶冶人的情操，久居闹市，心久系官场，人实际上活得很累。荣华富贵、名声赞誉都是表面的东西，月明风清时，人立于月下，就会突然觉得自己生活得很可笑、荒唐。

自然是功名的清新剂，放下来，走出去，到自然的怀抱中沐浴春风，攀登高山，放歌旷野，我们会觉得生活会变得轻松许多。

若吾人不知宇宙间事物变化之通则，而任意作为，则必有不利之结果。

——冯友兰

（曾任北京大学哲学系教授，著名哲学家、教育家）

回归本真，诗意且神圣

我们来自大自然，只有回归大自然才能找到本真的自己。这正如爱默生所说的：“人是一种活动的植物，他们像树一样，从空气中得到大部分的营养。如果他们总是守在家里，他们就憔悴了。”冯友兰也极为赞同这一点，他说：“若吾人不知宇宙间事物变化之通则，而任意作为，则必有不利之结果。”我们要治病，除了吃药外，还可以下棋以养心，钓鱼以抒怀，这便是回归本真，享受宁静、诗意的人生。

显然，冯友兰是想从反面说明人与自然之关系：人本源于自然，若一味地想要远离自然，无异于“任意作为”，所能产生的“不利之结果”也必然降临于人自己身上，现代人的生活正是如此。

许多人生活在大都市中，平时接触的都是高楼大厦、车水马龙，人们远离大自然，污浊的空气和浮躁的气氛无意中给我们带来了许多的烦恼。这样的日子，宛如魔鬼的陷阱之中一般，也难怪梭罗会抛开繁华的生活，扛着一把斧头到瓦尔登湖畔去过“诗意且神圣”的生活。于他而言，真正的生活应该在大自然之中，也唯有在大自然之中，人才能找回生活最本真的样子。

哲学家们希望每一个生命都恢复到朴实的境界，活着就是活着，以本色存在。人生没有什么“观”，人生就以生为目的，本来如此，这个题目本身就是答案。有时，人应该成为一块拒绝雕琢的“原木”，不须雕琢，也不须苛求人生应该如何如何，无欢喜也无悲凉，保留人性中单纯、善良、朴实的东西，不要让外在的雕饰破坏自然的本质，顺其自然才是本真。

一个夏天的下午，桑尼夫人与她的朋友到森林游玩，到达之后，就暂时在优美的墨享客湖山上的小房子中休息，那里位于海拔 2500 公尺的山腰上，是美国最美的自然公园。在公园的中央还有一个宝石般的翠湖舒展于森林之中。墨享客湖就是“天空中的翠湖”之意，在几万年前地壳大变动时，造成了高高的断崖。她朋友的眼光穿过森林及雄壮的崖岬，转移到丘陵之间的山石，刹那间光耀闪烁、千古不移的大峡谷猛然照亮了她的心灵，这些美丽的森林与沟溪就成为滚滚红尘的避难所。

那天下午，夏日混合着骤雨与阳光，乍晴乍雨，她和她的朋友全身湿淋淋的，衣服贴着身体，但是她和她的朋友仍彼此交谈着。慢慢地，整个心灵被雨水洗净，冰冰凉凉的雨水轻吻着脸颊，霎时引起她从未有过的新鲜快感，而亮丽的阳光也逐渐晒干了衣服，话语飞舞于树与树之间，谈着谈着，静默来到她和她的朋友之间，她们用心倾听着四方的宁静。

当然，森林绝对不是安静的，在那里有千千万万的生物活动着，而大自然张开慈爱的双手孕育生命，但是它的运作声却是如此和谐平静，永远听不到刺耳的喧嚣。在这个美丽的下午，大自然用慈母般的双手熨平她们心灵上的焦虑、紧张，一切都归于平和。这两个来自繁忙都市的忧心者，也第一次享受到了从未有过的清新和惬意。生命在它最初的驿站得到升华。

当她们正陶醉于优美的大自然乐章之中时，一阵急速的乐曲突然刺激着耳膜，那是令人神经绷紧的爵士乐曲。

伴随着音乐，有三个年轻人从树丛中钻出，其中一位年轻男孩提着一架收音机。这些都市中长大的年轻人不经意间用噪音污染了森林，真是大煞风景。不过他们都是善良的青年，在她和她的朋友身旁围坐着，快乐地交谈。

她们本想劝三个年轻人关掉那些垃圾音乐，静静聆听大自然的乐曲，但想到自己并没有规劝他们的权利，最后还是任由他们这么做着，直到他们离去、消失在森林之中为止。试想，大自然的音乐有多美，风儿轻唱着，小鸟甜美地鸣啼……这种最古老的音乐绝非人类用吉他与狂吼能制造出来的，而他们竟然舍本逐末，白白浪费大好的自然资源，委实令人惋惜。

大自然是造物主赐给人类的最高享受，谁能与大自然亲近，谁就能拥有最惬意、最健康的生活。有空的时候，不妨走出喧嚣的城市，步入静谧、纯粹的大自然，去享受清风的吹拂、感受花草的芳香，一切的苦闷和阴影都会烟消云散。

人本是自然之子，但在社会进程中，人一方面得以升华，以文化区别于动物，同时也在被社会所异化，从而表现出了许多非自然的属性，尤其是在商业社会中，这种异化尤为明显。庄子认为，养心首先要养自然之心，要保持人原有的那种质朴、纯真的自然属性。整日工于心计、追逐名利，如何养生，如何养心？回归本真，是在心态上回到自然去。这就是庄子给我们的启示。

王维有诗云："木末芙蓉花，山中发红萼。涧户寂无人，纷纷开且落。"芙蓉花不为谁而开，也不为谁而落，即便有哪个人或者是野兽路过，它的开落也与之无关。它只是在完成自己的命运，开了，就会落，这就是它的生活。而人在很多时候，也会有地方需要我们以这样的姿态去对待：不求问，不求解，而答案自会清晰。

质朴是这个世界的原始本色，没有一点功利色彩。就像花儿的绽放、树枝的摇曳、风儿的低鸣、蟋蟀的轻唱，它们听凭内心的召唤，是本性使然，没有特别的理由，一如人生而为生一样的单纯。因而，生命有时无须追问，回归本真的自我，反而诗意且神圣。

第二章 超然于物外

人生在世，应当马马虎虎，糊糊涂涂，才会腾达，才会有福气。文人往往是非辨得太明，泾渭分得太清。黛玉最大的罪过就是她太聪明。所以红颜每多薄命，文人亦多薄命。

——林语堂

（曾任北京大学教授，中国当代著名学者、文学家、语言学家）

人在生活中，心在生活外

每个人都拥有一段人生，不管长短，都是属于自己的生命。蒙田说："收拾好行装，随时准备和人生告别。"就是说对待这个生命，我们不妨眷恋、执着，但同时更要有一种超脱的态度，身在红尘中，心不被红尘所掩。入世再深，也要有个限度，也要给自己的心灵留一点悠然的栖息之地。

人生在世，标示的是人与世界的内在关联，人与世间万物的和谐一体。中国哲学向来主张天人合一，而不是天人对立或主观客观的二元分割。老子讲道法自然，庄子讲混沌状态也是这个意思。如果能聆听道家的智慧，用淡泊的心去看世界，去"物物而不物于物"，持守一份超然、平淡，就会回归于天地之间，重获心灵的健康和自由。庄子就是个超然物外的圣人。他身在红尘，却不为生活所役，不被世俗所拘。所以他面对生死，拥有的是一份豁然超脱的心境。

一天晚上，明月当空，马祖道一禅师的三个得意弟子西堂智藏、百丈怀海和南泉普愿兴致勃勃地跟随师父一同赏月。

赏月的过程中马祖道一禅师问三位弟子道："此情此景你们的心中所想?"

西堂智藏立马答道："依我看，此时正好焚香以讲经说法供佛。"

百丈怀海也跟随继续答道："照我说呀，此时正是参禅打坐的好时机。"

此时只有南泉普愿默而不答，他对众人微微一笑后，便拂袖便走。

马祖道一禅师看到后，便大加赞叹道："经入藏，禅归海，只有南泉普愿独起物外。"

马祖道一禅师借赏月时的心境，想让三位弟子领悟禅法要旨，但是西堂智藏迷于对经典的讲解，而百丈怀海专注于对禅的修行，只有南泉普愿不迷执一切法相，心无障碍，独超物外，达到入时观自在。之后，三位弟子相继开悟，都成为著名禅师，各自分化一方，弘扬马祖道一的禅法。

两千年前的庄子在《庄子·齐物论》中写道："一受其成形，不忘以待尽。与物相刃相靡，其行尽如驰，而莫之能止，不亦悲乎!"这就是"物于物"的人生境况，庄子深为其感到悲哀。对物的沉迷，势必造成人与自我的分离和疏远，结果就是"物于物"，沦为外物的奴仆。

死亡是人生的必然，庄子却把它看得如此淡然而豁达。一位思想深邃而敏锐的哲人，就这样以浪漫达观的态度和无所畏惧的心情，从容地走向了死亡，走向了在普通人看来万般惶恐的无限和虚空。从无中来到无中去，其实这正是生命的本真状态；只是有些人把生命想得过于复杂，令它承载了许多额外的沉重，因此失去了许多生活的真味。只有超脱出来，才能领略人生的另一层境界。

历史上，"采菊东篱下，悠然见南山"的陶渊明也是超脱物外的，从他一生的经历就可以看出，他是人在生活中，心在生活外，过着怡然自得的生活。

陶渊明一生经历坎坷，经历过繁华和贫苦。时代思潮和家庭环境的影响，使他接受了儒家和道家两种不同的思想，培养了"猛志逸四海"和"性本爱丘山"的两种不同的志趣。

在任彭泽县令时，他因为不愿为"五斗米折腰"遂授印去职。自此结束了他十三年的仕宦生活，这十三年，是他为实现"大济苍生"的理想抱负而不断尝试、不断失望、终至绝望的十三年。最后赋《归去来兮辞》，表明与上层统治阶级决裂，不与世俗同流合污的决心。自此他摆脱了"心为形役"的官场，开始了超脱的田园生活。

陶渊明辞官归里，过着"躬耕自资"的生活。归隐田园的生活清苦淡泊，陶渊明却以此为乐。因其居住地门前栽种有五棵柳树，固被人称为五柳先生。夫人翟氏，与他志同道合，安贫乐道，"夫耕于前，妻锄于后"，归田之初，生活尚可。"方宅十余亩，草屋八九间，榆柳荫后檐，桃李罗堂前。"

陶渊明爱菊，宅边遍植菊花。“采菊东篱下，悠然见南山”至今脍炙人口。他生性喜爱喝酒，饮必醉。朋友来访，无论贵贱，只要家中有酒，必与同饮。他先醉，便对客人说：“我醉欲眠卿可去。”

他辞官回乡22年一直过着贫困的田园生活，而固穷守节的志趣，老而益坚。在病中，他给自己写了《拟挽歌辞》三首，在第三首诗中末两句说“死去何所道，托体同山阿”，对死亡看得平淡自然。

超然物外，超尘脱俗，说起来容易，做起来难。人生在世，就像一根葛藤，越长越与其他的藤蔓纠缠在一起。人想脱离世界，世界不会脱离人。人想绕开社会，社会不会绕开人。人想躲避生活，生活不会躲避人。人想超越俗世，俗世不会超越人。既然来到世界，人就要有勇气蹚生活的浑水。

在道家的眼中，人与万物、与天地自然，不是对立的。人不是地球的唯一主人，人不主宰万物，也不被万物所主宰、所奴役。

心境不同，境界自然不同。人生苦短，岁月无情，我们都想在平凡的日子里作出非凡的业绩，都想在有生之年创造奇迹。于是，我们常常会被名利所累；会为富贵劳心；会面容憔悴身心疲惫，得意时忘形，失意时烦忧。生在虚伪中，活在梦幻里，人生必然会疲惫不堪。

所以，我们要时时修炼自己的内心，在面对纷繁、物化的社会现实时，能够安时处顺，恪守本心的宁静，不被物欲左右，不为名利所屈服，“不与物牵”。如果能够在现实生活中始终如一地坚持这样宠辱不惊，心灵就会逐渐清净，抗击外在环境干扰的能力就会增强，这样就可以做到“结庐在人境，而无车马喧”的坦荡和恬适了。

一个人的心胸，决定了他拥有的涵养和风度。

——袁行霈

（曾任北京大学中文系教授，人文学部主任、国学研究院院长，著名文学家）

先有超然气度，方有翩翩风度

气度是一个人心理素质的表现形式，说一个人有气度无疑是一种褒奖。气度是一种高尚的人格修养，一种“宰相胸襟”，一种成大事的大将风范。有气度的人很少计较一城一地的得失，常得之淡然，失之泰然。有气量不仅意味着一种超然，更是一种智慧、一种胸襟。

而风度指的是一种表现在外的态度和举止，它实际上和穿衣打扮并没有直接的联系。气度是意志坚强者动人的风采，它昭示的是做人的豪迈；气度是仁厚的等待，它让良知感化愚顽，用成熟来导引轻率；气度还是用生命担起的一份责任，它需要坚韧不拔的毅力和忍耐。气度很像是一种高营养成分，它会给人带来一种品格、一种魅力。有了内在的超然的气度，才能自然流露出来。风度是模仿不来的，它需要从自我内心开始修炼。超然的气度往往能给人带来别样的风度。

历史上有超然气度的不乏其人，魏晋名士的风骨更是为后人所津津乐道。

嵇康是个风度非凡的人，历史记载嵇康身长七尺八寸，风姿特秀。见者叹曰："萧萧肃肃，爽朗清举。""肃肃如松下风，高而徐引。"

他的好友山涛说："嵇叔夜之为人也，岩岩若孤松之独立；其醉也，傀俄若玉山之将崩。"他的哥哥嵇喜就在《嵇康别传》里，很不谦虚地夸耀他是"正尔在群形之中，便自知非常之器"。

然而，偏偏就是这样一位相貌堂堂的人物，却有"土木形骸，不自藻饰"的个性倾向，据同时代的颜之推在《颜氏家训》里记载，当时的上层男士，崇尚阴柔之美，非常重视个人修饰，出门前不但要敷粉施朱，熏衣修面，还要带齐羽扇、麈尾、玉环、香囊等各种器物挂件，于此方能"从容出入，飘飘若仙"。

试想一下，与那些脂粉扑面、轻移莲步的矫揉造作者相比，嵇康的外貌风度是多么令人神清气爽。

嵇康的风度除了他的容貌之外，和他具有超然旷达的个性也有关系。嵇康爱好打铁，铁铺子在后园一棵枝叶茂密的柳树下，他引来山泉，绕着柳树筑了一个小小的游泳池，打铁累了，就跳进池子里泡一会儿。

嵇康自由懒散，"头面常一月十五日不洗，不大闷养，不能沐也"，再加上他幼年丧父，故而经常放纵自己，用他的话说就是"又纵逸来久，情意傲散"。成年的他接触老庄哲学之后，"重增其放，使荣进之心日颓"。在这天才的懒散与自由里孕育着嵇康的狂放和旷达。生活中的嵇康的确很狂，他轻时傲世，对礼法之士不屑一顾。

嵇康的志向已经写在了他的诗里，《述志诗》"冲静得自然，荣华安足为"。"冲静"二字最能代表嵇康的情操、志趣和人生追求，不慕荣华，"轻时傲物，不为物用"，唯求虚静冲淡以获得自然的归宿。他的诗也如其人，平淡高远，超乎时俗。

嵇康的一生有很多不幸的遭遇，但这一切，他只是淡然处之，随性而为。他的生命在这种超然的境界里盛放，他的风骨、气度也成了魏晋的一道永不泯灭的风景。

一个没有气度的人会很容易走向气度的反面，那就是忌妒和仇恨，就是小肚鸡肠与睚眦必报，就是凡事钻牛角尖儿。忌妒者的人生表现形式一般只会有两种，一方面是悲哀自己的不幸，另一方面是恼恨他人的幸福。如果气度是命运，那么忌妒就是命运的奴隶，最终的结果只能是作茧自缚。

其实，得到时要珍惜，失去时不懊悔，重要的是如何看待，重要的是怎样面对。锦衣玉食并非幸福快乐，粗茶淡饭照样颐养天年。身居高位也有忧愁烦恼，平民百姓也有快乐时光。保持超然的心境就是打开快乐匣子的钥匙，也是顺渡人生之河的木舟。有了超然的气度，由内而外，真正的风度也随之而来。

男子体操单杠决赛上，28 岁的俄罗斯老将涅莫夫第三个出场，他在杠上一共完成了直体特卡切夫、分体特卡切夫、京格尔空翻、团身后空翻 2 周等连续 6 个精彩绝伦的空翻和腾越，非常完美，只是在落地时出现了一个小小的失误——向前移动了一步，观众把最热烈的掌声送给了他。

但是裁判只给了他 9.725 分！此刻，体操史上少有的情况出现了：全场观众愤怒了，他们全都站起来，报以持久而响亮的嘘声，比赛不得不被打断。

紧接着，令人意想不到的情况出现了——全场观众不停地喊着："涅莫夫！涅莫夫！"并且全部站了起来，不停地挥舞手臂，用持久而响亮的嘘声，表达自己对裁判的愤怒。比赛被迫中断，第四个出场的美国选手保罗·哈姆虽已准备就绪，却只能尴尬地站在原地。

此时，已退场的涅莫夫从座位上站起来，露出了成熟的微笑，向朝他欢呼的观众挥手致意，并深深地鞠躬，感谢观众对自己的喜爱和支持。涅莫夫的大度反而进一步激发了观众的不满，嘘声更响了，很多观众甚至伸出双手，拇指朝下，作出不文雅的鄙视动作。不同国度的观众这个时候结成了同盟，俄罗斯的、意大利的、巴西的……不同的旗帜飞舞着。

在如此巨大的压力下，裁判终于被迫重新打分，这一次涅莫夫得到了 9.762 分。但裁判的退让根本不能平息观众的不满，观众的嘘声反而显得更为理直气壮。重新准备开始比赛的保罗·哈姆只能僵立在原地。

这时，涅莫夫显示出了非凡的人格魅力和宽广胸襟，他重新回到心爱的单杠边。

只见涅莫夫先是举起强壮的右臂表示感谢观众的支持；接着伸出右手食指作出噤声的手势，请求观众给保罗·哈姆一个安静的比赛环境；然后具有大将风范地双手下压，要求观众们保持冷静。

观众理解了涅莫夫的苦心，他们渐渐安静了，中断了十几分钟的比赛才得以继续进行。

最终，涅莫夫没有拿到金牌，但他仍然是观众心目中的“冠军”；他没有打败对手，但他以自己的气度征服了观众。他是那晚当之无愧的无冕之王，他劝慰观众的感人一幕如大片中的经典场景，让人久久无法忘记。

他的行为，捍卫了尊严；他的风度，赢得了尊敬。这就是气度的魅力，拿得起，放得下，不计较，善爱人，能宽容。放大自己的气度，一个人也就摆脱了名利、得失之心的困扰。

是否拥有气量、具有风度，关键看三点：一是平等的待人态度，不自认为高人一等，保持一颗平常心，平视他人，尊重他人；二是宽阔的胸襟，胸怀坦荡，虚怀若谷，闻过则喜，有错就改；三是宽容的美德，能够仁厚待人，容人之过。由此，气量实际上反映了一个人的素养和品性。

人有七情六欲，物有百转轮回。我非消极避世，更无厌倦红尘。青春勃发，就该建功立业，志向高远，就当奋发图强。世事变迁不改凌云壮志，岁月流逝不变英雄本色。为人诚恳宽容，处世不走极端，“牢骚太胜防肠断，风物长宜放眼量”。

累了，将心靠岸，倦了，及时调整。成功来临，淡然对待，面对失败，处之泰然。闲看花开花落，静观云卷云舒，顺其自然，随遇而安，这样才能具有超然的气度。

待我成尘时，你将见我的微笑。

——鲁迅

（曾任北京大学讲师，著名文学家、思想家、评论家、革命家）

本来无一物，何处惹尘埃

“菩提本无树，明镜亦非台；本来无一物，何处惹尘埃。”菩提树是空的，明镜台也是空的，身与心俱是空的，本来无一物的空，又怎么可能惹尘埃呢？唐初的禅宗六祖慧能禅师借吟菩提，告诉世人世上万物一切皆空，何不让心也空明起来，就无所谓抗拒外面的诱惑。任何事物从心而过，不留痕迹，也就沾惹不上俗世的尘埃，也就远离了尘世的烦恼。这几句诗启示了无数红尘内外的人，它透露着一种超脱的心态。

“菩提”一词，是由梵文音译而来，意思是觉悟、智慧，用以指人忽如睡醒，豁然开悟，突入彻悟途径，顿悟真理，达到超凡脱俗的境界。在佛教中，菩提树因成就了佛祖释迦牟尼的顿悟出世，创立了佛教，而被誉为佛教的圣树。

2500多年前，佛祖释迦牟尼原是古印度北部的迦毗罗卫王国（今尼泊尔境内）的王子乔答摩·悉达多，他年轻时为摆脱生老病死之苦，解救受苦受难的众生，毅然放弃王位的继承权和舒适的王族生活，出家修行，寻求人生的真谛。

经过多年的修炼，终于有一次在菩提树下静坐了7天7夜，战胜了各种邪恶诱惑，在天将拂晓，启明星升起的时候，大彻大悟，终成佛陀。原来一切众生，都有纯洁光明如同明星的本性，也就是如来智慧，只不过被欲望的浮云所遮掩。只要拨去浮云，显出本性，就是大彻大悟之人了啊！顿悟之后的释迦牟尼开创了佛教，拯救众生脱离疾苦。

当然，不是人人都能凭借在菩提树下静坐成佛，佛祖释迦牟尼的成佛，更多的是因为他天资禀赋，能在短短7天后参透人世间的万事万物，颖悟到人生的至高哲理，从而开创了浩瀚博大的佛学理论，拯救人们的心灵脱离纷扰人世，重返清明澄净，悟得人生的意义。

《庄子》有言曰：“人莫鉴于流水，而鉴于止水。唯止能止众止。”庄子在这里很明显地告诉我们修心的方法：此心如水，止水澄波，杂念妄想、喜怒哀乐，一切皆空。

一切皆是虚空，可是参透这句话的人古往今来又有多少。人活着的时候，不知道自己是在做梦，所以才执着于梦中的悲喜，殊不知，这悲喜就像梦本身一样虚幻，而且可能与真实的情况完全相反。但很多人往往只在快走到人生尽头的时候，才有了“恍然如梦”的感觉。中国古代流传了许多“恍然如梦”的故事，读来让人回味无穷。

相传，唐代有个叫淳于棼的人，嗜酒任性，不拘小节。一天适逢生日，他在门前大槐树下摆宴和朋友饮酒作乐，喝得烂醉，被友人扶到廊下小睡，迷迷糊糊仿佛有两个紫衣使者请他上车，马车朝大槐树下一个树洞驰去。但见洞中晴天丽日，别有洞天。

车行数十里，行人络绎不绝，景色繁华，前方朱门悬着金匾，上书“大槐安国”，有丞相出门相迎，告称国君愿招他为驸马。淳于棼十分惶恐，不觉已与金枝公主结亲，并被委任“南柯郡太守”。

淳于棼到任后勤政爱民，把南柯郡治理得井井有条，前后 20 年，上获君王器重，下得百姓拥戴。这时他已有五子二女，官位显赫，家庭美满，万分得意。

不料檀萝国突然入侵，淳于棼率兵拒敌，屡战屡败，公主又不幸病故。淳于棼连遭不测，失去国君宠信。后来他辞去太守职务，扶枢回京，心中悒悒寡欢。后来，君王准他回故里探亲，仍由两名紫衣使者送行。车出洞穴，家乡山川依旧。

淳于棼返回家中，只见自己身子睡在廊下，不由吓了一跳，惊醒过来，眼前仆人正在打扫院子，两位友人在一旁洗脚，落日余晖还留在墙上，而梦中经历好像已经整整过了一辈子。

淳于棼把梦境告诉众人，大家感到十分惊奇，一齐寻到大槐树下，果然掘出一个很大的蚂蚁洞，旁有孔道通向南枝，另有小蚁穴一个。梦中“南柯郡”“槐安国”，其实原来如此！

人生如梦，佛教认为万物都是无常，佛经里句句皆说无我，如心经“照见五蕴皆空，度一切苦厄”，一般人以五蕴为我，五蕴都空，那里有个我呢？无我便无苦，有十分我便有十分苦，有一分我就有一分苦。如打碎茶杯，你有一分的执着便会难过，就有一分的苦，若有十分的执着，便如割肉似的；莲池大师未出家时除夕打碎祖传的白玉杯，就十分难过，他的妻子安慰曰：“一切无常。”他才觉悟过来，于是出家。所以这个苦并非本来有的，而是万物本空，苦只因人有执念。可惜的是，很多人偏偏放不下这些对“物”的执着，于是生出种种烦恼。

古人说：“心中无物，才得平静。”在物质丰富的现代社会，我们渐渐失去了对待名利的优雅。那种恬静如诗般的岁月对现代人来讲已成为最大的奢侈和批判对象。内心的声音，便在这种繁忙与喧嚣中被淹没了。物的欲望在慢慢吞噬人的性灵和光彩，我们留给自己的内心空间被压榨到最小。

《三国演义》中诸葛亮有一首诗：“大梦谁先觉，平生我自知，草堂春睡足，窗外日迟迟。”表现的是道家的人生态度和思想境界。但不管人生是怎样的一个梦，我们有没有搞明白，每个人仍要在这个梦里走下去。

这个世界上总会有一些事是我们无法明白，或者暂时感到困惑的。即使是这样，所有人都需要继续拼争，因为我们想活下去，至少想实现自己的理想，并从中获得快乐。我们之所以活在这个世界上，就是因为它蕴含着我们依赖和热爱的一切，这就是我们坚定走下去的理由。

追求更好的生活条件本无可厚非，但如果执着于名利，而失掉了自己做人的原则、平静的内心以及对生活中美的感受力，这样的人生也就失掉了存在的意义。正所谓“无酒无灯无月无妨”，“且歌且舞且开怀”才是生活最可贵的状态。

心灵如同一面镜子，需要时常擦拭。

——徐志摩

（曾任北京大学教授，现代诗人、散文家）

关注内心的和谐

苏轼在《超然台记》中说：“凡物皆有可观。苟有可观，皆有可乐，非必怪奇伟丽者也。铺糟啜醨，皆可以醉，果蔬草木，皆可以饱。推此类也，吾安往而不乐?”在苏轼看来，任何东西都有它的价值，我们无论身处何地、何种环境中都可以快乐。这体现出了苏轼的人生观，他有一种超然物外、随缘自适的人生态度，在这种旷达态度的背后，他仍然坚持着对人生、对美好事物的追求，是另一种和解还是另一种抗争，这些都不重要，重要的是有血有肉的灵魂，一颗淡泊而和谐的心。

苏轼的超然是在充分的人生经历中得出的处事态度。苏轼的一生大起大落，但归结起来可谓是失意的一生。仕途上的不得志与文学上的成就形成巨大反差。他的一生漂泊落魄，与其入世理想相差甚远。但正是因为苏轼拥有一颗超脱而和谐的心灵，因此他能在人生的低谷中写出“竹杖芒鞋轻胜马，谁怕？一蓑烟雨任平生”这样的诗句。他也因此在任何时候都能感知生命中的美好。

德山禅师在尚未得道之时曾跟着龙潭大师学习，日复一日地诵经苦读让德山有些忍耐不住。一天，他跑来问师父：“我就是师父翼下正在孵化的一只小鸡，真希望师父能从外面尽快地啄破蛋壳，让我早日破壳而出啊!”

龙潭笑着说：“被别人剥开蛋壳而出的小鸡，没有一个能活下来的。母鸡的羽翼只能提供让小鸡成熟和有破壳力的环境，你突破不了自我，最后只能胎死腹中。不要指望师父能给你什么帮助。”

德山听后，满脸迷惑，还想开口说些什么，龙潭说：“天不早了，你也该回去休息了。”德山撩开门帘走出去时，看到外面非常黑，就说：“师父，天太黑了。”龙潭便给了他一支点燃的蜡烛。

他刚接过来，龙潭就把蜡烛熄灭，并对德山说：“如果你心头一片黑暗，那么，什么样的蜡烛也无法将其照亮啊！即使我不把蜡烛吹灭，说不定哪阵风也要将其吹灭啊！只有点亮心灯一盏，天地自然成了一片光明。”

德山听后，如醍醐灌顶，后来果然青出于蓝而胜于蓝，成了一代大师。

如果内心为物所役，在面对凡尘种种的时候难免会为之所困，为之所累。沉迷于物欲的追求之中，狂乱而不能自拔，却不知快乐为何物。成功时狂喜，失败时过悲。这些都是内心不和谐的表现。

对人生和生命的领悟源于一个人的灵性，而个人灵性的关键就在于他的心灵，因此，一个人生活在这个世界上，必须懂得时时修炼自己的心灵，以和谐的雨露、淡然的清风养育它。只有内心归于和谐、平静，才能在繁华世俗的背后，看见鲜花遮掩的皎洁月亮。

金庸小说《天龙八部》有这样一个情节：逍遥派掌门人逍遥子，设下珍珑棋局，以此来寻找自己的接班人。珍珑棋局绝妙非常，以至于 30 年来一直无人可破，于是哑翁发出邀请函，请武林上有名的青年才俊来破。在慕容复、段誉等高手纷纷败下阵来之时，少林寺小和尚虚竹恰来找薛神医解少林方丈之毒，误打误撞也来破局。一点棋势也不懂的他胡乱走了几步，谁知神奇无比的围棋珍珑，竟被虚竹这样一个不大会下棋，也不想破这个棋局的人给解开了。

于是金庸先生借玄难高僧之口说：“这局棋本来纠缠于得失胜败之中，以致无可破解，虚竹这一不着意于生死，更不着意于胜败，反而勘破了生死，得到解脱……”

可见，有时候心里无物，反而更容易成功。虚竹的心里无生死、无胜败，他的内心单纯而和谐，这个棋局就像人生，纠结于胜败反而被困其中，无所谓胜败、名利，就不至于陷入迷宫。

一位哲人说过：“生命如同一草一木，皆蕴含着极深的学问。”几乎所有的白花都很香，而愈是颜色艳丽的花愈是缺乏芬芳。人也一样，愈朴素单纯的人，愈有内在的芳香。夜来香、晚香玉其实白天也很香，但是很少闻得到，因为白天人的心太浮了，闻不到夜来香的香气。

生命是一个过程，功名利禄，富贵荣华，无人能带走自己一生经营的名利，那就让自己的内心少贪求一些，多呼吸山林间的清新空气，多汲取善的清泉，保持和谐的心境，让生命自在地绽放和凋谢。

让心灵静下来的最好方式，是带着一些禅意生活。

——季羡林

（曾任北京大学副校长，中国著名文学家、语言学家、翻译家、散文家）

带着一些禅意生活

古代一位诗人写了一首描写禅师炎暑参禅的诗："人人避暑走如狂，独有禅师不出房。不是禅师无热恼，只缘心静自然凉。"这首小诗的意思是在暑热炎天，人人都想避暑，东奔西走好像发了狂一样。只有参禅、学禅、修禅的人不会奔走如狂，并不是禅师感受不到这种热恼，只因为他心静了，自然就不觉得热了。

心静即是一种禅的状态，带着禅意生活，不是说像禅者那样坐禅念经，而是说在日常生活中保持一种乐观、超脱、淡然的心境，不计较太多，不盲目攀比，少为外物所累，将自己的人生经营得风生水起，不留遗憾。

带一些禅意生活，要追求一种自在境界。自在就是一种毫无阻碍的逍遥。在庄子看来，"无不将也，无不迎也，无不毁也，无不成也"这种境界就是逍遥，一种什么都能接受，什么都能凭依的"无骨"境界。

但是我们生活在相对的世界当中，很多东西像枷锁一样把我们捆得紧紧的，使我们不得解脱，不得自在，心灵自然也不得快乐。

禅就是一种生活方式。我们是普通人，不是禅者，我们的生活也不具备禅的超然性、超脱性，不具备禅者的喜悦、安详，我们所面对的无非是柴米油盐妻儿老小。但是，只要将一些禅意融进生活，我们心里的那个世界就会改变。禅就是一种生活方式，它可以存在于生活的方方面面。

清晨，方丈奕尚禅师刚刚从禅定中起身，寺里传来阵阵悠扬深沉的钟声，整个山谷似乎都动摇起来。

禅师凝神侧耳聆听良久，待钟声一停，忍不住召唤侍者，询问道："今天早晨敲钟的人是谁?"

侍者回答道："报告方丈，是一个新来参学的小沙弥。"

奕尚禅师点了点头，吩咐侍者将这位小沙弥叫来。

奕尚禅师问这个敲钟的小沙弥，道：“你今天早晨是以什么样的心情在敲钟呢?”

小沙弥不知奕尚禅师为什么特意要见他，更不知道为什么要这么问他，忐忑不安地回答道：“没什么特别心情，只是为打钟而打钟而已。”

奕尚禅师道：“这不是你的心里话吧？你在打钟时，心里一定念着些什么？因为我今天听到的钟声，是非常高贵响亮的声音，只有虔诚的人，才能敲出这种深沉博大的声音。”

小沙弥想了又想，认真地回答奕尚禅师，道：“其实也没有刻意念着，只是我平常听您教导说，敲钟的时候应该要想到钟即是佛，必须要虔诚、斋戒，敬钟如佛，用犹如入定的禅心和礼拜之心来敲钟。就是这样而已。”

奕尚禅师听了很是高兴，他进一步提醒这个小沙弥，道：“往后处理事务时，都要保持今天早上敲钟的禅心，将来你的成就会不可限量!”

后来，这位小沙弥一直记着剃度师和奕尚禅师的开示，保持司钟的禅心，终于成为一名得道的高僧。

他就是后来继承奕尚禅师衣钵真传的森田悟由禅师。

带着禅意生活，让我们凡事认真些、主动些、努力些，凡事乐观些、平和些、宽容些。不为金钱所贪，不为名利所累，不以得喜，不以失悲，不为遭遇的困难挫折而灰心丧气，面对逆境泰然处之，面对顺境淡然对之，做一个大彻大悟之人；带着禅意生活，让我们简简单单做人、认认真真做事、快快乐乐生活，把握好现在。不要为过去的失误懊悔，不要为将来的未知迷茫，积极乐观地干好每件事，快快乐乐地过好每一天，收获心灵和精神的自由，收获自我的充实和幸福。

带一些禅意生活，是一种生活的艺术。百丈禅师写过一首诗，讲出家人的生活，“幸为福田衣下僧，乾坤赢得一闲人。有缘即住无缘去，一任清风送白云”。在乾坤天地之间，禅者是真正清闲自在的人，他们的生活是一种艺术的生活。阵阵清风，缕缕白云，就像禅者的生活一样，潇洒自在!

我们一般人说活得潇洒，实际上是硬着头皮说的，跟禅者相比根本算不得真正的潇洒。真正的潇洒是经得起物质考验的，是精神上的自由与超脱。

带一些禅意生活，是一种境界，禅宗有一句话，叫做“如人饮水，冷暖自知”。这是一种佛的生活境界。佛时时都在禅当中。佛的一举一动、一言一行，无不是禅。所以说“行亦禅，坐亦禅，语默动静体安然”，这是佛的生活。从很多佛像上，我们都可以从外表看到佛的那种安详、自然、喜悦，这是觉悟者的境界。

带一些禅意生活，就要珍惜生命和现在。生命就在一呼一吸间，所有的未来都是现在的结果。所以只有珍惜现在，才能领悟生命的真谛，享受生命的美好。

我们应该追求事业的成功，但将名利视如鸿毛；追求生命的圆满，但不放纵欲望；看透人生的终极悲剧，但不悲观失落。在淡泊中坚守，在繁华时清醒，以淡然为底色，成就生命的华章。在如梦的人生中，潇洒处世。在生命终点处，回望前尘，亦觉人生无憾，从而不悔恨、不悲伤。

我最初下定决心，不参加任何一派，做一个逍遥派是我唯一可选择的道路，这也是一条阳关大道。

——季羡林

（曾任北京大学副校长，中国著名文学家、语言学家、翻译家、散文家）

人生至境是逍遥

提起逍遥就无法避免一个名字：庄子。庄子写过一篇名为《逍遥游》的文章，在文章中，庄子从对比许多不能“逍遥”的例子说明，要得真正达到自由自在的境界，必须“无己”“无功”“无名”。所谓“无名”，指消除功名利禄观念。“无功”指破除是非观念，顺应自然。所谓“无己”，也就是《齐物论》中所说的“吾丧我”的超然状态，连自己都忘记了，身外的功名利禄就更不会放在心上了。无名、无功、无己，实际上是三个层次，对一般人来说，要做到无名就极为困难。

达到“无己”这个层次的人，庄子称其为“至人”或“真人”。“至人”是庄子理想中的最高人生境界。

在《逍遥游》中，庄子描写了藐姑射之山上的神人。神人不食五谷，吸风饮露，乘云气，御飞龙，游于四海之外。因为达到了物我合一、荣辱两忘，所以世上没有任何东西可以伤害他，水不能淹没他，火不能灼伤他。他不计较利害得失，不贪生，不怕死，泰然而处，无拘无束，不忘记自己从哪里来，不问自己要到何处去，顺乎自然，逍遥自在。

庄子认为的“逍遥游”的境界，即绝对自由的“无待”境界。而只有“无功”“无名”“无己”才能达到“无待”。又只有把“无用”作为“大用”，真正做到“无为”，才能做到“无功”“无名”“无己”。因此，“无为”是达到“无待”这一最高境界的唯一手段和途径。正所谓“逍遥”者，“无为也”。

纵观庄子的一生，他虽然物质上穷困，政治上潦倒，但是他始终追求着逍遥的境界，这是一种无关乎名利、生死的至高境界。

庄子的生活很穷困，以至于有一次他不得不向管河的一位官吏借米。那位官吏满口答应说：“没有问题，等我收到田租时，借给你三百两金好啦!”其实庄子借米是为了救急，听到这样的答复，他说：“我昨天来这儿的时候，途中听到有人喊我的名字，我环顾四周，没有人影。原来是车子压过的沟中有条鲋鱼在叫我，我问它有什么事，它说：‘我是东海里的波臣，你能否给我斗升的水，救活我的命。’我回答说：‘没有问题，等我向南游说吴越的君王，请他们用长江的水来欢迎你好啦!’这时那条鱼大发牢骚说：‘我一时失策，处于这种困境。如果你能给我斗升的水，还能活下去；而现在你竟用那话搪塞我，不如早点到卖干鱼的店铺中来找我吧!’”

从这个涸泽之鱼的故事中我们可以看出庄子的贫穷。但是，庄子虽然很穷，他对金钱看得非常淡，从另外一个庄子讽刺曹商吮痈舐痔的故事中也能看出来。于此，庄子超脱了“利”。

庄子的官职很低，只是个管漆园的小吏，他却并不因为自己职位很低，便拼命地去追求功名。有一次他到梁国去看惠施，有人向惠施挑拨说：“庄周的口才比你好，他来了，你的相位就难保了。”

惠施于是很着急，便通令在城中搜寻他三天三夜。庄子登门去见惠施，说：“你知道南方有一种名叫鹓雏的鸟吗？它从南海飞向北海，在辽阔的途程中，不见梧桐不宿，不遇竹实不吃，不逢醴泉不饮。正在它飞时，下面有一只鸱鸦，口里正衔着一只腐鼠，那只鸱鸦生怕鹓雏来抢他口中之物，急地仰头大叫一声：‘吓!’现在你也想用梁国的相位，来向我吓一声吗?”

事实上，庄子非但不会去争取别人的相位，即使把相位恭恭敬敬地送给他，他也不会接受的。于此，庄子超脱了“名”。

庄子的妻子死了，他的朋友惠施来吊丧，看见庄子非但不悲哀，反而直着双脚，坐在地上，敲着瓦盆在唱歌。最后他又遭遇到自己的死。在他临终时，几位亲近的弟子商量如何好好地安葬老师。

庄子便说："我把天地当棺椁，日月当连璧，星辰当珠玑，万物当赍品，一切葬具都齐全了，还有什么好商量的。"

弟子们回答说："没有棺椁，我们生怕乌鸦老鹰吃了你。"庄子微笑地说："弃在露天，送给乌鸦老鹰吃；埋在地下，送给蝼蛄蚂蚁吃，还不是一样吗？何必厚此薄彼，夺掉这边的食粮，送给那一边呢？"于此，庄子超脱了"死"。

庄子超脱名利、生死，达到了真正的逍遥。在这个竞争激烈的商业社会中，我们每一个人在社会生活中都会常常感到日常生活对我们的束缚，感到不自由，或者说不够"逍遥"。但是，有哪一个人会达到完全意义上的"逍遥"呢？有那么多的竞争，有那么多的诱惑，有那么多的变化，寻找一方心灵桃花源几乎不可能。

名和利是使人类失去自由的脚镣和手铐，而死亡却使人类的一切化为乌有，注定了命运的悲剧。试想一个人，如果能挣脱名利的束缚，跳出死亡的陷阱，还有什么烦恼痛苦可言。庄子之所以能逍遥，即在于此。

我们要想活得逍遥，就要怀抱一种率性、自然的人生态度，庄子所谓的"无何有之乡，广漠之野"，实际上就是要让人从对现实的迷恋和执着中抽身而出，回归到与自然和谐的精神家园中来，回归于自己的本来面目。

冯友兰对此的解读是：一个人若拘于"我"的观点，他个人的祸福成败，能使他有哀乐；超越自我的人，站在一个较低的观点看"我"，则个人的祸福成败，不能使他有哀乐。只有跳出自我的局限，才能看到另一番天地，进而才会恍然大悟。

要想自由逍遥地生活，就必须如冯友兰所说，跳出"我"的限制，站在一个较高的观点上、甚至可以站在旁观者的立场上，去看人生。如此，再大的惊喜便也少了几分冲动，再大的伤痛便也减轻了几分。人生无非是一趟奇特的旅行，以看风景的心情去欣赏人生，就能打破"我"的束缚，用"不以物喜，不以己悲"的豁达心态，在属于自己的天空中自然翱翔。

在这个世界上，一个人如何才能获得逍遥的自由境界，这是庄子用他的一生在讲的问题。庄子提醒我们："丧己于物，失性于俗者，谓之倒置之民。"就是说，一个人如果自己迷失在物质世界中，如果把自己的真性情流失到世俗之中，那么这个人就是一个本末倒置的人，就无法获得心灵的自由。

中国人得势时都信儒教，不遇时都信道教，各自优游林下，寄托山水，怡养性情趣了。

——林语堂

（曾任北京大学教授，中国当代著名学者、文学家、语言学家）

辟一方净土，诗意栖居

德国伟大的哲学家海德格尔到晚年时，幡然醒悟，回归到了诗性的境界，写下了这句话：“人，当诗意地栖居。”这一句雅致的话震惊了全世界。泰戈尔也曾说：“死之烙印将生命本真烙在生之硬币上，是它去购买那些真正有价值的东西。唯有诗意地生活，才能清明淡然地看待纷争的世界，让烦扰不再。”

人的一生，是生命表达的过程，如果以诗的形式表达，人生就是诗。泰戈尔有这样的诗句：“生如夏花之灿烂，死如秋叶之静美。”一个人来到世上是偶然的，离去却是必然的。所以热爱生命，崇尚自由，方能为自己开辟一方诗意的净土。

诗意栖居，给我们指明了一条闪现光明的林荫路。诗意的人生就是用审美的眼光和审美的心胸看待世界，照亮万物一体的生活世界，体验无限的意味和情趣，从而享受现在，回到人的精神家园。

诗意地栖居，可以收获一份别样的意境。陶渊明在“采菊东篱下，悠然见南山”的田园生活中觅得了闲适和淡然；梭罗于湛蓝的瓦尔登湖中获得了超然与恬静。诗意地栖居，与自然拥抱，脚踏大地，仰观星辰。

诗意地栖居也就是诗意地生活，诗意不仅仅是诗人才应该有，我们平常人也应该有。诗意也不应仅仅理解为诗歌中的意境，不应仅仅是在写诗时才有。诗意是对世界、对人生的爱，诗意的生活是真正的“人”的生活。

留心世界，你会发现每一个早晨和夜晚，每一个日出和日落、每一片叶子、每一朵鲜花都是充满诗意的。诗意其实很平常，春天萌发的嫩叶、深秋凉丝丝的雨，登高望远所看到的广阔天地，这些都是诗意。

要想诗意地栖居，就要有一颗诗意的心。我国著名美学家宗白华热爱自然，自然的景象能时时激起他心中的灵感和他的诗意。

宗白华在《我和诗》一文中写道：

我小时候虽然好玩耍，不念书，但对山水风景的酷爱是发乎自然的。天空的白云和覆成桥畔的垂柳，是我孩心的最亲密的伴侣。我喜欢一个人坐在水边的石头上看天上白云的变幻，心里浮着幼稚的幻想。风烟清寂的郊外，清凉山、扫叶楼、雨花台、莫愁湖是我同几个伙伴每星期日步行游玩的目标。我记得当时的小文里有“拾石雨花，寻诗扫叶”的句子。湖山的情景在我的童心里有着莫大的势力。一种罗曼蒂克的遥远的情思引着我在森林里、落日的晚霞里、远寺的钟声里有所追寻，一种无名的隔世的相思，鼓荡着一股心神不安的情调；尤其是在夜里，独自睡在床上，顶爱听那远远的箫笛声，那时心中有一缕说不出的深切的凄凉的感觉，和说不出的幸福的感觉结合在一起……

宗白华有着诗意的心境，所以，他感受到了自然中的美和诗意。相反，如果缺乏一颗诗心，昏蒙愚暗，那么在大自然的美景面前就会什么也看不到，也毫无感触。拥有一颗诗意的心，还要有一些知足的、超然的人生态度。

现在的大多数人，孜孜以求的是物质的享受，不仅不懂得欣赏自然之美，而且还把高尚的精神的追求驱逐出心之国门。他们关注的都是外在的东西，很少关注自己的内心世界，这样的心灵只能是一颗平庸的心灵，这样的生活是沉重的，是干涩的，是远离诗意的。

从道格拉斯·马罗区的诗中，我们或许可以得到一些启发：

如果你不能成为山顶的一株松，
就做一棵小树，生长在山谷中，
但须是最好的一棵。
如果你不能成为一棵大树，
就做一棵灌木。
如果你不能成为一棵灌木，
就做一叶绿芽，让公路上也有几分欢娱。
……
世上的事情，多得做不完，
工作有大的，也会有小的，
该做的工作，就在你身边。
如果你不能做一条公路，
就做一条小径。
如果你不能做太阳，
就做一颗星星。

不能凭大小来论断你的输赢，

只要你努力做到最好。

这首诗中透露着知足与感恩，这也是诗意，诗意不仅是大自然的美不胜收，还是心灵的知足恬淡。诗意存在于生活的每个角落，也存在于人的生活态度之中。诗意很简单，也许是午后阳光下的品茗，也许是失利后的一笑而过，更也许是一段夹带苦涩的回忆，是泛黄的日记本。诗意是触动心灵的一丝感动，它触手可及，时时就围绕在我们的身边，只是需要我们真正地用心去生活，去寻找，去发现。

诗意生活，要求我们会欣赏大自然。当我们在为生计奔波的时候，被各种压力压得喘不过气来的时候，我们要学会诗意地生活。要抽出时间，走进大自然，去倾听鸟儿的鸣叫，看苍苍莽莽的森林、潺潺的溪流。在享受自然的纯净时，自然便会给我们的心灵以慰藉，浮躁的心灵便会沉静如水。

要欣赏大自然，还要会欣赏社会，要在似乎不完善中发现内在的和谐。要欣赏柔婉和秀丽，要欣赏粗犷和豪迈，要欣赏幽默诙谐，还要能够品味自己的不幸，或者同情他人不顺遭遇的情感。人，当诗意地栖居，且让我们诗意地生活，拂去世俗的尘埃，清除红尘纷扰，双手合十，微笑着诗意生活，就像梭罗一样，找寻到深藏在瓦尔登湖中星辉斑斓的美好。

第三章 独处，是另外一种境界

当我沉默的时候，我觉得充实；我将开口，同时感到空虚。

——鲁迅

（曾任北京大学讲师，著名文学家、思想家、评论家、革命家）

学会默默地享受生命

法国伟大的哲学家卢梭说过："我立即将我的思想从低处升高，转向自然界所有的生命，转向事物普遍的体系，转向主宰一切的不可思议的上帝。"卢梭为了到花园里看日出，他必须起得比太阳早。为了享受一个只属于自己的下午，他迈着平静的步伐，到树林中去寻觅一个荒野的角落，一个人迹罕至，因而没有任何奴役和统治印记的荒野的角落，一个他相信在他之前从未有人到过的幽静的角落，那儿不会有令人厌恶的第三者跑来横隔在大自然和他之间。他静静地享受着大自然的美妙，享受着生命带给人的思考。

很多时候，人不是自己太孤独了，而是因为我们不太经常和内心的自己沟通了。你疏远了它，它也同样和你陌生起来。这个过程中很像神话传说中的灵魂归壳，开始是我们从那个真实的自我中走出，迷失于这个花花世界。也许我们的周围开始多了些许喧嚣，充满了这样或那样的诱惑，于是我们的心也开始变得难以平静。站在城市的街头，漫无边际地流浪和寻找着前进的方向，心里充满着浮躁与不安。自己努力地试着溶入那种喧嚣，但很难，于是渴望有份宁静，在宁静中默默地享受生命。

小罗和阿恒结婚已 5 年了。小罗现在是一个全职家庭主妇，不会有人想到她曾经是个十分优秀的商场经理。

小罗常常觉得有点失落、后悔和惋惜。她问自己，这几年在家庭中操劳这么久，她究竟得到了些什么。一座带小花园的属于她和阿恒的房子、一辆小汽车、一个孩子，生活给她的报酬难道就这么微薄吗？小罗想不通。

有一天，小罗在收拾屋子时，发现了一盘看上去很旧的录像带，她十分好奇，停下手里的活，将录像带塞进放映机里。

屏幕上，首先显示出这样一个画面，她抱着一大束玫瑰站在房门口，显得十分光彩照人。小罗想起那是4年前第一次收获自己种植的玫瑰。当时，看到自己辛勤除草、松土、灭虫的工作终于有了回报，她高兴得合不拢嘴。

屏幕上接着显示出这样的场景：宝宝摇摇摆摆地出现在屏幕上。他瞪着一对大眼睛，手指头含在小嘴里，一颠一颠地向镜头跑来。突然，他“啪”地摔在地上，随即号啕大哭起来。看到宝宝可爱的样子，小罗情不自禁地笑了。

看完录像带，小罗已感动得满眼泪花。原来这5年里，她获得了这么多欢笑和快乐。

生命本身就是个过程，这个过程需要我们默默地用心体会，如果能在这个过程中体会到生命的魅力，才真正懂得珍惜生命、享受生活。人们一直在寻找属于自己的远离时间尘嚣的世外桃源，其实，真正的世外桃源就在我们的心中，只要用心感悟便可获得，这是完全超越物质世界的审美体验，是一种陶醉于自我的快乐和享受。在这个喧嚣的都市里，静下心来，在独处中修炼自己，是把美丽的自然之灵魂种在心中。这样可以拭去太多太多的烦躁与不安，可以让疲惫、紧绷的心灵放松下来，默默地享受生活中隐藏的幸福。

默默地享受生命，不要在尘俗中庸碌之后，甚至在生命消失殆尽时才渐渐感悟。其实，默默地感受生活只是一种提高生活质量的处世态度，是一种冷静感受人生的深邃而智慧的境界。佛家讲，生活是一种修行。在这样一种修行中，我们需要有耐性，即使在无人问津的时候，也能自己默默地忍受孤独与寂寞，并且从中体悟到人生。

学会享受寂寞，寂寞是一种内敛的品质，这样的品质需要极大的智慧和定力，才能约束自己的心灵，不被喧嚣的俗物所污浊。多看书，多一些独立的思想，多体验一下寂寞，人生的真谛实际上就隐藏在极为平凡的事物中间。忍受寂寞，其实也就是在默默地享受着生命，这需要有一颗宁静的心。

王维有诗云：“人闲桂花落，夜静春山空。”说的就是一种空灵恬静的精神状态。此处的“静”有自然界的宁静，更是诗人内心淡泊明静的真实写照。一个人放下所有的思绪，品上一杯浓浓的香茶，释放一下自己的疲惫身心。在百忙或喧嚣中，留一点时间给自己，让自己慢慢享受。

在长夜到来的时候，或闭上眼，或看看星星和月亮，也许我们的心情就会好很多。学会默默地享受生命，或许我们就能坦诚地面对现实，笑迎阳光；或许我们就会少些浮躁，多些平静；或许我们就不再埋怨自己，努力在虚伪的世界里活出一个真实的自我。

孤而不独，是一种大境界、大自由。

——朱光潜

（曾担任北京大学教授，中国美学家、文艺理论家、教育家、翻译家）

有一种自由叫孤独

“人生而孤独”，孤独是人生的难题。生活就是一次关于孤独的修行，只有能够忍耐寂寞的人才能体会孤独的美好。周国平说，孤独之为人生的重要体验，不仅是因为唯有在孤独中，人才能与自己的灵魂相遇，而且是因为唯有在孤独中，人的灵魂才能与上帝、与神秘、与宇宙的无限之谜相遇。在交往中，人面对的是部分和人群，而在独处时，人面对的是整体和万物之源。这种面对整体和万物之源的体验，便是一种广义的宗教体验。

英国作家赫胥黎说：“越伟大、越有独创精神的人越喜欢孤独。”孤独不是温饱后的无病呻吟。孤独是灵魂的放射，理性的落寞，也是思想的高度，人生的境界。它没有声音却有思想，没有外延却有内涵，孤独是一种深刻的诠释，是不能替代的美丽。

生活本是一种磨炼，生命本是一种感受。梦起梦灭、缘来缘走，恰如天高云淡、海深水稠，皆是自然之中因果关系。所以忙碌时想追求自由，那就要在喧闹的环境中寻找孤独。孤独必会让人承受寂寞和痛苦。但如果懂得享受孤独时，那深邃的凄美和思绪的自由便会吐蕊而出，展现出一道美丽的风景线。

尼采说：“更高级的哲人孤独着，并非他想孤独，而是在他的周围找不到相同的朋友。”纵观中国历史长河，有多少仁义之士是在孤独中度过。有“僵卧孤村不自哀，尚思为国戍轮台”的陆游，在他报国无望之时，只好告知小儿“王师北定中原日，家祭无忘告乃翁”；也有“举世混浊而我独清，众人皆醉而我独醒”的屈原，因为他的心灵选择了正义，因此他尝尽了孤独的苦头。因为心灵上的孤独，他们才独上高楼，望尽天涯路，成就了历代被人歌功颂德的一代宗师。

对于爱因斯坦来说，在普林斯顿高等研究院的日子里，最重要的并不是科学研究，而是陪哥德尔散步回家。

哥德尔不爱与人交往，甚至在哈佛大学授予其荣誉博士学位、美国总统颁发给他国家科学奖等重要场合，都拒绝出席领取。

20世纪中叶爱因斯坦去世后，哥德尔更加深居简出。此时，这位被看作亚里士多德以来最伟大的逻辑学家，唯一的朋友是来自中国的王浩。

在世人眼中，哥德尔最耀眼的时刻莫过于1930年哥尼斯堡举办的国际数学会议。年方25岁的他在会议即将结束时，漫不经心地宣布了那个革命性的发现——不完全性定理。简单地说，就是在一个形式系统中存在一些命题，既不能证明它是真的，也不能证明它是假的。哥德尔的理论大大颠覆了人们对数学的传统观念。除了摇撼数学赖以生存的基础，哥德尔的不完备理论对许多领域产生影响，甚至包括法律上的“无罪推定”。

在普林斯顿待了20多年后，哥德尔才从访问学者转为正式教授，等待时间之长，可谓史无前例。博弈论的创始人之一冯·诺依曼曾经不平地说：“如果哥德尔不能当教授，我们这些人怎么可以当教授？”

一如他孤独的人生，他所研究的内容晦涩难懂。这位徘徊在知识边界的孤独者，始终不喜欢谈论自己或受到瞩目。他要求王浩在其死后才可以发表一篇有关他的传记。因此，王浩在书中告诫后来者：“一个人天赋再高，想获得一点真重要真耐久的成绩，必须对外界诱惑保持清醒的头脑，永不懈怠地埋头苦干，靠众人的喝彩、神秘的灵感或不诚实的手段根本做不到。”

对科学家而言，孤独不是悲凉，它能点燃智慧的火焰；它不是一种狂妄，那是到达成功的起点。科学家的孤独不是无端的空虚，也不是唯我独尊的孤单，而是一种深刻的钻研。在纷乱的社会环境中，又有谁能像哥德尔一样在孤独的探索中成就伟大呢？

孤独是一种美丽的心境，是一个人思想灵魂修养的体现，是难能可贵的一种风范。卞之琳曾说过这样一句话：“美丽的风景是孤独的，孤独的风景是美丽的，如果有一双慧眼，那么就去找那些美丽的风景吧，哪怕是一瞬间，就足以打动人们的心灵。”这句话是在告诉人们，懂得品味孤独的人，才会看到那一道别样的美丽风景。只有在品位孤独时，你才会发觉它的美丽，才会感受到它的魅力。

忍受寂寞，忍耐，默默担当一个大宇宙，像自然一样默默。

——冯至

（毕业于北京大学，著名诗人、翻译家）

寂寞是一种清福

寂寞是一种清福，《辞海》里说：“无聊寂寞。”由此可知，对于无聊者，寂寞是一种难耐的苦境，而对于有心者，寂寞却是一种难得的清静。无聊的人，即便身处闹市也会索然寡味，寂寞难耐；有心之人，哪怕独对旷野亦觉生机盎然，天开地阔。“人闲桂花落，夜静春山空”，此境非闲不得；“采菊东篱外，悠然见南山”，此意非闲难会。

苏轼身在庙堂陷身政务之时，佳作甚稀，而一旦置身民间得闲静思，好诗好词接踵而至；文天祥身陷囹圄，其身始闲，其诗方雄；杜少陵沉郁顿挫，惊人之笔，多成夜间；“夜里挑灯看剑，梦回吹角连营”，其言悲壮，其境雄壮，而写这首词的时候，辛稼轩却已鬓发萧然，已非少壮……

梁实秋也在《寂寞》的文章中这样写道：

寂寞是一种清福。我在小小的书斋里，焚起一炉香，袅袅的一缕烟线笔直地上升，一直戳到顶棚，好像屋里的空气是绝对的静止，我的呼吸都没有搅动出一点波澜似的。我独自暗暗地望着那条烟线发怔。屋外庭院中的紫丁香还带着不少嫣红焦黄的叶子，枯叶乱枝的声响可以很清晰地听到，先是一小声清脆的折断声，然后是撞击着枝干的磕碰声，最后是落到空阶上的拍打声。这时节我感到了寂寞。在这寂寞中我意识到了我自己的存在——片刻的孤立的存在。这种境界并不太易得，与环境有关，更与心境有关。寂寞不一定要到深山大泽里去寻求，只要内心清净，随便在市廛里、陋巷里，都可以感觉到一种空灵悠逸的境界，所谓“心远地自偏”是也。在这种境界中，我们可以在想象中翱翔，跳出尘世的渣滓，与古人同游。所以我说，寂寞是一种清福。

但是寂寞的清福是不容易长久享受的。它只是一瞬间的存在。世界有太多的东西不时地提醒我们，提醒我们一件煞风景的事实：我们的两只脚是踏在地上的呀！一只苍蝇撞在玻璃窗上挣扎不出去，一声“老爷太太可怜可怜我这个瞎子吧”，都可以使我们从寂寞中间一头栽出去，栽到苦恼烦躁的旋涡里去。至于“催租吏”一类的东西打上门来，或是“石壕吏”之类的东西半夜捉人，其足以使人败兴生气，就更不待言了。这还是外界的感触，如果自己的内心先六根不净，随时都意马心猿，则虽处在最寂寞的境地里，他也是慌成一片，忙成一团，六神无主，暴跳如雷，他永远不得享受寂寞的清福。

如此说来，所谓寂寞不即是一种唯心论，一种逃避现实的现象吗？也可以说是。一个高韬隐遁的人，在从前的社会里还可以存在，而且还颇受人敬重，在现在的社会里是绝对的不可能。现在似乎只有两种类型的人了，一是在现实的泥淖中打转的人，一是偶然也从泥淖中昂起头来喘口气的人。寂寞便是供人喘息的几口新空气。喘几口气之后还得耐心地低头钻进泥淖里去。所以我对于能够昂首物外的举动并不愿再多苛责。逃避现实，如果现实真能逃避，吾寤寐以求之。

寂寞就是这样一种清福，提到寂寞，许多人都会把它与孤独、苦涩、迷失、惆怅、伤感联系在一起。但是，如果你静心体会寂寞其实是宁静，是洒脱，是悠远，是自我一种难得的感觉，在感到寂寞时轻轻地合上门和窗，隔去外面喧闹的世界，默默地坐在书架前，用粗糙的手掌爱抚地拂去书本上的灰尘，翻着书页嗅觉立刻又触到了久违的纸墨清香。学会享受寂寞，你就学会了享受人生。

在越来越喧闹的尘世中，人们却越来越孤独，才情被泯灭，个性被消磨，爱情永不知足，友谊脚步蹒跚。有的人把寂寞写在脸上，有的人把寂寞藏在心里；一种是精神贫乏者的表现，另一种是精神富有者的象征。前者是因为他们不能或无法理解别人的许多思想和情感，后者是因为他们自己有很多的思想和情感体验得不到共鸣，不能被他人所理解。

几个年轻人嘻嘻哈哈地走进了山中小寺，只见一位老僧正手敲木鱼虔诚地在大佛的一侧诵经。轻人围着小寺转了一圈不仅见不到一个游客，连沙弥也没看到一个，只有那咚咚的木鱼声和着山野里的清风在耳边回响。年轻人觉得有点奇怪再次转回了那间不大的大殿问仍在闭目诵经的老僧道："和尚，你这庙里咋不见人影呀？"老僧微睁双眼反问道："我不是人？你不是人？咋说不见人影呢？"

"哦，我是说这寺里咋就只见到你一个僧人呢？"年轻人说。

"本来就只有我一个僧人，这又有什么奇怪的呢？"老僧平静地回答。

"你一个人在这深山古寺里不害怕吗？成天面对古佛清灯，与日月为伴，和山野为邻你不寂寞吗？要是叫我在这里生活我早就成疯子了，太孤单了呀！"年轻人叫了起来。

老僧停住手中的木鱼睁大双眼看着眼前的几个年轻人缓缓地说道："喜欢热闹的人是因为心灵感到寂寞，想用喧嚣来充实那颗寂寞的心；我不怕寂寞是因为我的内心无比的丰盈与充实，不需要别人的介入。所以我也就不惧怕冷清与寂寞了。"

其实，老僧的寂寞并不与交往抵触，孤独或许是一种财富。有些人常常在热闹中寂寞，是一种无法言状的累——无端地陪着他人说说笑笑，伪装着自己的真实内心。不能想自己想的事；不能做自己情愿做的事——只一味地迎合。有些人常常在寂寞中热闹，那是彻底表达的孤独，是一种自由的境界、智慧的境界、超凡脱俗的境界，也是交错着痛苦的人生境界。

那寂寞到底是一种怎样的境界呢？"四海无人对夕阳"的寂寞是清高的；"独钓寒江雪"的寂寞是孤傲的；"采菊东篱下，悠然见南山"的寂寞是洒脱的；"帘卷西风，人比黄花瘦"的寂寞是委婉的；"我歌月徘徊，我舞影凌乱"的寂寞是豪放的；"江畔何人初见月，江月何年初照人"的寂寞是惆怅的；"缺月挂疏桐，漏断人初静"的寂寞是哀怨的；"大漠孤烟直，长河落日圆"的寂寞是壮观的；"山光悦鸟性，谭影空人心"的寂寞是幽静的。

寂寞如同"阳春白雪"，曲高自然和寡；寂寞如同"高山流水"，知音唯有子期；寂寞如同"二泉映月"，忧愤不失追求。寂寞不仅是对镜时一种无法梳理的情绪，也是面壁时一种冷静思索的境界；它是一种思想，时而静若寒剑，冷冷痛彻心扉；时而迅如闪电，稍纵即逝；在每个寂寞的心中，它或许是内心深处最柔软、最不可触动的角落。

明月是寂寞的，洒向大地的依然是清辉一片；流星是寂寞的，陨落的瞬间依然有灿烂相随；空谷中的幽兰是寂寞的，却不因此而减退芳华；峭壁上的青松是寂寞的，却并不因此而衰老苍翠。耐住寂寞是一种风度，而细细品味寂寞则是一种清福。

你要发现自己的真，你得给自己一个单独的机会；你要发现一个地方的真，你也得有单独玩的机会。

——徐志摩

（曾任北京大学教授，现代诗人、散文家）

在独处中修炼自己

《诫子书》中有句名言："静以修身，俭以养德。非淡泊无以明志，非宁静无以致远。淫慢则不能励精，险躁则不能治性。"古人何其精辟也，一个"静"字道尽了人间真谛。清静无为，静心修炼，正是那如禅的境界。那静的前提是什么呢？就是学会独处。

每一个人的一生，都有过寂寞的体验，懂得寂寞，是人生的一种境界。"古来圣贤皆寂寞"，独处是对至高人生境界的一种追求。只有能独处的人，才能将全部心思用在目标上。不问结果，享受过程之美，才会使生命更有意义。正如一位哲人所说："只有伟大的人，才能在独处寂寞中完成他的使命。"学会独处，方能心如止水，方能领略到汹涌澎湃的大潮之美；空谷幽兰，才能绽放香飘弥久的绝世芳香。若要成为真正的强者，就要能够忍耐孤独，学会独处。

卢梭说过这样一句话："我最不感到厌烦的事情就是独处，我最忍受不了的事情就是闲聊。"独处并不是孤单和无聊，静下心来，在独处中提升自己的修为，是一种享受和境界。当我们独自一人坐下来，同时打开自己的心，我们就会看到一个新的世界。倒上一杯茶，独处一隅，独对自己最真实的内心，静静地思考自己的路，让自己的心灵得到净化，会发现宁静的美好时光，只有那些能够坚强面对孤独的人，才有力量成就伟大的事业。在独处中修炼自己，会让我们离美好的生活越来越近。

康德在 46 岁时获得教授职称，但在之后的 11 年里没有发表任何学术论著，当时有一些人认为他很无能。

其实在那十几年的时间里，康德正独自一个人默默地沉思，构思巨著。可是周围的人早已不再相信他的能力。一次，康德的一名学生在参加教授聚会时宣布康德正在创作一部伟大的著作，不料顿时引起教授们的一片起哄和调侃。康德对他们的嘲讽无动于衷，也不辩白，只顾埋首思考自己的著作。

后来，57 岁的康德开始动笔，仅仅用几个月的时间，便完成了《纯粹理性批判》一书的写作，证明了自己的价值。11 年没有作品问世的康德是孤独的，他遭受了众人的鄙夷，但孤独中的他并没有迷失方向，而是在孤独中沉思，化孤独为力量。对于能够承受孤独的人，孤独是洗礼；对于不能承受孤独的人，孤独则是梦魇。

可以看出，当我们像一位独居辛勤的农人埋头耕耘，不错过季节的春耕、施肥、锄草，做好要做的每件事，收获注定是必然的结果。这是给心灵放假，让自己走出心的藩篱的过程。学会一个人独处，才能感到与自然、与生活、与天地的灵与肉的结合，才能宠辱不惊，临危不乱，清贫而不贪，富足而不骄。

怎样才能在独处中修炼自己？我们应该首先做到树立正确的意识，不要害怕一个人去面对生活，要认识到独处是一种机会，是一个人走向成熟的必经阶段。另外，我们还要学会在独处时进行深层思考。凡事有自己的见解，不要急躁，不慌张，懂得静心。在一个独处时，学会抉择，学会认识事情的本质，就是在独处中修炼自己。

一个人独处一室，静下心来，可以让思维更加清晰。人一旦感到没有方向，就很有可能会胡思乱想，然后演变为烦躁、不安、消极。做任何事没有目的性，不知道自己为什么要做。迷茫时，我们最需要的是，让自己的心静下来，冷静调理好自己的思路，明确目标。做到这点，我们才能更有效地达到目标。

做一只无头苍蝇，到处乱飞，结果只是竹篮打水一场空。越是迷茫，我们越需要独处一室去思考、去审视。千万不能如一匹脱了缰的野马，仍然四处乱奔，没有了方向。我们要在迷茫时，能停下那匆忙的脚步，静下心来，冷静思考，然后整装待发，方可在独处中修炼一个更加优秀、更加出色的自我。

独处是人生中的美好时刻和美好体验，虽则有些寂寞，寂寞中却又有一种充实。独处是灵魂生长的必要空间，在独处时，我们从别人和事务中抽身出来，回到了自己。

——周国平

（毕业于北京大学哲学系，中国社会科学院哲学研究所研究员，当代著名学者、哲学家、散文家、作家）

品味独处，是生活的艺术

独处是一种美。不要单纯地以为，独处就是我们在刻意地追求人生中的那一份孤独的境界。只是现代社会有太多的纷扰和竞争，我们无法逃避它。在一些人那里，理智的防线每每趋于分崩离析，自我失落感残酷地困扰着他们的心灵，这给他的一生留下巨大的绝望和空虚。这时候如何去自我珍惜，如何给自己建构一个心灵的避难所，以获取安宁自由的心灵之乡显得多么重要。

独处不意味着孤独、孤僻、颓废、与世隔绝。当一个人真正地进入一种高尚纯洁的孤独境界时，他才可以将心灵的触觉更深地伸入生命的内核，审视自己的内心，作一些与现实距离上的调整、迂回，捕捉到生命中若隐若现的灵感、机遇和创造的契机，同时也会产生一种俯瞰人生的力量和信心。

独处，也不是“自古圣贤皆寂寞”的幌子。后者多少带有自嘲和悲观消极的色彩。相反，独处倒可能正是为了不甘寂寞。很难想象：一个不会和自己相处的人，可以很好地与他人相处；一个连自己都听不懂的人，能够听懂他人；一个不尊重自己的人，能够去尊重他人。

有这样一则故事：

从前，有一位大师，充满智慧，远近闻名。

这位大师讲道十分精彩，一个村子就请他去讲道。他接受了邀请。到村子时，早已有好几百人等在那儿了。隆重的迎接仪式过后，大师站在讲台上开始讲话，台下的人都竖起了耳朵。大师说：“我很荣幸今天能到这儿和大家在一起学习。但我想问一下，我今天要讲的内容，你们知道吗?”

全体听众都大喊着回答：“知道！我们知道!”

大师停下来，看着大家笑了，说道：“嗯，既然你们都知道了，我就不用讲了，对吧?”于是他一声没吭，下台走了。

村里的人都很失望，他们决定再请他一次，大师也答应了。这天到了，大师受到了传统仪式的迎接。即将开始时，他又问了和上次同样的问题。这次，大家都准备好了。所以当大师一问：“我今天要讲的话题，你们知道吗?”台下所有的人就一起喊道：“不知道！我们什么也不知道!”

大师停下来，脸上带着一丝调皮的微笑，说：“我亲爱的朋友，如果你们什么也不知道，我讲了也白讲，是吧?”还没等大家反应过来，他又走了，所有的人都惊呆了。他们都以为“不知道”就是大师想听的答案，但大家都拒绝放弃。他们问自己：“如果大师的问题既不能回答‘知道’，也不能回答‘不知道’，那到底答案是什么？我们怎样才能得到大师的智慧呢?”于是，村里开会讨论。他们集体商量好该怎么办，都觉得这回是胜券在握了。他们又一次邀请了大师。日子到了，大家又紧张又兴奋。同样，大师这次又问道：“我今天要讲的话题，你们知道吗?”

大家毫不犹豫，一半人喊："知道!"另一半人喊："不知道!"然后，大家就等着大师的反应。大师说："嗯，那让那些知道的人教那些不知道的人吧!"这给了在场的每个人当头一击，还没等大家缓过来，大师就静静地离去了。

这下该怎么办？村里的人还是不死心，他们决定再试一回。

大师来了，他又问了同样的问题。这次谁也没说话。每个人都在一种独处的状态里思考着自己的回答，没有一群人七嘴八舌，更没有人云亦云。台下静得连一根针掉在地下都听得见。在一片寂静中，大师最终开口了，他智慧的话语流淌到了大家的心田。

大师说道："只有在独处的寂静中我们才能听见心灵智慧的声音。"

由此可见，真正的独处是一种境界，不是身外无人，而是即使身处闹市之中也能得到一份恬静的心境。"非淡泊无以明志；非宁静无以致远"，独处本身就是一种淡淡的美。独处，可以不受空间的限制，如果你愿意，即使你置身于熙熙攘攘的人流和闹市之中，你依然可以独处。

独处的人对人对己都有一个客观而公正的态度。通过独处——这一主动的、有力的、积极的处世手段，正是为了更有效地面对现实，迎接挑战。独处不是孤独。孤独是一种无可奈何、无助的情感体验；而独处则是有益的、充实的、调解身心的手段。

独处是一种状态，只要你有意识地面对自己，自己和自己对话，自己在寻找自己，你总在独处着。越是惧怕独处的人，依赖性越强，缺乏自主性和独立性，自我意识也越不健全，因而也越不成熟。

如果一个人对自己的一切都了如指掌，就表示他有了清楚的自我概念。他就自然敢于面对自己，敢于做深层的自我探索。因而在独处时，他就会觉得坦然、充实。这种人是一个善于独处的人，一个成熟的人。善于独处的人，由于自我得到整合，他是一个健全的人。独处对他来讲，既是一种目的，又是一种手段。假借这种手段，他懂得如何更好、更有效地与人交往。

独处的时候，避开外部世界的一切干扰，静静地倾听来自自己内心的声音，会发现一个奇妙的世界：为平素难以启齿的冲动和欲望而生畏；为自己荒诞离奇的念头而惊异；为自己的过去而懊恼；为自己神圣而崇高的勃勃雄心而自信。当你学会独处的时候，你会发现，独处，是一种享受、一种境界、一种超脱。独处的好处太多了，独处的时间太值得了。

一切严格意义上的灵魂生活都是在独处时展开的。

——周国平

（毕业于北京大学哲学系，中国社会科学院哲学研究所研究员，当代著名学者、哲学家、散文家、作家）

享受孤独，接受生命的雕琢

歌德说过："人可以在社会中学习，然而，灵感却只有在孤独的时候，才会涌现出来。"乐于孤独的人将孤独看做是对人生的一种享受。他们不喜声张，不爱浮华，不求虚名，避开外界的干扰，快乐地享受着属于自己的生活。有人以为孤独是一种可怕的心理状态和生活状态，其实不然。孤独是一种追求、一种创造、一种境界，是产生大智慧的土壤。孤独并不可怕，它完全可以成为一种高贵的享受。

享受孤独的人绝非空虚的人，而是心胸阔大的人，无论处于顺境还是逆境，都能享受到人生之乐。对于他们来说，成功是结果，不成功也是结果，重要的是一直在努力，在探索和追求真理的过程中，获得一种充实和幸福。

哲学家是孤独的，他们在孤独之中思考生命的意义，并以此为乐。尼采就是这样一位孤独的哲学家。

尼采一生与孤独相伴。他经常漫步，以排解孤独。虽然他长期和朋友保持联系，有不错的交往，但是大多数时候尼采仍愿选择一个人独处。在给朋友的信里他写道："归来吧，回到孤独中来，我们俩都知道怎样在孤独中生活，也只有我们俩知道。"

在尼采 35 岁的时候，他到了一个几乎没有人造访的山谷里。太阳一升起，尼采"就来到一块靠近海边的幽静的岩石边，撑一把伞，躺在岩石上，像蜥蜴一样一动不动，眼前除大海和纯净的天空之外似乎什么也没有"。他在那儿待了很长的时间，直到黄昏的最后时分。《朝霞》就诞生在这个时候。

因此，一个人是否孤独，不是看他周围有没有人，而是看他的思维是否与周围的人一样。在这个世界上，最孤独的人永远是思想家和精神领域的创造者，因为他们的思想超越了他们所在的时代，无法赢得同时代人们的认同。

苏格拉底是孤独的，当时没有人懂他的"人不可能两次踏进同一条河流"所包含的深刻哲理；孤独的莫奈在大自然中看到了绚丽的日出，把它画下来，使人类拥有了一个"崭新的太阳"，而在当时却引来了一片嘲讽，因为世俗的人们看不到“太阳每天都是新的”，无法分享这非凡的感受。

孤独是一朵静静开放的莲花。静默独处时，人们会变得敏感，会发现和感知平日所忽略的事物。上帝给予了人们喜好结伴的天性，却又悄悄地把期望孤独的灵魂填进了人们的心中。孤独，并不是痛苦的惩罚，而是生命的一笔亮色，生命因孤独而精彩。

在夜里，轻轻地拉下窗帘，听着秋风瑟瑟，竹声簌簌，你便拥有了孤独。默默地沉思，有多少诗人，在这样的苦雨凄风中写下了不朽的佳句？

孤独沉淀了人们的思想，创造了惊世的华章。然而有人说：“孤独是心灵的财富，情感的荒园。纵然孤独使人们留下了那么多佳作，屈原却也因为一腔苦闷而投江，毕加索也结束了他那伟大的生命。”真是这样的吗？不是的。卢梭的晚年孤寂冷清，但他以细腻的心感知着一切：花、树、政治，以至于人类！他愉悦地回忆起了那位被他称作“妈妈”的夫人，他的童年及少年时代，深刻地探索着人生的每一步。是的，当我们打开那饱含智慧与决心的《忏悔录》时，还会认为他的孤独是他的不幸吗？

其实我们每一个人都有其孤独的一面，当我们深夜坐在台灯下的时候，当曲终人散，我们独自走在清冷的路灯下的时候，甚至在我们围着一炉火沉思的时候——孤独总是我们的影子。每一个人，当走在连着生与死的桥上，看着朋友、亲人一个个离自己而去，自己所走的路上只有独自一人时，会不会懊恼、哀叹、彷徨不定？孤独是生命中的一部分，我们得怀着乐观豁达的心理来看待它。在孤独时，我们用朴质的心聆听大自然的真谛，探索着宇宙洪荒的奥秘，回忆着一幕幕红尘往事……我们的心灵被那么多的喜悦、愁绪所淹没，谁能说这是一种痛苦呢？

复杂的社会生活使人变得成熟和世故起来。成熟和世故是一道墙，蛮横地隔断了我们与世界的天然联系，隔断了人与人之间的沟通与信任。当你感到生活枯燥、心绪不佳、精神不振时，享受孤独吧，它能像清泉一样滋润你心灵的田园，净化你的灵魂和周围充满污垢的生活。用心去感受生活，享受生活的内蕴，你会发现朝看旭日东升，夜观满天星斗，夏日泛舟荷莲，冬月踏雪寻梅，天地人群之间，处处饱含着人生乐趣。能享受孤独的人是纯洁的人、高尚的人，是甘心为别人而燃烧生命的人。他们就像灯塔守望者，面对着浩瀚的人生与自然的大海，用智慧之光给人们指引航向。

人在孤独时总是特别理性，能听到自己思想深处发出的细微声音，接受生命的雕琢。这个时候对事物的思索比任何时候都要真切，都要透彻。一切伟大的创造和发明不是来自灯红酒绿，而是来自孤独。只有在孤独的沉思中，才能远离尘世的喧嚣，心无旁骛地进入大自然和思想的王国。因此，当我们与孤独相遇时，与其一味哀叹，不如勇敢面对寂寞、体会淡泊，在孤独中接受生命的雕琢。

小智者咄咄逼人，小善者斤斤计较，小骄傲才露出不可一世的傲慢脸相。

——周国平

（毕业于北京大学哲学系，中国社会科学院哲学研究所研究员，当代著名学者、哲学家、散文家、作家）

低调是不动声色的智慧

《塔木德》中有一句名言："竖起桅杆做事，砍倒桅杆做人。"这句话本来是航海时的一个道理。竖起桅杆，就可以加快船的速度，从而加速航行；当遇到暴风雨时，就应该砍倒桅杆，降低重心，以保住人的性命。这句话几经演变，就成了人生的真理。只有低调做人，才能成就一番事业。

山不解释自己的高度，并不影响它耸立云端；海不解释自己的深度，并不影响它容纳百川；地不解释自己的厚度，但没有谁能取代它作为万物的地位。人生在世，我们常常产生想解释点什么的想法。

然而，一旦解释起来，却发现任何的解释都是那样的苍白无力，甚至还会越抹越黑。因此，做人不需要解释，便成为智者的选择。那么在当今社会，与人相处，关键就是要学会低调。

有这样一则故事：

一位叫强尼的人，从小就想开一家属于自己的餐厅，只是苦于没有资金。有一天，他看见一家中级餐厅在招服务员，就前去应聘，没想到还真应聘上了。于是他就想自己应该从小事做起，这样才能一步步地实现梦想。就这样，他成为一个小小的服务员。

这家餐厅是一对夫妻开的，夫妻相继去世后，就留给了两个儿子打理。由于强尼工作努力，又比较勤奋，没过半年时间，就当上了餐厅的大堂经理。这时他的权力也逐渐大了起来，不仅自己挑选服务员，而且每次都亲自去进货。虽然餐厅的老板是兄弟两人，但是餐厅的主要负责人其实是强尼。

后来，强尼将餐厅的主要事项基本摸清以后，就向老板提出想将这家餐厅买下来。两个老板一听非常惊讶，因为他们觉得强尼非常忠实地在餐厅做事，一直都很低调地负责餐厅里的大小事务，他们怎么也没有想到强尼竟然会将这家餐厅买下来。强尼提出的报价是 270 万美元，最终他以分期付款的方式将这家餐厅买了下来。后来他又开了几家连锁店，生意越来越好。

强尼正是因为低调做人，才能将餐厅的所有权归到自己的名下。如果他一开始就表现出做老板的想法，高调示众，估计干不了几天就被人扫地出门了。越是功成名就的人，越是低调做人的典范；越是能低调做人的人，越能在关键的时候成就一番事业。

低调是一种不动声色的智慧，而低调做人是一种人生境界、一种姿态、一种风度、一种修养。一个整天往自己脸上贴金的人，未必就是真正有内涵的人。低调做人的人，经常在暗中积累自己的实力和力量，厚积薄发。我们也十分欣赏这种韬光养晦的策略，只有具有这种气度的人，才能在某个领域作出骄人的成就。那么，与之相反，高调做人处世的人又是怎么样的结局呢？

许攸本来是袁绍的部下，虽说是一名武将，却足智多谋。官渡之战时，他为袁绍出谋划策，可袁绍不听，他一怒之下投奔了曹操。曹操听说他来，没顾得上穿鞋，光着脚便出门迎接，鼓掌大笑道："足下远来，我的大事成了！"可见此时曹操对他很看重。

后来，在击败袁绍、占据冀州的战斗中，许攸又立了大功，他自恃有功，在曹操面前便开始不检点起来。有时，他当着众人的面直呼曹操的小名，说道："阿瞒，要是没有我，你是得不到冀州的！"曹操在人前不好发作，强笑着说："是，是，你说得没错。"但心中已十分嫉恨，许攸并没有察觉，还是那么信口开河。

有一次，许攸随曹操进了邺城东门，他对身边的人自夸道："曹家要不是因为我，是不能从这个城门进进出出的！"

曹操终于忍耐不住，将他杀掉。

由此不难看出，凡是有成就的人，都会将自己的实力隐藏起来，只有这样，才能积蓄更多的实力。高调做人的人，一般都比较肤浅，这样的人，不会有什么内涵。一个整天想着如何让自己出名的人，能有多少时间去做自己应该做的事呢？

学会低调做人，就是要不喧闹、不娇柔、不造作、不故作呻吟、不假惺惺、不惹是非、不招人嫌、不招人妒，即使你认为自己满腹才华，能力比别人强，也要学会藏拙。而抱怨自己怀才不遇，那只是肤浅的行为。

低调做人，就是用平和的心态来看待时间的一切，修炼到此种境界，为人便能善始善终，既可以让人在卑微时安贫乐道，豁达大度，也可以让人在显赫时持盈若亏，不骄不狂。低调，是一种不动声色的智慧。

沉默是一种处世哲学，用得好时，又是一种艺术。

——朱自清

（毕业于北京大学哲学系，现代著名散文家、诗人、学者、民主战士）

保持静默的姿态，避开无谓的纷争

“病从口入，祸从口出。”有的人喜欢言谈，有的人则吝于出声，这完全取决于一个人的秉性，不能强求。

某大学有一位老教授，道德文章，有口皆碑。虽年逾耄耋，而思维敏锐，说话极有条理。不足之处是：一旦开口，就如悬河泄水，滔滔不绝；又如开了闸，再也关不住，水不断涌出。

每当学校召开大会，他一开口，必有人退席回家吃饭，饭后再回到会场，此时正值他谈兴正浓。许多会议的时间有限，被他这么一说，开会领导经常抓耳挠腮，坐立不安，此场面可想而知。

季羡林在讲到老年人忌话多时举了上面这个例子，他谈到因话惹祸，不在话多话少，有时候，一句话就能惹大祸。口舌惹祸，绝不限于老年人，任何人都可能由此引致祸患。

明朝时的宣宗皇帝非常喜爱诗词歌赋，他经常让朝中的大臣同他一块作诗，大臣们都非常谦虚，都说自己作出的诗比不上皇上的诗。只有一位学士，自认为博才多学，对其他人的诗都看不上眼，即使有人超过了他，他也不加赞扬。他还在私下里毫不谦虚地说：“我做的诗，连皇帝也看不懂诗里的奥妙。”

不想，这个学士的话传到了皇帝的耳朵里，皇上听后，十分生气，把那个学士找来，狠狠地训斥了一番，说他目中无人，轻视皇上和朝中大臣，然后又夺去了他的官职，把他赶出了京城。这位学士到这个时候才后悔，只好回家自己打自己的嘴巴了。

故事中的这位学士恃才傲物，大言不惭，最终自毁前程。纵横家鬼谷子在两千多年以前就认识到“言多必有数短之处”的道理。“马有失蹄，人有失言”，任何事情都不是滴水不漏的，话多必有空隙和不尽理想之处，不知道何时便触碰到他人的短处，为自己留下隐患。

子曰：“君子欲讷于言，而敏于行。”智者话说三分，点到即止，既留余地，又显现观点，常能让他人觉得理所当然、乐于接受。古人讲治文应“含而不露”，“用意十分，下语三分，可见风雅；下语六分，可追李杜；下语十分，晚唐之作也”。这不但是治学作文的诀窍，也是做人说话的诀窍。话多不等于一个人有见识、胸怀满墨，正相反，常常稀言的人往往是真材实料。

古代曾经有个小国到中国来，进贡了三个一模一样的金人，金碧辉煌，把皇帝高兴坏了。可是小国使者同时出了一道题目：这三个金人哪个最有价值？

皇帝想了许多的办法，请来珠宝匠检查，称重量，看做工，都是一模一样的。最后，有一位老大臣说他有办法。

皇帝将使者请到大殿，老臣胸有成竹地拿着三根稻草，插入第一个金人的耳朵里，稻草从另一边耳朵出来了。第二个金人的稻草从嘴巴里直接掉出来，而第三个金人，稻草进去后掉进了肚子，什么响动也没有。老臣说：第三个金人最有价值！使者默默无语，答案正确。

这就是金人三缄其口的故事。最有价值，不一定是最能说的人。说理三分、意境无穷，实在是大智慧、大修养、大气度、大学问，而再大就是大巧若拙、大智若愚。不过普通人想“三缄其口”，追求这种无言胜有言的境界也是虚妄，平时只要谨言慎行，为嘴巴做一个门闩，该开的时候就开一会儿，到了该休息的时候，就把它锁上，以防泄露自家的珍宝和弊端，这就是一种极佳的境界了。

当然，沉默是金并不是说人应该闭口不言，而是要言默得当，当说则说，不当说则三缄其口。懂得说话艺术的人非常明了这一点，真正做到了言默自在心头。这是因为他们掌握以下三条原则：

该说的对象便说，不该说的对象则不说。如有需要求人，遇到肯热心帮忙的人则说，否则便不能说；有些事遇到有性格沉稳之人可以说，遇上是非多端的人则不能说；对于性格腼腆的人不要乱开玩笑；对于有生理缺陷的人不要涉及相关的话题；对于妒忌心强的人不要谈论自己和别人的成就；对于异性不要有容易引起误会的措辞。

该说的事情便说，不该说的事情则不说。可以谈众所周知之事，不能谈别人的隐私；背后可以谈别人的优点，不可谈别人的过错；可以谈既成的事实，不可空谈今后的打算；可以谈对方感兴趣的事，不可谈对方忌讳的事。

该说的时候便说，不该说的时候则不说。在对方心情舒畅时可以谈求助之事，在对方心烦意乱时则不谈；在对方情绪低落时可以谈令对方振作之事，遇对方兴致很高时不可谈令对方扫兴之事；在对方喜庆的日子不谈不吉利之事，在对方哀伤的时候不谈惹人欢笑之事。如此，便能让我们才能少一些无谓的纷争，多一些静默的姿态，为人处世时更理智和自信，收获成功。

第七篇

享受当下的美好人生

第一章　回归简单，享受生活

人生即是我们人之举措设施。“吃饭”是人生，“生小孩”是人生，“招呼朋友”也是人生。艺术家“清风明月的嗜好”是人生，制造家“神工鬼斧的创作”是人生，宗教家“覆天载地的仁爱”也是人生。问人生是人生，讲人生还是人生，这即是人生之真相。

——冯友兰

（曾任北京大学哲学系教授，著名哲学家、教育家）

人生其实很简单

什么是人生？一个看似简单的问题，却像许多人所共知的事情一样，难以给出一个明确的答案。有人说，人生是一门艺术；有人说，人生是一个剪不断理还乱的谜团；也有人说，人生就是活着的过程……

人从呱呱坠地的那一刻起，直到停止呼吸的那一刻为止，每时每刻、每一个思想、每一个行为举动，一切的一切都是人生。人生就在日常生活中，甚至可以用吃饭来形容。

有一位阅尽世事的老人，对前来向他请教人生问题的年轻人说：“人生其实很简单，就跟吃饭一样，把吃饭的问题搞明白了，也就把所有的问题都搞明白了。”年轻人困惑不已：“漫长复杂的人生，如何能与再平常不过的吃饭相提并论?”

老人看着他充满疑惑的双眼，淡然一笑，接着说：“事实就是如此，只不过用嘴吃饭是人自出生那一刻开始，便拥有的一项无师自通的技能。然而，真正用心吃饭则有一定的难度，即便是有名师指点，也未必有几个能学得会。聪明者为自己吃饭，愚昧者为别人吃饭；聪明者把吃饭当吃饭，愚昧者把吃饭当表演；聪明者吃饭既不点得太多，也不点得太少，他知道适可而止，能吃多少就点多少，他能估计自己的肚子；愚昧者则贪多求全、拼命点菜，什么菜贵点什么，什么菜怪点什么，等菜端上来时又忙着给人夹菜，自己却刚吃几口就放下了，他们要么就是高估了自己的胃口，要么就是为了给别人做个'吃相文雅'的姿态；聪明者付账时心安理得，只掏自己的一份；愚昧者结账时心惊肉跳，明明账单上的数字让他心里割肉般疼痛，却还装出面不改色、心不跳的英雄气概，宛然他是大家的衣食父母；聪明者只为吃饭而来，没有别的动机，他既不想讨好谁，也不会得罪谁；愚昧者却思虑重重，既想拼酒量，又想交朋友，还想拉业务，他本来想获得众人的艳羡，最后却南辕北辙、弄巧成拙，不是招致别人的耻笑，就是引来别人的利用。吃饭本是一种享受，但是到了他这里，却成为一种酷刑。"

吃饭跟人生竟是如此的相似。人生中太多光怪陆离的东西，就像永远无法尝尽的食物一样，谁也无法说出哪些是好的，哪些是不好的，哪些值得追求，哪些不值得追求，哪种模式算是成功，哪种模式算是失败。

唯一确定的只有三点：第一，自己的事情自己承担，不要麻烦任何人为你代劳，也不要抢着为任何人代劳，就像吃饭无法让别人代劳一样；第二，要多照顾自己的情绪，少顾忌他人的眼色，顾忌别人太多，把自己弄得像演员，实在是一件出力不讨好的事情，就像吃饭是为了填饱自己的肚子，而不是为了表演吃相；第三，凡事最好量力而行，目标不要太高，就像吃饭，自己的口袋里有多少钱，胃口有多大，自己心知肚明，千万不要贪多求全。

如此看来，人生就像是一个看似简单、实则饱含深意的哲学命题。如果忽视其中的哲理、囫囵吞枣地过，人生可以简单到如动物般只有吃喝拉撒；如果像美食家一样，细细地品味其中的精髓，人生就必然滋味无穷。

有这样一则故事：

菲律宾《商报》登过一篇署名陈美玲的文章，作者感慨她的一位病逝的朋友一生为物所役，终日忙于工作、应酬，竟连孩子念几年级都不知道，留下了最大的遗憾。

作者写道，这位朋友为了累积更多的财富，享受更高品质的生活，他终于将健康与亲情都赔了进去。那栋尚在交付贷款的上千万元的豪宅，曾经是他最得意的成就之一，然而豪宅的气派尚未感受到，他却离开了人间。

作者问："这样汲汲营营追求身外物的人生，到底生命感知何在，意义何在?"

陈美玲写道:"'生活简单,没有负担',这是一句电视广告词,但用在人的一生当中却再贴切不过了。与其困在财富、地位与成就的迷惘里,还不如过着简单的生活,舒展身心,享受用金钱也买不到的满足来得快乐。"

"简单生活,没有负担",确实如此,不奢求华厦美屋,不垂涎山珍海味,过一种简单自然,但内心享受充实富有的生活。简单的生活,快乐的源头,为我们省去了多少汲汲于物外的烦恼。当我们用一种新的视野观察生活、对待生活时,我们就会发现简单的东西才是最美的,而许多美的东西正是那些最简单的事物。

风靡欧美的《简单生活》一书的作者丽莎指出:"每天都给自己一段独处的时间,好好问问自己,到底想过什么样的生活?什么是可有可无的?什么是必须去不懈追求的?这样的追问可以一直延续下去,还可以把每天的想法记录下来,这样我们便会看到,随着生活阅历的增加和思考的深入,我们的回答也不断成熟。只要我们不再一味追求外界的认可,疲惫无奈地生活在他人的注视之下,我们就会真诚生活,成为自己命运的主宰者。"让生活简单一些,我们就会感到轻松一些。其实,以一种顺其自然的生活态度来学习和生活,那么我们将少一些疲惫,多一些快乐。

平凡中的伟大,居于幽暗而自己努力像自然界的贵白草一样"不辜负一个名称",像往山上凿路的老人、化缘在孤岛上建造灯塔的人一样做有益的事业,体现平凡中的伟大。

——冯至

(毕业于北京大学,著名诗人、翻译家)

享受朴素的生活

曾几何时,对于现代都市人,"简单"成了一种奢求。"简单"像水,表面单纯,却内涵丰富,每个人都认识它,可不一定都了解它。"简单"是一种生活态度。

人类从原始社会发展到现代社会,生活方式由单调乏味变为丰富多彩;生活关系由真诚纯朴变为复杂难辨；生活目标由单一活着变为物欲膨胀。现代都市人都在为自己心中美好的生活努力拼搏，不惜透支身体、放弃感情，这也放不下，那也想不开，辛苦受累一辈子，临终了却是“死去元知万事空”。其实完全不用这么辛苦受累，因为生活的真谛几千年来一直没变，那就是简单而充实地活着。

其实，人具有享受朴素的生活方式的天性，因为只有朴素的生活方式，才能让人撕下伪装的面具，感受心灵的宁静与大自然的空灵，从而获得精神意义上的满足。所以，一个人，无论是贫困还是富裕都应该过朴素的生活。特别是富裕的人，如果他能够在富裕之后依然过着一种节俭朴素的生活，那么这个人一定是一个非常懂得生活的人。

一位华人首富拥有巨额的资产，但是他的生活似乎和他的资产并不对称。他曾经说：“就我个人来说，衣食住行都非常简朴、简单，跟三四十年前根本就是一样，没有什么分别。”

他用饭经常是一菜一汤，或者两菜一汤，饭后加一个水果。有时喜欢吃稀饭加咸菜，或者咖啡、牛奶、面包。在公司总部宴会厅宴请客人，通常连水果在内八道菜，碗是小号的碗，分量都是有控制的。没有大鱼大肉，只令客人吃到恰好分量，不致胀腹，也不致不够，力求做到不浪费。

在公司里，他与职员一样吃工作餐，他去巡察工地，工人吃的大众盒饭，他也照样吃得津津有味。他不抽烟，不喝酒，也极少跳舞，唯一的嗜好，就是打打高尔夫球。

他几次到汕头，穿的经常是一套黑色或者深蓝的西装。雪白的衬衣和条纹领带。西装很笔挺很整洁很得体。春夏秋冬几乎都一样。夏天天气热，巡视工地时有时也把西装外衣脱下来。有一个冬天，一位陪同人员曾经笑问他：“先生，您不怕冷吗?”

他答道：“我倒喜欢较冷的天气!”有时，西装衬里的骑缝线断裂开了，工作一忙起来，也就来不及叫人去缝好，碰到紧急公务穿起来就走，事后又忘记了这回事。他并不讲究衣着，如此而已。

奢华的生活掩盖的是人生的本质，只有朴素的生活，才能让人们重新回归，找回人生的本质，重新获知人生意义。我们的生活一旦从复杂中解脱出来，自然也会收获不少好心情。的确，世间许多事情都被人们自己复杂化了。

其实，世间本无事，庸人自扰之。生活中有太多纷扰，我们都不应有心理负担，虽然人在江湖，身不由己。我们能做到的，就是豁达一点，开朗一点，通透一点，从复杂中解脱出来，卸载心灵，简单生活。

人人都想快乐生活，但快乐不会轻易追随每一个人，只有真正懂得生活的人才能知晓快乐的真谛，那就是朴素的生活。一个人，当他从复杂中解脱出来，他就不会遭到日常琐事和焦虑的干扰而能够简单地生活，这就是快乐。反过来说，当我们剔除心中的各种物欲和焦虑时，我们就生活在简单的幸福中。

在短暂的生命里，人们总是难以避免这样那样的联系。面对复杂的人与事，朴素一些，保持超然的心境是明智之举。

但是，生活中，很多人还是无法做到朴素地生活，他们仍然在对物的追寻中劳力累心，觉得生活了无乐趣。当然，这种对物的追求无可厚非，但是一旦深陷其中，为其所役，就大大消解了生命的本来意义。

有位中年人觉得自己的日子过得非常沉重，生活压力太大，想要寻求解脱的方法，因此去向一位禅师求教。

禅师给了他一个篓子，要他背在肩上，指着前方一条坎坷的道路说："每当你向前走一步，就弯下腰来捡一颗石子放到篓子里，然后看看会有什么感受。"

中年人照着禅师的指示去做，他背上的篓子装满石头后，禅师问他这一路走来有什么感受。他回答说："感到越走越沉重。"

禅师于是说："每一个人来到这个世上时，都背负着一个空篓子。我们每往前走一步就会从这个世界上捡一样东西放进去，因此才会有越来越累的感慨。"

中年人又问："那么有什么方法可以减轻人生的重负呢？"

禅师反问他说："你是否愿意将名声、财富、家庭、事业、朋友拿出来舍弃呢？"那人答不出来。

禅师又说："每个人的篓子里所装的，都是自己从这个世上寻求来的东西，一旦拥有它，就会因为它负重。只有朴素地生活，你才能得到解脱。"

每个人的心灵都不尽相同，有的可以广袤高远，能容乾坤万物，能纳吉凶祸福，能装高山流水，能载喜乐哀愁。但是，不管怎样，装得太多，总会让生命难以承受，就像这个中年人一样，无法解脱、不能继续前行。

其实，每个人都一样，在人生的路上，不断追寻，不断增加自己心灵的负重，反而不能享受每一天平凡、质朴的生活。

要知道，物质是隔在生命本体和精神之间最大的藩篱，只有突破物质的隔阂，才能使得生命和精神融为一体，才能知道我们的生命需要的究竟是什么，才能从光怪陆离的生活中解脱出来，找到我们想要拥有的。

简单、朴素是平息外部无休无止的喧嚣，回归内在自我的唯一途径。外界生活的简朴有助于我们发现内心世界的丰富。我们也可以像智者那样自由自在地生活，为每一次日出、为草木的生长而欣喜不已，透过纷繁生活的表象探求生活的本质，探求生活的意义。

《金刚经》有这样一句话："一切有为法，如梦幻泡影，如露亦如电，应作如是观。"朴素的生活正是我们的精神不至于脱离本体的最好方法，只有在朴素的生活中，才能脱离物质造成的"乱花渐欲迷人眼"的处境，不断丰富自己的内心世界，更加深刻地体验生活，感受生活的幸福。

南怀瑾先生曾说："人之所以苍老，是由于受一切外界环境和自己情绪变化的影响。而不能保持一颗质朴的心，可以让生命永远保持健康，让生命永远保持青春，让自己回归自然，回归生活的原始本色。"

生活要多想些美好之处，因为生活毕竟不是只有鲜花，也不会时时充满阳光，也总有很多阴霾和风雨。我们要想成功地走出郁闷和哀愁，就要多想想生活中美好的一面，用朴素的心去追求幸福。

忙碌与智慧两者似乎无法并存。真正聪明的人不会忙碌，忙碌的人也绝不是真正聪明的人。因此，最智慧的人也就是最会享受悠闲生活的人。

——沈从文

（曾在北京大学任教，现代著名作家、历史文物研究家）

简单才是真，别活得那么累

卡尔逊说过："简单生活不是自甘贫贱。你可以开一部昂贵的车子，但仍然可以使生活简化。一个基本的概念在于你想要改进你的生活品质而已。关键是诚实地面对自己，想想生命中对自己真正重要的是什么。"在世俗纷扰的今天，人们几乎都在通过自己独特的途径探索最简单的、最符合心灵需求的新生活方式，以替代目前日渐奢侈、日渐繁冗的生活。

有这么一个比喻："我们所累积的东西，就好像是阿米巴变形虫分裂的过程一样，不停地制造、繁殖，从不曾间断过。"而那些不断膨胀的事物占据了全部的空间和时间，许多人每天忙着应付照顾这些事物，就已经手忙脚乱。这时候，就应该卸载生活中不需要的东西了。

史蒂芬是好莱坞的一位著名地导演，他曾经说过："我到过许多地方，发现世上许多人的生活比我们简单得多，然而却能体现他们自身的价值，更平静、更悠闲。

自然的生活原本是简单的生活，但是，我们的文化鼓励我们竞争，让我们一忙再忙。我们已经看不到窗外的阳光、听不到树林的声音，甚至无法一心一意地去做一件小事情。"人的一生难免会有许多欲望和追求。我们会在不知不觉中追求很多，拥有很多，却将我们的心灵弄得烦躁不堪。

住在田边的蚂蚱对住在路边的蚂蚱说："你这里太危险，搬来跟我住吧！"路边的蚂蚱说："我已经习惯了，懒得搬了。"

几天后，田边的蚂蚱去探望路边的蚂蚱，却发现对方已被车子压死了。原来掌握命运的方法很简单，远离懒惰就可以了。

一个孩子对母亲说："妈妈你今天好漂亮。"母亲问："为什么？"孩子说："因为妈妈今天一天都没有生气。"原来要拥有漂亮很简单，只要不生气就可以了。

有一支淘金队伍在沙漠中行走，大家都步伐沉重，痛苦不堪，只有一人快乐地走着，别人问："你为何如此惬意？"他笑着说："因为我带的东西最少。"原来快乐很简单，只要放弃多余的包袱就可以了。

生活看似是烦琐的，其实很简单，因为人们不肯主动去发问，去寻求帮助，去体会合作与和谐之美，就使整个生命变得复杂。在我们觉得不堪重负的时候，要学会"卸载"，删去一些不需要的东西，才能让我们更接近快乐的生活。

有一位作家非常赞赏瑞士奶牛和非洲狮子的生存哲学，他说："假如你的饭量是三个面包，那么你为第四个面包所做的一切努力都是愚蠢的。"生命需要轻载，当你觉得生活已经超载，不如将自己的烦恼和包袱放下来。

有这么一位行吟诗人，他一生都住在旅馆里。他不断地从一个地方旅行到另一个地方。他的一生都是在路上、在各种交通工具和旅馆中度过的。当然这并不是因为他没有能力为自己买一座房子，这是他选择的生存方式。

后来，鉴于他为文化艺术所作的贡献，也鉴于他已年老体衰，政府决定免费为他提供住宅，但他还是拒绝了，理由是他不愿意为房子之类的麻烦事情耗费精力。就这样，这位特立独行的行吟诗人，在旅馆和路途中度过了自己的一生。

他死后，朋友为他整理遗物时发现，他一生的物质财富就是一个简单的行囊，行囊里是供写作用的纸笔和简单的衣物；而在精神财富方面，他给世界留下了十卷优美的诗歌和随笔作品。

这位诗人的生活简单却富有意义。他的人生没有太多不必要的干扰，没有太多欲望的压迫，是一种简单而又纯粹的人生。把人生纯粹化，并不是要求人们都像行吟诗人那样，居无定所，在外流离。而是把世态人情想得简单一点，把做人做事想得直接一点。就是因为我们的复杂和隐讳，常常令人与人之间出现矛盾与不解，结果许多事情因此变得麻烦，许多争端因此不能被拆解。

有人这样说过，“简单不一定最美，但最美的一定简单”。最美的幸福生活也应当是简单的生活：简单地生活，可以放下一切，不必自寻烦恼；简单地生活，可以顺其自然，无为而为，可以发现周围的一切都是那么的美好。一个会化繁就简的人，做任何事情就会心无旁骛，都会令身边的人清楚明晰，他既不浪费自己的时间，也不浪费别人的时间。他将生活规划得有条不紊，生活也会给他以回报。

没有人因水的平淡而厌倦饮水，也没有人因生活的平淡而摒弃生活。

——海子

（1983年毕业于北京大学，著名诗人）

脱去华丽的外壳，还原生命的平凡

人生如梦，事情过去就过去了，如江水东流一去不回头。但其中的情节却在不停变幻。这让人想起了宋代诗人苏轼的一句诗：“人似秋鸿来有信，事如春梦了无痕。”意思是，人间事不外乎两类：一类是人可掌控的，前有信约而坚守的，就像秋鸿，到了季候就应约而来；而另一类犹似春梦，梦醒了也就忘了，唯有朦胧美意，却了无痕迹。一切皆是“无常”，繁华过尽是虚无。如果人们能体会到事如春梦了无痕的境界，那就不会滋生这样那样的烦恼了，也就不会陷入执着的怪圈不能自拔。

现代著名的女作家张爱玲，对繁华的虚无便看得很透。她的小说总是以繁华开场，却以苍凉收尾，正如她自己所说："小时候，因为新年早晨醒晚了，鞭炮已经放过了，就觉得一切的繁华热闹都已经过去，我没份了，就哭了又哭，不肯起来。"

张爱玲生于旧上海名门之后，她的祖父张佩伦是当时的文坛泰斗，外曾祖父是权倾朝野、赫赫有名的李鸿章。凭着对文字的先天敏感和幼年时良好的文化熏陶，张爱玲 7 岁时就开始了写作生涯，也开始了她特立独行的一生。

优越的生活条件和显赫的身世背景并没有让张爱玲从此置身于繁华富贵之乡，相反，正是这优越的一切让她在幼年饱尝了父母离异、被继母虐待的痛苦，而这一切，却不为人知地掩藏在繁华的背后。

其实，纸醉金迷只是一具华丽的空壳，在珠光宝气的背后通常是人性的沉沦。沉迷于荣华富贵的人通常多是肤浅的人，在繁华落尽时他会备受煎熬。转头再看，执着于尘俗的快乐，执着于对事物的追求，往往最受连累的就是自己，因为你通常会发现，你所执着的事物其实并不有趣，而且有时令你一无所得。

所谓"创业容易守业难"，随着生活条件的改变，便有人把注意力放在了享受上，贪图安逸、竞相攀比，在他们一掷千金的背后是一颗空虚的心灵。"由俭入奢易，由奢入俭难"，一旦养成了奢侈的生活习惯再想返璞归真，就难上加难。而那些有条件过繁华的生活却仍然选择过平凡的日子的人，反而是最不平凡的人。

两次获得诺贝尔奖的居里夫人一直过着简朴的生活。她和彼埃尔·居里结婚时的新房里，只有两把椅子，正好一人一把。居里觉得两把椅子未免太少，建议多添几把，为的是来了客人好让人家坐一坐。

居里夫人却说："有椅子是好的，可是，客人坐下来就不走啦。为了多一点时间搞科学，还是一把不添吧。"

几度春秋之后，这对没有给自己的新房增添一把椅子的年轻夫妇，却给世界化学宝库增添了两件闪闪发光的稀世珍宝——钋和镭。

从 1933 年起，居里夫人的年薪已增至 4 万法郎，但她照样"吝啬"。她每次从国外回来，总要带回一些宴会上的菜单，因为这些菜单都是很厚很好的纸片，在背面书写物理、数学算式，方便极了。她的一件毛料旅行衣，竟穿了一二十年之久。有人说居里夫人一直到死"总像一个匆忙的贫穷妇人"。

有一次，一位美国记者追踪这位著名学者，走到村子里一座渔家房舍门前，他向赤足坐在门口石板上的一位妇女打听居里夫人，当她抬起头时，记者大吃一惊：原来她就是居里夫人。

一个奢侈成风、沉溺于奢华享受的人是很难有所作为的，当一个人把精力放在吃穿用度上，想的全是如何过奢靡的生活时，就很容易“玩物丧志”，要知道，把精力投放于香车宝马上时，损失的不仅是金钱，还有时间和有限的生命。

恢复简单的心境，用简单的思想经营生活，静静地享用一顿简单的晚餐，传达一句简单的问候，发送一张简单的卡片，吟诵一首简单而又甜美的小诗……我们就可以过着诗一样的人生。

简单生活并不是要放弃追求，而是要抓住生活的本质及重心，去掉世俗浮华的琐务，领略身边的美好，从平凡中找出生活的乐趣。

其实，世界并不复杂，只要心简单就行了；如果心复杂了，世界就复杂了。悟出简单的人自会轻轻松松地享受人生。从根本的意义上明白人活着都要吃饭穿衣，你就会自然想到飞扬只是人生的一瞬，平凡细琐才是生命的永恒。

人生像一条河流，虚无缥缈的荣华浮在水面上，沉重真实的情感都沉入于河底。一切看起来是那么绚丽多彩，数不尽的繁华旖旎都在人生的黑匣里，待到雾散云开，方才明白所有的虚幻只不过是雾中花，水中月，如缕缕微风轻轻擦过水面，淡淡涟漪过后，一切都将归于平淡。留一份淡泊给自己，生命自然会天高、云淡、风清。

生活中的很多担忧，多半是不会发生的。

——鲁迅

（曾任北京大学讲师，著名文学家、思想家、评论家、革命家）

去除忧虑，让生命简单化

应用心理学之父威廉·詹姆斯教授曾经告诉他的学生说：“要愿意承担这种情况……能接受既成事实，就是克服随之而来的任何不幸的第一个步骤。”林语堂先生在他的《生活的艺术》里也谈到了同样的概念：“能接受最坏的情况，在心理上就能让你发挥出新的能力。”

当我们接受了最坏的情况之后，就不会再损失什么，也就是说，一切都可能寻找回来。“在面对最坏的情况之时，”威利斯·卡瑞尔告诉我们，“我马上就轻松下来，感到一种好几天来没有经历过的平静。然后，我就能思想了。”他的说法很有道理。

可是现实中还有成千上万的人因为忧虑而毁掉自己的生活。因为他们拒绝接受最坏的情况，不肯由此作出改进，不愿在灾难中尽可能抢救出一点东西，他们不但不愿意重新构筑自己的财富，还沉浸于过去失败的记忆中不能自拔——终于，使自己成为忧虑的牺牲者，他们摧毁了自己奠定成功的最后一块基石——健康。正如巴尔扎克所说：“淡淡的哀愁确能增加一种妩媚，但它最终会加深脸上的皱纹，毁掉一切容貌中最可爱的容貌。”与其躺在忧虑的摇椅上，独自老去，不如站起来，直面最坏的现实，摧毁这把摇椅。

一个参加诺曼底战役的士兵回忆道：“1944 年 6 月初，我躺在奥玛哈海滩的散兵坑内，我们刚刚登陆诺曼底。我环顾坑内——真的只是地上的一个坑，我对自己说‘实在太像墓穴了’，当我躺下准备睡觉时，真的感觉是在坟墓里。我不由自主地想：这也许真的就是我的坟墓。

“晚上 11 点左右，德军开始轰炸，四处炸弹开花，我惊恐莫名。最早的前面的两三晚，我完全无法入睡。到第四晚和第五晚，我快要崩溃了。我知道再不想办法，我会发疯的。我只有提醒自己已经过了五个晚上了，我还没有死，我的同胞也还活着，只有两位挂了彩，倒不是因为德军，而是被我们自己的高炮所伤。我决定做点有意义的事来克服忧虑。

“于是我为自己的身体加盖一层薄木，以免被高炮伤到。我想到我们部队分散得很广，只有炸弹直接命中，我才会在‘坑’内被炸死，我估计直接命中的几率只有万分之一。几个晚上我都以这种想法度过，我开始定下心来，后来即使在轰炸中，我也能睡得着。”

人的忧虑和烦恼大部分都来自你想象中的那个墓穴，而非现实中的坑。伟大的法国哲学家蒙坦也犯过相同的错误。“我的生活中，”他说，“曾充满可怕的不幸，而那些不幸大部分都是从来没有发生过的。”人们常常会被这些从来没发生过的不幸所折磨、摧残，在忧虑的摇椅上诚惶诚恐。

一个商人的妻子不停地劝慰着她那在床上翻来覆去、折腾了足有几百次的丈夫：“睡吧，别再胡思乱想了。”

丈夫说：“你是没遇上我现在的情况啊！几个月前，我借了一笔钱，明天就到了还钱的日子了。可咱家哪儿有钱啊！你也知道，借给我钱的那些邻居们比蝎子还毒，我要是还不上钱，他们能饶得了我吗？为了这个，我能睡得着吗?”他接着又在床上继续翻来覆去。

妻子试图劝他，让他宽心：“睡吧，等到明天，总会有办法的，我们说不定能弄到钱还债的。”

“不行了，一点儿办法都没有啦!”丈夫喊叫着。

最后，妻子忍耐不住了，她爬上房顶，对着邻居家高声喊着：“你们知道，我丈夫欠你们的债明天就要到期了。现在我告诉你们：‘我丈夫明天没有钱还债!’”她跑回卧室，对丈夫说：“这回睡不着觉的不是你而是他们了。”

如果当凌晨三四点的时候，你还忧虑在心头，全世界的重担似乎都压在你肩膀上：到哪里去找一间合适的房子？找一份好一点的工作？怎样可以使主管对你有好印象？儿子的健康，女儿的行为，明天的伙食，孩子们的学费……可怜！你的脑子里有许多烦恼、问题和急待要做的事在那里滚转翻腾。墙上糊的纸好不好？女儿的男友配得上她吗？粮食会不会又要涨价了？你的思绪东飘西荡，你仿佛永远不能再入睡了。

如此众多的令人忧虑的事情，有旧的，也有新的；有重大的，也有微小的，而富有想象力的忧虑者总有办法将路上的行人同远古时代联系起来。假如太阳燃尽了，一年四季可能完全成为黑夜吗？如果低温冷冻中的人再苏醒过来，他们还能活多久？如果一个人没有了小脚指头，他能否在球场上进球呢？你的一生就这样在忧虑中度过，然而无论你多么忧虑，甚至抑郁而死，你也无法改变自己置身其中的现实。

一位诗人曾经写道：“我把忧虑写在水里，河水把它冲走了；我把忧愁写在沙里，海水把它冲散了；我把忧愁写在梦里，黑暗把它带走了；我把忧愁写在生命里，时间把它带走了。”无言的哀痛是会向那不堪重负的心低声耳语，叫它裂成碎片的，所以与其把忧虑隐藏心中，不如开放心情，将忧虑和你担心的事情倾泻出来。

王欣第一次去见她的心理医生，一开口就说：“医生，我想你是帮不了我的，我实在是个很糟糕的人，老是把工作搞得一塌糊涂，肯定会给辞掉。就在昨天，老板跟我说我要调职了，他说是升职。要是我的工作表现真的好，干吗要把我调职呢?”

可是，慢慢地，在那些泄气话背后，王欣说出了她的真实情况。原来她在两年前拿了个MBA学位，有一份薪水优厚的工作。这哪能算是一事无成呢?

针对王欣的情况，心理医生要她以后把心里想到的话记下来，尤其在晚上睡不着觉时想到的话。

在他们第二次见面时，王欣列下了这样的话："我其实并不怎么出色，我之所以能够冒出头来全是侥幸。""明天一定会大祸临头，我从来没主持过会议。""今天早上老板满脸怒容，我做错了什么呢?"

她承认说："单在一天里，我列下了 26 个消极思想，难怪我经常觉得疲倦，意志消沉。"

王欣听到自己把忧虑和害怕的事念出来，才发觉自己为了一些假想的灾祸浪费了太多的精力。

如果你感到情绪低落，可能是因为你老是在给自己灌输消极的信息。如果是这样，建议你听听自己内心说的话，把这些话说出来或写下来。这样，你便能控制自己的思想，而不是被思想套牢了。把忧虑和害怕的事情说出来或写出来，你就会发现许多消极的念头都是多余的。

把忧虑藏在心中，你的忧虑就会加倍。许多人有忧虑与不安时，总是深藏在心间，不肯坦白说出来。其实，这种办法是很愚蠢的。内心有忧虑烦恼，应该尽量坦白讲出来，这不但可以给自己找出一条出路，而且有助于恢复头脑的理智，把不必要的忧虑除去，同时找出消除忧虑、抵抗恐惧的方法。解除忧虑的办法是始终存在的，只要你及时扫除心灵的垃圾，将忧虑写在沙上，甚至连"绝望"本身也能帮助你走出困境。当你担心一切都完了的时候，殊不知一切才刚刚开始，把忧虑写在沙滩上，然后转身离去，再也不回头张望，海水就会涨上来，把你写在沙上的忧虑全都带走。

心灵若不能简单一些，就很难感受到生活的幸福。

——马坚

（曾任北京大学教授，中国当代著名哲学家、语言学家）

让心灵回归简单

简单如高天上的流云，高山上的流水，让凝涩的人生流畅，把板结的心情融化，使喧哗的世界灵动。

简单会使精神有了一种高尚感，心灵有了一种净化感，灵魂有了一种安详感，身心有了一种健康感。简单的生活，造就了高尚的人格，那才是真不简单。

简单不是浅陋，是海洋中午的静谧和深邃；简单也不等于平庸，是高原深秋的宽广无垠；简单不是不要丰足小康、明快多彩的生活，不是拒绝浪漫情怀、潇洒风度，它只是喧嚣中保持一份空灵，不去凑那份热闹；只是流行中认定平淡如金，不去追什么潮流赶什么时髦。简单使人宁静，宁静使人快乐，而快乐才是生命不断走向高处的动力。

简单生活是一门艺术。千头万绪的工作，用简单明快的方法化解，是一种高深的智慧。千变万化的生活，用简单的心灵品味，是一种至高的境界。人要想有所作为，想在生活中健康有力地向前走，就不能背负太多无用的东西，应当学会清理和放弃，保留需要的东西，丢掉不需要的东西。

有时候，生活简单一点，人生反而会觉得更踏实，相信很多人都有这样的体会。在一个闲暇无事的黄昏，喝茶、散步、欣赏风景，的确不失为享受生活的简约之美。但是，即便是这样简单的生活，很多人都是难以想象的，因为他们的心灵太过于匆忙，太过于复杂了。

每天晚饭后，玛丽的家人都会各自做自己的事情，彼此之间也很少交流。玛丽 17 岁的儿子会选择上网，沉迷于自己的世界；丈夫会忙于一天的工作总结，观看各种赛事以及读书看报等；玛丽也似乎很忙，网络聊天工具上也有很多人在等着她的回应。

一天夜里，玛丽所在的社区停电了，一家人只能围坐在炉火前，望着窗外的星空，简简单单地闲聊着。

桌上几只蜡烛跳动着火焰，炉中黑色的铁锅在冒着热气。玛丽静静地聆听，静静地观察，她突然发现停电的夜晚，让他们感到比以往都愉快。

感受到这种微妙的体验，玛丽忽然很感动，觉得发现了许多事情的真相，黑暗给人们带来的不仅有神奇的萤火虫，还有城市的静寂、久违的家庭温馨和关怀。更重要的是，这样的夜晚，让他们都感受到了不那么忙碌、让心灵回归简单的快乐和惬意。

其实，简单一些，便可以解除一些心灵之累，何必奢望浮名耗费心机，为觅不到人生的雄奇博大叹气呢？懂得“我是我自己的”，当然不屑企求别人的承认；知道昨天的经验教训只是为了今天活得更好，又何须为过去的伤心事哀痛不已？

生活就好像带着背包去旅行，装的东西越多，自己的脚步就会越沉重。所以，与其让自己在疲惫与痛苦中前行，不如将心里的包袱放下。所以，放下过重的欲望，放下复杂的牵绊，我们的生活便也就获得了安逸，我们的心灵也便回归了简单。这样的人生，尽管简约，尽管朴素，却处处都有悠闲、时时都有幸福。

享受悠闲生活当然比享受奢侈生活便宜得多。要享受悠闲的生活只要一种艺术家的性情，在一种全然悠闲的情绪中，去消遣一个闲暇无事的下午。

——林语堂

（曾任北京大学教授，中国当代著名学者、文学家、语言学家）

创造一些悠闲时光

创造悠闲的生活，必须要有一个恬静的心地和乐天旷达的观念，以及一个能尽情玩赏大自然的胸怀。没有金钱也能享受悠闲的生活，须有丰富的心灵，有俭朴的生活，这样的人，才有资格享受悠闲的生活。

任何时候，你都得把心清洗干净，这个过程要你自己做，旁人不能替代，要见真实的自己，就要自己度化自己，自己守持生活的规律，这样才不枉来人世走一遭。清洗干净自己的心就是少动烦恼和忧虑，这样才能体会当下的美妙时刻。

莎士比亚曾经说过：“忧虑分割着时季，扰乱着安息，把夜间变为早晨，昼午变为黑夜。”如果生活一旦笼罩上了忧虑的黑云，你的精神状态就会因此而受到摧残，它就像两座花园之间的一堵墙壁，隔绝了世界上最美丽的风景，让你的心在它的重压下苟延残喘最后裂成碎片。

一次，无门慧开禅师问僧徒：“我不问你们十五月圆以前如何，我只问十五日以后如何?”

僧徒说：“不知道。”

禅师说：“日日是好日。春有百花秋有月，夏有凉风冬有雪。若无闲事挂心头，便是人间好时节。”

禅宗讲究顿悟，这首诗在某种程度上也给未开悟者呈现了以手指月的姿势。闲事，也即烦心之事。关键在于是否能在任何环境中都找到通往风花雪月的境界之路。春夏秋冬除了风花雪月之外当然还有别的，就看眼光自然而然地望向何处了。春天有百花，夏天有凉风，秋天有明月，冬天有白雪，风、花、雪、月这些在不同时刻都能象征着令人心境豁达之意的事物，便是开悟的人能够保持淡定从容、享受悠闲时光的绵绵无绝之力。

日日是好日，每时每刻都能发掘快乐之源。这是一种积极的人生态度，也是禅向我们展现的魅力所在。如果你能清洗干净自己的心灵，具备乐观的心态，那么还有什么能够困住你呢？用智慧来享受悠闲的人，也便是受教化最深的人。用哲学的观点来看，劳碌和智慧似乎是根本相左的。智慧的人绝不劳碌，过于劳碌的人绝不是智慧的，善于优游岁月的人，才真正懂得如何创造悠闲生活，在每一天里，就过好当下的每一天，用悠然的心境去诠释美好的生活。

人性中最可怜的一件事就是，我们所有的人都拖延着不去生活，只担忧着天边堆积的乌云，而不去欣赏今天开放在窗口的玫瑰。对于一个聪明人来说，每次只要活一天，每一天都是一个新的生命，绝不会在旭日东升时为黄昏的暮景发愁。

小灵是一个公司的白领，整日忙碌得不行，似乎从来都没有时间、没有心情去让自己放松一下，永远都是将头埋在那厚厚的文件里。直到被工作的压力压得实在喘不过气了，她终于觉得应该让自己休息一下了，应该出去走一走，放松一下了。但都是去广场之类的游乐场所转转。

到年底时，他已经感觉身体被抽空了，精神状态已经到接近崩溃的边缘，于是决定拿起行李，一个人到云南旅游散散心。

当小灵走进云南那一刻开始，身心得到极大的舒展，她游山观水赏花，用心聆听大自然的声音。

她遍游青山野湖，看荒草碧连天，溪水长鸣。雀儿歌唱，鸬鹚衔鱼。这一切的一切让她看得入迷，让她对生活如释重负，她边走边听，用心感受，等假期归来时，小灵整个人的精神面貌焕然一新。现在的她脸色红润气色好，面对工作也有了饱满的热情。

如果一个人一开始工作就觉得是在做一件受罪的苦差事，那么就很难倾注自己的热情，所做的成绩也不会很出色，他的面前只会是一片无边无际的荆棘。而如果适时地创造一些悠闲时光，劳逸结合，完全可以带着很大的热情和希望，把工作当成一种享受，憧憬着工作带给我们的美好前途，并尽其最大的努力去工作，情况可能就会完全不同了。

其实生活也是一样，那些对生活满怀怨言的人，通常都是以自我为中心、整天只会想到自己有多么不快乐的人。满心欢喜的人并不会满脑子都是自己快不快乐的问题，他们会把时间和精力花在开创以及享受生活给自己带来的乐趣上。

享受悠闲生活，当然比享受奢侈生活容易得多。正如梭罗在《瓦尔登湖》里所说的："要享受悠闲的生活，所费是不多的。每一个人在生活中都时常会面临一些巨大的压力，此时你完全可以按照禅的指导，通过心灵的修炼，将那些阻碍、困扰你的日子，变成快乐、喜悦的日子。"要享受悠闲的生活，只要有一种悠然的性情，能在一种全然悠闲的情绪中，去消遣一段段闲暇无事的时光。

古希腊诗人荷马曾说："过去的事已经过去，过去的事无法挽回。"的确，昨日的阳光再美，也移不到今日的画册。我们能做的，就是好好把握现在，老想着远方，今天就会被遗弃在荒芜的时光中。

创造一些悠闲时光，是做好手边的事，把握住当下，把握住现在，积极生活。只有学会与时间相处，不至于让匆忙吞噬了生命，我们才不会被时间抛弃，才能享受生命中快乐、悠闲自在的好时光。

不物化的生命才是真实的生命，因为它表示了生的特质。

——牟宗三

（毕业于北京大学哲学系，中国现代学者、哲学家）

遵循自然的生命方式

人生为自然之子，肉躯只需要从自然之中获取适量的五谷杂粮，只需要几套保暖的衣物，只需要不多但真挚的亲情、友情和爱情，简简单单的日子更能咀嚼出生活的滋味：放眼望去，满街绅士淑女中，自己虽不显眼也不显寒酸，倒落得个逍遥自在；少了浮躁，少了矫饰，少了烦琐，简单的日子竟让自己神清气爽起来。学会了换一种眼光来看世界，就会发现，商场里充斥了奢靡的物品，报刊里塞满了矫情的文字，办公室里弥漫着过多虚伪的寒暄……于是，不再被外在的世界、内在的心弄得疲惫不堪，得失随缘，心无增减，处世以不即不离之法，居心于有意无意之间。

在人的一生中，会有许多的追求、许多的憧憬。追求真理，追求理想的生活，追求刻骨铭心的爱情；追求金钱，追求名誉和地位。有追求就会有收获，我们会在不知不觉中拥有很多，有些是我们必需的，而有些却是完全用不着的。那些用不着的东西，除了满足我们的虚荣心外，最大的可能，就是成为我们的一种负担。

其实，人一生中，许多时候，我们并没有机会和时间进行抉择。人生的抉择是最困难的，也是最简单的，困难在于你总是把抉择当作抉择；简单在于你别去考虑抉择问题，遵循内心的声音，遵循生命自然的方式。

懂得凭自己的本性简单生活的人就善于放下欲望的包袱，减去一些生活中不必要的内容。简单生活不是贫乏或缺少内容，而是繁华过后的一种觉醒，是一种去繁就简的境界。一个懂得简单生活的人，他会心无旁骛，并善于将可能引起忧思苦恼及妨碍行进的事物丢弃掉，不让它干扰自己的身心和脚步。

《庄子》中写了一则关于庄子和骷髅的寓言故事：

庄子到楚国去，途中见到一个骷髅，枯骨突露呈现出原形。庄子用马鞭从侧旁敲了敲，于是问道："先生是贪求生命、失却真理，因而成了这样呢？抑或你遇上了亡国的大事，遭受到刀斧的砍杀，因而成了这样呢？抑或有了不好的行为，担心给父母、妻儿子女留下耻辱、羞愧而死成这样了呢？抑或你遭受寒冷与饥饿的灾祸而成了这样呢？抑或你享尽天年而死去成了这样呢？"

庄子说罢，拿过骷髅，当枕头睡。

到了半夜，骷髅给庄子显梦说："你先前谈话的情况真像一个善于辩论的人。看你所说的那些话，全属于活人的拘累，人死了就没有上述的忧患了。你愿意听听人死后的有关情况和道理吗？"

庄子说："好。"

骷髅说："人一旦死了，在上没有国君的统治，在下没有官吏的管辖；也没有四季的操劳，从容安逸地把天地的长久看作是时令的流逝，即使南面为王的快乐，也不可能超过。"

庄子不相信，说："我让主管生命的神来恢复你的形体，为你重新长出骨肉肌肤，返回到你的父母、妻子儿女、左右邻里和朋友故交中去，你希望这样做吗？"

骷髅皱眉蹙额，深感忧虑地说："我怎么能抛弃南面称王的快乐而再次经历人世的劳苦呢？"

一沙一世界，一叶一菩提，生命的收与放，本质都是一样的。面对生死，悠然自得，便是真正懂得了生命自然的方式。

其实，生活本身并没有多么复杂，复杂的只有我们的内心。遵循生命自然的方式，也是用一种超脱、达观的态度去面对生命，把生命当作一次快乐旅行，就能减轻生的压力，活得逍遥自在。

一个人如果想恢复简单的生活，只需要从心开始，净化心灵上的杂质。简单绝对不是不简单的对立面，二者在很多时候都是相互统一的，越是不简单、不平凡的东西在我们看来却越是简单。精细者，无苛察之心；光明者，无浅露之病。

大凡简洁而执着的人，常有充实的人生。一个人若时常追求复杂而奢侈的生活，则苦难没有尽头，不仅贪欲无度，烦恼缠身，而且日夜不宁，心无快乐。因为复杂，往往浪费了宝贵的时间；因为奢侈，极有可能断送美好的人生。因为简洁，每每能找到生活的快乐；因为执着，时时能感觉没有虚度每一天。平凡是人生的主旋律，简洁则是生活的真谛，所以，遵循自然的生命方式，便可随心、顺心、乐心地生活。

第二章 活在当下，珍惜拥有

让我们全心全意地收获生活的每一天，在平凡的日子里感受生命的美好，在耕耘里感受劳动的快乐和收获的期待。

——俞敏洪

（毕业于北京大学英语专业，新东方学校创始人现任新东方教育科技集团董事长兼总裁）

当下的人生最精彩

一切的作为，不去追究最初的动机是什么，也不要追求结果怎么样。一个人如果忘记了无始无终的时空观念，对现有的生命悠然而受之，天冷了就穿衣服，天热了就脱衣服，受而喜之，才能顺其自然，活在当下。

一个学禅的弟子问他的老师："师父，什么是禅？"

师父回答道："禅是扫地的时候扫地，吃饭的时候吃饭，睡觉的时候睡觉。"

弟子说："师父，这太简单了。"

"没错，"师父说，"可是很少有人做得到。"

"活在当下"，看似深奥的道理实际上很简单：吃饭就是吃饭，睡觉就是睡觉，没有过去拖着你的脚步，亦没有未来拉扯你的目光，你全部的能量都集中在这一刻，集中在"现在"的人和物上面，生命因此生长出一种强烈的张力。

安东尼·吉娜目前是美国纽约百老汇极负盛名的演员。她曾经在美国电视台著名的脱口秀节目《快乐说》中，讲述了自己的成功之路。

大学期间，吉娜是学校艺术团的歌剧演员，参加了一次校际演讲比赛。她演讲的题目是《璀璨的梦想》。

在演讲中，她向别人展示了她最为璀璨的梦想："大学毕业以后，先去欧洲旅游一年，增加自己的阅历，然后到纽约百老汇发展，实现自己成为一名优秀演员的梦想……"吉娜声情并茂的演讲，卓尔不群的风度，赢得了所有师生的阵阵喝彩，并一举夺魁。

当天下午，吉娜的心理学老师找到她，对她说："你是一个很有才华、很有发展潜力的学生。"

紧接着，他向她提出了一个尖锐的问题，"你现在就去百老汇，跟毕业一年以后去究竟有什么差别?"

吉娜仔细想了想："是呀，大学生活并不能帮我争取到在百老汇的工作机会。我应该先去试一试，即使失败了，我还可以返回学校继续学习。"于是，吉娜决定，一年之后就去百老汇闯荡，而不是等到毕业一年以后再去。

这时，老师又问道："你现在就去跟一年以后去究竟有什么不同?"

吉娜思考了一会儿，对老师说："那下学期就出发。"

老师紧追不舍地问："你现在就去跟下学期去究竟有什么不一样?"吉娜简直有些眩晕了，想想百老汇金碧辉煌的舞台，想想在睡梦中萦绕不绝的红舞鞋……她终于决定下个月就前往百老汇。

老师乘胜追击地问："你现在就去跟一个月以后去究竟有什么两样?"吉娜激动不已，便情不自禁地说："好，给我一个星期的时间准备一下，我很快就出发。"

老师步步紧逼："所有的生活用品在百老汇都能买到，你现在就去跟一个星期以后去究竟有什么区别?"吉娜终于热泪盈眶地说："好，我明天就去。"

老师赞许地点点头，说："好！我已经帮你订好了明天的机票。有个朋友告诉我，百老汇正在招聘演员，你不要错过这次机会。"同时，老师还送给她一个精美的笔记本，并在扉页上写下了一段赠言。

第二天，吉娜就飞赴到全世界顶级的艺术殿堂——美国百老汇。当时，百老汇的制片人正在酝酿一部经典剧目，几百名各国艺术家都去应征主角。按当时的应聘步骤，是先挑出10个左右的候选人，然后，让他们每人按剧本的要求演绎一段主角的念白。这意味着要经过百里挑一的艰苦角逐才能胜出。

吉娜到了纽约后，并没有急于漂染头发、买靓衫，而是费尽周折从一个化妆师手里要到了将要排演的剧本。这以后的两天中，吉娜闭门苦读，悄悄演练。

正式面试那天，吉娜是第48个出场的，当制片人要她说说自己的表演经历时，吉娜粲然一笑，说："我可以给您表演一段原来在学校排演的剧目吗？就一分钟。”制片人首肯了，他不愿让这个热爱艺术的青年失望。

而当制片人听到传进自己鼓膜里的声音竟然是将要排演的剧目对白，而且，面前的这个姑娘感情如此真挚，表演如此惟妙惟肖时，他惊呆了！他马上通知工作人员结束面试，主角非吉娜莫属。

就这样，吉娜来到纽约的第一天就顺利地进入了百老汇，穿上了她人生中的第一双红舞鞋。

电视台的节目主持人在结束《快乐说》之前，向观众展示了吉娜珍藏多年的笔记本，就是心理学老师在她到百老汇之前送给她的那个精美笔记本，并朗读了老师在扉页上写下的赠言：“在出发之前，梦想永远只是梦想。只有上了路，梦想才会变成挑战。也只有经过挑战，梦想才会实现。如果说梦想是可贵的，那么不失时机地挑战梦想就更可贵。梦想如鸡蛋，如果不及时孵化，就会腐败变臭。”

当下是力量的源泉，只有活在当下的人，才能全身心地投入到生活中去。活在当下，没有过去拖在我们的后面，也没有未来拉着我们前行，生命因此而具有一种巨大的张力。

人生没有过去，过去已经成为历史；人生没有未来，未来飘忽不定，无法掌控，唯一拥有的就是当下，当下这一瞬间。因此，我们无须再为以往的过错而悔恨，也无须对并不属于我们的明天而翘首企盼。我们只需要把握好当下，过好当下，自然会收获一个完美的人生。

无限的“过去”都以“现在”归宿；无限的“未来”都以“现在”为渊源，过去未来中间，全仗现在，以成其连续，以成其永远无始无终的大实在。

——李大钊

（在北京大学组织中国第一个马克思学说研究会，无产阶级革命家、中国共产党的主要创始人之一、著名学者）

活在今天，掌握此刻

人生无常，很多事情都不是我们能预料的，我们所能做的只是把握当下，舍不得过去，等不到永远，唯有认真活在当下。当一切变成黑暗，后面的来路，与前面的去路，都看不见，如同前世与来生，都摸不着。我们要做的是什么？唯有看脚下，看今生。

人的一生其实只有三天：昨天、今天、明天。昨天已逝，明天未至，而我们要面对的只有今天。“明日复明日，明日何其多”，一个人如果不懂得珍惜今天，又怎么能谈得上珍惜生命呢?

“今天”与“生命”聊天，“生命”问了一句：“过得怎么样?”

“今天”答道：“到现在为止，今天是我最好的一天!”

“生命”仿佛为“今天”的答案感到吃惊。

“你最好的一天?”“生命”用一种惊诧的口气重新问道。

“是的。”他迅速而且又充满信心地回答。

“生命”又问了一遍：“你确定吗?”

“是的。”他再一次确认。

他能感觉到“生命”并不相信他讲的是真话。当然，他知道“生命”相不相信并不重要，重要的是他自己相信。

“生命”问他：“你怎么能说今天是到现在为止，你最好的一天呢?你结婚那天呢?难道不比今天更好吗?”

他答道：“我一直而且将永远记得我结婚那天，我的妻子是多么快乐。我也记得第一个孩子出生的情景。我还记得在甜品店喝奶昔，意识到自己还能做事。我记得给一只眼睛看不见的小鸭子喂食的那天。我也记得我和儿子一起爬山，欣赏这美丽的世界。我一直记得当我看见刚刚犁过的、黑色的、潮湿的、肥沃的泥土，等着我们播种、收获的那天。

“我还记得在学年手册上读到学校里最传统的女孩儿写的评语，说我是高年级最好的男孩子。我还记得有个女孩对我说她尊重我，而我告诉自己，我也尊重自己。我记得那天船长公正地对待我。我记得海军军官说我不能参军，而母亲仁慈地告诉我说还有希望。我也记得其他两万多个美好的日子，每一天都成就了现在的生活。那些天里，一定有许多天可以排在我好日子列表的前面，但没有一天是最好的一天，它们中的任何一天都只能排第二。”

每一个今天都是最好的一天。李大钊说过一句话：“我认为世间最宝贵的是‘今’，最易失去的也是‘今’。”

每过一个今天，我们的生命就会减少一天。珍惜今天，就是珍惜生命。

你生命中经历的所有事件，都是由你过去的思想和信念造成的。它们由你过去的想法，你是昨天、上星期、上个月、去年、十年前、二十年前、三十年前、四十年前、（这取决于你的年龄）所说的话决定的。

然而，那是你的过去。它已经过去了，完毕了。重要的是此时此刻你选择什么思想、选择什么信念、说什么话，因为你现在的思想和语言将创建你的未来。你的力量的源泉来自“当下”，它正在形成明天的、下星期的、下个月的、明年的，以及以后的经历。

一位哲学家途经荒漠，看到很久以前的一座城池的废墟，哲学家想在此休息一下，就顺手搬过来一个石雕坐下来，望着被历史淘汰下来的城垣，想象曾经发生过的故事，不由得感叹了一声。

忽然，有人说：“先生，你感叹什么呀?”他四下里望了望，原来那是一尊“双面神”的神像。哲学家好奇地问：“你为什么有两副面孔呢?”

双面神回答说：“有了两副面孔，我才能一面察看过去，牢牢地汲取曾经的教训；另一面又可以瞻望未来，去憧憬无限的美好的蓝图啊。”

哲学家说：“过去只是现在的逝去，再也无法留住，而未来又是现在的延续，是你现在无法得到的。你不把现在放在眼里，即使你能对过去了如指掌，对未来洞察先知，又有什么意义呢?”

双面神听了哲学家的话，不由得痛哭起来，他说：“先生啊，听了你的话，我至今才明白，我落得如此下场的根源。”

哲学家问：“为什么?”双面神说：“很久以前，我驻守这座城池时，自诩能够一面察看过去，一面又能瞻望未来，却唯独没有好好地把握住现在，结果，这座城池被敌人攻陷了，美丽的辉煌都成了过眼云烟。我也被人们唾弃而弃于废墟中了。”

哲学家说：“过去的已经逝去了，将来的还没有来到，我们唯一能把握的就是现在；如果无视于现在，那么即使你对过去未来了如指掌，那又有什么意义呢?”

神像一听，恍然大悟，他失声痛哭起来：“你说的没错，就是因为抓不住现在，所以古罗马城才成为历史，我自己也被人丢在了废墟里。”

世界上有三种人：第一种人只会回忆过去，在回忆的过程中体验感伤；第二种人只会空想未来，在空想的过程中不务正事；只有第三种人注重现在，脚踏实地，慢慢积累，一步一步踏踏实实地走向未来。我们是做故事中的双面神还是做第三种人，都由我们自身来把握。

凡事皆有天意，世界上有很多事情是无法提前的。脚踏实地的把握好今天，才是最正确的人生态度。人生其实不需要过多地期待明天，因为明天毕竟还有许多个说不清的未知数。明天，不知周围的环境会发生什么，怎么变化，其中的光景是恍恍惚惚的，叫人难以领略、难以感悟、难以捉摸。如果一个人一味地期待明天，那么就会在无意中浪费今天，舍弃今天，错失珍贵的机缘，使今天的美好时光在漫不经心中白白度过。

聪明的人，不会太多地停留在昨天，也不会太多地幻想明天，而是牢牢地把握住今天。因为他懂得时间不因为回忆而增加长度，时间也不因为人的幻想而增加厚度。时间是公平的，每一个人在时间的面前都是平等的。所以，对于来去匆匆的人生，自己要有一个坚实的信念。

用最少的悔恨面对过去。用最少的浪费面对现在。用最多的梦面对未来。

——海子

（1983年毕业于北京大学，著名诗人）

过去的就让它过去

泰戈尔在《飞鸟集》中写道："只管走过去，不要逗留着去采了花朵来保存，因为一路上，花朵会继续开放的。"的确，昨日的阳光再美或者风雨再大，也移不到今日的画册，我们为何不好好把握现在，充满希望地面对未来呢？

忘掉你曾经拥有的一切，忘掉你所遭受的损失，就当你是赤裸裸地刚来到这个世界，对自己说："让我从头开始吧！"你不是坐在废墟上哭泣，而是拍拍屁股，朝前走去，来到一块空地，动手重建。你甚至不是重建那失去的东西，因为那样你还惦记着你的损失，你仍然把你的心留在了废墟上。你要带着你的心一起朝前走，你虽破产却仍是一个创业者，你虽失恋却仍是一个初恋者，真正把你此刻孑然一身所站立的地方当作你人生的起点。

古希腊神话中，潘多拉打开了宙斯给她的盒子。疾病、灾难、罪恶、偷窃、贪婪等各种各样的祸害，飞速地散落到大地上。智慧女神雅典娜为了挽救人类命运而悄悄将"希望"放在盒底，但"希望"还没来得及飞出盒子。从此，人们在遭受不幸的时候，心底依然保留着希望。

我们现在就生活在此处此地，而不是遥远的地方。何必为已经发生过的事情懊悔呢？把一切泪水留给昨天，把所有烦恼抛向未来，专心地过好今天，活出生命的色彩，当晚上安然入眠时，那就是给今天最好的掌声和礼赞。

妻子和丈夫之间有这样一段对话：

妻子："说说你的初恋吧！"

丈夫："不就是你吗！"

妻子："不是隔壁班级的班花吗！"

丈夫："没有的事！"

妻子："她漂亮还是我漂亮？"

丈夫："你。"

妻子："我不相信。你就敷衍我吧！她不漂亮你能还留着她们班级的照片？"

可以猜测得到，这对夫妻最后的谈话一定是以妻子的抱怨做结尾的。结婚的男人不愿意谈论从前的恋人，妻子若是聪明就应该把握现在，而不是一个劲地追问过去的事。其实，成熟的人不问过去，聪明的人不问现在，豁达的人不问未来。处在爱中的人们，应该信任不能猜疑，应该宽容不能苛求。

钱锺书先生曾经说过："天下只有两种人。比如一串葡萄到手，一种人挑好的吃，另一种人把最好的留到最后吃。照例第一种人应该乐观，因为他每吃一颗都是吃剩的葡萄里最好的；第二种人应该悲观，因为他每吃一颗都是吃剩的葡萄里最坏的。不过事实却适得其反，缘故是第二种人还有希望，第一种人只有回忆。"你是属于哪一种呢？此刻的你是怀有希望，还是时常活在回忆中？

我们每个人都应该努力成为钱锺书先生所说的第二种人，心怀希望，积极投入生活，不让回忆羁绊自己的脚步，过分依恋过去是对现实的一种逃避。不要老是惦记明天的事，也不要总是懊悔昨天发生的事，把你的精神集中在今天。总是在懊悔，对于事情毫无帮助。

时间就是一座脆弱的桥梁，我们每迈一步之后，它就已经变成过去，变成永恒。过去的已经过去，不再属于我们。在寒冷极地生活的因纽特人把每一天都当作一次崭新生命的开始。夜晚沉沉睡去，然后迎接下一次生命的开始。也许是极地的恶劣气候使得他们不敢有过多的奢望，他们没有时间去缅怀过去，然而他们却因此好好利用有生之年的每一寸光阴。

丢掉过去的包袱，才能轻装前行；让过去的过去，才能去追寻前方更加美好的东西。每一天都是一个新开始，每一天都应该轻装上阵，只有这样，我们才能感受到生活的快乐和惬意。世上没有不平的事，只有不平的心。

如果我们的过去有太多悲伤、不快，如果暂时不能做到遗忘，那就掩埋、封存，不要时刻惦念它、触摸它，让它静静地安于心灵的一隅。不去怨，不去恨，淡然一切，往事如烟。珍惜现有的生活，幸福才会触手可及。

时间中没有“过去”和“将来”，只有“现在”才是现实存在的时间，才是实实在在的、最有价值和最需要人们利用的时间。走在人生的旅途中，要明白曾经收入行囊的珍宝对我们来说是值得珍视的，它给我们带来了欢乐。但随着岁月的流转、光阴的飞逝，它们的存在只会触痛旧的伤疤；放弃它们，却可以打开新的一页。

洗手的时候，日子从水盆里过去；吃饭的时候，日子从饭碗里过去；默默时，便从凝然的双眼过去。我觉察他去得匆匆了，伸出手遮挽时，他又从遮挽着的手边过去。天黑时，我躺在床上，他便伶伶俐俐地从我身边跨过，从我脚边飞去了。等我睁开眼和太阳再见，这算又溜走了一日，我掩着面叹息。但是新来的日子的影儿又开始在叹息里闪过了。

——朱自清

（毕业于北京大学哲学系，现代著名散文家、诗人、学者、民主战士）

珍惜一去不复返的人生

燕子去了，还会有再飞回的时候；花儿谢了，也会有再开的时候，然而，生命的流逝却无论如何也没有再来的时候。所以会有人说：“春去春会再来，花谢花会再开，人无再少年。”人生如一条缓缓流动的河流，一去不复返，拥有的时候不懂珍惜，一旦失去才知珍贵，到那时，当生活再也找不到停靠的码头，只好带着遗憾于怀念之中无言地漂泊。

“盛年不重来，一日难再晨；及时当勉励，岁月不待人。”著名诗人陶渊明也曾发过这样的感叹。“漫漫人生悠悠岁月，几度风雨几度春秋。”人生岁月的流逝，我们谁也无法抗拒。只是当时光匆匆走过，回来再看看，来到这个世界的我们，得到了些什么？是至真的爱情还是至纯的友谊？是不是有几多遗憾和几许感悟？

人生一去不复返，人生如酒，岁月如歌，面对这样的人生岁月，请选择珍惜。生活中常有这种事情：来到跟前的往往轻易放过，远在天边的却又苦苦追求；占有它时感到平淡无味，失去它时方觉可贵。

可悲的是，这种事情经常发生，我们却依然觊觎看那些“得不到”的，跌入这种“得不到的总是最好的”的陷阱中，遗失了我们身边的宝贝。

没有人希望自己在人生走到尽头的时候，才攥紧拳头想要拼命抓住未来得及拥有的东西。珍惜生命，不要等到年老以后才追悔莫及，去遗憾抱怨。不如就从今日起，好好工作，兢兢业业干好本职工作，努力生活，使得自己的生活更有色彩，人生更具意义。

从前有个男孩子住在山脚下的一幢大房子里。他喜欢动物、跑车与音乐。他爬树、游泳、踢球，喜欢漂亮女孩子。他过着幸福的生活。

一天，男孩子对上帝说：“我想了很久，我知道自己长大后需要什么。”

“你需要什么?”上帝问。

“我要住在一幢前面有门廊的大房子里，门前有两尊雕像，并有一个带后门的花园。我要娶一个高挑而美丽的女子为妻，她性情温和，长着一头黑黑的长发，有一双蓝色的眼睛，会弹吉他，有着清亮的嗓音。

“我要有三个强壮的男孩，我们可以一起踢球。他们长大后，一个当科学家，一个做参议员，而最小的一个将是橄榄球队的四分卫。我要成为航海、登山的冒险家，并在途中救助他人。我要有一辆红色的法拉利汽车。”

“听起来真是个美妙的梦想，”上帝说，“希望你的梦想能够实现。”

后来，有一天踢球时，男孩磕坏了膝盖。从此，他再也不能登山、爬树，更不用说去航海了。因此他学了商业经营管理，而后经营医疗设备。

他娶了一位温柔美丽的女孩，长着黑黑的长发，但她却不高，眼睛也不是蓝色的，而是褐色的；她不会弹吉他，甚至不会唱歌，却做得一手好菜，画得一手好画。

因为要照顾生意，他住在市中心的高楼大厦里，从那儿可以看到蓝蓝的大海和闪烁的灯光。他的屋门前没有雕像，却养着一只长毛猫。

他有三个美丽的女儿，坐在轮椅中的小女儿是最可爱的一个。三个女儿都非常爱她们的父亲。她们虽不能陪父亲踢球，但有时她们会一起去公园玩飞盘，而小女儿就坐在旁边的树下弹吉他，唱着动听的歌曲。

他过着富足、舒适的生活，但他却没有红色法拉利。有时他还要取送货物——甚至有些货物并不是他的。

一天早上醒来，他记起了多年前自己的梦想。“我很难过。”他对周围的人不停地诉说，抱怨他的梦想没能实现。他越说越难过，简直认为现在的这一切都是上帝同他开的玩笑。妻子、朋友们的劝说他一句也听不进去。

最后，他终于悲伤地病倒了，住进了医院。一天夜里，所有人都回了家，病房中只留下护士。他对上帝说：“还记得我是个小男孩时，对你讲述过我的梦想吗?”

“那是个可爱的梦想。”上帝说。

“你为什么不让我实现我的梦想?”他问。

“你已经实现了，”上帝说，“只是我想给你一下惊喜，给了一些你没有想到的东西。我想你该注意到我给你的东西：一位温柔美丽的妻子，一份好工作，一处舒适的住所，三个可爱的女儿——这是个最佳的组合。”

“是的，”他打断了上帝的话，“但我以为你会把我真正希望得到的东西给我。”

“我也以为你会把我真正希望得到的东西给我。”上帝说。

“你希望得到什么?”他问。他从没想到上帝也会希望得到东西。

“我希望你能因为我给你的东西而快乐。”上帝说。

他在黑暗中静想了一夜。他决定要有一个新的梦想，他要让自己梦想的东西恰恰就是他已拥有的东西。

后来他康复出院，幸福地住在47层的公寓中，欣赏着孩子们悦耳的声音、妻子深褐色的眼睛以及精美的花鸟画。晚上他注视着大海，心满意足地看着明明灭灭的万家灯火。

其实我们每个人都拥有幸福，这种幸福就是现在。乐观的人会把这些看做是上帝的另一种恩赐，怀着感恩的心情去享受现实，而悲观者则会把手中的幸福随意丢弃。很多人只懂得为错过的太阳流泪，却眼睁睁地看着群星从眼前消失，最后，一切都成云烟，一切都成虚无。有些人浸泡在幸福蜜罐里，却老是追问幸福在哪里。他们撇开眼前的幸福，徒劳地为镜中花、水中月奔波劳碌，最后一无所获，再回首时那些曾经是眼前的幸福也消失了。

生命只有一次，万万不可浪费，要“竭尽全力”、真挚、认真地继续这种看似朴质的生活，平凡的人不久也将旧貌换新颜，变成非凡的人。人生就是如此。

许多人不懂得珍惜，在忙忙碌碌漫无目的地生活着，到老年时才后悔莫及，于是开始深深地自责，然后在自责中遗憾走完自己的一生。

在我们的一生中，总是有很多的幻想在诱惑着我们，有些幻想可能穷尽一生的努力也不能实现。这些水中花镜中月可望而不可即，却有那么多的人为此而奔波辛劳，终身追逐那件梦的衣裳。而事实上即使在梦中播下再多种子，也得不到一丝丰收的喜悦；而在现实的田野上哪怕只播下一粒种子，也会有收获的希望。落尽繁华，洗尽铅体，只有现在属于我们，只有现在会带给我们一切。

在世界历史中，再没有别的日子，是比“今日”更为伟大。过去各时代的一切，像一个雪球，愈卷愈大，愈堆愈多，以构成“今日”之伟大。

——林语堂

（曾任北京大学教授，中国当代著名学者、文学家、语言学家）

没有别的日子比今日更伟大

昨天、今天、明天，哪个日子更值得我们去珍惜？是代表过去的昨天，还是代表现在的今天，或者是象征未来的明天？所有的未来都是以今日为基础，所有的过去也是以今日为终结。林语堂先生在《今日》中说：“今日是过去一切伟大之事的总和，是我们最该珍惜的日子。那里面藏着过去各时代的精华，有着过去各个时代成功和进步的所有内容。”

我们没有回头路可走，说过的话无法收回，做过的事无法重做。我们曾经拥有的事物不是被别人剥夺，而是被锁了起来，变成了尘封的历史。

但是，我们还有今天，我们可以创造今天。当今天在有朝一日写成历史时，我们可以赋予其更深的意义，就好像一出戏的开头和结尾互相呼应一样。回忆过去不如奋飞今天，射出去的箭已经不能再回头了。过去，过去，过去，当你这么念叨的时候，现在就在你的念叨声中也成为过去。

如果我们永远都在为过去的时间追悔，而看不到现在的可贵，那么时间将没有一刻是属于我们的；过去已消逝，将来还未来临，而现在则在我们试图划分的时候，马上成为过去，像电光一闪，存在仅一刹那间。所以不要为已消逝的年华叹息，“如果你错过太阳时流了泪，那么你也要错过群星了”。

曾为英国首相的劳合·乔治有一个习惯——随手关上身后的门。

一天，有一个朋友来拜访他，两个人在院子里一边散步，一边交谈，他们每经过一扇门，乔治都会随手把门关上。

朋友很纳闷，不解地问乔治：“有必要把这些门都关上吗?”

乔治微笑着回答：“哦，当然有这个必要。我这一生都在关我身后的门，这是必须做的事。当你关门时，也就把过去的一切留在了后面，不管是美好的成就，还是让人懊恼的失误，然后，你才可能重新开始。”

生命有它的各个阶段：青年、中年、老年。我们每走过一个阶段，那扇门就在我们的身后关上、锁上了，而门锁则在门的另一边，没有人能够打开。

把过去的一切关在身后，也就是放下身心上的包袱。珍惜现在才能更好地开始新生活，但是，现实生活中，大多数人总是习惯于受过去的事情牵绊，无论成功或喜悦，无论失败或烦恼，挤占在脑海里不忍抛弃，结果使身心负载过重，浪费了精力，影响了事业的发展。因此，试着学会把身后的门关上，只有把过去的一切留在身后，你才能发现今天的美丽阳光。

漫漫人生路，我们犹如天真的孩童，总是期待珍宝的出现，在行走中欣喜地将那些出现的珍宝一一拾起。

但是，随之而来的是，人生经历的行囊也变得越来越重，直到你举步维艰。才明白，放下过去，才能收获新生。

据说，有一天晚上，所罗门做了一个梦。

在梦里，有一位智者告诉了他一句至理名言，这句至理名言涵盖了人类的所有智慧，能使他得意的时候保持平常心，不会忘乎所以；失意的时候能够百折不挠，始终保持快乐平和的状态。

但是，所罗门王醒来之后却怎么也想不起来那句至理名言。于是，所罗门找来了最有智慧的几位老臣，向他们讲了那个梦，要求他们把那句至理名言想出来，并拿出一枚大钻戒，说：“如果想出来那句至理名言，就把它刻在戒面上。我要把这枚戒指天天戴在手指上。”

一个星期过后，几位老臣兴奋地前来送还钻戒，戒面已刻上了一句可以让他胜不骄、败不馁而且永远保持快乐的至理名言：“只活在今天!”

人生的种种烦恼和痛苦，往往都是因为遗忘了活在今天而生的。是的，“只活在今天!”所有的得失悲喜终将成为过去，所有的未来都将有其更重要的意义。

然而，生活中很多人都没有活在“今天”，他们不是活在“从前”，就是活在“以后”。所以，人生有许多宝贵的时刻都溜走了，因为我们的心都被过去和未来占满了。“活在今天”这个观念并不是非常深奥，却很少有人做到。

活在今天非常重要，因为只有此时才是你真正拥有的。除了此时此刻，我们别无选择。往日的遗憾可以用今天的成绩来弥补，明日的风景可以用今天的匠心去栽培。今天，为我们留下了恣意挥洒的空间，可以努力想象，尽情发挥。今天，是我们奋起直追的起跑线，可以用冲刺的加速度改写昨日失败的懊悔。

只要你好好把握住了今天，你理想的天空就不会出现阴霾，你耕耘的田野就会硕果累累，你事业的航船就会一帆风顺，你成功的身后就会留下一座历史的丰碑。当明日朝阳升起的时候，你就会心情舒畅，坦然面对。只有今日是可靠的，只有今日是真实的。我们所拥有的全部，也只不过是一个永恒的今日。所以，为了今日而努力，把握住了它，也就把握住了未来。

生命太过短暂，明天自有明天的事。

——季羡林

（曾任北京大学副校长，中国著名文学家、语言学家、翻译家、散文家）

不要预支明天的烦恼

佛家常劝世人要“活在当下”。何谓活在当下？这个看上去深奥的问题，实际上却很简单。“当下”指的就是：你现在正在做的事、待的地方、周围一起工作和生活的人。“活在当下”就是要你把关注的焦点集中在这些人、事、物上，全身全意接纳、品尝、投入和体验。

然而，世俗之中又有多少人都无法专注于当下，无数个问号纠缠着他们：我在过去存在，还是不存在？过去我曾是谁？我曾怎么样？后来我又曾如何？我于未来将存在，还是将不存在？未来我会是谁？我会怎么样？然后我又会成为什么，变得怎么样？背负着过去，忧虑着未来，却对眼前的一切视若无睹，便永远到不了心灵的净土。

好像人人都很愿意牺牲当下的幸福生活，去换取对未来无知的担忧。我们大多数人都无法专注于“现在”，我们总是心不在焉、想着明天、明年甚至下辈子的事。假如我们时时刻刻都将力气耗费在未知的未来，却对眼前的事物视而不见，这样就永远得不到最简单的快乐。

一位作家这样说过：“当你存心去找快乐的时候，往往找不到，唯有让自己活在‘现在’，全神贯注于周围的事情，快乐才会不请自来。”昨日已成历史，明日尚可不知，只有现在才是上天赐予我们最好的礼物。

人只活在当下，没有你之前，地球已然存在，有了你之后，地球依然存在。茫茫尘世间，人不过就是一粒浮尘，来自偶然，也不知去向何处。今世做人，就做好人的本分，不必去追问前生，亦不必去幻想来世。

有个小和尚负责清扫寺院里的落叶。这是件苦差事，秋冬之际，每次起风，树叶总是随风飞舞。每天早上都需要花费许多时间才能清扫完树叶，这让小和尚头痛不已。他一直想找个好办法让自己轻松些。

后来有个和尚跟他说：“你在明天打扫之前先用力摇树，把落叶都摇下来，后天就可以不用扫落叶了。”

小和尚觉得这是个好办法，于是隔天他起了个大早，使劲地摇树，以为这样就可以把今天跟明天的落叶一次扫干净了，他一整天都很开心。

第二天，小和尚到院子里一看，不禁傻眼了，院子里如往日一样满地落叶。老和尚走了过来，对小和尚说：“傻孩子，无论你今天怎么用力，明天的落叶还是会飘下来的。”

小和尚终于明白了，世上有很多事是无法提前的，唯有认真地活在当下，才是最真实的人生态度。

许多人喜欢预支明天的烦恼，想要早一步解决明天的烦恼。其实，明天如果有烦恼，你今天是无法解决的。每一天都有每一天的人生功课要交，努力做好今天的功课。也许，人生的意义，不过是嗅嗅身旁每一朵绚丽的花，享受一路走来的点点滴滴而已。

宇宙每一瞬都在改变，我们只有一瞬，只活在当下。生活从来不在别处，只在眼前明明白白的每一分、每一秒。

路就在脚下，现在不做，更待何时？来生的缘，可以是今生结下的；来生的果，可以是今生种下的。前世的债，今生正在还。还不清，来生还得继续；前世的缘，今生正在实现，好不容易盼到了，还不好好把握？过去的只是杂念，就让它在时间的沙河中淘尽；未来的只是妄想，请用淡然的心去等待；我们能够抓住的，只有此时此刻的心境；保护这份恬适，就是谨守自己当下的本分。

所以，最重要的是不要预支明天的烦恼。把握今天，一步一个脚印，一步一步地前进。千里之行，始于足下，不要嫌弃小事，大事是从小事做起的。不要嫌弃走得慢，走得慢比不走要好。走自己的路，不要东张西望。不要回头，一直走下去。不要先问结果，要问自己的努力，要问自己的付出。这样才有可能成为真正事业的成功者。

机会，需要我们去寻找。让我们鼓起勇气，运用智慧，把握我们生命的每一分钟，创造出一个更加精彩的人生。

——俞敏洪

（毕业于北京大学英语专业，新东方学校创始人现任新东方教育科技集团董事长兼总裁）

未来模糊，重视清楚的现在

每个人都拥有一个完全独立的今天。今天是独一无二的，昨天有昨天的成就，明天有明天的烦恼，而能把握住的只有今天。过去的已成定局，未来的路不可预知，还很模糊，我们能把握住的只有现在。

不管昨日或者明日有多美好，最重要的是把握住现在。只有将现在把握好了，才能够创造更美好的未来。美国著名科学家爱因斯坦曾经说："我从不去想未来，因为它来得太快。"而中国道家宣扬"无为以求心净"，这也是有其生活依据的。所谓"无为"并非什么事都不做，而是强调不去思考未来，尽力做好眼前的事。

1871 年春天，一个年轻人，作为一名蒙特瑞综合医院的医科学生，他的生活中充满了忧虑：怎样才能通过期末考试？该做些什么事情？该到什么地方去？怎样才能开业？怎样才能谋生？他拿起一本书，看到了对他的前途有着很大影响的 24 个字。

这 24 个字使 1871 年这位年轻的医科学生成为当时最著名的医学家。他创建了闻名全球的约翰·霍普金斯医学院，成为牛津大学医学院的钦定讲座教授——这是大英帝国医学界所能得到的最高荣誉——他还被英王封为爵士。

他就是威廉·奥斯勒爵士。1871 年春天他所看到的那 24 个字帮助他度过了无忧无虑的一生。这 24 个字就是："最重要的是不要去看远处模糊的，而要去做手边清楚的事。"这是汤姆斯·卡莱里写的。

42 年之后的一个温暖的春夜里，在开满郁金香的校园中，威廉·奥斯勒爵士向耶鲁大学的学生发表了讲演。他对那些耶鲁大学的学生们说，像这样一个人，曾经在四所大学里当过教授，写过一本很受欢迎的书，似乎应该有看"特殊的头脑"，其实不然。他的一些好朋友都说，他的脑筋其实是"普普通通"的。

那么，他成功的秘诀是什么呢？他认为是由于他生活在"一个完全独立的今天"里。

"一个完全独立的今天"，这句话是什么意思呢？在去耶鲁演讲的几个月以前，他曾乘一艘很大的海轮横渡大西洋。他看见船长站在驾驶室里按了一个按钮，在一阵机器运转的响声后，船的几个部分就立刻彼此隔绝开了——隔成几个防水的隔舱。

奥斯勒爵士对那些耶鲁的学生说："你们每一个人的机制都要比那条大海轮精美得多，而且要走的航程也遥远得多。我想奉劝诸位：你们也应该学会控制自己的一切。只有活在一个'完全独立的今天'中，才能在航行中确保安全。在驾驶室中，你会发现那些大隔舱都各有用处。按下一个按钮。注意观察你生活中的每一个侧面，用铁门把过去隔断——隔断那些已经逝去的昨天；按下另一个按钮，用铁门把未来也隔断——隔断那些尚未诞生的明天。然后你就保险了——你拥有所有的今天。

"切断过去，埋葬已经逝去的过去，切断那些会把傻子引上死亡之路的昨天，明天的重担加上昨天的重担，必将成为今天的最大障碍。要把未来像过去那样紧紧地关在门外，未来就在于今天，从来不存在明天，人类得到拯救的日子就在现在。精力的浪费、精神的苦闷，都会紧紧伴随一个为未来担忧的人。那么，把船前船后的船舱都隔断吧。准备养成一个良好的习惯。生活在'完全独立的今天'里"。

奥斯勒爵士并不是主张人们不用下工夫为明天做准备。他是要告诫人们，集中所有的智慧，所有的热诚，把今天的工作做得尽善尽美，这就是你迎接未来的最好方法。奥斯勒爵士鼓励那些耶鲁大学的学生们在每天开始的时候，吟诵下面这句祝词："在这一天我们将得到今天的面包。"

这句祝词中仅仅要求今天的面包，并没有抱怨昨天我们吃的酸面包。也没有说："噢，天哪，麦田里最近很干枯，我们可能又遇到一次旱灾。我们到秋天还能吃上面包吗？或者，万一我失业了，那时我又怎样弄到面包呢？"

人们之所以总是会有这样或者那样的麻烦，是因为人们总是生活在过去或者未来，而往往忽视或者并不予以理会我们生活的"当下"。一个真正懂得"活在当下"的人才能"快乐来临的时候就享受快乐，痛苦来临的时候就迎着痛苦"，在黑暗与光明中，既不回避，也不逃离，以坦然的态度来面对人生。汤姆斯·卡莱里的话不仅改变了威廉·奥斯勒的人生，也对其他人产生了影响。

曾经有两位哲人游说于穷乡僻壤之中，对前来听教的人说了一句流传千古的话："不要为明天的事烦恼，明天自有明天的事。只要全力以赴地过好今天就行了。"在这个世界上，有许多事情是我们所难以预料的。你左右不了变化无常的天气，却可以调整自己的心情；我们不能控制机遇，却可以掌握自己；我们无法预知未来，却可以把握现在；我们不知道自己的生命到底有多长，却可以安排当前的生活。只要把握好现在，我们的人生就一定不会失色。

第三章 幸福的哲学

人类的一切快乐都属于生物性的快乐，这快乐也属于感觉的快乐。

——林语堂

（曾任北京大学教授，中国当代著名学者、文学家、语言学家）

境由心造，幸福很简单

幸福分为三个层面，来自于物质层面的幸福、来自情感层面的幸福和来自于自我实现的幸福。可以看出，物质层面的幸福只是最初的阶段。幸福是什么？这个问题的答案其实很简单。一杯清茶，一碗淡水，可以品出幸福的滋味；一朵鲜花，一片绿叶，可以带来幸福的气息；一间陋室，一卷书册，可以领略幸福的风景。幸福的多少不仅仅在于物质的丰裕，更在于精神的满足与心灵的充实。

正如禅师所说："幸福应从内心清净中来。"人心就像一汪活水，人心如果散乱，就如同被搅浑的活水。这样人会因为不知道自己要的是什么，常常随着别人的意见而走，会受别人评价的影响，会活得很累，这样的人，怎么能感受得到幸福呢？反之，一个内心清净的人，不受任何外在的影响，方能真正认清自己，才能朝着幸福迈出坚定的步伐。

如何才能内心清净呢？古人说："无所为而为，善而不居，能得心安。"这句话教导我们行善时，不要想着"我又在做善事了！"真正的"善"，不是获得，不是占有，而是一种牺牲与奉献。只有树立美德，我们的内心才会平静，才能触摸幸福。

幸福没有标准，也无从考证，真正的幸福是来自于内心，只有自己才能真真实实地感觉到的。在很大程度上，幸福与金钱无关，来自于甜蜜的爱情，来自于和睦的家庭，来自于身边的友爱，来自于真诚的付出，来自于我们生活的点点滴滴。

特里的家在美国得克萨斯州的一个小镇上，年近四十的他有三个孩子，他是一家之主。每天下班回家，他最喜欢说的一句话是："不要烦我了，我已经很累了。"这天也一样。于是一如既往，妻子安静地做饭去了。几个孩子看见他回来了，一个一个轮流叫过一声爸爸，然后纷纷跑开，自顾自地玩耍去了。

特里又辛苦了一天。他板着脸坐在小椅子上，不知道该做什么。他已经忘却如何说一个笑话，也不会去扮鬼脸。孩子们在一边自己玩得很开心，没有谁来打扰他。妻子做好饭菜会叫他的。这样一个幸福的家庭，这样一幅幸福的画面，还有什么不满足？他应该非常满足了。

可是，一种很空虚、很寂寞的感觉升了起来，在特里的胸口回荡。在他回到自己的家后却发现，他用所有的一切撑起的一个充满甜蜜欢笑的家居然与他如此保持着距离。虽然这种距离不是刻意造成的，毕竟亲人之间没人喜欢距离，但它确实存在。

他相信成年以后，那些孩子会对他们的父亲无比爱戴、感激与尊敬，因为他为他们付出了巨大的心血。

只是现在这一刻，孩子们在母亲那里玩耍着、笑着。米饭端了上来，乳白的鲫鱼汤飘着鲜美的香味，小炒菜散发着诱人的光泽。那是一种甜蜜而温暖的氛围，他身在其中，却格格不入，甚至没有人注意到他默默吃完饭，孤单地回到卧室。他的眼角有些潮湿的痕迹。

是谁的错？应该怪谁？

特里没有向他的妻子和孩子们追究什么，只是在下一次回家的时候，他做了一个小小的改变。门打开的时候，他张开怀抱，微笑着，对孩子们说："爸爸回来了。大家都过来，让我抱一抱。"

结果，他的孩子们欢快地向他跑过去了。

从这个故事，我们能看出，幸福的心境可以由自己来创造，幸福不取决于人的生活状态，而是取决于人的心态。有人说："幸福是一种感受。"其实，幸福也是一种意识，是柔风拂面的惬意，是玫瑰盛开的芳香，是远处掠过湖面传来的小夜曲。体验幸福，要有一颗纯正的心灵，要有懂得欣赏自然、甘于淡泊的智慧，也要有宠辱不惊、纵横天地的气度。

幸福一词常常用来形容让人满意的一种生活状态，但什么是令人满意的状态还不甚清楚。古希腊哲学家亚里士多德说“幸福是人的一切行为的终极目的”；有人说自己感觉幸福就是幸福，但主观感受只是幸福的必要条件而非充分条件；有人则认为，实现愿望就是幸福，然而欲望超出需要的限度却是不幸福的根源。其实，对幸福的感悟很大程度上取决于一个人的价值观，价值观的差异引出了不同的关于幸福的定义。

幸福意味着生活在一种“沉醉”的状态中。幸福就是要用心去生活，而不是做一个生活的旁观者。其实，幸福对于我们来说，无处不在，无时不有。它不会因富有而慷慨，也不会因贫穷而吝啬，只要我们用心去体会，用爱去经营，幸福其实很简单。

一个裁缝通过自己多年的努力，终于拥有了属于自己的裁缝铺。铺子开张的当天晚上，裁缝和他的家人在一起庆祝。正在全家人兴高采烈地互道祝福的时候，突然外面火光冲天，一家人迅速跑出房屋，原来是邻居家着火了。大火迅速蔓延，很快烧到了裁缝家。

裁缝一家眼睁睁地看着自己新开张的裁缝铺被大火无情地吞噬，却无能为力，裁缝的妻子和孩子们都失声痛哭，只有裁缝一人不发一言，也无悲戚之状。他年幼的儿子仰起挂着泪珠的脸对他说：“爸爸，我们的家没有了，怎么办呢?”

裁缝的脸上闪现一丝的刚毅，然后对儿子说：“不，孩子，你说错了，我们的家不是没有了，只是要变得更好了，我们终于可以建造一个新家了。”儿子说：“可是我们什么都没有了啊。”

裁缝说：“不，我和你母亲还在，你和你的兄弟姐妹也都在，我们一定可以重新拥有一切。

从这以后，裁缝和他的家人只能过着粗茶淡饭的生活，但是其乐融融。几年以后，裁缝再一次拥有一间裁缝铺。

当生活的痛苦和不幸降临到裁缝身上时，他没有怨叹、悲泣，而是懂得珍惜身边的幸福，事业没有了可以从头再来，而幸福没有了就再也找不回。这是粗茶淡饭也能其乐融融的智慧，由此可见，幸福与财富无关，它无处不在，要懂得用心去体会。

人生如海，潮起潮落，既有春风得意、高潮迭起的快乐，也有万念俱灰、惆怅漠然的凄苦。如果把人生的旅途描绘成图，那一定是高低起伏的曲线。如果我们对自己贮存幸福的水井视而不见，以为自己一无所有，总想通过赚钱来买幸福，那幸福也会和我们的目的背道而驰。

幸福就是这么简单，人在困境中，才会发现自己的想法，才知道自己以前的苛求是那么多，才发现自己的人生是那么肤浅。以往人生那些利益的追逐，在困境中都比不过对于生命的追求，对于亲情的渴望。这些是多么简单的事情，却总是被人们所忽略，一味地追求，让人们蒙蔽了双眼。

幸福，其实是人的一种美好心态，只有心态平和，心境好的人才能真正体会幸福。幸福是什么，是当你伸出手都可以抓得到的平淡。对于一些小事，不如一笑而过，这些没什么大不了，把时间和精力放在自己的理想上才是最重要的。

其实幸福就像你身后的影子，你追不到。但是，只要你往前走，它就会一直跟着你。

——海子

（1983年毕业于北京大学，著名诗人）

幸福不在别处

每个人都会追求幸福，幸福不是一味地追求表面价值，长久的幸福在于自己能够在生活中找到自己的位置、兴趣，能够用自己的手来打造属于自己的一片天空。生活中本就时时刻刻充满了幸福，这幸福来自于生活的细枝末节，只要用心去品味，幸福同样有色香味，同样可观可闻可吃可品。

罗丹曾说过："美是到处有的，对于我们的眼睛，不是缺少美，而是缺少发现。"是的，世界上并不缺少美，而是缺少发现美的眼睛。幸福是什么？也许正如卢梭所说，幸福是平凡、持久的状态构成的时刻。那种恬淡的境界，是一个远离俗世的桃花源，纯净、自由、辽阔，可以供我们的心灵栖息，是我们的守护神。或许在外人看来，那是一个不切实际的童话世界，但是对于我们来说，那却是我们的福祉。它给我们的灵魂一个甜美、温暖的避难所，让我们处于幸福自足的状态之中。

对一个渴求幸福的人来说，他很容易混淆"追求"与"拥有"，他会用生活的实物来填充空虚感并错误地以为那些物质能够填补这种空虚，让自己获得满足，得到幸福。其实，我们一直在追求和苦苦寻找的幸福就在自己身上，我们一直带着它，就会强烈地感受到平安与快乐。

有一个人，他生前善良且热心助人，所以在他死后，升上天堂，做了天使。他当了天使后，仍时常到凡间帮助人，希望感受到幸福的味道。

一日，他遇见一个农夫，农夫的样子非常苦恼，他向天使诉说："我家的水牛刚死了，没它帮忙犁田，那我怎么下田耕种呢?"

于是天使赐他一头健壮的水牛，农夫很高兴，天使在他身上感受到了幸福的味道。

又一日，他遇见一个男人，男人非常沮丧，他向天使诉说："我的钱被骗光了，没路费回乡。"

于是天使给他银两做路费，男人很高兴，天使在他身上感受到幸福的味道。

又一日，他遇见一个诗人，诗人年轻、英俊、有才华且富有，妻子貌美而温柔，但他却过得不快活。

天使问他："你不快乐吗？我能帮你吗?"

诗人对天使说："我什么都有，只欠一样东西，你能够给我吗?"

天使回答说："可以。你要什么我都可以给你。"

诗人直直地望着天使："我要的是幸福。"

这下子把天使难倒了，天使想了想，说："我明白了。"

然后把诗人所拥有的都拿走了。

天使拿走诗人的才华，毁去他的容貌，夺去他的财产和他妻子的性命。

天使做完这些事后，便离去了。

一个月后，天使再回到诗人的身边，他那时饿得半死，衣衫褴褛地正躺在地上挣扎。

于是，天使把他的一切还给他。

然后，又离去了。

半个月后，天使再去看那诗人。这次，诗人搂着妻子，不住地向天使道谢。

因为，他得到幸福了。

幸福是一种奇妙的感觉，仿佛空气中的氧，当你时时刻刻处在它的包围圈里，也许并不在意它的存在，一旦你去了空气稀薄的高原，或者到了"真空环境"就会立即发觉，氧气是多么的重要。

可是，现实中，总是那么多人与原本触手可及的幸福擦肩而过，他们总是认为幸福在天边，而不是在眼下，于是，为了追求幻想中的幸福不辞辛劳地跋涉，后来才发现自己追逐的不过是镜中花水中月，而错失的却是真正的幸福。

苏格拉底的“如何寻找最大麦穗论”就是教人如何选择梦想的：在一块麦田里先走上三分之一的路，观察麦穗的长势、大小、分布规律，在随后的三分之一的田地里选定一个相对最大的，然后从容走完剩下的三分之一。即使在这三分之一里面还有更大的麦穗，按照规律来说也不至于令你太过遗憾了，总比一上来就匆匆选定，或者行程快结束了才胡乱抓一个更具有科学性，更能使人心安理得。追求就是这样，既然生命之箭一经射出就永不停止，那么与其让它追逐那逃避它的目标，不如定格在某处风景中，也许那时你才发现：幸福，不在别处。

有一天，一个可怜的樵夫跟往常一样上山砍柴，在路上捡到一只受伤的银鸟，银鸟全身裹着闪闪发光的银色羽毛，樵夫欣喜道：“啊！我一辈子也没有见过这么漂亮的鸟！”于是便把银鸟带回家，专心替银鸟疗伤。

在疗伤的日子里，银鸟每天唱歌给樵夫听，樵夫过得很快乐。

有一天，邻人看到樵夫的银鸟，告诉樵夫他看过金鸟，金鸟比银鸟漂亮上千倍，而且，歌也唱得比银鸟更好听。

樵夫想着，原来还有金鸟啊！

从此樵夫每天只想着金鸟，再也无心聆听银鸟清脆的歌声，日子也过得越来越不快乐。

这一天，樵夫坐在门外，望着金黄的夕阳，想着金鸟到底有多美。此时，银鸟的伤已康复，准备离去。

银鸟飞到樵夫的身边，最后一次唱歌给樵夫听，樵夫听完，只是很感慨地说：“你的歌声虽然好听，但是比不上金鸟；你的羽毛虽然很漂亮，但是比不上金鸟的美丽。”

银鸟唱完歌，在樵夫身旁绕了三圈作为告别，然后向着金黄的夕阳飞去。樵夫望着银鸟，突然发现银鸟在夕阳的照射下，变成了美丽的金鸟；他梦寐以求的金鸟，就在那里，只是金鸟已经飞走了，飞得远远的，再也不会回来。

直到手中的银鸟飞走之后才感到它的弥足珍贵，这是人类共有的弱点，人总是不满足于现状的，宁肯以手中的银鸟去换取尚不可知的金鸟，殊不知，幸福就在这种不满足中像水一样流走了。

樵夫一味追寻金鸟的影子，却忽略了身边的幸福，可见他并不明白幸福的本质是什么。

其实，幸福只能在他自己身上找到，而不能在自己之外的事物和地方找到。

我们总是相信生活以外的东西会给自己带来幸福和满足。但我们“坐拥繁华”时，却会发现“心中变得荒芜”，我们越以外在的方式追求幸福，幸福就越逃离我们，离我们越遥远。

满足于现状，珍视你手中的银鸟是对欲望的一种理性的审视。契诃夫对知足常乐有深刻的体会，他说：“为了让内心不断感到幸福，甚至在忧伤悲愁的时候也不变，那就需要：善于满足现状；高兴地体会到‘本来事情可能更糟’。如果你有一颗牙痛起来，那你就要欢欢喜喜，因为你不是满口牙都痛。你手上扎了一根刺，你高兴地喊一声：‘幸亏不是扎在眼睛里！’”

不是所有的事情都会朝着有利的方向发展，不是所有的远方都是为你而设，也许远方一无所有，也许远方会更加阴霾，对现状的满足并不是一种颓废和堕落，而是生活的一种常态，一味地去追求金鸟，看不到眼前的银鸟，只会让自己生活在无休止的失落与埋怨中，悲剧便会与你结缘。

在理性判断的基础上，经过充分思考、努力之后所得到的一种快乐和满足，除此之外的都不算幸福，而只是满足。

——彭凯平

（曾任北京大学讲师）

幸福没有排行榜

关于幸福，每个人有着不一样的体验。古今中外，幸福的诠释，不同的人有不同的评点。这取决于一个人的知识底蕴和他的思想境界。“安得广厦千万间，大庇天下寒士俱欢颜”，是“诗圣”杜甫的幸福。法国思想家卢梭曾说：“人间最大的幸福莫如既有爱情又清白无瑕。”林肯认为，对于大多数人来说，他们认定自己有多幸福，就有多幸福。

中国台湾著名作家张小娴说：“如果幸福也有一个排行榜，你会让哪一种幸福排在榜首？”大人物有大人物的幸福，普通人也有自己的幸福。疾病缠身的病人说健康就是幸福，风烛残年的老人说活着就是幸福，顽皮的孩子说得到一件心爱的玩具就是幸福，流浪街头的盲人说有家就是幸福，苦读的学子说金榜题名就是幸福，失恋的青年说被人爱着就是幸福。

一位哲人用极其简洁的话道出了人类幸福的大智慧。他说："人生的目的只有两个，第一，得到你想要的；第二，感激和享受你得到的。"然而现实中，只有很少的人能够做好第二点。如果我们能够有一双发现的眼睛，减少对生活中各种事物的苛求，很容易就能够发现幸福在身边。

所以，我们说，快乐不是你拥有了多少的财富，拥有了多少的房产，拥有了多少被人艳羡的珠宝，而是能够在平常的事物中都得到感触，这种感触在我们生活的每一部分，他们都是点亮了我们生活的光芒。

有这样一个故事：

红灯亮了，一个男人驾驶的福特格拉纳达轿车停在了一辆劳斯莱斯轿车旁边后，冲着驾驶劳斯莱斯的男人喊道："嗨，你汽车里有电话吗？"

驾驶劳斯莱斯的男人说："有啊，当然有。"

"我也有……看见没？"

"是的，很不错的电话。"驾驶格拉纳达的男人又问，"你车里有传真机吗？"

"是的，我有。"

"我车里也有！看见没？就在这儿！"

这时红灯马上就要变绿了。格拉纳达里的男人说："那么，你的车后座有双人床吗？"

劳斯莱斯里的男人说："没有！你有吗？"

"是的，我车后座有双人床——看见没？"

这时绿灯亮了，格拉纳达轿车绝尘而去。劳斯莱斯里的男人不想被人比下去，于是他立刻去了汽车改装店，让他们在汽车后面装一个双人床。

两周后，改装工作完成了。他兜来兜去，寻找那辆格拉纳达。终于，他发现那辆车停在路边，于是靠着它停下来。

格拉纳达的车窗全都雾气，这令他感到有点不知所措，但他还是下车敲了敲格拉纳达的水汽模糊的车窗。格拉纳达里的男人过了很久才把车窗玻璃摇下一条缝，露出一双眼睛朝外看。

驾驶劳斯莱斯的家伙说："嗨，还记得我吗？"

"是，是，我记得你。怎么了？"

"看看这个——我在我的劳斯莱斯里装了双人床！"

格拉纳达里的男人说："什么？你把我从沐浴中叫出来，就是要跟我说这个？"

"这是幸福吗？"彭凯平说，"有不少人认为比别人好一点就是幸福，自己幸不幸福、满不满足总是以别人为标准，这是不对的。"追求幸福，并不是要和别人攀比，很多参照效应都是不可靠的。恰恰相反，总是追求比别人好的人，实际上他并不能真正感觉到幸福。

其实，幸福是要用心追求的，只有用心去发现，你才能由一件件的琐碎之事连缀而成生活上发现点点滴滴融会着的幸福纽扣。一个人，如果不把自己的幸福建立在和别人攀比的前提下，就会很容易发现生活的美好。

知足常乐，如果我们不懂得珍惜自己拥有的，那么我们就很难感受到平淡而真实的幸福。所以，幸福没有排行榜，把幸福做等级划分，是在心灵上了枷锁，总以别人为参照点，对身边的人和事情不懂得珍惜。

幸福就在身边，只是缺少发现，要有一颗知足的心，感恩自己所有的，去享受本可以享受的幸福，建立在对比的级差之上的所谓"幸福感"是倏忽、相对而又脆弱的，也许很快就会被"比"不上而滋生的忌妒、怨恨和弱势所取代。

我深深地感觉到，一个人如果失掉快乐，那就意味着，他同时也已经失掉了希望，失掉了生趣，失掉了一切。

——季羡林

（曾任北京大学副校长，中国著名文学家、语言学家、翻译家、散文家）

苦中不改其乐

心理学家马修·杰波博士曾说："快乐纯粹是内发的，它的产生不是由于事物，而是由于不受环境拘束的个人举动所产生的观念、思想与态度。"在生活中，每个人都必然要面临不同的人生境遇，有时顺利有时坎坷，这再正常不过。然而，对待这些境遇时情绪积极与否，却决定了生活的质量与生命的色彩。

人生就像一扇门，有人悲观于门内的黑暗，有人却乐观于门内的宁静；有人忧愁于门外的风雨，有人却快乐于门外的自由。笑着面对悲伤，悲伤会化为动力；笑着面对忧愁，忧愁会化为快乐。生活需要快乐，也应该是快乐的。

季羡林就是一个积极处世的人，在20世纪六七十年代，即使身处厄境也不曾消沉，他用一种幽默的方式展示着自己的乐观。在生活中，幽默对每个人都是必不可少的。它不仅是一种说话方式，更是人生智慧和达观心态的体现。

思想就像轮子一般，使我们朝一个特定方向前进。态度就像磁铁，不论我们的思想是正面还是负面的，我们都受它的牵引。快乐与否，取决于自己内心的态度而绝非外在表现。虽然我们无法改变人生，但我们可以改变人生观；虽然我们无法改变环境，但是我们可以改变心境。

龙王与青蛙一天在海滨相遇，打过招呼后，青蛙问龙王："大王，你的住处是什么样的?"

"珍珠砌筑的宫殿，贝壳筑成的阙楼，屋檐华丽气派，厅柱坚实漂亮。"龙王反问了一句："你呢？你的住处如何?"

青蛙说："我的住处绿草如茵，清泉潺潺。"说完，青蛙又向龙王提了一个问题："大王，你高兴时如何，发怒时又怎样?"

龙王说："我若高兴，就普降甘露，让大地滋润，使五谷丰登；若发怒，则先吹风暴，再发霹雳，继而打闪放电，叫千里以内寸草不留。那么，你呢?青蛙!"

青蛙说："我高兴时，就面对清风朗月，呱呱叫上一通；发怒时，先瞪眼睛，再鼓肚皮，最后气消肚瘪，万事了结。"

这个故事告诉我们，生命总会各有各的快乐。人活在世上都要扮演一定的社会角色，或者是"龙王"，或者是"青蛙"，龙王有龙王的活法，青蛙有青蛙的活法，不要一味地羡慕别人。"青蛙"们也有自己的生活乐趣，而这些乐趣"龙王"们不一定明晰。或许你的生活很简单，但你也有权让生活生趣盎然。

其实，快乐就在我们每个人的身边，选择快乐、抓住快乐、拥抱快乐，我们就是一个快乐的人。要想使自己的生活有趣不乏味，就要努力从自身寻找快乐的原点，不要被外境束缚，苦中作乐，心的乐观、自由、无拘无束才是最大的快乐和人生的至高境界。

每个人都有自己快乐的生活哲学，不会因为自身的缺陷而失去原本生活所给予他们的快乐，而在于他们是否在自己的人生里看到了希望。即使悲伤处，只要内心可以与希望共舞，生活也不会失去快乐。

人生最重要的价值是心灵的幸福，而不是任何身外之物。

——俞敏洪

（毕业于北京大学英语专业，新东方学校创始人现任新东方教育科技集团董事长兼总裁）

欢乐只应心中寻

在林语堂看来，人世间的快乐是内心深处的一种感觉。它可能是因为一幅画或一顿美餐而产生的美妙意象。快乐不分年龄，不分贫富贵贱。只要你对快乐心向往之，内心就会充满幸福感。而且，生活中的开心不是刻意寻觅到的，它需要用心去体会。开心与否，关键在于怎样调剂自己的心情。这就是林语堂在《人类快乐属于感觉》一文中表达的观点。

一个听力失聪的孩子，在画展上看到一幅作品，他仔细地看着，目不转睛、神情专注，忽然转身，微笑着大声地对旁边的父母说："我听到了，听到了小鸟在歌唱，听到了瀑布的轰鸣，还有风儿呼啸的声音……"

一位盲人，在剧院欣赏一场音乐会，交响乐时而凝重低缓，时而明快热烈，时而浓云蔽日，时而云开雾散，盲人惊喜地拉着身边的人说："我看见了，看见了山川，看见了花草，看见了光明的世界和七彩的人生……"

一位病人，医生郑重地告诉他，手术成功，化验结果出来了，从他腹腔内摘除的肿瘤只是一般的良性肿瘤，经过一段时间的疗养便可康复出院，并不危及生命。他顿时满面春风，双目有神，紧紧地握着医生的手，激动地说："谢谢，谢谢，是你们给了我第二次生命……"

快乐在哪里？带着这样的问题，芸芸众生，时刻都在努力寻找答案。其实，快乐是一个多元化的命题，我们在追求着快乐，快乐也时刻伴随着我们。只不过，很多时候，我们身处快乐的山中，在远近高低的角度看到的总是别人的快乐风景，往往没有悉心感受自己所拥有的快乐天地。

而且，快乐是一种心境，只要内心是富有的，人生就是快乐的。

有这样一个故事：

从前，有两个人住在一座光秃秃的荒山上。

第一个人很悲观，一边叹气，一边在山脚下为自己修着坟茔。

第二个人很乐观，成天乐呵呵的，在山坡上种了很多绿色的树苗。

岁月悠悠，转眼过了40年。

第一个人老了，泪汪汪地打开坟茔的门，走了进去，再也没有出来。

第二个人却精神抖擞，在果树下采摘着金色的果实。

又过了许多年，第一个人的坟茔前长满了草，还有野狼出没。

第二个人的那座花果山前却花常开，树常青，满山闪耀着生命的辉煌。

这是一则寓言故事，在故事中，悲观与乐观的情绪都化为了神奇的种子，不同的是，悲观结出的果实苦涩，乐观结出的果实甘甜。

所以，置身同一环境下的两个人，会因为心态的不同，而走向人生不同的岔路口，心中充满生命的力量，无论何时都应保持一颗乐观的心。不要为自己无法控制的事情烦恼，因为你有能力决定自己对事情的态度。现实状况无论好坏，你都要勇敢地去面对，在逆境中你的承受力取决于你的心态。

幸福的程度与金钱无关，心灵的富有才是最富有的。而达到了这种程度，快乐就会植入我们的内心，滋润我们的灵魂。

我们在生活中，遇到困难、挫折或者变故都是正常现象，然而，有的人或心烦意乱，或痛苦不堪，或萎靡消沉，或悲观失望，甚至失去面对生活的勇气。要学会用快乐的心态面对生活，积极、向上、宽容，只有这样，对待生活的态度才能更自然，面对人生的道路才能更加自信。

快乐永远是给智者准备的礼物。快乐也藏在每一个平凡的事物中，用寻找美的眼睛去搜寻，就会发现，美和幸福是无处不在的。

中国人爱好此生命，爱好此尘世，无意舍弃此现实的生命而追求渺茫的天堂。他们爱悦此生命，虽此生命是如此惨愁，却又如此美丽，在这生命中，快乐的时刻是无上的瑰宝，因为它是不肯久留的过客。

——林语堂

（曾任北京大学教授，中国当代著名学者、文学家、语言学家）

深爱人生，才能享受人生

在《生活的艺术》中，林语堂先生说：“这个世界太严肃，因为严肃，所以必须有一种智慧和欢乐的哲学作为调剂，它的具体表现就是享受我们的人生和生活。”但是，很多人却并不能真正懂得其中的道理。“一个人要想真的享受人生，人生是够他享受的。”很多人之所以没有从人生中得到足够的乐趣，是因为他还不深爱人生，把生活过得太枯燥、太刻板，生活回馈给你的，当然也只能是同样的内容。

其实，生活中除了工作、学习、求名，还有许许多多美好的事情值得我们去享受：可口的饭菜、温馨的家庭生活、蓝天白云、花红草绿、飞溅的瀑布、浩瀚的大海、雪山与草原、遥远的星系、久远的化石、诗歌、音乐、友情、谈天、读书……甚至工作和学习本身也可以成为享受。如果我们不是太急功近利，不是单单为着一己的利益，我们的辛苦劳作也会变成一种乐趣。

林语堂先生曾经在《懂得享受》一文中言道：“为什么人类的寿命有长有短？为什么有些人未老先衰，有些人老而弥健？衰老的真正原因是什么？除了疾病的克服和保健的改善，长寿的要诀还有一个重要原因，那便是要懂得人生，唯有懂得人生，才能享受人生，才能活得更久。”由此可见，懂得人生和享受人生是多么的重要。

据说恺撒与亚历山大就是在战事最繁忙的时候，仍然充分享受自然的正当的生活乐趣。他们认为，享受生活乐趣是自己正常的活动，而战事才是非常的活动。文艺复兴时期，法国著名思想家蒙田也支持恺撒与亚历山大这种面对人生的态度。他说：“我们的责任是调整我们的生活习惯，而不是去编书；是使我们的举止井然有序，而不是去打仗、去扩张领地。我们最豪迈、最光荣的事业乃是生活得写意，一切其他事情——执政、致富、建造产业，充其量也只不过是这一事业的点缀和从属品。”

人生漫漫路途，我们应该怎样在忙碌的同时又能享受人生呢？这便是一个深刻的哲学道理，有人会说是生活方式的不同，有人会说是每个人的终极目标不同。

享受生活是一种超然的生活境界，是在领略了生活真意后的洒脱和自然。所以林语堂鼓励我们到生活中去，活出诗意和真人生。他说，人们应该能够体验出人生的韵律之美，应该能够像欣赏交响乐那样，欣赏人生的主旨，欣赏它急缓的旋律，以及最后的决定。很多时候，读林语堂的文章，就像步入一片世外桃源，其中之美，只可意会，无以言表。此谓真人生，此谓领悟生活真谛后的舒怡和洒脱。

此外，享受生活，是要努力丰富生活的内容，努力去提升生活的质量。愉快地工作，也愉快地休闲。散步，登山，滑雪，垂钓，或是坐在草地或海滩上晒太阳。享受这一切，就可使烦忧消散，灵性回归，亲情融洽，过上一种修养灵魂的生活。

著名科学家爱因斯坦在努力攀登科学高峰的同时，也没忘记拉小提琴，他用这种方法舒缓心境，让美妙的音乐驱散烦恼。在这个世界上，越是伟大以及具有非凡智慧的人，越是能聆听到生活中至真至纯的美妙声音。日常生活中的人，如果想要和这些智者一样，享受生活的乐趣和人生之美，就不能整天埋头于烦躁的工作和交际，而要多发现生活的点滴和细节。能够爱美、懂美，能够去发现生活中一切值得享受的事情，这样的人生才更加快乐和具有无可比拟的意义。

生活的馈赠是珍贵的，只是我们对此留心甚少。其实，人生真谛的要旨之一，就是希望人们不要只是忙忙碌碌，以至于忽视了生活的可叹可敬之处。所以，虔诚地等待每一个黎明，用心地拥抱每一分钟，对每一人来说都至关重要。要知道，只有如此深爱人生，才能真正地享受人生。

所谓幸福就是减少词汇量而不减少歌唱。

——西川

（曾就读于北京大学英文系，著名诗人、散文家、随笔作家）

幸福源自内心的简约

古人说过“大道至简”，意思就是：“越是真理的越是简单的。”著名的美籍华裔数学家陈省有一个很有趣的“数学人生法则”，数学的一个重要作用就是九九归一，化繁为简，这是智者的简单，不是因为贫乏而缺少内容，而是繁华之后的觉醒，是一种去繁化简的境界。

幸福来源于“简单生活”。文明只是外在的依托，成功、财富只是外在的荣光，真正的幸福来自于发现真实独特的自我，保持心灵的宁静。我们总是很难发现自己拥有了多少的快乐，因为我们总是觉得生活中的快乐那么少，其实是我们计较太多。只要我们用心去体验，就会发现我们拥有了大把的幸福和快乐，他们就隐藏在普通的生活中。

简单使人宁静，宁静使人快乐，幸福与快乐源自于内心的简约。人心随着年龄、阅历的增长而越来越复杂，但生活本身其实十分简单。保持自然的生活方式，不因外在的影响而痛苦抉择，便会懂得生命中简单的快乐。

但是，极少有人能真正理解简单的内涵，“简单生活”是去过苦行僧般的清苦生活，辞去待遇优厚的工作，靠微薄的存款过活，并清心寡欲吗？这是对“简单生活”的误解。“简单”意味着“悠闲”，坚持着自我的生活方式，又不因其感到焦虑，困扰心灵。

一日，有个叫玄机的和尚对自己的苦心修行非常不满，心道：“我整日打坐，是逃避吗？打坐，就是为了心无杂念，如果靠打坐才能达到这样的效果，打坐和吸食鸦片有什么两样呢？”

他眼神中充满了迷惘，目光渐渐黯淡了。然后他起身去拜见雪峰禅师，希望能从他那里得到答案。

雪峰禅师看着眼前的这个人，觉得他虽然有向佛之心，但是本性中有许多缺点不自然地表露了出来，于是点点头，问道：“你从哪里来？”

“大日山。”

雪峰禅师微笑，话里暗藏机锋：“太阳出来了没有？”意思是问他是否悟到了什么禅理。

玄机以为雪峰禅师是在试探他，心想：“连这个我都答不上来的话，这几年学禅，岂不是白白浪费时间了吗？”便扬着眉毛说：“如果太阳出来了，雪峰岂不是要融化？”

雪峰禅师叹息着又问：“您的法号？”

“玄机。”

雪峰禅师心想：“这个和尚太傲了，心里装的东西也太多了，且提醒他一下吧！”于是问道：“一天能织多少？”

“寸丝不挂！”玄机心想：“就这个也能考住我玄机和尚，真是太小瞧我了！”

雪峰禅师看他这样固执，不由得感叹道：“我用机锋来提醒他，他却和我争辩口舌，自以为是，却不知心中已经藏了多少名利的蛛丝！”

玄机看雪峰禅师无话可说，便起身准备离去，脸上还是那样得意的神态。

他刚转过身去，雪峰禅师就在身后叫道：“你的袈裟拖地了。”玄机不由自主地回过头来，见袈裟好好地披在身上，只见雪峰禅师哈哈大笑：“好一个寸丝不挂！”

雪峰禅师的一句寸丝不挂，看似讽刺玄机，其实是告诉玄机心中有杂念，因此不能成佛。其实，寸丝不挂的意思就是心里不能装事，不要总想着别人会怎么看你。对于我们来说，寸丝不挂就是少思寡欲，活得简单，生活越不复杂，我们才能活得越宽慰。

我们需求得越少，得到的自由就越多。正如梭罗所说："大多数豪华的生活以及许多所谓的舒适的生活，不仅不是必不可少的，反而是人类进步的障碍。对于豪华和舒适，有识之士更愿过比穷人还要简单和粗陋的生活。"

简朴、单纯的生活有利于清除物质与生命本质之间的樊篱。为了认清它，我们必须从清除嘈杂声和琐事开始，认清我们生活中出现的一切。哪些是我们必须拥有的，哪些是必须丢弃的。人活在世上都要扮演一定的角色，或许你的生活很简单，但是你也会有自己的幸福。有些人，他们活着，却没有时间去多愁善感；爱着，他们却不懂怎么诠释爱情；他们满足，因为他们没有奢望生活过多的给予；他们简单，不用在人前掩饰什么。他们也许连幸福是什么都不知道，然而真正幸福的就是这么一群简单的人。

其实，幸福与快乐源自内心的简约。人之所以不幸福，就是因为不能够活得单纯。不要去刻意追求什么，不要向生命去索取什么，其实，简单本身就是一种幸福。只有内心清净，才能得到幸福，遇到任何逆境，就自然放得下，而能解脱自在，远离烦恼，这样的人生才能真正体会到幸福的真谛。